装备科技译著出版基金

天线技术手册

(第7册)

Handbook of Antenna Technologies

[新加坡]陈志宁 主编

[美 国]刘兑现 [日本]中野久松
[新加坡]卿显明 [德国]托马斯·兹维克 编

崔万照 张生俊 董士伟 总主译
朱忠博 倪大宁 于晓乐 李 升 译

国防工业出版社
·北京·

著作权合同登记　图字：军-2019-036 号

图书在版编目(CIP)数据

天线技术手册.7/(新加坡)陈志宁主编;朱中博等译.—北京:国防工业出版社,2023.12

书名原文:Handbook of Antenna Technologies

ISBN 978-7-118-12736-2

Ⅰ.①天…　Ⅱ.①陈…　②朱…　Ⅲ.①天线—手册　Ⅳ.①TN82-62

中国国家版本馆 CIP 数据核字(2023)第 222263 号

First published in English under the title

Handbook of Antenna Technologies

Edited by Zhi Ning Chen, Duixian Liu, Hisamatsu Nakano, Xianming Qing and Thomas Zwick

※

国防工业出版社出版发行

(北京市海淀区紫竹院南路 23 号　邮政编码 100048)

北京龙世杰印刷有限公司印刷

新华书店经售

*

开本 710×1000　1/16　**插页** 5　**印张** 27¼　**字数** 478 千字

2023 年 12 月第 1 版第 1 次印刷　**印数** 1—1500 册　**定价** 288.00 元

(本书如有印装错误,我社负责调换)

国防书店:(010)88540777　　书店传真:(010)88540776

发行业务:(010)88540717　　发行传真:(010)88540762

《天线技术手册》
编审指导委员会

《天线技术手册》
翻译工作委员会

主　任: 崔万照

副主任: 张生俊　董士伟

委　员: (按姓氏笔画排序)

于晓乐　万国宾　马　鑫　马文敏
王　栋　王　瑞　王伟东　王明亮
王建晓　王彩霞　艾　夏　白　鹤
朱忠博　刘　英　刘　硕　刘　鑫
刘军虎　孙　渊　李　升　李　韵
李霄枭　杨　晶　杨士成　张　宁
张　凯　陈有荣　林先其　郑　颖
胡伟东　莫锦军　倪大宁　崔逸纯
董亚洲　曾庆生　谢拥军　薛　晖

中 文 版 序

天线不仅是所有无线系统不可或缺的单元,更是扮演着增强系统性能、扩展系统功能角色的部件甚至子系统。自 1887 年,德国物理学家海因里希·赫兹(Heinrich Hertz)首次使用我们现在所熟知的电容端加载偶极子天线来证明无线电波的存在,天线理论与技术已经得到巨大的发展。特别是自 21 世纪起,借助计算机科学和大规模集成电路的巨大发展,各种无线系统已经广泛地渗透到各个行业及我们的日常生活中,风斯在下,天线技术也有了长足的进步。

在我 2012 年加入新加坡国立大学后不久, 施普林格亚洲分部的 Yeung Siu Wai Stephen 博士就来到我的办公室,热情地邀请我编撰一部天线方面的手册。当时,我是非常犹豫的。因为作为一门历史悠久的技术,行业里已经有了许多优秀的经典手册,而且一直都有新的手册问世。如何能够呈现出一本另具特色的手册是一个挑战。另外,我没有编辑手册的经验,想象中那一定是一个浩大的工程,耗时费力。在足足犹豫和思考了半年之后,我才答应试着准备一个写作计划,准备全面、深入地介绍天线理论、技术与应用方面的最新进展。特别是,我提出了所有章节中要包括该类技术的原创介绍,让学生们和年轻的研究员通过此手册更好地掌握天线技术发展的来龙去脉,既学到创新的思路也可以避免“再发明”“再创造”。同时,我也要求出版社能够让读者按章节下载,减轻读者的经济负担,更大程度地普及天线技术。出版社非常配合,完全同意我的想法。于是,我决定开始这项工程,挑战自己。

我的出版计划得到了天线界三位专家(Tatsuo Itoh、Ahmed Kishk、Wong Kin-Lu)的一致认可和鼓励。记得 Itoh 教授在他的评估反馈中说:这对谁都将是一个前所未有的挑战。但是,我对它非常有信心。面对着自己草拟出的 100 个章节专题,既有兴奋,更有压力。于是,我决定邀请学界中的几位朋友,一起努力。不奇怪,一些同仁看到这个宏大计划后婉拒了。在我的力邀之下,刘兑现(美国),中野久松(日本),卿显明(新加坡)及托马斯·兹维克(德国)4 位好友加入了编辑团队。在我们的共同努力下,140 余位专家和学者直接贡献了本手册的 76 个章节共计 3500 页。多年的老师老友周永祖教授欣然为书作序,欣慰、褒奖与鼓励溢于文字之间。

《天线技术手册》于 2016 年 9 月由施普林格出版社出版发行了。看着厚厚的 4 卷手册,回想着编辑过程中的各种经历,感慨万分。4 位编辑朋友,都非常专业及时地审读了所负责的书稿,对整个手册的编辑工作出谋划策,为手册的按时出版付出了巨大的努力。Nakano 教授作为蜚声天线界的学者,婉拒了我邀请他作为共同主编的邀请。他说一个主编正好,并对我的主编工作给予了极大的支持。在工作即将大功告成之际,我主动和出版社力争,打破常规,坚持将所有编辑的姓名印在手册的封面上。期间,所有作者也都辛勤地工作,把自己最新的成果奉献给读者。一些作者克服了各种各样的困难,按时交稿。也有几个章节的作者们,在我协调章节内容时,积极配合,大篇幅地调整了自己的原书稿。特别遗憾的是,好友 Hui Hon Tat 博士在他提交第一稿后两个月内就辞世了。从时间上推测,他是在入院后完成的初稿。为了告慰他,我接手了那篇手稿后续的全部工作,完成了他的遗愿。

《天线技术手册》英文版共分为 4 卷,涵盖了天线理论、设计和应用。天线形式从基本的偶极子天线延伸至近来的超材料天线;工作频段从很低的 VHF 频段向上达至太赫兹频段;加工工艺包括了从简单的印制电路板到先进的 LTCC 和 MEMS 等。应用包括了通信、雷达、遥感、探测、成像等;应用平台包含了陆基平台、飞机、舰船和卫星等。全套手册实现了理论、技术与应用的立体全覆盖。我坚信这部汇聚当今天线技术发展的最新成果与大量的当代天线界专家智慧的巨作(至少从重量和页数上看),一定会惠及天线教育、技术与研究。期待《天线技术手册》成为当前天线理论和技术发展历程的重要记录。

《天线技术手册》英文版出版后,已经获得了令人鼓舞的反响。截止于 2019 年底,施普林格出版社的下载量已超 45 万次,在线读者达 2000 多人。陆续收到的积极反馈,令我和其他作者备感欣慰。尤其是中国空间技术研究院西安分院、空间微波技术重点实验室、试验物理与计算数学重点实验室等单位的同仁们,他们在研究工作中已充分利用了《天线技术手册》,并称多受启迪。所以,当崔万照博士代表分院提出希望能有机会将这部书翻译为中文版,以便更多更好地服务中文读者时,我完全没有犹豫,尽管这对我完全没有任何经济利益。能够有机会把手册更好地推广到中国这个巨大的天线技术群体中，从而更大地体现此书的价值，为国内天线技术发展贡献绵薄之力，也是我们编辑及作者的荣耀。我本人也从事过翻译工作，深知这项工作的巨大挑战。“信达雅”是翻译工作的“三难”（严复语），尤其是翻译一本技术专著。在几个学术单位的大力支持下，一个朝气蓬勃的翻译团队很快就成军了！在过去两年里，我一直与团队的各位学者交流互动。我非常欣赏他们认真的工作态度与热情无私的投入，我为中国天线界的未来感到无比欣慰。终于，这部二次创作的《天线技术手册》以新的光彩面世了。

我也要特别感谢国防工业出版社，在这部译著策划过程中，国防工业出版社迅速和施普林格出版社确定了版权转让，装备科技译著出版基金给予了全额资助。

最后，我要再次感谢所有原著的作者们和编辑们，感谢他们的奉献与分享。我坚信他们的聪明才智，经过中文这一桥梁，必将使更多的人受惠。

“天真线实”，这是我向东南大学赠送原著时的留言。“天真”，保持着孩子似的对未知好奇的科学素养；“线实”，坚持着工匠般的对挑战执着的工程精神。

陳志寧

于新加坡国立大学

2020 年 2 月 6 日

译 者 序

《天线技术手册》是新加坡国立大学陈志宁教授联合上百位知名学者，集多年心血而成的重要学术成果，于 2016 年由施普林格出版社出版，并在国际天线理论与工程界引起巨大反响，对技术研究和工程研制都产生了显著的促进作用。为便于使这部鸿篇巨制更好地为国内天线界学者和工程师所用，在手册编审指导委员会的领导下，翻译工作委员会经过 2 年的努力将原著翻译为中文版。

《天线技术手册》英文版共分 4 卷，为了阅读方便，我们将中文版分为 8 册。而在内容上，《天线技术手册》中文版保持了原版的风貌，充分表现原作者的学术思想。这套中文版的《天线技术手册》必将成为天线技术研究者和无线系统设计师的重要案头参考。

《天线技术手册》(第 7 册)共由 9 章构成，分布于 60~68 章，是英文原著第 4 卷的前半部分，内容主要围绕天线技术在不同功能系统中的应用开展，包括体域传感器网络设备中的天线、生物医学遥测中的植入式天线、医学诊断与治疗系统中的天线与电磁问题、全息天线、辐射计天线、无线被动遥感系统的天线传感器、磁共振成像系统中的天线、包括太赫兹天线的空间天线、射电望远镜中的天线等内容。

其中第 60 章的原作者为芬兰坦佩雷理工大学的 Leena Ukkonen 和美国加利福尼亚大学洛杉矶分校的 Yahya Rahmat-Samii；第 61 章原作者为美国俄亥俄州立大学的 Asimina Kiourti 和希腊国立雅典理工大学的 Konstantina S. Nikita；第 62 章原作者为日本千叶大学的 Kazuyuki Saito 和 Koichi Ito；第 63 章原作者为德国卡尔斯鲁厄理工学院的 Christian Rusch；第 64 章原作者为德国宇航中心的

Markus Peichl；第 65 章原作者为得克萨斯大学阿灵顿分校的 Haiying Huang；第 66 章原作者为德国 Bruker BioSpin 公司的 Sven Junge；第 67 章原作者为西班牙纳瓦拉公立大学的 Ramon Gonzalo Garcia 等；第 68 章原作者为弗吉尼亚理工学院暨州立大学的 Steven W. Ellingson。上述知名教授、工程专家、学者在本册系统地介绍了天线技术的系统应用，提供了包括天线在不同系统中应用的原理、架构、难点等，使得本册内容精彩纷呈。

《天线技术手册》(第 7 册)中的第 60、61、62 章由于晓乐翻译，第 63 和第 66 章由倪大宁翻译，第 64 章由李升翻译，第 65、67、68 章由朱忠博翻译，全书由朱忠博统稿。在翻译过程中，翻译组与原作者进行了交流，以保证译著的质量。限于译者的学识水平，译著中或有表达不尽善尽美之处，敬请读者谅解。

本书的出版得到了装备译著出版基金给予资助，感谢国防工业出版社给予的坚定支持。原著主编陈志宁教授给予翻译组巨大鼓励和细致指导，在此也特对他致以谢意。本书的编译工作也得到国家重点研发计划(2018YFB1801505)和国家自然科学青年基金项目(62101435)的支持。

本册翻译组

英 文 版 序

非常高兴为这部重要的天线手册作序。正值1865年麦克斯韦方程提出150周年之际,出版这套天线手册是很有意义的。尽管天线技术已经发展约一百年了,其重要性至今仍然存在。1886年,海因里希·赫兹(Heinrich Hertz)所做的关键实验证明了无线信号传输的可能性。而1895年,古格列尔莫·马可尼(Guglielmo Marconi)的工作则强调了无线通信的重要性。他随后利用简单的天线在地表上传输无线电信号,所用天线是安装在大地表面的四分之一波长偶极子,接收机很长,是靠风力升起的一串电线,也就是风筝。另一方面,尼古拉·特斯拉(Nicola Tesla)早在1891年就在研究利用感应线圈进行无线能量传输。

通信、遥感和雷达技术已经推动了天线技术的突飞猛进。一些最著名的例子包括1926年发明的八木宇田天线、喇叭天线、天线阵列、反射天线和贴片天线。贴片或微带天线是由George Deschamps于1953年提出的,后来经由许多科研人员发展,包括Yuen Tse Lo。此外,Paul Mayes从事宽带天线的研究,例如从八木宇田天线变形而来的对数周期阵列天线。Deschamps、Lo和Mayes都是我之前的亲密同事。最近,天线技术的重要性因手机行业的需求而愈加显著,要求天线的体积越来越小,且要持续小型化。

计算机技术的出现为用于天线结构建模的数值方法注入了发展活力。稳健、高效和快速的数值方法可以处理一些问题,其发展催生了诸多商业化软件来仿真天线性能。天线可以先在计算机上虚拟地建立原型,并在实际制造之前对其性能进行优化。这样的流程大大降低了成本,也为在不产生过高成本的情况下进行工程设计提供了机会。

目前已有许多商业化仿真软件套件可用,这极大简化了天线设计。此外,这些软件套件还可以释放天线工程师的创造力,扩大他们的设计空间。数值方法在商业软件套件中找到用武之地,这些方法为有限元法、矩量法和快速多极算法。更多算法还将出现在商业软件中:概念研究到商业应用之间的滞后时间一般需要10年到20年。除了计算机硬件性能的提高外,快速求解器的出现也推动着天线设计中计算电磁学的发展,这些快速求解器包括快速多极求解器、分层矩阵求解器和减秩矩阵求解器等。

天线设计也是波物理和电路物理的交叉产生的一个有趣领域。通过匹配网络的设计可将能量馈入天线,这需要利用电路设计方面的丰富知识。但是,能量在天线之间传输的方式是基于波物理的,因此天线孔径、增益、辐射方向图和极化等概念对天线至关重要。因此,低频电磁波和高频电磁波同样重要。实际上,对于许多反射面天线,波是准光学范畴,那么可以使用高频近似方法进行分析。另一方面,与电路物理的接口需要开展多尺度分析,这是计算电磁学研究的一个热门领域。

由于纳米制造技术的迅速发展,现在可以光波长的尺度实现纳米结构,这在光学领域刺激了纳米天线的发展。到了光学范畴,往往需要再次回顾或重新使用微波领域中的许多天线概念,这种模式已经用于自发和受激发射,以及Purcell因子增强。同样,光学也是一个需要新思想的领域。

我也很高兴看到,在新加坡国立大学陈志宁教授的领导下组织了本书这些章节。自从1994年我第一次访问中国,就认识了陈教授,那时他还是个年轻的中国人。我出生在海外,第一次中国之行充满了幻想与现实之间的冲突,但是陈教授作为一个直率的年轻人,以其强烈的好奇心给我留下了深刻的印象。自从我在马来西亚长大以来,包括新加坡在内的环太平洋地区的经济增长也触动了我的心弦,当初马来西亚和新加坡还属于一个国家。我多次访问新加坡,其间很高兴地了解到陈教授在新加坡国立大学(NUS)和资信与通信研究院(I^2R)开展的创新研究。这套手册正值新加坡建国50周年(SG50)之际出版,也有着特殊的意义。

周永祖
伊利诺伊大学香槟分校
2015年10月10日

英文版前言

距离詹姆斯·克拉克·麦克斯韦(1831–1879)发表以最初形式的麦克斯韦方程组为重点内容的《电磁场的动力学理论》[①]已经过去了一个半世纪。麦克斯韦方程组在数学上描述了光和电磁波以光速在空间中的传播。毋庸置疑,麦克斯韦方程组是继艾萨克·牛顿的运动定律和万有引力定律之后最重要的物理学突破。麦克斯韦的贡献已经影响且仍在继续影响物理学世界和我们的日常生活。麦克斯韦被认为是电磁场理论领域的创始人。谨以《天线技术手册》一书的出版,向麦克斯韦方程组诞生150周年致敬。

随着VLSI(超大规模集成电路)和计算机科学的进步,无线技术已经快速渗透到我们日常生活的各个方面;在日常活动中几乎每个人都拥有不止一部无线设备,如手机、笔记本电脑、非接触智能卡、智能手表等。天线作为辐射和感应电磁波或电磁场的关键部件,无疑已经在所有的无线系统中都扮演了不可替代的独特角色。因此,这些新兴的无线应用也聚焦在天线技术上,尤其是最近30年间,推动天线技术向着高性能、小型化、可嵌入集成发展。

当前国际上天线技术的最新特点是电性能可调控,或者说天线已经从无源部件发展成为集成有信号处理单元的智能化的子系统。波束形成、MIMO、大规模(Massive)MIMO、多波束天线系统等技术已经广泛应用在先进移动通信、雷达及成像系统中。天线技术和功能越来越复杂,对于天线的设计和优化必须系统地考虑。为了达到所期望的系统性能,天线需要紧密地联合射频通道、射频前端甚至信号处理单元进行综合设计,MIMO系统就是一个天线综合设计的典范。同样,天线技术的突破性发展也强烈地依赖于新材料和新制造工艺的进步。如同现存的PCB和LTCC工艺,最近兴起的基于增材工艺的3D打印技术掀起了天线设计和制造的新纪元。遗憾的是在材料方面天线可用的材料种类并不

① “A Dynamical Theory of the Electromagnetic Field”,原文Electrodynamic有误。——译者注

多,但是最近电磁超材料(基于常规材料的人工电磁结构)这一新奇物理概念的提出为新型天线设计技术打开了一扇新窗口。

我清晰地记得,在我的硕士学位答辩中,一位评审老师问我是否准备好在天线工程这个困难与枯燥的领域内开展学术研究。30 年过去了,我很赞同他当时的观点,一个优秀的天线工程师不仅要精通工程方面的知识,同样需要关注其他领域的知识,例如数学、物理、机械甚至材料学。然而,对于他所提到的呆板的工程法则,我却认为天线设计可以是一种有趣且具有活力的工作。当你将天线设计看作是一门艺术工作时,其中就包含了对于特定的天线性能、形状、尺寸以及方向的变化。尤其是当天线与无线通信系统的其他部分相融合时(这里的融合并不是传统的集成),天线技术将进入一个全新且充满启迪的新时代。对于天线技术而言,应借助不落窠臼的思维方式来激励技术上的挑战。

为了忠实地反映天线技术的最新进展和正在出现的技术挑战,我们邀请了享誉全球的 140 位专家合著《天线技术手册》,该手册包含 76 个章节共 3500 页。然而,最初只是因为不知道如何在许多其他有关天线(一个非常经典的领域)的手册之外制作一本独特的手册,因此当来自施普林格亚洲分部的 Yeung Siu Wai Stephen 博士找到我时,我对启动这个巨大项目犹豫不决。为了让读者充分认识和获益于《天线技术手册》,我围绕三个主要目标构建了本手册。首先,作为教学指导工具书,较适合的目标读者将是初级研究人员、工程师、研究生。为了帮助读者避免可能的迷惑,所有的章节都将为读者提供有关具体主题足够的历史背景信息。其次,除了基础和经典天线技术,与电磁主题相关的最先进技术也将被纳入手册,进一步加强读者对于现代天线技术的认识。最后,除了传统的纸质印刷品,读者也可逐章下载电子文件。我希望本手册将为天线技术的从业者(新手或专家)提供翔实且更新的参考指南。

如果没有这个强大的编写团队的帮助,其中包来自括美国 IBM 沃森研究中心的刘兑现博士,来自日本 Hosei 大学的中野久松教授,来自新加坡信息通信研究中心的卿显明博士与来自德国 Karlsruhe 技术中心的托马斯 · 兹维克教授,我们不可能在一年内完成这个巨大的编撰工作。通过艰苦的工作,我们选择并决定了 90 个标题,并且联系了相关的作者,复审了初稿,并与作者们商讨了每一章的修改等,这是一个非常花费时间的任务。我们要衷心地感谢 Barbara Wolf 女士,尤其也要感谢 Saskia Ellis 女士,她对该书在施普林格出版社成功出版提供了大力支持与专业指导。我们对所有作者致以最诚挚的感谢,他们花费宝贵的时间通过竭诚合作,为本手册做出了优秀贡献。

所有编委包括刘兑现博士、中野久松教授、卿显明博士和托马斯·兹维克教授,都要对各自家庭的巨大支持和理解表示感谢,具体来说,刘兑现博士向其妻子黄霜女士致谢,卿显明博士向其妻子杨晓勤女士致谢,中野久松教授分别向来自日本 Hosei 大学的 Junji Yamauchi 教授和 Hiroaki Mimaki 讲师致谢,感谢他们对该项工作的热情帮助。

这套手册涵盖了与天线工程相关的很宽范围的主题。

第 1 部分　理论:综述和介绍简要论述了天线相关的电磁学基础和非传统天线领域的最新主题,比如纳米天线和超材料。

第 2 部分　设计:单元和阵列更新了传统天线技术的最新进展,先进的技术因其高性能而适用于特定的应用,为保持完整性,也论及重要的天线测量装置和方法。

第 3 部分　应用:系统及天线相关问题,作为天线技术的重要部分,阐述了特殊无线系统中天线的原创设计理念。

陈志宁

新加坡国立大学

2015 年 10 月 10 日

总　目　录

第1册

第2册

第 3 册

第 3 部分　设计:单元与阵列——介绍及天线基本形式

第 4 册

第 4 部分　设计:单元与阵列——高性能天线

第5册

第6册

第 7 册

第 8 册

第 7 部分　应用:天线相关的系统与问题——天线相关的特殊问题

本 册 目 录

第60章
体域传感器网络设备天线

Leena Ukkonen and Yahya Rahmat-Samii

摘要

本章主要介绍体域无线识别与传感系统中的刺绣天线。首先介绍刺绣超高频射频识别标签天线的建模与分析方法,然后介绍全刺绣可穿戴贴片天线的设计方法,以及应用于无线脑—机接口系统的织物发射天线与毫米级尺寸可植入天线的协同设计方法。无线体域识别与传感系统能够推动可穿戴智能设备的革命性发展,具有巨大的应用潜力。体表天线、可植入天线以及两者间通信的具体要求包括:体表天线应重量轻、可共形、易与衣物集成且应尽量避免由人体引起的性能下降;体表天线和可植入天线间的通信链路应尽可能高效,同时又必须遵循比吸收率的相关规范;植入物和相应的可植入天线的尺寸要尽可能小,因此体表纺织天线应能与毫米级大小的可植入天线实现高效通信。本章介绍了解决这些技术挑战的方法,并列出了一份全面而系统的参考文献清单,以帮助读者掌握

L. Ukkonen(✉)
芬兰坦佩雷理工大学电子与通信工程系,芬兰
e-mail:leena.ukkonen@ tut.fi
Y.Rahmat-Samii
美国加州大学洛杉矶分校天线研究、分析与测量实验室,美国
e-mail:rahmat@ ee.ucla.edu

这一前沿领域的最新研究成果。

关键词

纺织天线;体域无线识别与传感系统;电子织物;刺绣天线;体表天线;可植入天线;射频识别系统;无线脑-机接口系统

60.1 引言

无线体域识别和传感系统能够推动可穿戴智能设备的革命性发展,具有巨大的应用潜力。与衣物集成的无线传感网络中安装了生理传感器、低功耗集成电路与计算设备以及用于发射和接收记录数据的无线通信天线,能够以较低的成本连续监测健康状态和环境因素。这项新的跨学科技术被视为个人医疗领域的突破性技术,有望最终使远程医疗等概念成为现实(Wang et al. ,2013;Yang et al. ,2008;Occhiuzzi et al. ,2010;Vena et al. ,2013)。天线是定义人体可穿戴电子系统与周边环境间无线通信链路可靠性与效率的最关键器件之一。由于对推动智能环境的开发具有重要的价值且能够提供可预测的验证平台,工作在860~960MHz频段的可穿戴无源超高频(UHF)射频识别(RFID)标签天线受到了研究者的特别关注。低成本标签天线与衣物在智能环境中无缝集成能够确保随时随地实现无线体域通信(Polívka et al. ,2009;Mrrocco,2010;Koski et al. ,2013a)。本章后续将详细介绍图60.1中展示的各种可穿戴刺绣天线。

生物医学和个人医疗系统应可靠、迅速地将感知或测量到的生物参数通过无线通信链路传递出去,从而对这些数据进行分析。此外,为了实现通信系统的广泛应用并确保患者能够独立生活,通信系统必须具有完全不需要维护、穿戴舒适、成本低和功耗小等特点。对于集成了移动控制单元和可穿戴植入天线的系统,无线体域通信感知系统是其最具前景的实现手段。可穿戴和小型化可植入天线的无缝集成有望推动人类日常生活的革命性发展,并促进人类的独立生活。体域无线通信被视为第四代移动通信系统的重要组成部分,并有望成为个域网(PANs)和体域网(BANs)未来融合与个性化发展的组成部分(Hall and Hao,2006)。

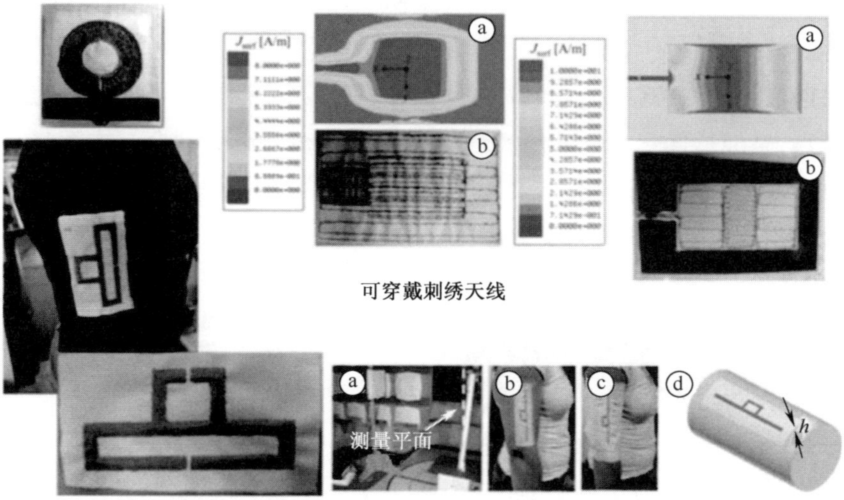

图 60.1　体表应用中的刺绣天线结构

无线脑—机接口(BMI)系统是体域通信系统最具潜力的应用方向之一。那些遭受严重神经系统疾病折磨的患者非常期待人脑和机械假体间的实时无线接口,这是因为该接口能够帮助这些患者如同使用自身肢体一般使用假肢。作为一个开创性的案例,可以预想这样一种技术:它能够将思想转化为行为,并使人类仅仅通过思想就可以控制一台设备(Carmena,2012);或者更进一步,可以想象在大脑中植入微小的设备就能够恢复病人的运动、感知与认知能力。这种系统需要神经传感器将神经数据传输到外部解码设备并控制人工致动器(Nicolelis,2001;Rabaey,2011)。由于大脑具有可塑性,植入的脑-机接口快速成为大脑的无缝部分,使人脑可以直接控制智能假肢和计算机(Nicolelis,2001;Rabaey,2011)。

目前神经传感器和计算机之间的通信依赖于导线,而这会增加患者的感染风险并限制其临床应用(Collinger et al. ,2013)。因此,亟需开发无线的移动脑-机接口系统,并在日常生活、植入神经传感器的数据和功率遥测等领域加以利用。目前要长时间可靠且准确地控制假肢设备尚存在两个主要挑战:一是需要实现能持续一生的神经接口;二是要能够以自然的方式控制假肢(Carmena,2013)。为此神经植入物必须具有生物相容性,且应以微创方式植入人体以减少组织损伤。因此,神经植入物应采用无线供电且功耗低,还必须支持双向的数据流(即从/到大脑的“读”与“写”)(Yakovlev et al. ,2012)。

神经植入物需要与体外发射天线建立无线体域通信链路。图 60.2 所示为基于后向散射方法的脑—机接口系统,其中的可穿戴天线应具有穿戴舒适、剖面低的特点,且经过优化设计后能实现与可植入天线的最强耦合。本章将介绍无线脑-机接口系统所需的采用柔性电子织物加工的环形发射天线,并提供刺绣天线和商用纺织天线两种方案。

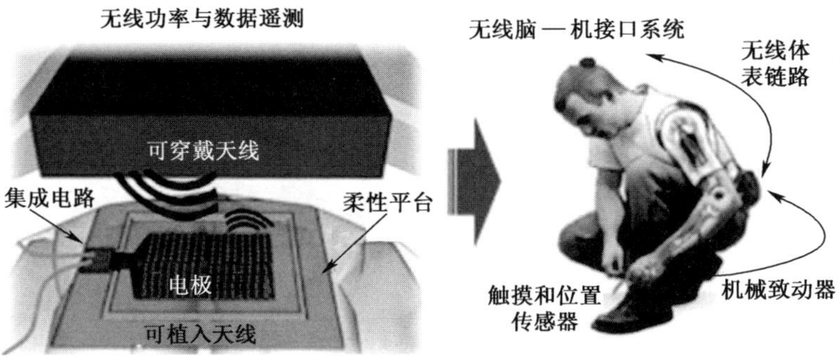

图 60.2 脑—机接口系统中基于后向散射的无线通信方法

60.2 设计要素

可穿戴天线应满足穿戴舒适、重量轻、不需维护、价格低廉从而可以大规模应用等要求(Koski et al.,2013a;Kellomäki and Ukkonen,2010;Bayram et al.,2010)。考虑到识别系统的特点,射频识别芯片通常应具有电容性输入阻抗。为了确保天线-芯片接口之间阻抗匹配从而实现最大功率传输,标签天线应具有电感性输入阻抗。由于标签天线的可用功率均来自于远程读写器单元(Marrocco,2008),无源射频识别系统应实现高效的阻抗匹配。此外,可穿戴天线应尽量避免人体的影响;否则天线的输入阻抗会严重失谐、辐射效率会降低。这与接近金属物体的天线设计问题类似(Ukkonen et al.,2005)。在 UHF 射频识别频段,人体的相对介电常数 $\varepsilon_r \approx 50 \sim 60$、损耗角正切 $\tan\delta \approx 0.5 \sim 1.2$ 的高损耗介质。对于偶极子之类的全向辐射天线,人体会导致相当程度的输入阻抗失谐以及接收或辐射的射频能量被吸收(Foster and Burberry,1999;Raumonen et al.,

2003)，因此天线的辐射效率会下降，识读距离也将缩短。

但当将刺绣偶极子天线附着于人体表面时，可以实现合理的识读距离。图 60.3展示了偶极子射频识别标签天线的案例，天线是采用银导线以刺绣的方法加工而成的，其建模还使用了手臂模型(Koski et al. ,2014a)，且仿真和测量结果也得到了比较。在天线和人体间放置了不同厚度(0.25～5mm)的绝缘棉布；可以看到随着绝缘层厚度的变化，在 900MHz 附近可以实现 1.5～3.5m 的体表识读距离，这完全可以满足短距离无线识别与感知应用中的需求。

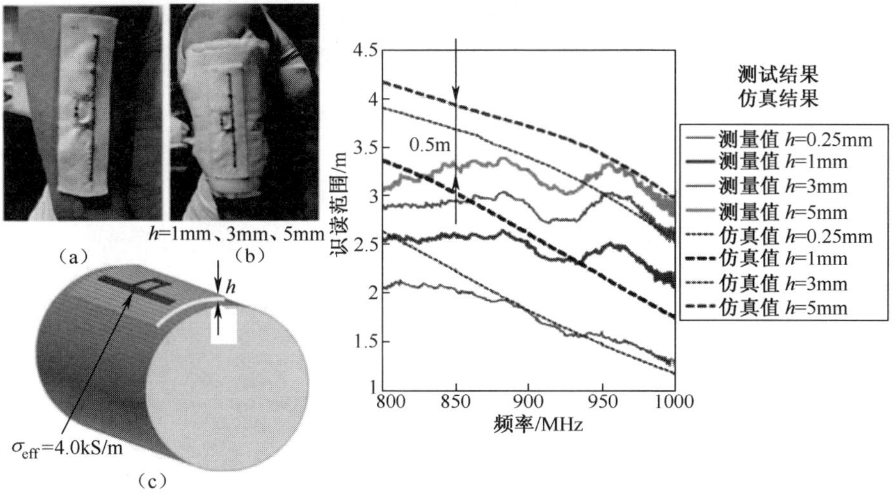

图 60.3　采用不同绝缘层厚度(h)的刺绣偶极子天线识读距离的测量与仿真结果

(a)绝缘层厚度为 0.25mm 的手臂刺绣天线；(b)绝缘层厚度分别为 1mm、3mm 和 5mm 的手臂刺绣天线；(c)采用简化手臂模型的建模方法。

1. 刺绣射频识别标签天线的加工与性能分析

刺绣射频识别标签天线的加工与性能分析需要采用计算电磁学方法对天线建模，并将天线结构上电流的物理特性计入计算模型。Choi 等(2008)、Yeonho 等(2007)和 Goojo 等(2008)设计了多种可穿戴射频识别标签天线，利用计算机辅助缝纫机将天线结构缝纫于织物上，探究了缝制标签天线的性能，并揭示了影响其电导率的因素。根据测量结果可知，采用电导率高的缝线、增加针脚和线密度、选取沿着电流方向排布的缝型等手段能够提高天线的电导率。下面介绍另一种对刺绣射频识别标签天线的电导率和性能进行建模与分析的方法。

2. 加工工艺与识读距离性能

在电磁仿真中可将缝纫细密的刺绣纹样视为均匀导电层,因此刺绣纹样的电导率成为了天线仿真中的决定性因素。下面将介绍可穿戴 UHF 射频识别刺绣偶极子标签天线的电导率预测方法,并研究影响缝纫偶极子标签天线电导率与性能的因素。

如图 60.4 所示,采用 HUSQVARNA VIKING 公司的计算机辅助缝纫机和 Shieldex 系列中牌号为 110f34 dtex 2-ply HC 的导线加工刺绣天线。两根重量为 110 dtex(dtex,1dtex=1g/10000m)的原纱线相互缠绕形成了重量为 220 dtex 的纺线;镀银后纺线的重量增加到了 275dtex。纺线的直流线性电阻率为(500±100)Ω/m、直径约为 0.16mm,每根纺线由 34 根细丝组成,缝纫纹样由 5D Embroidery System 软件生成。在生成缝纫纹样时,软件能够控制缝合技术和缝合密度。纹样文件被输入刺绣机后,机器将自动在棉布上刺绣生成图样。图 60.5 所示为加工的刺绣偶极子天线。生成的缝纫图案由一条沿偶极子长度方向的横线

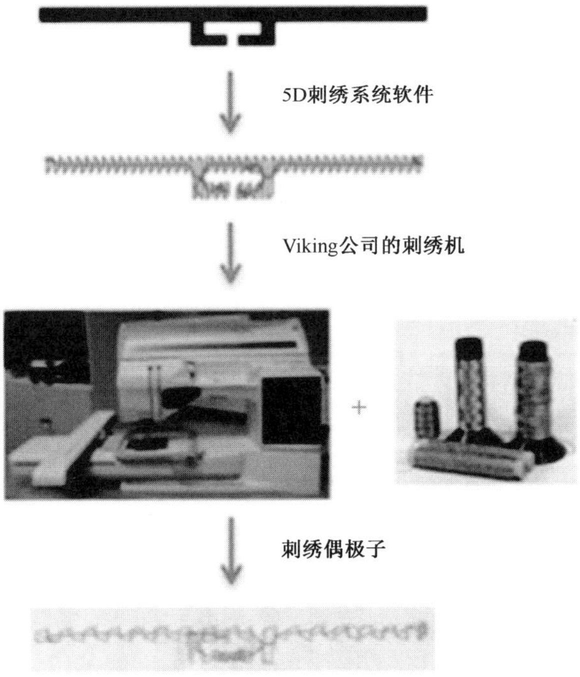

图 60.4　刺绣天线的加工过程

和垂直缝制在其上的锯齿形针脚组成。缝纫密度最大和最小的偶极子分别具有 2250 个和 225 个锯齿形针脚。图 60.5 中最左侧展示的采用铜箔加工的标签天线是为了方便读者与刺绣天线进行对比。

为了分析针脚以及锯齿形线条密度对天线性能的影响，加工了图 60.5 所示的 6 种具有不同针脚密度的偶极子天线并在微波暗室中进行了测量。

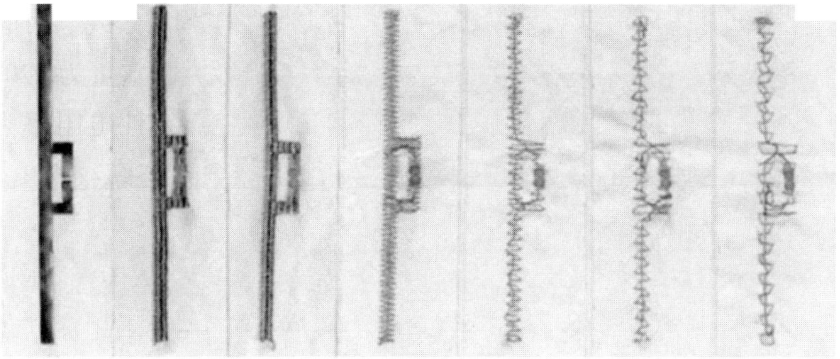

图 60.5　采用不同针脚密度的刺绣标签天线以及采用铜箔加工的标签天线

（天线上方的数字表示针脚数量）

采用 Voyantic 公司的 Tagformance 射频识别测量系统测量了标签天线的最大可实现识读距离（r_{max}）。在实践中，当标签天线位于识读天线的主波束方向、极化方向与标签天线理想匹配且发射的最大功率满足规范的情况下，即可得到识读距离 r_{max}。在这种测量配置中，通过 Friis 传输方程可以计算出可实现识读距离（Dobkin，2007），即

$$r_{max} = \frac{\lambda}{4\pi}\sqrt{\frac{\mathrm{EIRP}}{L_{fwd}\,P_{th}}} \tag{60.1}$$

式中：λ 为波长；L_{fwd} 为从信号发生器的输出端到置于标签天线位置的等效全向辐射器输入端的链路损耗因子测量值；P_{th} 为能够驱动标签天线集成电路工作的最小发射功率；EIRP 为等效全向辐射功率（EIRP）。根据定义，EIRP 为产生定向天线主波束辐射场中同等功率密度而需要向全向天线注入的功率值。在欧洲的射频识别频段（865.7～867.6MHz），EIRP＝3.28W。

图 60.6 所示为图 60.5 中标签天线在空气中的识读距离测量值。通过对比铜箔偶极子与刺绣偶极子的识读距离可以发现，刺绣偶极子带宽得以大幅提升

是源于刺绣天线电导率和品质因数的降低。刺绣标签天线可实现 5.5~7m 范围内的识读距离。与 Choi 等(2008)、Yeonho 等(2007)和 Goojo 等(2008)的结果相比,这种天线性能更好,能满足更多的应用需求。

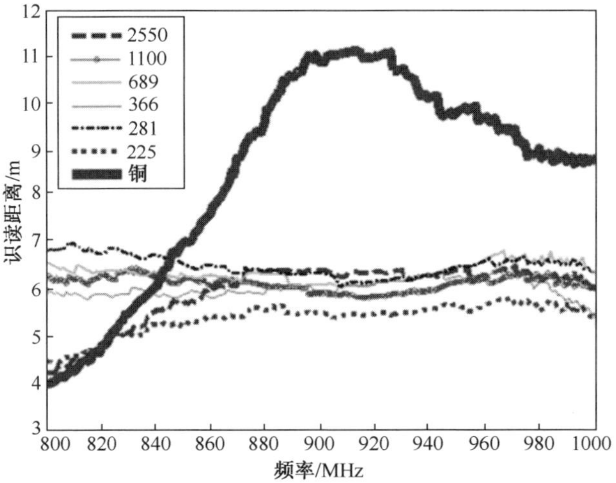

图 60.6　不同针脚密度下刺绣标签天线的前向识读距离测量值

由图 60.6 可见,除了针脚数为 225 的标签天线的性能会显著变化外,其他情况下不管针脚数量如何变化天线的性能相当接近。据此可以得出结论,针脚较为稀疏的缝制天线不但能够节约材料,还能实现和高针脚密度天线几乎同样的良好性能,可以满足应用需求。

3. 仿真模型与有效电导率

为了建立刺绣标签天线的模型,需要掌握其纹样的有效电导率。由此天线可以建模为均匀导体层,其性能也可得以优化。下面介绍一种通过对比仿真和测量结果以评估缝制天线电导率的方法,能够在给定的针脚纹样下实现对天线的优化设计。

为了得到刺绣天线的电导率,将其实际增益的测试结果与不同电导率和厚度的偶极子天线仿真性能进行了比较。标签天线的实际增益也可通过链路损耗因子 L_{iso}、集成电路灵敏度(即能够驱动集成电路工作的最小输入功率) $P_{\text{ic},0}$ 和阈值功率 P_{th} 测量值等指标计算得到(Ukkenen et al.,2012),即

$$G_{r,\text{tag}} = \frac{P_{\text{ic},0}}{L_{\text{iso}}P_{\text{th}}} \tag{60.2}$$

实际增益考虑了天线的辐射效率和功率反射系数(即天线与射频识别集成电路之间的阻抗匹配)。

刺绣天线的厚度会随着针脚密度的变化而变化。当针脚数量和线密度足够大时,即在一定程度上缝纫结构接近平面图案时,才需要考虑缝纫结构的厚度。而在缝纫纹样较为稀疏时,由于缝纫结构既非平面结构也非立体结构,故不便于考虑其厚度。尽管如此,在仿真的过程中仍需要定义天线材料的厚度。因此,测量了每个标签天线上表面缝纫结构的厚度,并在 ANSYS HFSS 仿真软件中对天线导电部分的厚度进行了定义。表 60.1 中列出了刺绣平面偶极子天线厚度的测量值。

表 60.1　刺绣天线的厚度(每个标签天线的上表面)

参　数	数　值		
针脚数量	2550	1100,689	366,281,225
厚度/mm	0.425	0.2	0.1

如图 60.6 所示,刺绣偶极子天线的识读距离曲线相互接近,这易使人认为刺绣天线的电导率几乎都相同。但当给出了刺绣结构的不同厚度之后,可以得到不同的电导率数值。

如图 60.7(a)所示,厚度为 0.425mm、电导率为 2000S/m 的偶极子天线仿真增益与具有 2550 个针脚的刺绣偶极子实测增益相吻合。由此可以推断出刺绣偶极子天线的电导率为 2000S/m。图 60.7(b)中还展示了具有不同电导率的偶极子天线仿真增益,以及 1100 个和 689 个针脚的刺绣偶极子增益测量值。在这种情况下,仿真中应将偶极子天线的厚度设为 0.2mm。如图 60.7(b)所示,1100 个和 689 个针脚的刺绣偶极子电导率从 3000S/m 提高到 5000S/m。图 60.7(c)展示了 366 个、281 个和 255 个针脚的刺绣标签天线仿真与测量结果。这种情况下,在 HFSS 软件中将偶极子天线的厚度设置为 0.1mm,而这会产生比以往更高的电导率。可见,这些标签天线的电导率从 6000 S/m 提高到了 9000S/m。

根据以上结果可知,线密度和缝纫纹样厚度的提高会导致刺绣偶极子天线有效电导率降低。尽管针脚数量在 281 ~ 2550 之间的刺绣偶极子天线厚度不同,其性能仅略有差异。因此,较厚的纹样(或导电层)必须具有较低的电导率,从而实现与较薄的纹样同等量级的损耗。

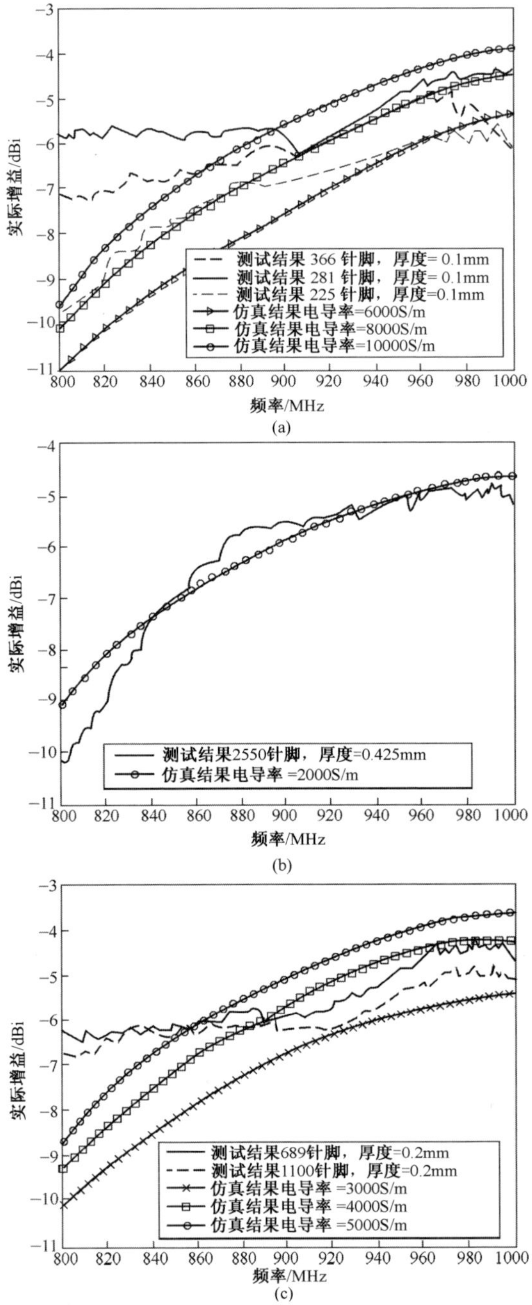

图 60.7　刺绣偶极子天线的仿真与实测实际增益

(a)~(c)分别对应于不同的针脚数量及相应的仿真电导率数值。

60.3　案例研究

1. 无线体域应用中的刺绣贴片天线

由于生物组织会吸收电磁能量(Ukkonen et al.,2012),偶极子天线的性能会受到人体影响。相比较之下,带地板的贴片天线由于对安装于其下的物质不那么敏感(Hall and Yang,2012;Ziai and Batchelor,2010)而成为了一种备选方案。此外,采用不同的电子织物为柔性的、与织物集成的天线加工提供了新方法。例如,电子织物由于具有射频性能好、柔韧性佳和耐用等优点(Wang et al.,2013;Ouyang and Chappell,2008;Bayram et al.,2010),已经在体域传感系统中得到了广泛的应用。电子织物通常指的是一类导电织物,它们或是在计算机辅助刺绣机上采用导电缝纫线加工而成(Ouyang and Chappel,2008;Koski et al.,2012;Wang et al.,2012),或是以电镀或插补加工等方法利用合金或纯金属在非导电织物表面生成金属层(Locher et al.,2006)。刺绣织物总会形成非各向同性的纹样,因此其电导率与纹样的电流方向、构造和针脚密度等因素密切相关(Koski et al.,2013a;Moradi et al.,2012)。图 60.8 所示为几种用于可穿戴贴片天线的电子织物地板。

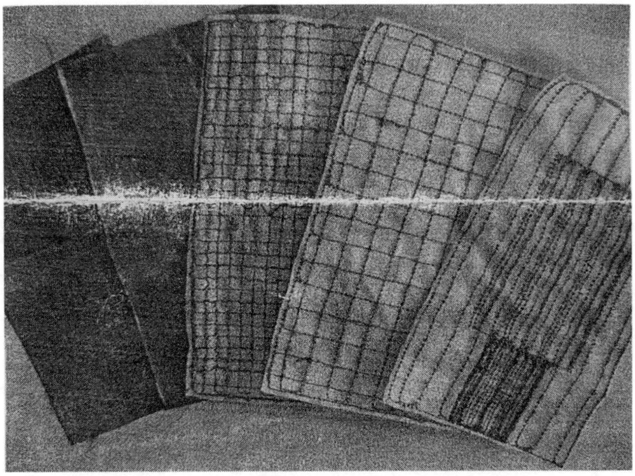

图 60.8　可穿戴贴片天线的电子织物地板

(从左起分别为银织物、铜织物、带有小方块的刺绣地板、带有大方块的刺绣地板以及为实现最大天线识读距离并减小后瓣电平的刺绣地板)

2. 电子织物地板对贴片天线性能的影响

设计合理的地板能够确保天线与人体之间的隔离度并减小人体对天线性能的影响(Hall and Yang,2012)。贴片标签天线能将辐射能量集中于远离地板的一侧,从而减少人体造成的能量损耗并提高总的辐射效率。由此,贴片天线成为可穿戴天线应用中的理想选择。

面对用于可穿戴天线的新型材料,天线工程师首先需要分析它能否用作天线地板和顶端贴片结构。从建模的角度出发,所有的电子织物可被视为无限薄的耗散介质材料,其表面阻抗参数可表征为复数 $Z_s = R_s + jX_s$。根据电子织物的结构及其表面是否被金属化,表面阻抗或是纯实数、或是复数。当电子织物不影响天线输入阻抗时,表面阻抗的虚部可以忽略不计,这适用于纯导体和大多数的导电织物(如图 60.8 中的铜织物和银织物)。如彩图 60.9 所示,与纯铜相比,铜织物和银织物(尼龙织物和 ArgenMesh 织物①,)不会导致阻抗失谐,因此它们的表面阻抗为纯实数。

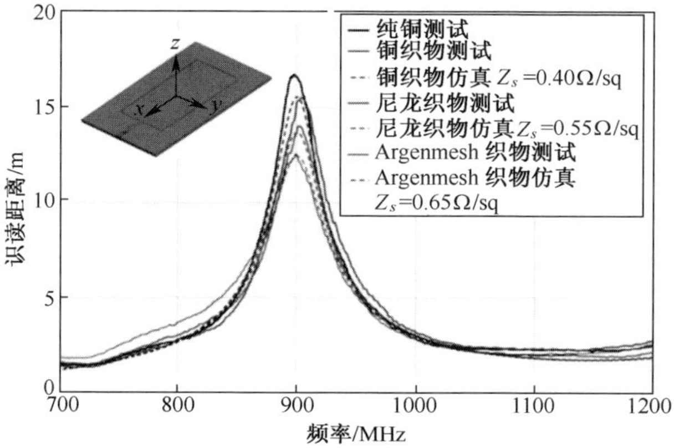

图 60.9 采用导电织物地板的贴片标签天线在空气中+z 方向实测与仿真识读距离

(未发生阻抗失谐现象;导电性织物可以用表面阻抗为纯实数的导体来近似。从导电织物的实测 E 面功率方向图可见天线后瓣电平低)(彩图见书末)

刺绣结构的表面阻抗为复数。阻抗的虚部可归结为天线电长度的增加,而天线电长度的变化又源于刺绣结构中电流长度的变化。因此,刺绣结构会提高

① ArgenMesh 是一种含金属丝织物的商标。——译者

天线的输入电感,并导致与铜制天线相比谐振频率向低频偏移。刺绣结构的形状、尺寸和密度决定了虚部的幅度。从彩图 60.10 和彩图 60.11 中可以确定不同的刺绣地板和顶端贴片所对应的表面阻抗。

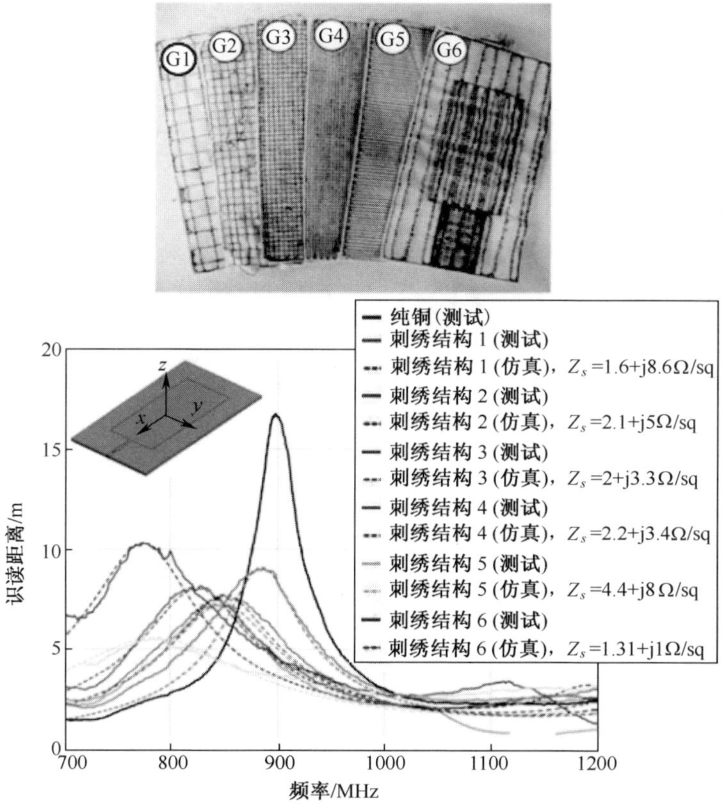

图 60.10　采用刺绣地板的铜制标签天线在空气中+z 方向的实测与仿真识读距离(彩图见书末)

(当地板上的电流通路长度较长时,阻抗失谐较为显著、电子织物的表面阻抗增大。由铜标签天线地板的表面电流密度仿真结果来优化线密度,可使电子织物的表面电阻和电抗降至最小(6 号刺绣品))。

当刺绣结构的形状和尺寸确定后,表面阻抗的虚部与刺绣的密度直接成正比。图 60.12 揭示了刺绣地板 G1~G3 与顶端贴片 T1~T3 之间的关系。

由彩图 60.13 可见,当刺绣地板结构中的电流通路长度增加时,后向辐射的量级就会增加。

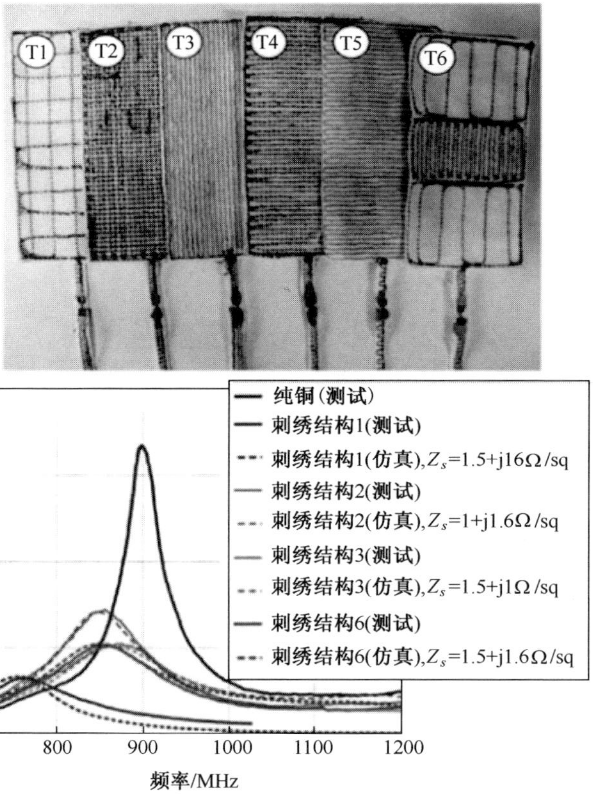

图 60.11　采用刺绣顶端贴片的铜标签天线在空气中+z方向的实测与仿真识读距离(彩图见书末)

(由铜标签天线顶端贴片的电流密度仿真结果来优化线密度,可以使电子织物的表面电抗值以及相应的阻抗失谐最小。由于交叉极化电平较高,未能测得T4和T5天线的性能)。

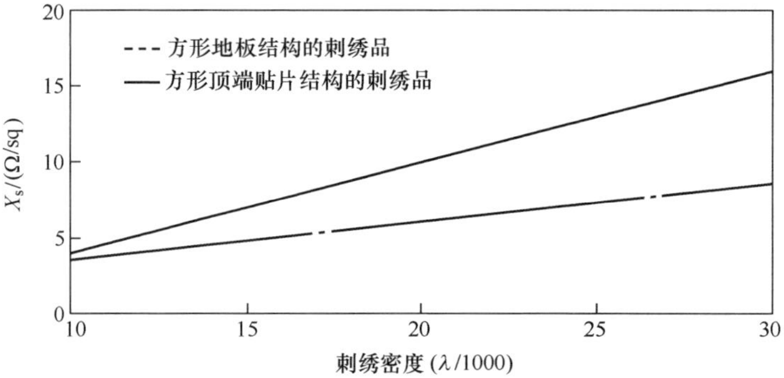

图 60.12　方形刺绣地板的表面阻抗虚部与刺绣密度的关系

(曲线对应于G1~G3地板和T1~T2顶端贴片。波长对应的频率为900MHz)

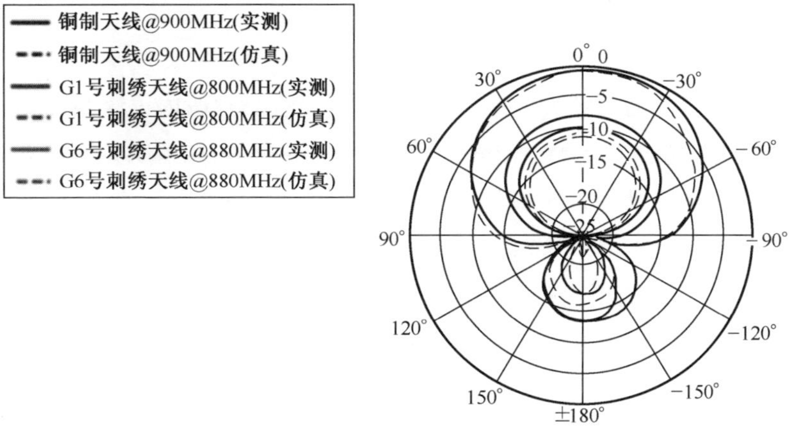

图 60.13　采用 G1 和 G6 地板的刺绣天线以及铜质天线的实测和仿真 E 面方向图(彩图见书末)

(G1 地板中电流通路长度的提高导致后向辐射增加)

3. 完全可穿戴刺绣贴片天线的实现

只有知晓了电子织物的表面阻抗,才有可能设计、优化可穿戴天线并补偿材料对其性能的影响。图 60.14 所示为采用 G6 地板和 T2 顶端刺绣贴片结构的完全可穿戴天线。对于常规形状的贴片天线而言,其带宽与基片厚度成正比、与介电常数的平方根成反比(Kumar and Ray,2003)。因此,在实践中通常会选取

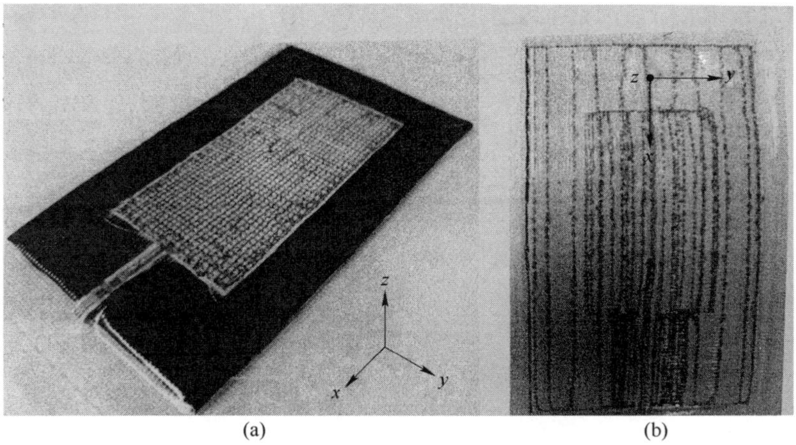

图 60.14　在三元乙丙橡胶(EPDM)泡沫基片上加工的可穿戴刺绣贴片标签天线

(a)俯视图;(b)底视图。

(基片和地板的尺寸为 150mm×90mm,辐射贴片的尺寸为 90mm×50mm)

具有低介电常数的厚基片。为了得到更高的辐射效率,一般会采用低损耗的介质基片。因此厚度为3mm的三元乙丙橡胶(EPDM)泡沫成为了一种理想选择。

图60.15所示为可穿戴刺绣天线的性能,在观测频段内识读距离相对稳定。天线在900MHz频点上实现了3m的识读距离。由于人体组织具有高介电常数,当天线接近人体时其谐振频率将发生偏移并回到射频识别频段。这种具有极低后瓣电平的天线恰好能够满足天线与人体间高隔离度的需求。最重要的是,图60.15表明,天线需要实现复数的表面阻抗以适当抵消由导电纤维引起的电磁效应。

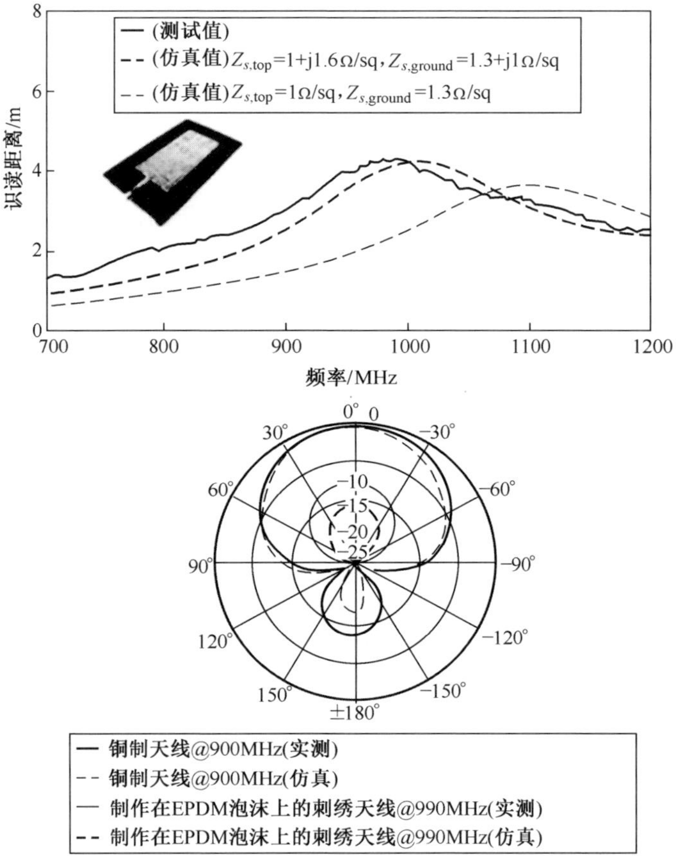

图60.15 可穿戴刺绣天线的性能

(a)采用EPDM泡沫基片的刺绣天线在空气中+z方向的实测和仿真识读距离(需要实现复数的表面阻抗以适当抵消由导电纤维引起的电磁效应);(b)采用EPDM泡沫基片刺绣天线的归一化于铜制天线的E面功率方向图(该天线具有极低的后瓣电平)。

未来刺绣技术能够使天线与衣服无缝且稳健集成，进而推动产业界和公众接受这项技术。

4. 可穿戴刺绣贴片天线在紧贴人体情况下的性能

可穿戴天线在紧贴人体的情况下仍应正常工作，因此其每个设计步骤都需要天线在臂状态的验证过程，而刺绣天线的性能是在人体手臂模型上测得的（Koski et al.，2014b）。天线和手臂模型之间放置了 0.7mm 厚的紧身衬衫。当天线与人体接近时，人体效应会更显著，而选取紧身衬衫是为了在最恶劣的情况下评估天线性能。

通过比较图 60.15 和图 60.16 可见，天线具有良好的与人体隔离性能，而相对平坦的识读距离响应曲线也表明其输入阻抗并未受到人体的严重影响。天线在 900MHz 频点上的体表识读距离超过了 3m，这为未来可穿戴刺绣天线的设计提供了基准。

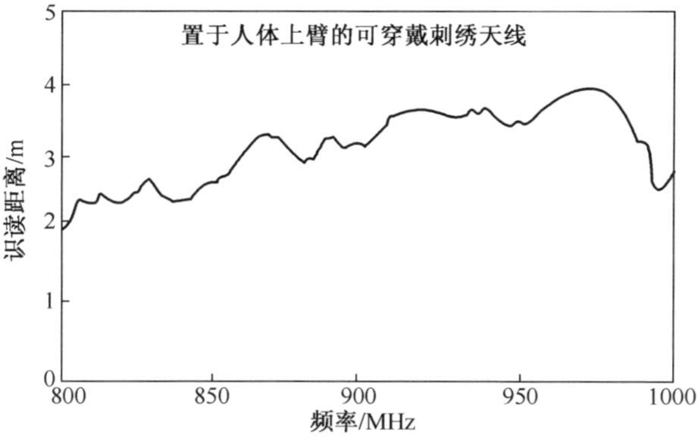

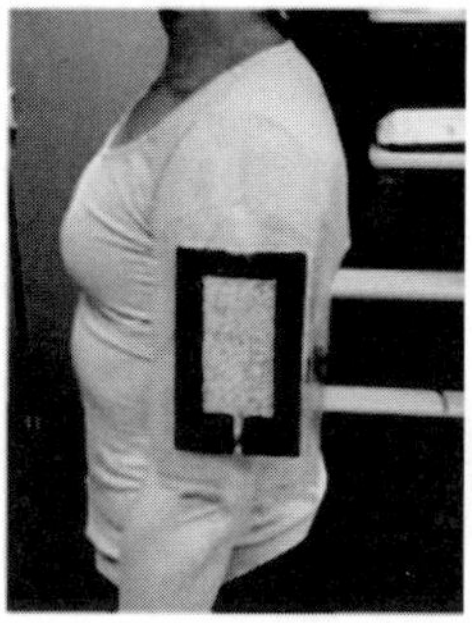

图 60.16　可穿戴刺绣天线置于人体上臂时在极化匹配状态下+z 方向的识读距离

5. 与毫米级尺寸植入物通信的刺绣体表天线

探究采用柔性电子织物实现无线脑-机接口系统中环形发射天线的可行性，为此考虑了刺绣织物和商用织物两种方案。神经植入物需要与体外的发射天线建立无线体域通信链路，而体外发射天线应该穿戴舒适、外形小巧，并在优化设计之后能与可植入天线实现最强耦合。下面将进一步研究这些技术要求。

6. 天线和无线链路的建模

驱动毫米级尺寸且无电池的皮层植入物工作并与其通信，需要发射天线在不突破比吸收率（SAR）限制的情况下实现高链路功效。体表发射天线还应满足可穿戴天线的要求,具有尺寸小、柔韧性好、重量轻乃至可水洗等特点,而电子织物材料则推动了共形可穿戴天线的发展。神经植入物需要体外发射天线来建立无线体域通信链路,而这种体外发射天线应该穿戴舒适、剖面低,并在优化设计之后能够与可植入天线实现最强耦合。本节介绍了采用柔性电子织物实现无线脑-机接口系统所需的环形发射天线,其中包括刺绣织物和商用织物两种方案。

毫米级尺寸的环形天线能够在几百兆赫到约千兆赫的频段内,通过感应链路实现与外部环形发射天线的高效耦合。以两端口网络的方式分析感应链路能够使我们通过两端口系统的最大工作功率增益来计算链路功效。

$$G_{p,\max} = \frac{|Z_{12}|^2}{S + \sqrt{S^2 - |Z_{12}Z_{21}|^2}} \qquad (60.3)$$

$$S = Re(Z_{11})Re(Z_{22}) - Re(Z_{12}Z_{21})$$

式中:$G_{p,\max}$ 为最大工作功率增益;Z_{xy} 为两端口系统的 Z 参数(Moradi et al.,2013)。$G_{p,\max}$ 是植入集成电路接收到的功率与发射天线的发射功率之间的比值。

从使用者的舒适性出发,低剖面环形发射天线应具有柔韧和可穿戴的特点。环形发射天线由电子织物制成,在设计中也考虑了铜织物和刺绣结构。电子织物环形发射天线在建模过程中被视为无限薄的导体,表面电阻是其唯一的材料参数。通过无线反射计测量方法得到的铜织物和刺绣纹样的表面电阻值分别设为 $R_s = 0.4\Omega/\mathrm{sq}$ 和 $R_s = 1.25\Omega/\mathrm{sq}$(Koski et al.,2013b)。两种可穿戴天线均选择了柔性棉织物($\varepsilon_r = 2.2$,$\tan\delta = 0.08$)作为基底材料。

共形的环形发射天线需要与带有磁介电芯(SMMDF101,在300MHz频点上,$\varepsilon_r = 18$,$\mu_r = 17.5$,$\tan\delta_{\mathrm{magn}} = 0.15$,$\tan\delta_{\mathrm{diel}} = 0.02$)、尺寸为2mm×2mm×2mm的铜制立方体环天线相耦合。仿真中采用了外径为9.2cm的球形人体头部模型(图60.17(a)),该模型由2mm厚的皮肤层、2mm厚的脂肪层、7mm厚的颅骨层及大脑层构成。以往的研究表明,毫米级尺寸的环形天线能够在几百兆赫兹到约千兆赫兹的频段内通过感应链路实现与外部环形发射天线的高效耦合(Yakovlev et al.,2012)。仿真结果表明,在300MHz频点上两种表面电阻的环形发射天线优化尺寸一致,优化得到的内半径为13mm、导线宽度为17mm。无线链路性能的仿真结果如图60.17(b)所示,在300MHz频点上铜织物的峰值 $G_{p,\max}$(-20dB)比刺绣天线的峰值 $G_{p,\max}$(-23dB)高3dB左右。需要强调的是,通过可穿戴发射天线实现的链路功效低于基于固体基片加工且经过优化的纯铜天线(Moradi et al. ,2013)。但可穿戴天线的接收功率 P_L 与铜制发射天线的接收功率处于同等量级。这意味着可穿戴环形天线能够实现与铜制环形天线相似的功率性能,代价是尺寸和能量损耗的增大。由图 60.16 可见,在 300MHz 频点上刺绣发射天线的链路功效比铜纺织天线低 3dB 左右。

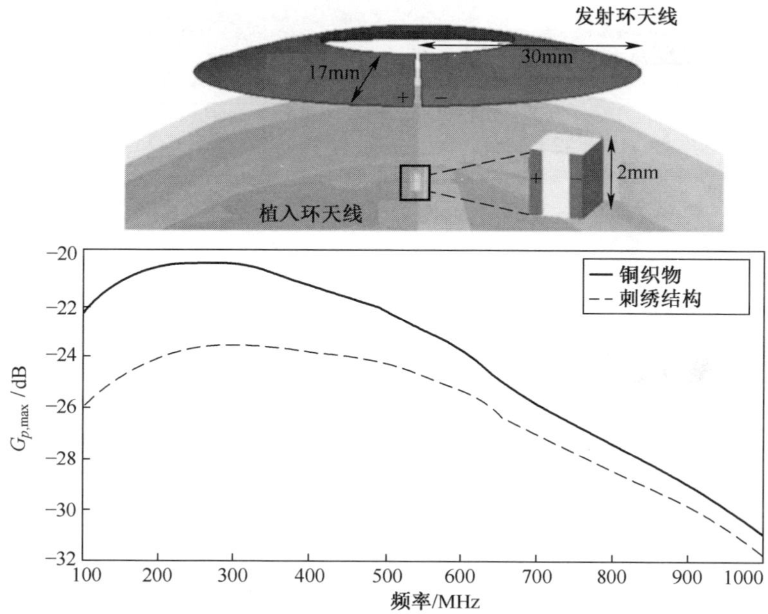

图 60.17　人体头部模型及无线链路性能仿真结果

(a)与毫米级立方体环天线耦合的电子纺织发射天线的共形模型(无线信道模型由 4 层球形组织构成);(b)与采用 SMMDF101 芯且尺寸为 2mm × 2mm × 2mm 的可植入天线耦合的两种电子织物发射天线的最大工作功率增益仿真曲线。

7. 加工与测量

选取 LessEMF 公司的商用电子织物——一种纯铜涤塔夫织物(含铜 35%)作为电子织物材料,采用 HUSQVARNA VIKING 公司的计算机辅助缝纫机和 Shieldex 系列中牌号为 110f34 dtex 2-ply HC 导电线加工了刺绣天线,并测量了天线性能。刺绣纹样由采用导电线沿着环缝纫的圆圈组成,为实现 1.25Ω/sq 的表面电阻沿着环半径的针脚密度设置为每毫米一行。如图 60.18 所示,可植入天线为采用了 SMMDF101 磁介电芯、尺寸为 2mm × 2mm × 2mm 的立方体环天线,天线采用厚度为 50μm 的铜带制作而成。采用阻抗匹配电路可将天线的阻抗匹配至 50Ω(即矢量网络分析仪(VNA)的端口特性阻抗)。

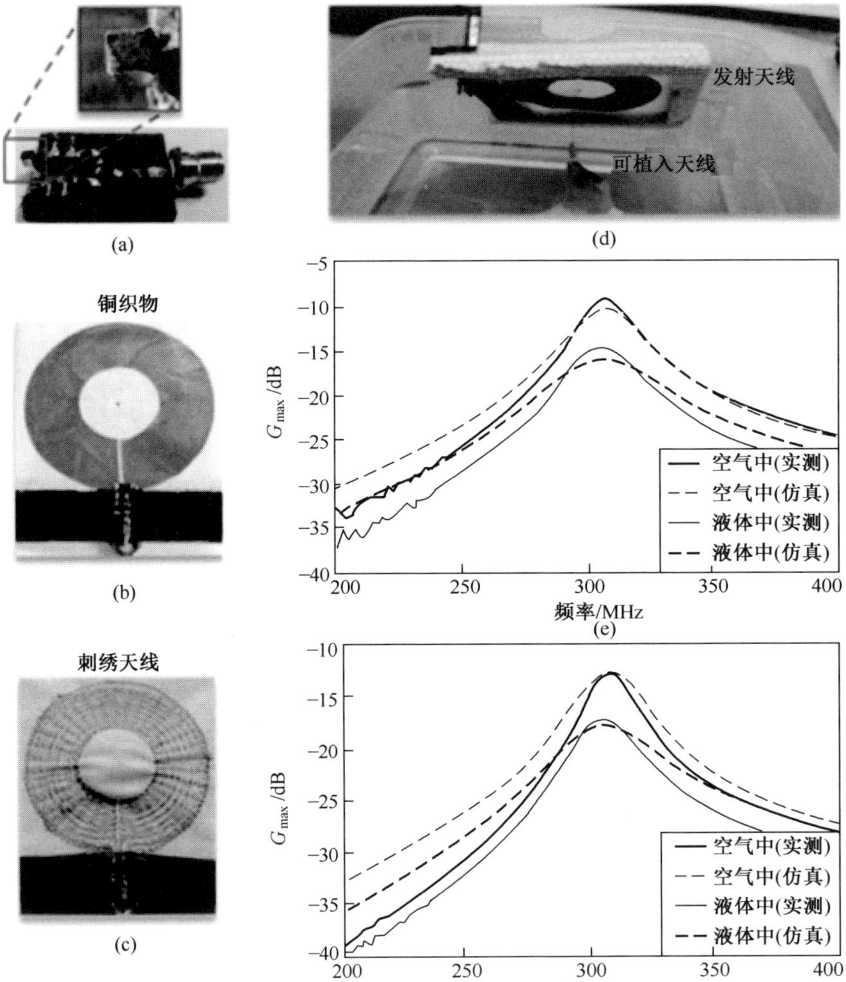

图 60.18 可植入天线外形及其性能

(a)在测试台上的天线样机(带磁介电芯、尺寸为 2mm × 2mm × 2mm 的铜立方体环);(b)铜织物;(c)刺绣发射天线;(d)两端口测量装置;(e)铜织物发射环形无线在空气中和液体中的结果;(f)刺绣发射环形天线在空气中和液体中的结果(虚线代表仿真结果)。

在空气和液体两种环境中测量了天线性能,在液体情况下可植入天线被浸入 SAMITO 公司提供的等效人体头部的液体体模。根据美国电子电气工程师协会(IEEE)的标准,在 300MHz 时液体体模与人体头部的介电性能相似(ε_r = 44.32,σ = 0.83S/m)。针对两种电子织物发射天线,在(16±1)mm 的固定距离下对空气中的植入环天线进行了测量;植入物被置于液体表面下方(11±1)mm 处,发射天线被置于液体表面上方(5±1)mm 处,以便与分层人体头部模型中的间距匹配(2mm 皮肤+2mm 脂肪+7mm 骨骼=11mm)。根据测量得到的 S 参数计算出天线间的链路功效,图 60.18 展示了在空气和液体两种测量装置中的结果。在所有情况下 $G_{p,max}$ 均在 305MHz 达到峰值,接近预测的匹配频率。在植入物分别置于空气和液体的两种情况下,铜织物环形发射天线在 305MHz 频点下的链路功效分别为-9.62dB 和-14.6dB。测量得到的刺绣样机峰值 $G_{p,max}$ 比铜织物天线低 3dB(空气中为-12.3dB、液体中为-17.1dB)左右,而这也验证了之前的仿真结果(图 60.18)。在匹配频率附近仿真结果与测量结果吻合良好;峰值的最大偏差小于 1.4dB,这可能是由于加工误差和分立元件的差异(如具有 5%公差的电容)导致的。总体而言,取得的结果证明了两个天线间的耦合系数是可以准确预测的。在只考虑天线的情况下测得的 $G_{p,max}$ 峰值明显比计算结果高,这意味着试验基片引入了一种额外的耦合机理。因此,提出的完整模型能够评估、补偿并最终消除试验基片引起的测量误差,从而可以预估在实际应用中需要传输到神经集成电路的功率。

60.4　结论

无线体域识别与感知系统因为能够推动可穿戴智能设备的革命性发展而具有巨大的应用潜力,而包括无线脑—机接口在内的颠覆性技术有望彻底推动中风、癫痫等严重神经系统疾病的治疗。体表天线、可植入天线及两者间通信的技术要求包括:体表天线应重量轻、可共形、易于与衣物集成且尽量免受人体导致的性能恶化;体表天线和可植入天线的通信链路应尽可能高效,且必须遵循功率传输规范;植入物和相应的可植入天线应尽可能小型化,以确保体表纺织天线与毫米级可植入天线间的有效通信。电子织物具有射频性能好、柔韧性佳和耐用等优点,已经作为可穿戴天线材料广泛应用于体域传感系统中。电子织物通常指的是一类导电织物,它们或是由计算机辅助刺绣机采用导电缝纫线加工而成,或是采用合金或纯金属以电镀或插补加工方式在非导电的织物表面生成金属层。本章提出了刺绣UHF射频识别标签天线的建模与分析方法,加工了完全刺绣的可穿戴贴片天线,解决了织物发射天线与毫米级尺寸可植入天线的协同设计问题和无线脑-机接口系统中的设计难题。

交叉参考:

▶第76章　天线先进制造技术

▶第65章　无源无线天线传感器

▶第61章　面向生物医学遥测应用的植入天线

参考文献

Bayram Y,Zhou Y,Shim B S,Xu S,Zhu J,Kotov NA,Volakis JL (2010) E -Textile conductors and polymer composites for conformal lightweight antennas. IEEE Trans Antennas Propag 58(8):2732-2736

Carmena JM (2012) Becoming bionic. IEEE Spectr 49(3):24-29

Carmena JM (2013) Advances in neuroprosthetic learning and control. PLoS Biol 11:5

Choi JH,Yeonho K,Kyounghwan L,You CC (2008) Various wearable embroidery RFID tag antenna using electro-thread. In: IEEE Antennas and propagation society international symposium, San Diego,5-11 July 2008

Collinger JL,Wodlinger B,Downey JE,Wang W,Tyler-Kabara EC,Weber DJ,McMorland AJ,Velliste M,Boninger ML,Schwartz AB (2013) High-performance neuroprosthetic control by an individual with tetraplegia. Lancet 381(9866):557-564

Dobkin DM (2007) The RF in RFID: passive UHF RFID systems in practice. Newnes, Burlington

Foster PR, Burberry RA (1999) Antenna problems in RFID systems. IEE Colloquium on RFID Technology, London, pp 3/1-3/5

Goojo K,Jinseong L,Kyoung HL,You CC,Junho Y,Byung HM,Jeenmo Y,Hee CK (2008) Design of a UHF RFID fiber tag antenna with electric-thread using a sewing machine. In: Asia Pacific microwave conference, Macau, 16-20 Dec 2008

Hall PS,Hao Y (2006) Antennas and propagation for body centric communications. 1stEuCAP, Nice

Hall PS,Yang Y(2012) Antennas and propagation for body-centric wireless communications. Artech

House, Boston

Kellomäki T, Ukkonen L (2010) Design approaches for bodyworn RFID tags. In: Proceeding of the 3rd ISABEL, Rome, Italy, 5 p

Koralek AC, Jin X, Long JD II, Costa RM, Carmena JM (2012) Corticostriatal plasticity is necessary for learning intentional neuroprosthetic skills. Nature 483: 331-335

Koski E, Koski K, Björninen T, Babar AA, Sydänheimo L, Ukkonen L, Rahmat-Samii Y (2012) Fabrication of embroidered UHF RFID tags. In: Proceedings of the IEEE AP-S symposium, Chicago, 2 p

Koski K, Vena A, Sydänheimo L, Ukkonen L, Rahmat-Samii Y (2013a) Design and implementation of electro-textile ground planes for wearable UHF RFID patch tag antennas. IEEE Antennas Wirel Propag Lett 12(1): 964-967

Koski K, Vena A, Sydänheimo L, Ukkonen L, Rahmat-Samii Y (2013b) Design and implementation of electro-textile ground planes for wearable UHF RFID patch tag antennas. IEEE AWPL 12: 964-967

Koski K, Björninen T, Sydänheimo L, Ukkonen L, Rahmat-Samii Y (2014a) A new approach and analysis of modeling the human body in RFID-enabled body-centric wireless systems. Int J Antennas Propag 2014, 368090, 12 pages

Koski K, Lohan ES, Sydänheimo L, Ukkonen L, Rahmat-Samii Y (2014b) Electro-textile UHF RFID Patch antennas for positioning and localization applications. In: IEEE RFID - TA conference, Tampere

Kumar G, Ray KP (2003) Broadband microstrip antennas. Artech House, Boston Locher I, Klemm M, Kirstein T, Tröster G (2006) Design and characterization of purely textile patch antenna. IEEE Trans Adv Packag 29(4): 777-788

Marrocco G (2008) The art of UHF RFID antenna design: impedance-matching and size-reduction techniques. Antennas Propag Mag IEEE 50(1): 66-79

Marrocco G (2010) RFID antennas for the UHF remote monitoring of human subjects. IEEE Trans Antennas Propag 55(6): 1862-1870

Moradi E, Björninen T, Ukkonen L, Rahmat-Samii Y (2012) Effects of sewing pattern on the performance of embroidered dipole-type RFID tag antennas. IEEE Antennas Wirel Propag Lett 11 (1): 1482-1485

Moradi E, Björninen T, Sydänheimo L, Ukkonen L, Rabaey JM (2013) Analysis of wireless powering of mm-size neural tags in RFID-inspired wireless brain-machine interface system. In: IEEE

RFID conference digest, pp 8-15, April 2013

Nicolelis MAL (2001) Actions from thoughts. Nature 409:403-407

Occhiuzzi C, Cippitelli S, Marrocco G (2010) Modeling, design and experimentation of wearable RFID sensor tag. IEEE Trans Antennas Propag 58(8):2490-2498

Ouyang Y, Chappell WJ (2008) High frequency properties of electro-textiles for wearable antenna applications. IEEE Trans Antennas Propag 56(2):381-389

Polívka M, Švanda M, Hudec P (2009) UHF RFID of people. In: Turcu C (ed) Development and implementation of RFID technology, chapter 4. I-Tech Education and Publishing, Vienna

Rabaey JM (2011) Brain-machine interfaces as the new frontier in extreme miniaturization. ESSD-ERC, Helsinki

Raumonen P, Sydänheimo L, Ukkonen L, Keskilammi M, Kivikoski M (2003) Folded dipole antenna near metal plate. In: Proceeding of the IEEE AP-S symposium, Columbus, OH. Vol 1. pp 848-851

Ukkonen L, Sydanheimo L, Kivikoski M (2005) Effects of metallic plate size on the performance of microstrip patch-type tag antennas for passive RFID. Antennas Wirel Propag Lett IEEE 4: 410-413

Ukkonen L, Sydanheimo L, Rahmat-Samii Y (2012) Sewed textile RFID tag and sensor antennas for on-body use. In: Antennas and Propagation (EUCAP), 2012 6th European Conference on Prague. pp 3450-3454, 26-30

Vena A, Moradi E, Koski K, Babar AA, Sydänheimo L, Ukkonen L, Tentzeris MM (2013) Design and realization of stretchable sewn chipless RFID tags and sensors for wearable applications. In: Proceedings of the IEEE international conference RFID, Orlando, FL, pp 176-183

Wang Z, Zhang L, Bayram Y, Volakis JL (2012) Embroidered conductive fibers on polymer composite for conformal antennas. IEEE Trans Antennas Propag 60(9):4141-4147

Wang Z, Zhang L, Volakis JL (2013) Textile antennas for wearable radio frequency applications. Text Light Ind Sci Technol 2(3):105-112

Yakovlev A, Kim S, Poon A (2012) Implantable biomedical devices: wireless powering and communication. IEEE Commun Mag 50(4):152-159

Yang L, Martin LJ, Staiculescu D, Wong CP, Tentzeris MM (2008) Conformal magnetic composite RFID for wearable RF and bio- monitoring applications. IEEE Trans Microwave Theory Tech 56 (12):3223-3230

Yeonho K, Kyounghwan L, Yongju K, You CC (2007) Wearable UHF RFID tag antenna design using flexible electro-thread and textile. In: IEEE antennas and propagation society international symposium, Honolulu, 9-15 June 2007

Ziai MA, Batchelor JC (2010) Thin ultra high-frequency platform insensitive radio frequency identification tags. Microwaves Antennas Propag IET 4(3):390-398

第 61 章
面向生物医学遥测应用的植入天线

Asimina Kiourti and Konstantina S. Nikita

摘要

生物医学遥测可以在一定距离之外通过有线或无线通信技术测量生理信号。植入式医疗器械(IMDs)包括了无线生物医学遥测领域的最新研究进展,这些器械通过外科手术植入人体并应用于诊断、监测和治疗。可植入天线(即集成到具有射频功能的植入式医疗器械中的天线)的设计、加工和测试都面临着很多挑战,因而吸引了研究界的特别关注。拥有不同学科背景的研究者开展了大量卓有成效的研究,而这也凸显了大家对这项技术未来应用前景的期待。

关键词

生物相容性;生物医学遥测;工业、科学和医疗(ISM)频段;医疗植入通信服

A. Kiourti(✉)
俄亥俄州立大学电气与计算工程系电子科学实验室,美国
e-mail:akiourti@ biosim. ntua. gr; akiourti. 1@ osu. edu
K. S. Nikita
希腊国立雅典理工大学电气与计算工程学院,希腊
e-mail:knikita@ ece. ntua. gr

务(MICS)频段;小型化;可植入天线;体外测试;在体测试;比吸收率

61.1　引言

生物医学遥测技术可以在一定距离之外通过有线或无线通信的方式测量生理信号。通过传感器获得的生理信号,将被处理并传输到外部的监测/控制设备。植入式医疗器械(IMDs)包括了无线生物医学遥测领域的最新研究进展,它们通过外科手术植入人体并应用于诊断、监测和治疗等场景中(Greatbatch and Homes 1991;Chow et al.,2013;Kiourti et al.,2014a)。

如今全球有数百万人依靠植入式医疗器械来支持和改善他们的生活质量,而生物、化学、电气和机械传感器技术以及微电子机械系统(MEMS)的进展又促生了许多新的植入式医疗器械。具体而言,无线植入式医疗器械已经应用于体温监测(Scanlon et al.,1997)、起搏器与心脏复律除颤器(Wessels,2002)、功能电刺激器(FES)(Guillory and Normann,1999)、血糖传感器(Shults et al.,1994)、耳蜗(Buchegger et al.,2005)、胃与膀胱控制器(Sani et al.,2009)及视网膜移植(Gosalia et al.,2004)等领域。随着技术的演进,人类将开发出新的植入式医疗器械,而它们的应用范围也将得到进一步拓展。

植入式医疗器械的无线遥测常采用低频(几十到几百千赫)感应式链路(Tang et al.,1995;Valdastri et al.,2004),然而这种技术通常存在数据速率低(1~30kb/s)、通信距离受限(小于 10cm)和对线圈间位置的敏感度高等缺陷。因此,近来的研究多集中在基于射频链路的植入式医疗器械。无线通信技术和电子器件的快速发展,推动了射频遥测系统的设计,如图 61.1 所示,基于射频链路的植入式医疗器械的关键部件之一是集成可植入天线。从原理上讲,接收到的生理信号将被放大、数字化后传送到收发机中;而收发机将对数据进行编码和调制,最终将数据传送到天线。天线能够实现植入式医疗器械与外部监测/控制设备之间的双向通信。在真实的场景中,这些可植入天线被安装在植入式医疗器械的现有硬件中。

可植入天线是指集成到具有射频功能的植入式医疗器械中的天线。这种天线的设计、加工和测试都面临着很多挑战,因而吸引了研究界的特别关注(Kiourti and Nikita,2012a;Chow et al.,2013)。具体而言,需要能够对这种天线进行快速数值设计,并针对工作频率、小型化、生物相容性、患者安全、与外部设备的高质量通信以及受试者间变异等问题上实现最优的解决方案。此外,由于制造公差会导致测试结果与理论计算之间出现很大的偏差,这种小型化天线的加工也非常具有挑战性。最后,考虑到与理论电气特性相匹配的体模配方和植入活体动物体内这两个要求,可植入天线的体外和在体测试也非常关键。拥有不同学科背景的研究者开展了大量卓有成效的研究工作,而这也凸显了大家对这项技术未来应用前景的期待。

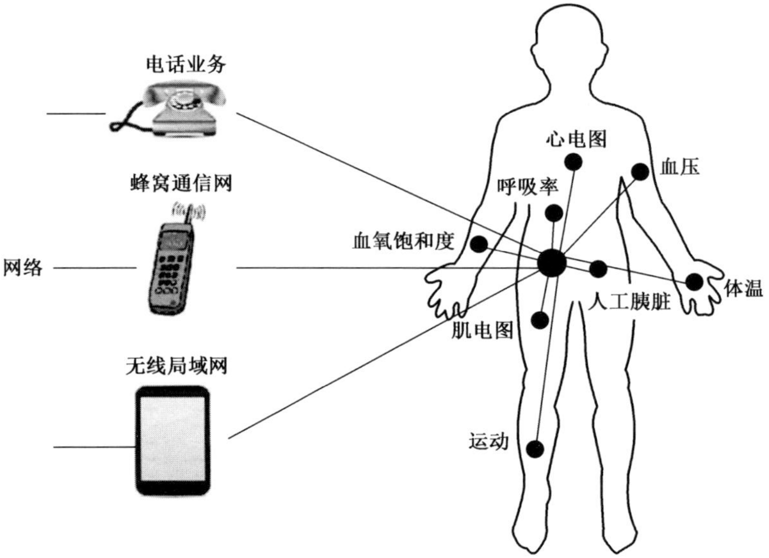

图 61.1　基于植入式医疗器械的无线生物医学遥测系统原理

61.2　可植入天线的设计要素

可植入贴片天线的设计要素包括:工作频段的选择;体积/尺寸的小型化;生物相容性;可植入天线应遵守防止患者受电磁辐射伤害的国际规范(美国电子电气工程师协会,IEEE 1999,2005);可植入天线与外部监测/控制设备的高质量通信;受试者间变异。下面详细讨论这些设计要素。

1. 工作频段

由于许多竞争性因素的存在,可植入天线以及相应的植入式医疗器械的工作频段受到了广泛关注。

至今仍没有全球广泛接受的专用于植入式医疗器械生物医学遥测的频段,但这种情况随着国际电信联盟发布的 ITU-R SA.1346(ITU-R 1998)建议书而发生了变化。该建议书将 400.0~405.0 MHz 频段分配给医疗植入通信服务(MICS)业务。美国电子电气工程师协会(IEEE)后来又推出了 IEEE802.15.6 标准(2012)。该标准涉及接近人体或者在人体内部的短距离无线通信技术;既包含现有的工业、科学和医疗(ISM)频段,也包括经过国家医疗和/或监管机构批准的频段。根据该标准,植入式医疗器械应至少能够在下列频段之一进行传输和接收,即 402.0~405.0MHz、420.0~ 450.0MHz、863.0~870.0MHz、902.0~928.0MHz、2360.0~2400.0MHz 及 2400.0~2483.5MHz;标准中还支持超宽带(UWB)植入式医疗器械采用的低频段(3494.4~4492.8MHz)或高频段(6489.6~9984.0MHz)。表 61.1 中总结了近来学术研究中涉及的可植入天线工作频率。

表 61.1　文献中可植入天线工作频率

频率	参考文献
402MHz	Kim and Rahmat-Samii, 2004; Soontornpipit et al., 2004、2005; Abadia et al., 2009; Chen et al., 2009; Sani et al., 2009; Karacolak et al., 2009; Sanchez-Fernandez et al., 2010; Gemio et al., 2010; Huang et al., 2011; Vidal et al., 2012; Kiourti and Nikita, 2012b
433MHz	Weiss et al., 2009; Gemio et al., 2010; Huang et al., 2011; Kiourti and Nikita, 2012b
868MHz	Sani et al., 2009; Sani et al., 2010; Kiourti and Nikita, 2012b
915MHz	Scanlon et al., 2000; Gemio et al., 2010; Kiourti and Nikita, 2012b
1575MHz	Azad and Ali, 2009
2400MHz	Kawoos et al., 2008; Karacolak et al., 2009; Xia et al., 2009; Sanchez-Fernandez et al., 2010; Gemio et al., 2010; Huang et al., 2011; Scarpello et al., 2011
31.5GHz	Ahmed et al., 2008

范围为 2400.0~2500.0MHz 的 ISM 频段(ITU-R-2008)是最具应用前景的频段之一。这是因为从技术发展(蓝牙、无线保真(WiFi)和无线局域网(WLAN))、天线、集成电路和嵌入式系统等方面来看,这一频段已经得到了充分的开发。此外,更高的工作频率能够允许使用更小的天线和器件,也正是因为这一原因文献中还介绍了工作在更高频率(如 5.85GHz 和 31.5GHz)的可植入天线(表 61.1)。然而在上述频段内还共置了大量营运服务业务,因此干扰问题成

为制约因素。植入式医疗器械可能会由于干扰问题而产生错误激活、链路中断和数据毁损等不良影响。

为了解决干扰问题,植入式医疗器械往往工作在专门为 MICS 业务分配的 402.0~405.0MHz 频段。目前 MICS 频段由美国联邦通信委员会(FCC)和欧洲无线通信委员会(ERC)负责监管。3MHz 的带宽能够允许 10 个通道(每个通道的带宽为 300kHz)同时工作(即在同一区域内的多个植入式医疗器械),这也避免了与共置的气象辅助业务频段(401~406MHz)之间可能存在的干扰。其他增强干扰容限的方法包括:①采用自动请求重传技术(ARQ)和前向纠错技术(FEC)抵消冲激噪声(即持续时间非常短而幅度又远大于植入式医疗器械信号电平的噪声)的影响;②采用频率捷变和信道化技术以避免窄带干扰源(即带宽与植入式医疗器械信号波形相当的源)的影响。MICS 频段的优点包括全球通用、其低功率电路技术可行、位于整个频谱内的低噪声部分且在人体中具有较好的穿透能力。Savci 等(2005)研究者总结并回顾了植入式医疗器械的监管标准以及 MICS 收发机的性能。

文献中已经介绍了工作频率对植入式医疗器械性能的影响。以往采用单网格激励法来模拟阴道(Scanlon et al.,2000)以及胃、膀胱、心脏(Sani et al.,2009)植入物时,随着频率的提高,功率吸收将增加、人体损耗会提高、穿透深度也将降低。近来研究者发现在更高的频率下可植入天线的增益会提高(在 915MHz 最大远场增益较 402MHz 的增益提高了 10.7%),最大许用净输入功率电平得以提升(根据 IEEE C95.1-1999(IEEE 1999)和 IEEE C95.1-2005(IEEE 2005)安全标准,分别提高了 10.1%和 1.3%),比吸收率的分布也得到扩展(Kiourti and Nikita,2012b)。这些成果应归结于研究者在保持天线物理尺寸不变的情况下改变了天线的有效尺寸。此外,工作频率的选择直接与码速率相关:更高的工作频率能够提升工作带宽,从而实现更高的码速率,以满足高数据速率应用中的需求。例如,带限加性高斯白噪声(AWGN)信道的最大信道容量为

$$C = \mathrm{BW}\log_2\left(1 + \frac{S}{N}\right) \tag{61.1}$$

式中:BW 为通道带宽;S 为平均信号功率;N 为平均噪声功率。因此,MICS 频段(带宽 300kHz)能够实现低码速率,WMTS(带宽在 8.5kHz~6MHz 间)和 ISM(带宽可选择)频段能够实现中等码速率,而 UWB(带宽大于 500MHz)最有望满足

高码速率应用的需求。根据最新的 IEEE 802.15.6 标准(2012),数据速率通常需要达到 10Mb/s 以满足不断演进的医疗服务的需求。

2. 小型化

IMD 电子器件的最新进展推动了 IMD 的超小型化设计。例如,植入视网膜假体应足够小,从而能够被插入眼球(半径约为 12.5mm)内;而颅内压监护仪也应足够小,以适应颅骨上的 12mm 标准钻孔(Warty et al.,2008)。在分配给医学植入体的频段、特别是 MICS 频段的低端,传统的 $\lambda/2$ 或 $\lambda/4$ 天线因尺寸过大而无法使用(如 402MHz、433MHz、868MHz 和 965MHz 所对应的自由空间中的波长分别为 74.6cm、69.3cm、34.6cm 和 32.8cm),因此小型化技术成为可植入天线的设计关键。

幸运的是,可植入天线所依附的人体组织具有较高的介电常数(如皮肤在 402MHz 的介电常数为 46.7(Gabriel et al.,1996a,1996b,1996c)),或者等效而言,波的传播速度降低,相当于提高了天线的有效介电常数,从而能够有效地减小天线的物理尺寸。当然也可以同时采用其他的天线小型化技术。文献中提出的可植入天线的小型化技术包括以下几项措施。

(1) 采用高介电常数的介质材料。选用具有高介电常数的介质材料是因为它能够缩短电磁场的有效波长并降低谐振频率,从而实现天线的小型化(如陶瓷氧化铝($\varepsilon_r = 9.4$)(Kiourti et al.,2011a)或 Rogers RO3210($\varepsilon_r = 10.2$)(Kiourti and Nikita,2012b))。

(2) 延长天线表面的电流路径。如果能够在天线表面激励起更长的有效电流路径,其谐振频率会降低,从而实现更紧凑的结构。为此研究者提出了图 61.2所示的折线型(Kiourti and Nikita,2011)、平面螺旋型(Kiourti and Nikita,2011)、群岛型(Soontornpipit et al.,2005)和开槽挂钩型(Liu et al.,2008a)天线。

(3) 增加短路探针。在可植入贴片天线的地板和贴片间插入短路针能增加天线的有效面积。在工作频率给定的情况下,这种方法能够缩小天线的物理尺寸。这与地板使单极子天线高度加倍的思路非常类似,即这种技术通常会生成一种平面倒 F 天线(PIFA),其谐振性能与没有短路探针而尺寸是其 2 倍的天线一致(Soontornpipit et al.,2004)。

(4) 贴片层叠。在可植入贴片天线的垂直方向堆叠两个辐射贴片可以提高(近乎加倍)天线的电流路径长度,从而缩小天线尺寸。

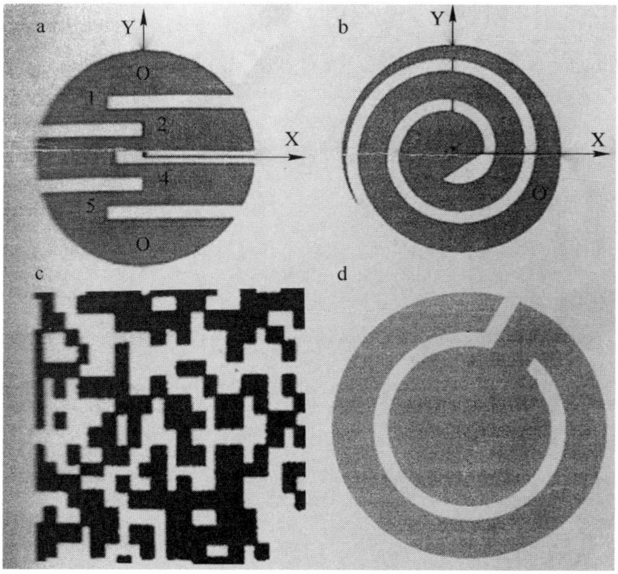

图 61.2　延长小型化可植入天线电流路径的方法

(a)折线型贴片(Kiourti and Nikita,2011);(b)平面螺旋型贴片(Kiourti and Nikita,2011);

(c)群岛型贴片(Soontornpipit et al.,2005);(d)开槽挂钩型贴片(Liu et al.,2008a)。

为了减小天线尺寸,文献中报道的可植入天线采用了上述部分或全部小型化技术。当然需要适当选择(优化)包括馈电点位置在内的设计参数,以确保在需求的工作频点上实现良好的阻抗匹配。例如,如图 61.3 所示的皮下可植入天线采用了制作在 Rogers RO3210 基板上的由折线贴片组成的层叠式 PIFA 结构,从而在 MICS 频段(Kiourti and Nikita,2012b)实现了小型化(体积为 214.9mm³)。

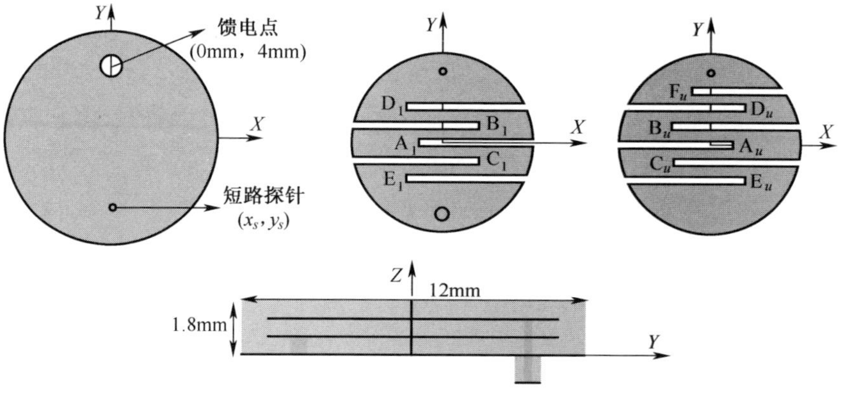

图 61.3　采用折线型贴片的层叠式皮下植入 PIFA 结构(Kiourti and Nikita,2012b)

需要强调的是,小型化可植入天线的实现是以牺牲其辐射性能和患者安全为代价的。例如,置入模拟生物组织立方体的皮下可植入天线表明,在尺寸减小的情况下天线的增益和比吸收率性能恶化了,在天线体积缩小 32%和 65%的情况下最大远场增益分别下降了 5%和 19%,而根据 IEEE C95.1-1999 安全标准的最大允许输入功率分别下降了 21%和 44%。因此,在可植入天线的设计中不能只着眼于小型化问题,而要结合具体的应用需求。

3. 生物相容性

为了确保患者的安全,并避免人体的排斥反应,可植入天线必须具有生物相容性。人体组织具有传导性,在与天线的金属部件直接接触时会发生短路。在需要天线长期植入时,生物相容性和避免短路的发生都非常重要。文献中报道了两种保持可植入天线的生物相容性,并将天线的金属部件与周围的生物组织隔离的方法:①用具有生物相容性的介质覆盖层包裹天线;②通过薄且损耗低的生物相容涂层实现天线与人体组织的隔离。

具体而言,要在保持可植入天线的生物相容性的同时使金属辐射体与人体组织隔开,最常用方式是用介质覆盖层包裹天线(图 61.4(a)(Karacolak et al.,2008)。常用的生物相容材料包括聚四氟乙烯(介电常数 $\varepsilon_r = 2.1$,介质损耗角正切 $\tan\delta = 0.001$)、MACOR(一种玻璃陶瓷,$\varepsilon_r = 6.1$,$\tan\delta = 0.005$)和陶瓷氧化铝($\varepsilon_r = 9.4$,$\tan\delta = 0.006$),但是需要强调的是,在陶瓷基板上难以钻孔或导圆角(Warty et al.,2008)。

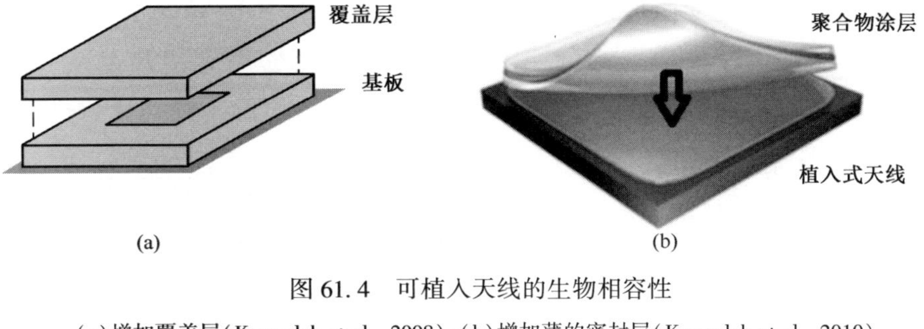

图 61.4　可植入天线的生物相容性

(a)增加覆盖层(Karacolak et al.,2008);(b)增加薄的密封层(Karacolak et al.,2010)。

文献中采用的另一种方式为通过低损耗且有生物相容性的薄涂层将天线与人体组织隔离(图 61.4(b);(Karacolak et al.,2010))。可用于生物相容性包封的材料包括氧化锆($\varepsilon_r = 29, \tan\delta \approx 0$)、聚醚醚酮(PEEK)($\varepsilon_r = 2.2, \tan\delta = 0.01$)、聚二甲基硅氧烷(PDMS)($\varepsilon_r = 3, \tan\delta = 0.005$)、Silastic MDX4-4210 医用硅橡胶($\varepsilon_r = 3.3, \tan\delta \approx 0$)及聚对二甲苯($\varepsilon_r = 2.95, \tan\delta = 0.005$)(Karacolak et al. ,2010)。从电磁场的角度出发,氧化锆的电性能决定了它更适用于生物相容性隔离,材料的高介电常数和低损耗特性可以使天线的近场聚集于低损耗激励层内部,从而减小功率损失,但也必须考虑到材料制备和处理过程中的难度(如 PEEK 和 Silastic MDX4-4210 医用硅橡胶材料更容易制备和处理)。此外,生物相容绝缘层的厚度也是天线设计中的一个重要因素,因此在不随意增大天线尺寸的前提下计算最优厚度问题对降低功率损耗非常重要。

研究结果表明,增加绝缘涂层或覆盖层会显著影响天线的性能,因此在天线中必须考虑这一问题。此外,电子器件外壳需要采用包括低温共烧陶瓷(LTCC)、聚对二甲苯、液晶聚合物(LCP)、硅或氧化铝等材料制成的具有生物相容性的气密封装(Chow et al. ,2010)。

4. 患者安全和比吸收率

近年来,研究者逐渐开始关注植入式医疗器械的生物效应。具体来说,患者安全问题限制了入射到可植入天线的最大许用功率。比吸收率(SAR,指单位质量的人体组织所吸收或消耗的电磁功率)被公认为最合适的计量学度量单位,而国际准则已经对这一指标进行了限定。例如,IEEE C95.1—1999 标准中要求 1g 立方体形生物组织的比吸收率平均值小于 1.6W/kg($SAR_{1g,max} \leq 1.6W/kg$)(IEEE 1999),而国际非游离辐射防护委员会(ICNIRP)要求 10g 连续生物组织的平均比吸收率小于 2W/kg(ICNIRP 1998)。为了适应 ICNIPR 准则,IEEE C95.1-2005 标准中也要求任意 10g 立方体形生物组织的平均比吸收率小于 2W/kg($SAR_{10g,max} \leq 2W/kg$)(IEEE 2005)。

在受到电磁场照射的情况下,人体吸收的功率为

$$P_{abs} = \frac{1}{2}\int \sigma |E|^2 dV \tag{61.2}$$

式中:σ 为人体组织的电导率; $|E|$ 为人体内部的电场强度(Kim and Rahmat-Samii,2004)。式(61.2)表明吸收功率与电场相关,比吸收率的峰值会出现在电场强度最高的区域。

基于平均比吸收率的峰值源于密集近场的结论,研究者设计了新型可植入

贴片天线以实现较低的电场强度。例如,Kim 和 Rahmat- Samii 等学者(2006)为降低人体组织的空间平均比吸收率而改变了天线的设计方案,并探究了其辐射机理。将 MICS 平面倒 F 植入式天线中的均匀宽度平面螺旋辐射体替换为非均匀宽度辐射体后,电场强度和相应的 $SAR_{1g,max}$ 降低了。仿真得到的近场电场分布表明,采用非均匀宽度辐射体的平面倒 F 天线的密集电场区域远小于原设计方案,在净输入功率为 1W 的情况下 $SAR_{1g,max}$ 从 310W/kg 降至 210W/kg。

业界已经针对植入式天线开展了多次安全评估。研究表明,IEEE C95. 1—1999 标准比 IEEE C95. 1—2005 标准更加严苛(Kiourti and Nikita,2012b),而后者被证实几乎对生物组织模型特性(解剖特征和介电参数)的变化不敏感(Kiourti and Nikita,2013a)。

5. 辐射性能

用于植入式医疗器械的生物医学遥测系统由植入式医疗器械和体外(通常距离人体约 2m)的外部监测/控制设备构成。生物遥测链路可用来调整设备的参数、传输存储的信息,并实时传输重要的监测信息。因此,不管有何功率限制,可植入天线必须提供足够强的、能够被外部设备接收的信号。需要重点强调的是,除了患者安全之外,干扰问题也限制了照射到可植入天线的最大许用功率。例如,为了避免对共置的气象支持服务频段(ITU-R 1998)的干扰,MICS 频段的植入式医疗器械的等效辐射功率上限被严格限定为-16dBm(25μW)。

考虑到比吸收率和等效辐射功率的限制,可植入天线的远场增益标志了为实现可靠的遥测通信所需的接收机灵敏度。为了提高遥测通信的作用距离,迫切需要更高增益的可植入天线。然而天线尺寸缩减会导致其电磁性能恶化:天线小型化会导致增益下降,而高增益天线的尺寸又较大。增益低意味着辐射性能差,但为了实现天线的小型化又不得不牺牲系统性能。

生物组织模型的对称性会影响天线远场辐射方向图的对称性。在对称的人体组织模型内部观测到了类似单极子天线的全向辐射效应(见图 61. 5a)(Kiourti et al. ,2011a;Kiourti and Nikita,2012b),而在非规则且非均匀的人体组织解剖模型中观测到了非对称的辐射方向图(见图 61. 5(b)(Kiourti et al. ,2011a;Kiourti and Nikita,2012b)。

6. 功率

植入式医疗器械的所有部件(包括可植入天线在内)都需要能量,而电池一

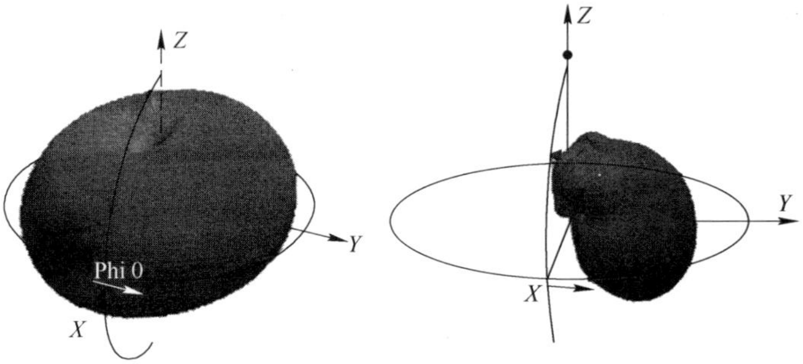

图61.5 Kiourti等学者(2011a)提出的皮下可植入天线在两种情况下的远场增益方向图
(a)边长为100mm的立方体形皮肤组织中;(b)解剖人体头部模型的皮肤组织中。

类的集成电源只适合寿命较短的植入式医疗器械(如只需要工作几个月或几年的植入式医疗器械)。为了延长电池寿命,有研究者提出从外部传输功率的方法来解决充电问题(Kendir et al.,2005)。这项技术依赖于外部发射线圈和植入式接收线圈之间的电磁感应,两个线圈距离相近且通常被缠绕在介质或铁氧体磁芯上以提高效率。研究者还探索了包括运动、震动、气流、温差、光和红外辐射等在内的能量采集方式。例如,研究者为植入式医疗器械设计了一种基于振动且具有2mJ/周期的传输能力的发生器,并研究了室温下的电磁能量利用问题(Mitcheson et al.,2004)。这些解决方案能够满足植入周期需要达到若干年甚至持续一生的医疗器械的需求(如听障者需要的耳蜗植入物或盲人需要的视网膜植入物)。

为了满足植入式医疗器械的长寿命要求并确保其实用性,还可以进一步采用节能技术。研究者提出了在植入式医疗器械中预置开/关功能(Furse,2009)、传输/识别“唤醒”报警信号(Karacolak et al.,2008)等概念。在前一种方案中设备大部分情况下都处于超高效率的睡眠模式下,只需要短时间处于数据传输模式;可采用数据挖掘或压缩技术减小实际的传输数据量。在后一种方案中系统采用了两个频段:一个用于“唤醒”;另一个用于数据传输。工作在低功耗(1μW)“睡眠模式”的收发机只有在感知到ISM频段(2450MHz)“唤醒”信号时才会切换到工作模式;在工作模式下植入式医疗器械处于满功率工作状态并在

MICS 频段交换数据，而当数据传输完成后收发机将回到“睡眠”模式。为了实现这一功能，可以采用 Zarlink ZL70101(Zarlink,2006)等双频收发机。这种系统采用了两个频段：一个用来“唤醒”；另一个用于数据传输。外部设备可以根据医生预设的计划或在识别到紧急情况时以程控的方式唤醒植入设备(Savci et al.,2005)。

实现“唤醒”技术需要多频天线，即天线具有用于遥测的独立频段和用于传输/识别“唤醒”报警信号的独立频段，如文献中提出将双频(MICS 和 ISM)可植入天线用于动态血糖监测(Karacolak et al.,2008)。该方案采用折线型结构来优化天线的表面区域，并以粒子群方法优化其谐振性能；天线在 MICS 频段的仿真和实测带宽分别为 82MHz 和 142MHz，在 ISM 频段的仿真和实测带宽分别为 103MHz 和 174MHz。文献中还进一步提出了一种采用多层结构和电磁耦合馈电的新型双频(MICS 和 ISM)贴片天线；该天线可以植入到左胸大肌中(Sanchez-Fernandez et al.,2010)。近来研究者还提出了一种采用堆叠和平面螺旋结构的 π 型辐射体(Huang et al.,2011)且支持数据遥测(402MHz)、无线功率传输(433MHz)和唤醒控制(2450MHz)功能的新型三频天线，它在 MICS 频段的仿真和实测带宽分别为 86MHz 和 114MHz，在 ISM 频段的仿真和实测带宽分别为 60MHz 和 70MHz。

7. 受试者间变异

可植入天线工作在人体内部，其性能与周围的生物组织环境密切相关。生物组织环境因素包括个体的解剖特性和生物组织的介电参数(介电常数 ε_r、传导率 σ)两类。

采用简化单网格激励法来模拟工作在 402MHz 和 868MHz 的胃部、膀胱和心脏植入物，研究表明，尺寸较小的解剖模型(女性和瘦弱的男性)具有更高的辐射功率电平和远场增益(Sani et al.,2009)。还有研究者设计了两种分别位于平均头部和平均人体组织内部、工作在 403MHz 的可植入天线，并评估了基于可植入天线真实模型的解剖学差异(Vidal et al.,2012)。针对 4 种解剖模型(两种成人、两种儿童)开展了头部、臂部和腹部植入物的仿真分析，结果发现 403MHz 基准频率的最大频率失谐量为 14MHz。

人体组织的介电参数(介电常数 ε_r 和传导率 σ)也会影响可植入天线的设

计和性能,因此必须考虑由介质材料特性的不确定性和受试者间变异引起的变化(Virtanen et al.,2006)。根据文献报道,老鼠脑组织介电参数的最大标准偏差为16%(Bao et al.,1997),而年龄相关性这一问题也被反复提及(Gabriel,2005;Conil et al.,2008)。死后4h内猪肉组织的介电常数ε_r和电导率σ分别下降了4%和10%(Schmid et al.,2003)。

近来研究者结合头部的解剖特性和介电参数特性的变化评估了MICS频段头皮下可植入天线的性能(Kiourti and Nikita,2013a,2013b),这一过程中考虑了5种头部模型(分别由3层和5层生物组织组成的球形模型,以及分别包括了6种、10种和13种生物组织的解剖模型;见图61.6)和7种介电参数值场景(与介电常数ε_r和电导率σ参考值的差异为±20%)。与3层球形头部模型内的参考介质参数场景相比,IEEE C95.1-1999标准和IEEE C95.1-2005标准许用净输入功率的最大偏差分别为-19.9%和+3.7%,回波损耗的最大偏差为-55.1%,G_{max}在403.5MHz频率的最大偏差为-39.2%。更具体而言,可植入天线的性能在很大程度上取决于围绕着植入物的生物组织解剖结构。特别要指出的是,在头部顶端侧面(植入位置)具有皮肤组织肿块且由6种生物组织构成的头部解剖模型的偏差值最大。只要植入物附近的解剖特性相对近似,数值模型的整体解剖特性和人体组织的组成/分布就不会显著影响天线性能。另外,人体组织的介电参数不会显著影响可植入天线的性能。与参考介电参数场景相比,IEEE C95.1-1999标准(P_{1999})和IEEE C95.1-2005标准(P_{2005})净许用功率的平均变化分别在-0.4%~+0.1%和-0.4%~+0.8%范围内,回波损耗R_L的变化在-33.1%~+17.6%范围内,而G_{max}的变化在-0.6%~+3.1%范围内。

总地来说,在可植入天线的设计和分析中计入人体组织的解剖特性和介质参数的不确定性是非常关键的;而这些问题也决定了产品最终能否符合相关的安全规范。需要强调的是,与IEEE C95.1—1999安全规范相反,IEEE C95.1—2005安全规范几乎对人体组织特性不敏感。研究结果还证明,为了补偿由受试者间变异引起的频率失谐和阻抗失配,需要实现具有更大带宽的可植入天线。同理,为了应对可能出现的天线增益和辐射对称性恶化问题,在可植入天线和外部设备之间的链路计算中也需要采用较为保守的评估方法。

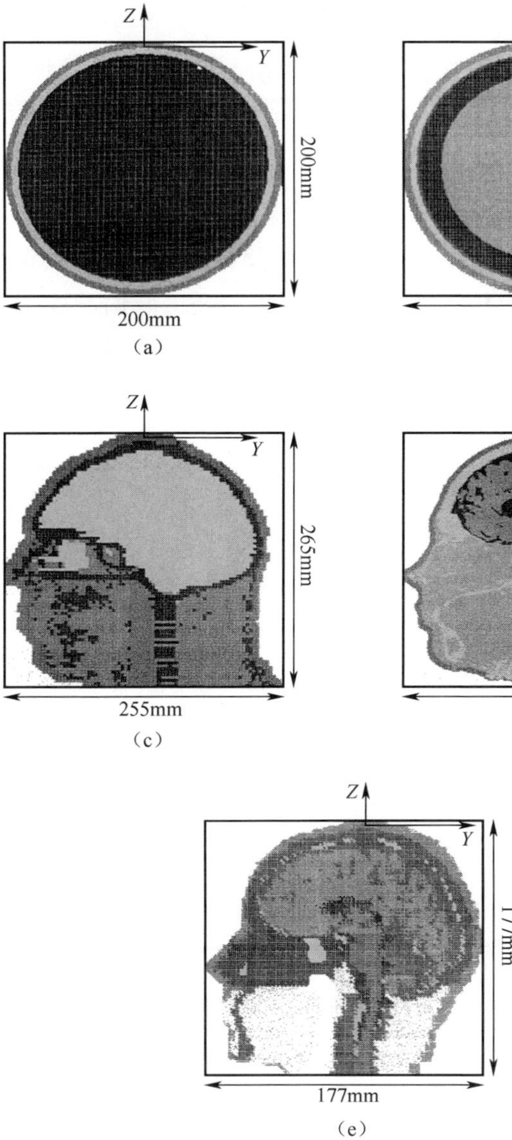

图 61.6　天线的 5 种植入场景(Kiourti and Nikita,2013a)

(a)由 3 层材料构成的球形模型;(b)由 6 层材料构成的球形模型;

(c)由 6 种生物组织材料构成的解剖模型;

(d)由 10 种生物组织材料构成的解剖模型;(e)由 13 种生物组织材料构成的解剖模型。

61.3 可植入天线的设计与性能评估

1. 可植入天线的生物组织建模与设计策略

与普通天线不同,可植入天线工作在生物组织中,而这会在许多方面影响其设计和性能。考虑到人体的存在,可以采用两种设计思路:一是基于自由空间环境设计可植入天线,然后在生物组织植入环境中进一步完善其性能;二是直接在人体组织包围的环境中设计天线。值得注意的是,在仿真中生物组织被视为设定了介电常数 ε_r 、电导率 σ 和密度的非均匀有耗介质。它们可被近似为窄带内的常量(Kiourti et al.,2011a;Kiourti and Nikita,2012b),或通过 Cole-Cole 方程求解复相对介电常数,即

$$\varepsilon_c(\omega) = \varepsilon_\infty + \sum_n \frac{\Delta\varepsilon_n}{1 + j\omega\tau_n^{(1-\alpha_n)}} + \frac{\sigma_i}{j\omega\varepsilon_0} \tag{61.3}$$

式中:ω 为角频率;n 为 Cole-Cole 模型的阶数; ε_∞ 为高频介电常数; τ_n 为弛豫时间; $\Delta\varepsilon_n$ 为极幅; α_n 为允许色散展宽参数; σ_i 为静态离子电导率(Karacolak et al.,2009;Noroozi and Hojjat-Kashani,2012)。通常会采用经典的人体组织模型加快天线仿真速度,这些模型可能是单层的(图 61.7(a)(Kiourti and Nikita,2012b)或多层的(图 61.7(b)(Karacolak et al.,2008)。也可采用磁共振成像(MRI)或计算机层析成像(CT)技术获取的人体解剖模型,从而得到更真实的效果。

文献中提出的可植入天线的设计策略包括以下几个。

策略 1:在自由空间中设计天线,而后在拟植入部位的解剖模型中改进性能。例如,Rucker 等(2007)设计了一种工作在空气中的 MICS 贴片天线,并将该天线植入头部解剖模型的皮肤组织中。频率失谐现象可以归结为由周围组织引起的容性负载效应,而为了调谐工作频率还在天线中集成了带有频率调谐功能的变容二极管。

策略 2:在自由空间环境中以高增益为目标设计天线,进而在单层人体组织模型中改进性能。例如,Abadia 等(2009)以实现高增益(大于-20dB)为目标在自由空间设计了一种 MICS 天线来补偿相应的人体吸收损耗。在自由空间环境中以减小尺寸为目标对天线进行了优化,覆盖了生物相容性材料,并将天线置于生物组织材料之内。开展了相应的设计改进以补偿由封装材料和人体组织引起的频偏。

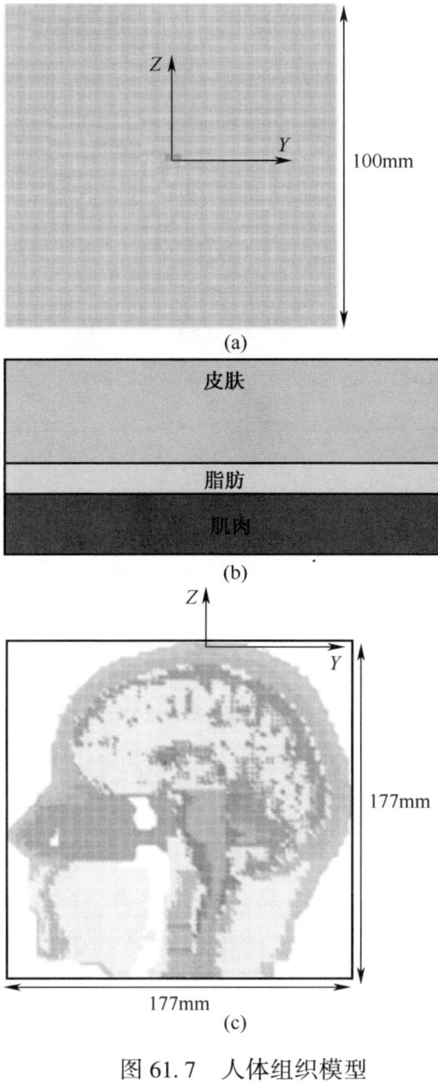

图 61.7　人体组织模型

(a)单层经典模型(立方体型皮肤组织)(Kiourti and Nikita,2012b);
(b)3 层(皮肤/脂肪/肌肉)经典模型(Karacolak et al. ,2008);(c)人体头部解剖结构(Kiourti and Nikita,2012b)。

策略 3:直接在拟植入人体组织的经典单层模型(立方体、长方体或圆柱体)内设计天线。可以预见,在设计植入于生物组织内部的天线时,单层组织模型是最简单、最快速的选择。根据这一设计策略,天线的设计是在一种“通用”的生物组织场景中实现的。基于这一方法,研究者采用了立方体(Kiourti et al. ,

2011a,2011b)、长方体(Liu et al.,2008a;Kim and Rahmat-Samii,2004,2006)和圆柱体(Liu et al.,2008b,2009)等形状的简化人体组织模型。通过选择介质材料,并在预期的工作频率上优化天线设计参数,最终可以完成天线的设计工作。

策略4:直接在拟植入的人体组织经典多层模型(立方体、长方体、圆柱体)中设计天线。这种天线设计策略需要考虑具体的植入部位。可选择有限尺寸的多层组织模型或无限大的多层组织模型,如用于人体躯干(Karacolak et al.,2008)和胸部(Kim and Rahmat-Samii,2004)的植入式天线是直接在由皮肤、脂肪和肌肉构成的3层平面人体组织模型中设计完成的。

策略5:在一个由人体组织材料填充的立方体中开展近似设计,并在拟植入部位的经典模型中进一步开展拟牛顿优化(Kiourti and Nikita,2012b)。这种设计策略强调了天线在具体植入部位的设计加速和谐振性能优化。众所周知,多层经典模型已被证明适用于人体模型中的天线优化设计。具体而言,在3层平面结构和人体胸部理想模型(Kim and Rahmat-Samii,2004)、3层人体头部球形模型和解剖模型内部(Kiourti and Nikita,2012b),发现植入式贴片天线具有高度相似的回波损耗特性。

策略6:在一个小型的由单层或多层生物组织构成的长方体结构中设计天线(Kiourti and Nikita,2012c)。研究发现小型长方体结构中的数值结果与在拟植入部位的经典模型中获得的结果几乎一致,而后者由于计算缓慢而被前者所替代。我们的目标是将需要的计算资源降至最少,即将天线优化设计所需的仿真时间缩至最短。研究结果发现,如果对周围生物组织和外部空气进行介质加载并采用经典的小尺寸生物组织模型,能够实现天线的最优解。

值得关注的是,就可植入天线的数值性能分析而言,解析方法只适用于经典生物组织解剖模型内部的简化可植入天线。例如,文献中采用的并矢格林函数(DGF)分析位于多层球形人体头部模型中的MICS偶极子天线性能(Kim and Rahmat-Samii,2004)。因此将重点关注商用电磁仿真软件所采用的数值方法,文献中涉及的电磁场求解器通常基于有限元(FE)方法(如Ansoft HFSS)(Kiourti et al.,2011b;Liu et al.,2008a,2008b;Huang and Kishk,2011);时域有限插分方法(FDTD)能够简约非均匀介质的实现和生物电磁学作用的评估,并实现人体解剖部位的高效建模(如CST Microwave Studio,Remcom XFdtd)(Soontornpipit et al.,2004;Kiourti and Nikita,2012b;Kim and Rahmat-Samii,2004,

2006)，也得到了广泛的使用。无论采用何种方法，计算量与生物组织和天线模型的复杂程度密切相关。在仿真目标一定距离之外采用了吸收边界(如 Mur (Soontornpipit et al. ,2004))或理想匹配层边界(Soontornpipit et al. ,2005)，以截断计算区域并分析无限远处的天线性能。

2. 可植入天线的设计教程

本节将介绍一个较为简单的可植入天线设计教程(Kiourti and Nikita, 2014)。尽管该教程针对的是用于颅内压监测(ICP)的 MICS 可植入贴片天线，其设计思路也适用于其他类型的可植入天线。本节采用了前面介绍的第 6 项设计策略，这是因为它在优化设计过程中耗时最少。由于它考虑了天线周围生物组织和外部空气的介质加载，同时还采用了一种易于区分并可快速求解的经典(六面体)小型生物组织模型(Kiourti and Nikita,2012c)。等效而言，这种方法中采用的模拟生物组织的长方体是最简单且最小的生物组织模型，同时采用这种模型可以得到与采用拟植入部位经典或解剖生物组织模型几乎同样的反射系数频率响应(Kiourti and Nikita,2012c)。

图 61.8 所示为本教程所涉及的可植入天线。它由地板(半径为 R)和两个印制在介质基板(介电常数为 ε_{rd}，厚度分别为 h_1 和 h_2)上且沿垂直方向堆叠的贴片单元(每个贴片单元的半径 $R=0.1$mm)构成。天线坐标系的原点位于天线地板的中心。考虑到生物相容性的要求，采用介质覆盖层(介电常数为 ε_{rd}、厚度为 h_3)包裹了这一天线。在贴片上采用了宽度相同(0.4mm)而长度不等的折线($L_i, i=1\sim5、1\sim6'$)来实现天线的小型化。短路针 S(s_x, s_y)连接地板和下层贴片，而不同类型和长度(L)的 50Ω 同轴电缆用于激励两个贴片单元 $F(f_x, f_y)$。地面和贴片均采用了铜板(厚度为 h_m)，而胶膜(介电常数为 ε_{rg}、厚度为 h_g)将介质层黏结起来。需要强调的是，在加工过程中需要在多层基板之间和/或基板与覆盖层之间加入胶膜层以实现天线的黏结。黏结是可植入天线设计中非常关键的因素，其原因在于：低介电常数的胶膜层将高介电常数的基板层隔离开，从而降低了有效介电常数和天线的电长度，并提高了谐振频率。由于可植入天线需要实现小型化，而天线的数值模型和样机之间的不一致可能导致样机失效，因此在仿真过程中也需要充分考虑黏结因素。

在选定可植入天线的参数模型后，将采用电磁仿真软件来调谐设计参数。目标是在需要的工作频率优化天线设计，从而实现阻抗匹配、辐射特性和患者安

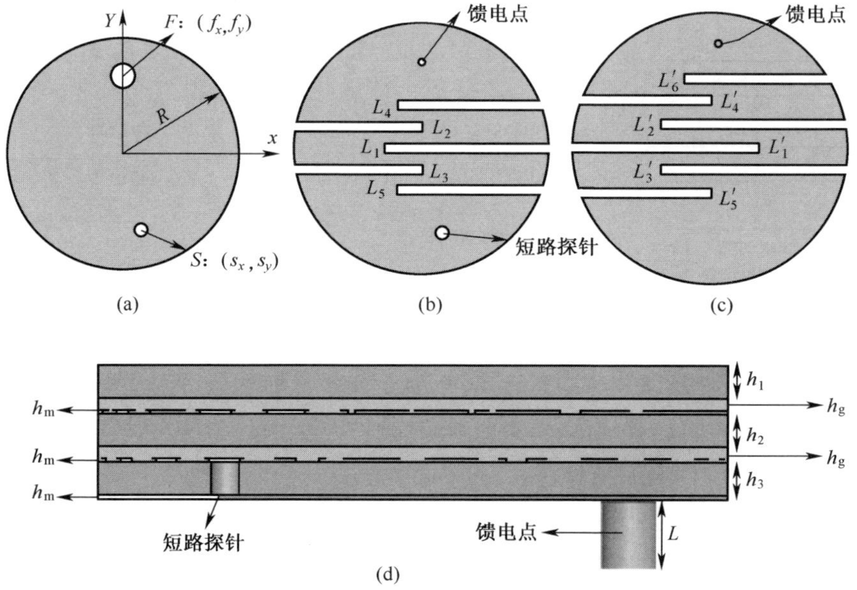

图61.8　可植入天线的参数模型(Kiourti and Nikita,2014)

(a)地板;(b)下层贴片;(c)上层贴片;(d)侧视图。

全等设计要素的最优解。第6项设计策略的流程见图61.9(Kiourti and Nikita,2012c),图61.8所示的工作在402MHz(MICS频段)的颅内压监测可植入天线就采用了该流程(Kiourti and Nikita,2012b;Kiourti et al.,2012)。

(1)"加工相关"参数。根据拟采用的加工工艺设定了"加工相关"参数的初值(表61.2)。本教程选用了厚度为0.635mm($h_1 = h_2 = h_3 = 0.635$mm)的Rogers RO3210($\varepsilon_{\mathrm{rd}} = 10.2$)介质板,预先采用电沉积方法在介质板表面生成了厚度为0.017mm的铜箔($h_{\mathrm{m}} = 0.017$mm),采用平均厚度为0.3mm($h_g = 0.3$)的3M 77喷涂胶黏结介质板。长度为50mm($L=50$mm)的EZ-47(中心导体的直径为0.29mm,PTFE介质材料的直径为0.93mm,外导体直径为1.19mm)半刚性同轴电缆用于向天线馈电。

(2)"尺寸相关"参数。这一步将设定与"尺寸相关"的天线参数,即决定天线外部尺寸(物理尺寸)的参数。对于本教程中的可植入天线而言,这些参数由天线的半径R所决定。设定天线的外部尺寸既需要设计人员的专业技能和知识,也要考虑以下两个要素:首先可植入天线的尺寸需要考虑拟植入的部位、具

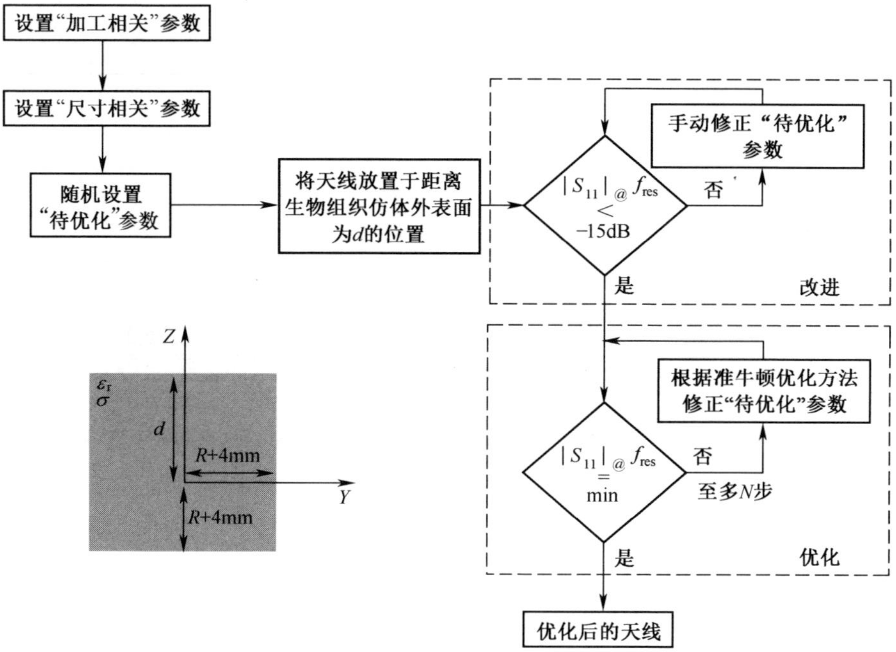

图 61.9　可植入天线的优化设计流程

体的医疗应用场景及相应 IMD 的尺寸;其次小型化不应是设计的唯一目标。以往的研究表明,缩减可植入天线尺寸会导致天线的辐射特性和患者安全性能降低(Kiourti and Nikita,2012d)。基于此,本教程将颅内压监测天线的半径设置为 $R=6$mm(表 61.2)。

(3)"待优化"参数。优化其余的设计参数需在所需的工作频率实现 50Ω 阻抗匹配。设计过程包括:①根据前面的步骤设置与"加工相关"和与"尺寸相关"的参数;②随机设置"待优化"参数;③将天线放置于距离生物组织仿体 d 的位置,如图 61.3 所示(Kiourti and Nikita,2012c)。距离 d 对应于真实医疗应用场景中空气与天线的分离距离(植入深度)。生物组织仿体在 x 方向和 y 方向分别扩展了 R+4mm(R 为天线在 $+y$ 方向的最大尺寸),从而模拟了拟植入部位的电学特性。

在设计策略的"改进"环节对天线进行了近似设计,即采用迭代的方式手动修正"待优化"参数,直到反射系数的幅度满足以下条件,即

$$|S_{11}|_{@f_{res}} < -15\text{dB} \tag{61.4}$$

手动修正参数需要天线设计师的技巧和专业知识,这其中包括与天线小型化相关的理论背景(如更长的折线会增加电流长度并导致谐振频率下降)(Dey and Mittra,1996)。

在设计策略的“优化”环节将对天线设计进行优化。“待优化”参数的初值被设置为“改进”步骤的结果,并采用优化算法对天线进行优化。当迭代步骤超过预设的最大数值,或者满足以下条件时,优化过程将终止,即:

$$|S_{11}|_{@f_{res}} = \min \tag{61.5}$$

本教程在距离小型生物组织仿体($R=6$mm)外表面5mm处进行了仿真,这一距离对应于植入式颅内压监测设备的实际平均植入深度。生物组织仿体模拟了皮肤组织(头皮)在402MHz频点的电学特性($\varepsilon_r=46.7$,$\sigma=0.69$S/m)。在300~500MHz的频率范围内头皮的电学特性被近似为常数。根据这一近似方法,ε_r和σ的最大误差分别为6.59%和8.89%。由于准牛顿优化方法在数值噪声条件下具有计算速度快和精度高等优点(Sun and Yuan,2006),采用这一方法对天线的“待优化”参数进行了优化(最大迭代步数设置为300)。最优的参数数值见表61.2,设计得到的天线反射系数频率响应见图61.10。天线在402MHz的反射系数为-27.9dB,10dB带宽为44MHz,能够有效覆盖MICS频段。

表61.2 针对图61.8中工作在402MHz(MICS频段)的可植入天线设置的参数值(天线性能调谐至最优)

步骤	参数	数值
“加工相关”	ε_{rd}	10.2
	ε_{rg}	2.0
	h_1	0.635mm
	h_2	0.635mm
	h_3	0.635mm
	h_m	0.017mm
	h_g	0.3mm
	L	50mm
	同轴电缆	EZ-47

（续）

步骤	参数	数值
“尺寸相关”	R	6mm
“待优化”	L_1	7. 597mm
	L_2	10. 146mm
	L_3	10. 146mm
	L_4	3. 019mm
	L_5	3. 019mm
	$L_{1'}$	11. 397mm
	$L_{2'}$	11. 146mm
	$L_{3'}$	11. 146mm
	$L_{4'}$	10. 519mm
	$L_{5'}$	10. 519mm
	$L_{6'}$	8. 933mm
	s_x	1mm
	s_y	−4mm
	f_x	0mm
	f_y	4mm

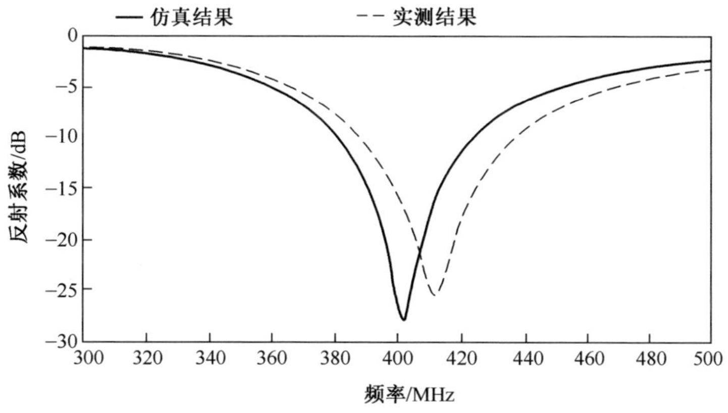

图 61. 10　颅内压监测可植入天线的仿真和在体测试反射系数频率响应

61.4 可植入天线案例

植入式医疗器械与外部监测/控制设备之间的相对位置和方位是设计天线的必要输入条件。由于贴片单元方向性好、易于小型化、设计灵活度高、可共性、形状多样等优点而成为可植入天线的常见形式。在实际应用场景中,可植入贴片天线将被安装在IMD硬件上,而该硬件也将成为贴片天线的地板。表61.3比较了文献中报道的采用不同小型化技术实现的MICS可植入天线的体积和工作频段。当工作频段的数量增加时,通常需要增大天线的尺寸。为了避免尖锐的边缘伤害患者,通常选取圆形贴片。表61.4比较了这些天线的10dB带宽(BW),IEEE C95.1—1999(1g-avg SAR ≤2W/kg(IEEE 1999))(P_{1999})和IEEE C95.1-2005(10g-avg SAR ≤2W/kg(IEEE 2005))(P_{2005})安全规范要求的最大许用输入功率,以及最大远场增益(G_{max})。总地来说,随着可植入天线尺寸的增大,贴片表面的电场和电流密度会分布得更加均匀,从而能够实现更低的比吸收率。

此外,文献中还报道了可植入偶极子天线(Kim and Rahmat- Samii,2004)、环形天线(Chen et al.,2009)、单极子天线(Weiss et al.,2009)、改进型偶极子天线(Scarpello et al.,2011)和三维平面螺旋天线(Abadia et al.,2009)。

表61.3 可植入贴片天线的尺寸

参考文献	频段/MHz	小型化技术				
		介电常数	贴片形状	短路针	贴片堆叠	体积/mm^3
Kim and Rahmat-Samii,2004	402~405	10.2	平面螺旋	否	否	10240.0
Soontornpipit et al.,2005	402~405	2.94	群岛	是	否	6480.0
Kim and Rahmat-Samii,2004	402~405	10.2	平面螺旋	是	否	6144.0
Soontornpipit et al.,2004	402~405	6.1	平面螺旋	是	否	3457.4
Sanchez-Fernandez et al.,2010	402~405 2400~2800	6.1	与平面螺旋耦合的开口谐振环(SRR)	是	否	1375.4
Karacolak et al.,2008	402~405 2400~2800	10.2	折线	是	否	1265.6

（续）

参考文献	频段/MHz	小型化技术				
		介电常数	贴片形状	短路针	贴片堆叠	体积/mm^3
Kim and Rahmat-Samii, 2006	402～405	10.2	平面螺旋	是	否	1200.0
Kim and Rahmat-Samii, 1996	402～405	10.2	折线	是	否	1200.0
Huang and Kishk, 2011	402～405	9.4	平面螺旋	是	否	823.0
Lee et al., 2009	402～405	10.2	π 形	是	否	790.9
Vidal et al., 2013	402～405	6.7	折叠方形	是	否	448.0
Lee et al., 2006	402～405	10.2	开槽挂钩	是	是	335.8
Permana et al., 2011	402～405	10.2	平面螺旋	是	是	273.6
Huang et al., 2011	402～405 433～435 2400～248	10.2	梳状和 π 形	是	是	254.0
Permana et al., 2013	402～405	10.2	平面螺旋	是	是	254.0
Kiourti and Nikita, 2012b	402～405	10.2	折线	是	是	203.6
Liu et al., 2008b	402～405	10.2	平面螺旋	是	是	190.0
Liu et al., 2008a	402～405	10.2	开槽挂钩	是	是	149.2
Liu et al., 2009	402～405	10.2	开槽挂钩	是	是	121.6
Kiourti et al., 2011b	402～405	10.2	折线	是	是	110.4
Kiourti et al., 2011a	402～405	9.4	折线	是	是	32.7

表 61.4　可植入贴片天线的性能与体积(10dB 带宽(BW), IEEE C95.1-1999 和 IEEE C95.1-2005 安全规范要求的最大许用输入功率，以及最大远场增益(G_{max})

参考文献	体积 / mm^3	BW /MHz	P_{1999} /mW	P_{2005} /mW	G_{max} /dBi
Kim and Rahmat-Samii, 2004	10240.0	20	8.791	N/A	N/A
Soontornpipit et al., 2005	6480.0	16	N/A	N/A	N/A
Kim and Rahmat-Samii, 2004	6144.0	25	7.656	N/A	N/A
Soontornpipit et al., 2004	3457.4	28	N/A	N/A	N/A
Sanchez-Fernandez et al., 2010	1375.4	12	N/A	N/A	-6
Karacolak et al., 2008	1265.6	142	N/A	N/A	-25
Kim and Rahmat-Samii, 2006	1200.0	28	5.161	N/A	N/A

(续)

参考文献	体积 /mm^3	BW /MHz	P_{1999} /mW	P_{2005} /mW	G_{max} /dBi
Kim and Rahmat-Samii,1996	1200.0	40	5.442	N/A	N/A
Huang and Kishk,2011	823.0	25	5.820	N/A	N/A
Lee et al.,2009	790.9	120	5.714	N/A	-27
Vidal et al.,2013	448.0	110	3.7	N/A	N/A
Lee et al.,2006	335.8	50	4.798	N/A	-26
Permana et al.,2011	273.6	39	N/A	N/A	-24
Huang et al.,2011	254.0	113	4.692	N/A	-7
Permana et al.,2013	254.0	5	N/A	60.6	-40
Kiourti and Nikita,2012b	203.6	27	4.928	30.030	-37
Liu et al.,2008b	190.0	50	4.762	N/A	-26
Liug et al.,2008a	149.2	84	2.235	N/A	N/A
Liu et al.,2009	121.6	122	1.788	N/A	-38
Kiourti et al.,2011b	110.4	50	1.932	20.704	-46
Kiourti et al.,2011a	32.7	40	2.354	24.390	-45
注:N/A 表示未介绍这一信息					

1. 可植入天线的加工与测试

仿真过程的有效性需要试验验证。由于无法在真实的工作环境中(如人体内)开展测试,研究者在生物组织的等效介质(体模)或动物体内测试了天线样机的性能。

2. 可植入天线的加工

可植入天线的加工涉及小型化天线加工中的难题。例如,用来黏结各种部件的胶膜会对天线的谐振频率和阻抗匹配性能造成严重影响,连接天线和网络分析仪的同轴电缆外部的辐射电流也将影响测试结果,因此其加工颇具难度。下面将以图61.8中展示的天线为例详细介绍可植入天线的加工问题。该案例中包含了天线样机加工中可能面临的各种加工难题,如多层问题和短路针实现问题等。

具体而言,加工中影响天线性能的3个主要问题包括基板切割、基板黏结和层排列,且这3个问题往往并不总是相互独立。事实上,由于基板材料相对较硬，无法（或者很难）在天线组装完成后再对其进行切割；同轴电缆和短路针的焊接结构较为脆弱，无法承受垂直方向的压力和切割工具的扭矩。研究结果还证明需要在加工完成之后移除组装过程中所需的外部定位点，因此建议加工相应的工装（图 61.11(a)）来辅助天线的组装工艺过程。这一工装既要确保 3 层基板准确定位，又能作为天线在各种焊接过程中的支撑结构。为此研究者总结出以下加工方法（Kiourti and Nikita，2014）。

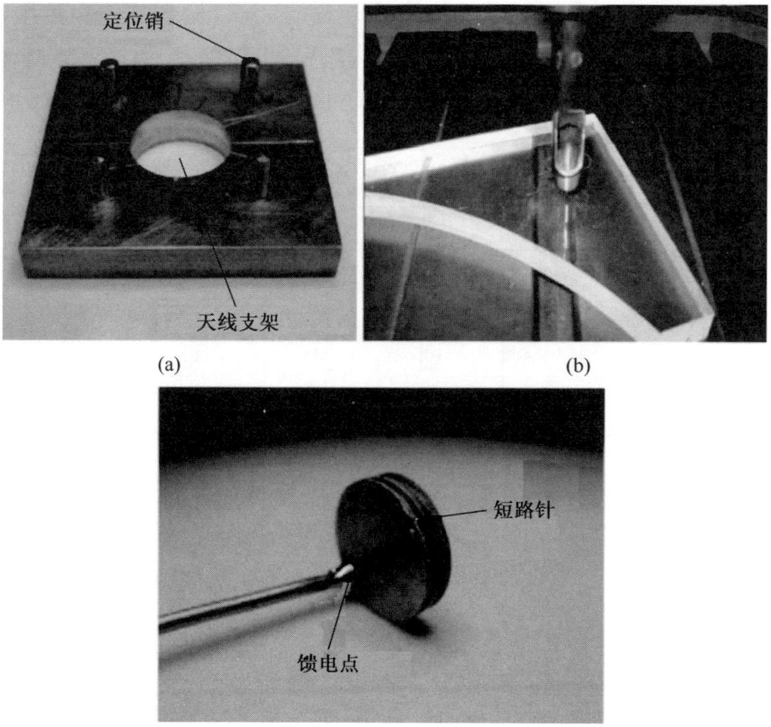

图 61.11　可植入天线的加工

(a)安装底座；(b)圆形切割工具；(c)加工的天线样机。

（1）光刻掩模版。制备并印制了图 61.12 所示的光刻掩模版，包括用于引导天线切割的圆周、用以指示工装上 4 个定位销（图 61.11(a)位置的圆形标记、与工装匹配的方框以及底部基板层（如地板和下层贴片）两侧定位中所需的辅助对准标记。

（2）光刻。利用上一步骤中生成的掩模版，采用光刻工艺在 Rogers RO3210

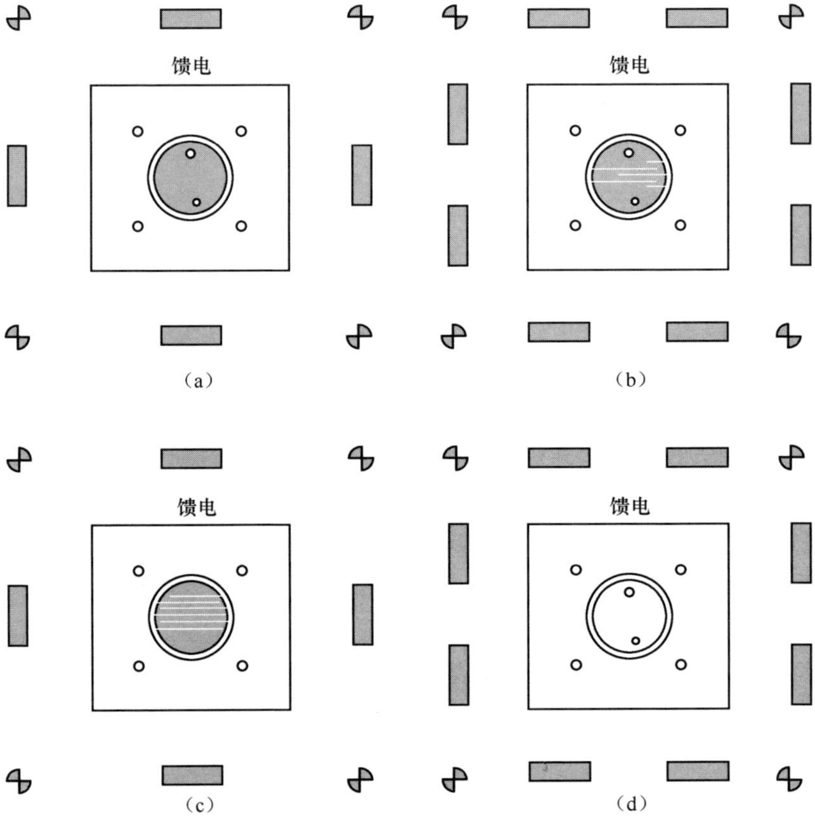

图 61.12　用于印制图 61.8 中可植入天线的光刻掩模版
(a)地板;(b)下层贴片;(c)上层贴片;(d)介质覆盖层。

基板上刻蚀生成了介质层(ε_{rd} = 10.2, $h_1 = h_2 = h_3 = 0.635$mm, $h_m = 0.017$mm)。下层的基板包含地板和下层贴片,上层的基板包含上层贴片,介质覆盖层未进行金属化。需要强调的是,由于某些实验室没有生物相容性材料,天线加工中采用了具有类似电学特性的其他介质材料,如Rogers RO3210 材料由于与陶瓷氧化铝材料性能类似($\varepsilon_r = 9.4$,$\tan\delta = 0.006$)而得到了广泛应用(Karacolak et al.,2008;Kiourti and Nikita,2012b;Liu et al.,2008a)。

(3) 切割基板。如图 61.11(b)所示,采用圆形切割工具来切割天线基板。切割工具的公称直径为 12mm,这恰好对应于天线样机的直径(R=6mm)。加工的关键在于将基板预切割至某一关键深度;这一深度既要确保定位点与贴片牢固连接,又能够在分离的过程中不会对天线施加过多的机械应力。

(4) 组装天线。采用图 61.11(a)所示的工装来组装天线。对基板层进行定位和黏结(3M 77 胶:$\varepsilon_{rg} = 2.0, h_g = 0.3mm$),并利用过孔连接地板和下层贴片。同轴电缆的外导体与天线地板相接,内导体经过孔与上层和下层贴片实现焊接。天线与外部定位材料的分离相对困难,会对易碎的天线产生一些应力。

组装完成的天线如图 61.11(c)所示。这种小型化天线加工中最重要的环节是控制胶膜厚度,这是因为它会影响各基板层之间的良好接触。这一厚度既取决于胶本身,也会受到同轴电缆和短路针附近微焊点鼓包的影响。

3. 可植入天线的体外测试

在体模内部进行测试相对简便且易于实现。首先将天线浸入体模中(如一个充满了能够模拟生物组织电学特性的液体或凝胶材料的容器),然后开展性能测试。

(1) 体模配方。研究者经常选用经典形状的体模(图 61.13),在这种情况下仿效生物组织材料的关键在于配方(参数)。文献中提出了几种用于不同频率的材料配方(表 61.5)。多层体模应易于实现,因此大家往往倾向于采用凝胶而非液体。通常采用去离子水或蒸馏水作为体模的基础成分,糖和甘油能够在几乎不影响电导率的情况下降低材料的介电常数,而盐能够在提高电导率的同时略微提高介电常数(Karacolak et al. ,2008)。通常采用琼脂使材料凝固,还可采用其他成分改变材料的黏度、保有这种混合物并进一步控制介电常数和电导率等参数(Kiourti et al. ,2014b;Ito et al. ,2001)。为了防止气泡和/或间隙的出现,必须小心谨慎地对混合物进行加热、搅拌并将其缓慢倾注于体模容器中。由

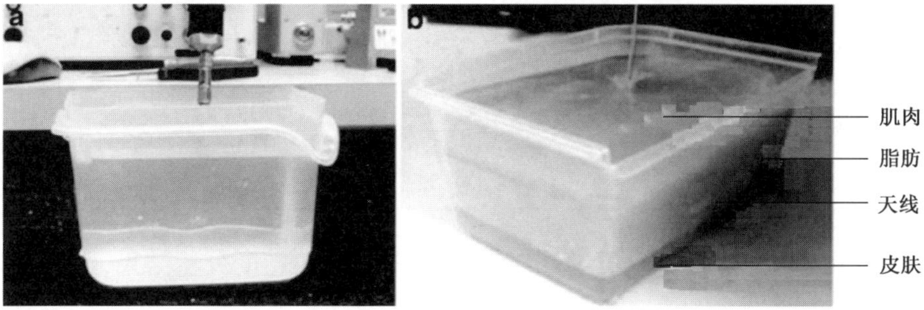

图 61.13　用于可植入贴片天线测试的经典体模

(a)液体(Kiourti and Nikita,2012b);(b)多层凝胶(Sani et al. ,2010)。

于不可能仅靠一个配方就在宽频段内有效近似人体组织,通常要针对不同的频率采用独立的配方(Karacolak et al. ,2008)。

表 61.5 用于测试可植入天线的体模

体模			测得的电学特性			
组织	形态	成分	频率/MHz	ε_r	σ/(S/m)	参考文献
皮肤	液体	去离子水,糖,盐	402	46.7	0.69	Kiourti and Nikita, 2012b
	液体	去离子水/糖/盐/纤维素	402	49.6	0.51	Kim and Rahmat - Samii,2004
	液体	去离子水,果糖,盐,纤维素	402	46.7	0.69	Liu et al. ,2008a
	液体	—	402	49.6	0.51	Kim and Rahmat - Samii,2004
	凝胶	去离子水,糖,盐,琼脂糖	402	46.7	0.69	Karacolak et al. ,2008
	凝胶	去离子水,糖,琼脂糖	2450	38.1	2.27	Karacolak et al. ,2008
2/3 肌肉	液体	水,糖,盐,TX-151 粉末	402	48.9	0.71	Soontornpipit et al. , 2004
	液体	水,糖,盐,氯代 十六烷基吡啶纤维素	403	41.3	—	Huang and Kishk, 2011
头皮	凝胶	水,盐,丙烯酰胺, 四甲基乙二胺	2450	50	2.2	Warty et al. ,2008
老鼠的 生物组织	凝胶	去离子水,盐,二乙二醇丁醚	402	0.78	1.3	Karacolak et al. , 2009
	凝胶	去离子水,二乙 二醇丁醚,Triton X-100 可	2450	0.73	1.27	Karacolak et al. , 2009
(1)皮肤 (2)脂肪 (3)肌肉	(多层) 凝胶	(1)去离子水,糖 (2)去离子水,盐,植物油,面粉 (3)去离子水,糖,盐	868	(1)38.7 (2)4.9 (3)53.0	(1)0.77 (2)0.04 (3)0.92	Sani et al. ,2010

(2) 测量体模的电学特性。为了验证电学特性的理论分析结果,需要对体模内部的可植入天线进行体外测试。近来研究者对生物介质电学性能的测量进行了深入分析(Hofmann et al. ,2013)。市场上已经出现了安捷伦科技公司的

85071E(美国,加利福尼亚州,圣克拉拉市,安捷伦科技公司)和 SPEAG 公司的 Dielectric Assessment Kit(瑞士,SPEAG 公司)等复介电常数测量系统,然而不具备这些测试系统的实验室迫切需要其他解决方案,如研究者近来提出了一种可靠且低成本的复介电常数测量技术(Kiourti et al. ,2012)。如图 61. 14(a)所示,这种测量装置由方形容器和与其相交的同轴电缆内导体组成(容器的外腔尺寸为 52mm×32mm×32. 2mm,内腔尺寸为 40mm×20mm ×20mm);同轴容器中填满了有待研究的液体或凝胶介质材料;盖板封闭后,这种结构则代表了一种阶梯特性阻抗的不连续性;容器外部的两个同轴连接器之间的传输函数则取决于填充材料的复介电常数。将这一结构(图 61. 14(b))的散射矩阵(**S** 矩阵)测量值与仿真结果相对比,就可以提取出材料的复介电常数。

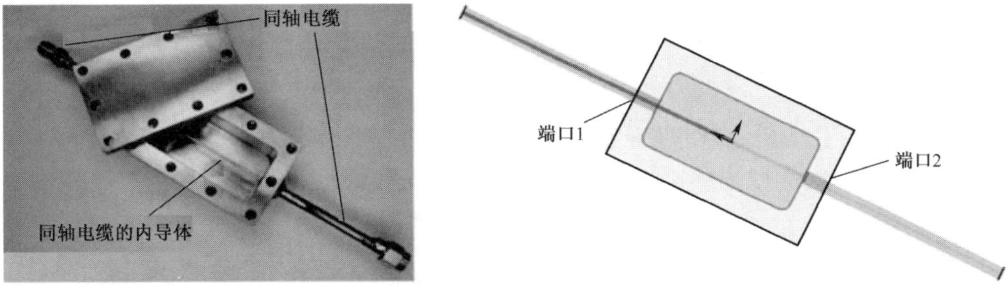

(a)　　　　　　　　(b)

图 61. 14　液体和半固态体模的复介电常数测量(Kiourti et al.,2012)
(a)同轴容器;(b)仿真模型。

(3) 可植入天线的体外测量。可植入天线的研究大多集中于反射系数(S_{11})的测量(Kiourti and Nikita, 2012b; Soontornpipit et al. , 2005; Liu et al. , 2008a;Sanchez-Fernandez et al. ,2010),如用同轴电缆连接天线和网络分析仪、将天线浸入体模后测量其性能。文献中也报道了传输系数(S_{21})的测量问题。例如,Warty 等(2008)提出了一种植入凝胶头皮体模且工作在 2450MHz 的颅内压监测平面倒 F 天线,以及一种工作在 2450MHz 的芯片型线极化接收(探测)天线。近来 Kiourti 等(2014b)提出了一种小型化宽带可植入天线和双频在体天线,并研究了两者之间的传输性能;两个天线分别被集成到植入式医疗器械和人体应答机中。

4. 可植入天线的在体测试

体外测试正常并不能确保可植入天线能够在真实的生物组织内部正常工作(Karacolak et al.,2010),因此通过体外测试验证了天线的功能后通常需要进行在体测试。可以通过以下两种方式进行在体测试:①将天线植入动物的生物组织样本中;②通过外科手术将天线植入活体动物体内。

采用动物的生物组织标本可以便利地模拟与频率相关的生物组织电学特性,这对多频可植入天线的测量非常有效。通过介质探针套件和网络分析仪就可以测量生物组织的电学特性。研究者曾将双频贴片天线植入猪前腿,并在380MHz 和 440MHz 的谐振频率下测量了天线的性能(Lee et al.,2009)。结果表明,在 MICS 频段猪肉的电学特性介于人体的皮肤和肌肉性能之间。还有人设计了一种工作在 MICS 和 ISM 频段(2450MHz)的双频皮下植入贴片天线(Karacolak et al.,2009),从 3 只大鼠身上摘取了尺寸为 50mm×50mm×5mm 的皮肤样本覆盖在天线上,并在麻醉状态下进行了 30min 的测试(图 61.15(a))。另有研究者测试了植入猪前腿的三频贴片天线(Huang et al.,2011),结果表明在100MHz~3GHz 频段内猪肉的电学特性与人体皮肤和肌肉的特性相当。

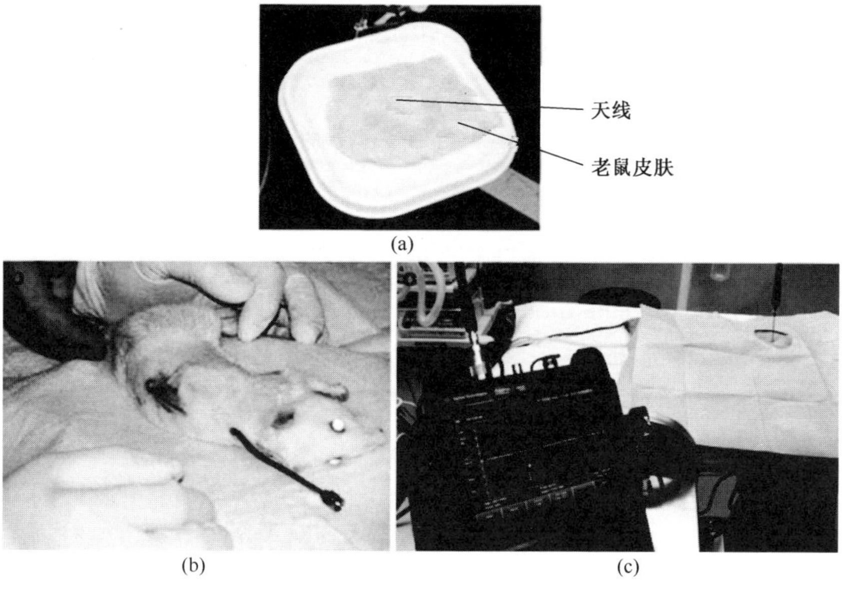

图 61.15 可植入天线的在体测试

(a)Karacolak 等研究者(2009)的方案;(b)Karacolak 等研究者(2010)的方案;(c)Kiourti 等研究者(2013)的方案。

在活体动物体内开展研究，既能分析活体生物组织对植入式天线性能的影响，还能对天线的设计和分析提供非常有价值的反馈，因此具有非常重要的意义。在体实验需要评估体外实验中未曾考虑的以下因素：①可植入天线和周围生物组织之间的空气间隙；②天线周围的多种生物组织；③生物组织电学特性与频率的相关性；④受试者间变异（解剖特性，每只大鼠的年龄、尺寸、性别和体温等因素与生物组织电学特性的相关性）；⑤外科手术的差异（植入深度、植入部位、伤口长度、手术缝合等）。测量之前先要开发测试协议。协议需要与手术仪器相配合，考虑试验动物的照料和选用等法律要求，并解决动物的类型和数量、天线植入部位、麻醉、外科手术和术后处理等问题。例如，研究者近来综合涉及试验动物的料理和使用等法律要求开发了可植入天线的在体试验协议（Kiourti et al. ，2013），主要包括以下内容。

（1）模型动物的类型和数量。长期以来，研究界将大鼠作为模型动物，将天线植入其体内并开展了测量工作（Karacolak et al. ，2010）。试验中采用了体重在 322.1~340.5g 范围内的远交系 Wistar 大鼠。为了评估受试者间和外科手术中的变异，每种天线都在 3 只不同的大鼠上进行了植入和测量。

（2）天线植入位置。由于在设计中天线工作在软组织内，将天线植入大鼠腹部皮下组织。

（3）麻醉。在麻醉过程中采用腹腔注射法分别按照 70 mg/kg 和 5 mg/kg 的剂量给每只大鼠注射了克他命（美国，衣阿华州，富道公司，Ketaset）和甲苯噻嗪（德国，勒沃库森，拜耳公司，隆朋）。

（4）手术。切开大鼠腹部，将天线植入其腹部软组织中。采用 0/4 丝线缝合伤口，并留下了 2mm 的开口以使馈电同轴电缆伸出皮肤。

（5）测量。术后立刻将馈电同轴电缆连接网络分析仪以测量天线的反射系数。

（6）术后处理。测量完成后移除植入天线，在二氧化碳气室中对大鼠实施安乐死。从手术开始到大鼠无痛死亡的持续时间不得超过 8min。

文献中报道的在体研究非常有限。有研究者通过外科手术将天线植入 3 只大鼠的背部中线位置（以验证为目的），测量了皮下可植入天线的回波损耗（Karacolak et al. ，2010）（图 61.15（b））；之后对大鼠实施了安乐死（在术后 13~15min）。还有研究者开发出了工作在 2450MHz 的头皮下植入式天线，精心选择

具有大型头围的犬类,将采用集成式天线的颅内压监测设备固定到其颅骨上,在狗处于麻醉状态下测试了监测设备的性能,之后试验动物会从麻醉状态中苏醒过来并被带到恢复区(Kawoos et al.,2008)。近来研究者还在3种不同的大鼠体内测试了可植入天线以评估受试者间的变异特性(图61.15(c);(Kiourti et al.,2013)。在这种情况下,数值分析和试验结果具有良好的一致性。与数值仿真结果相比,谐振频率(f_{res})、谐振频率下的反射系数($|S_{11}@f_{res}|$)和10 dB带宽(BW)的测量结果分别发生了+6.9%、+51.9%和+30.2%的变化。根据测量结果,f_{res}、$|S_{11}@f_{res}|$和BW的最大偏差可以等效于谐振频率分别偏移了43MHz、12.6dB和23MHz。

5. 商用植入式医疗器械的完整解决方案

表61.6所列为若干典型的商用植入式医疗器械,其中以心脏除颤器和起搏器最为常见。百多力公司(Biotronik)近期提出了一种电池驱动的小型电脉冲发生器,可以植入到那些可能会由于心室纤颤和室性心动过速等原因而猝死的患者体内(Lumax 540 DR-T)(百多力,2012)。美敦力公司(Medtronic)研发的Adapta起搏器具有心室起搏管理(MVP)、房颤治疗、心室夺获和远程心电遥测的功能(美敦力,2010a),而其基于核磁共振(MR)原理的Revo MRI SureScan起搏系统能够允许患者在规定的使用条件下进行核磁共振成像(MRI)检查。2004年VeriChip公司(2010年更名为PositiveID)的人体植入式微芯片成为第一款获得美国食品与药品管理局(FDA)认证的产品(PositiveID,2004)。这种芯片一般被植入肩膀和肘部之间,被扫描之后会回传一串16位数字,而这一数字可用来读取包括身份验证、病历档案等在内的个人信息。由于涉及隐私权问题,这种产品引起了大众的争议并在2010年被终止了市场推广。科利耳公司推出的Nucleus Freedom耳蜗植入系统被置于耳后的皮下(Nucleus Freedom,2010),其声音处理器将捕捉声音并将其数字化,再把数字化编码传送到植入系统中,而植入系统会将这些经过数字化编码的声音转化为电脉冲,并通过电极阵列用电脉冲信号刺激耳蜗的听觉神经。美敦力公司研发的SynchroMed Pump药物输注系统不但能为重度痉挛症患者的长期治疗提供精准的药物输送(美敦力,2012),还可以作为导管将定量的鞘内注射巴氯芬传送到鞘膜和脑脊髓液中。FDA的眼科设备咨询委员会在2012年批准了Argus II型视网膜植入设备上市(Second Sight公司,2012),该产品由摄像机、安装在眼镜上的发射机、视频处理单元和一

个由 60 个电极组成的用以替代视网膜退化细胞单元的植入式视网膜假体组成。尽管还不能完全恢复人类的视力,但它可以帮助病人提高感知图像和运动的能力。最后,植入式血糖检测仪在糖尿病的连续监测方面也具有良好的前景(如美敦力公司的 Guardian REAL-Time 产品(美敦力,2010b)和 MiniMed Paradigm Veo 产品(美敦力,2011b),雅培公司 的 FreeStyle Navigator 产品(雅培,2011b),德康医疗的 SEVEN PLUS 产品(德康,2008));在应用这些设备时,需要将一个微小的传感器植入皮下来测量血糖值,并通过无线电波将这一信息传输到外部的监控设备。

表 61.6　商用植入式医疗器械的完整解决方案案例

商用 IMD	功　能
百多力 Lumax	除颤器
美敦力 Adapta with MVP	起搏系统
美敦力 Revo MRI SureScan	用于核磁共振成像的起搏系统
VeriChip 公司/PositiveID 公司	身份验证
Nucleus Freedom 耳蜗植入系统	耳蜗植入系统
美敦力 SynchroMed Pump	药物输注系统
Second Sight Argus II 型	视网膜植入设备
美敦力 Guardian REAL-Time	血糖检测仪
雅培 FreeStyle Navigator	血糖检测仪
德康 SEVEN PLUS	血糖检测仪
美敦力 MiniMed Paradigm Veo	血糖检测仪

61.5　结论

带有无线遥测功能的植入式医疗器械能够改善患者的生活质量,支持具有持续可用、情景感知、可重构和不显著等特点的医疗系统,因而具有广阔的应用前景。可植入集成天线是植入式医疗器械的核心器件。

本章讨论了生物医学遥测可植入天线的设计、仿真和试验验证等问题。具体而言,天线设计需要重点关注小型化和生物相容性这两个问题,当然电小天线还存在着辐射性能差和带宽窄的问题。尽管提高天线增益非常重要,但从系统性能出发往往不可避免地要采用折衷方案。为了延长植入式医疗器械的寿命,还需关注节能问题,为此研究者设计了多频天线以便在需要进行信息交换时才“唤醒”植入式医疗器械。研究者提出了多种可植入天线的设计方法,而这些方法都需要考虑人体对天线性能的影响。实践证明,简化的生物组织模型能够替代复杂的解剖模型,并提高仿真速度。尽管在基本的天线设计中采用各向同性模型已经足够,为了改善最终的天线设计并提供精确的结果,还需要更理想的模型。在天线的设计和性能分析过程中,高效而精准的仿真软件和生物组织模型这两个要素都非常重要。考虑到试验验证的要求,对小型化可植入天线的制造工艺要求也很高。在体模内开展测试需要研究模拟生物组织的液体或凝胶的组分,并对其性能进行分析和研究。为了进一步获得生物组织的电学特性与频率的关系,可以在动物组织样本中开展测试工作。然而最大的挑战在于活体动物体内的测试,因为这需要精心开发最优的测试协议。

植入式医疗器械能够提高患者的生活和医疗质量,目前尚处在快速发展阶段。将射频技术应用于植入式医疗器械,能够给患者和护理者带来很多益处。随着医疗保健成本的提高、人口的老龄化、人类对居家医疗检测的逐渐认可和相关配套技术的进步,植入式医疗器械在学术界和产业界都将赢得持续且日益广泛的关注。

参考文献

Abadia J, Merli F, Zurcher JF, Mosig JR, Skrivervik AK (2009) 3D spiral small antenna design and realization for biomedical telemetry in the MICS band. Radioengineering 18(4):359-367

Abbott (2011) FreeStyle navigator, Alameda. https://www.abbottdiabetescare.com/. Last day accessed 4 Aug 2014

Ahmed Y, Hao Y, Parini C (2008) A 31.5 GHz patch antenna design for medical implants. Hindawi Int J Antennas Propag 2008:1-6

Azad MZ, Ali M (2009) A miniature implanted inverted-F antenna for GPS application. IEEE Trans Antennas Propag 57(6):1854-1858

Bao JZ, Lu ST, Hurt WD (1997) Complex dielectric measurements and analysis of brain tissues in the radio and microwave frequencies. IEEE Trans Microw Theory Techn 45(10):1730-1741

Biotronik (2012) Lumax, Berlin. http://www.biotronik.com/wps/wcm/connect/en_de_web/biotronik/sub_top/healthcareprofessionals/products/tachyarrhythmia_therapy/. Last day accessed 4 Aug 2014

Buchegger T, Obberger G, Reisenzahn A, Hochmair E, Stelzer A, Springer A (2005) Ultra-wideband transceivers for cochlear implants. EURASIP J App Signal Process 18:3069-3075

Chen ZN, Liu GC, See TSP (2009) Transmission of RF signals between MICS loop antennas in free space and implanted in the human head. IEEE Trans Antennas Propag 57(6):1850-1853

Chow EY, Chlebowski AL, Chakraborty S, Chappell WJ, Irazoqui PP (2010) Fully wireless implantable cardiovascular pressure monitor integrated with a medical stent. IEEE Trans Biomed Eng 57(6):1487-1496

Chow EY, Morris MM, Irazoqui PP (2013) Implantable RF medical devices. IEEE Microw Mag 14(4):64-73

Conil E, Hadjem A, Lacroux F, Wong MF, Wiart J (2008) Variability analysis of SAR from 20 MHz to 2.4 GHz for different adult and child models using finite-difference time-domain. Phys Med Biol 53:1511-1525

Dexcom (2008) Seven plus, San Diego. http://www.dexcom.com/seven-plus. Last day accessed 4 Aug 2014

Dey S, Mittra R (1996) Compact microstrip patch antenna. Microw Opt Technol Lett 13(1):12-14

Furse CM (2009) Biomedical telemetry: today's opportunities and challenges. In: IEEE international workshop on antenna technology

Gabriel C (2005) Dielectric properties of biological tissue: variation with age. Bioelectromagnetics 26(Suppl 7):S12-S18

Gabriel C, Gabriel S, Corthout E (1996a) The dielectric properties of biological tissues: I. Literature survey. Phys Med Biol 41:2231-2249

Gabriel S, Lau RW, Gabriel C (1996b) The dielectric properties of biological tissues: II. Measurements in the frequency Range 10 Hz to 20 GHz. Phys Med Biol 41:2251-2269

Gabriel S, Lau RW, Gabriel C (1996c) The dielectric properties of biological tissues: III. Parametric models for the dielectric spectrum of tissues. Phys Med Biol 41:2271-2293

Gemio J, Parron J, Soler J (2010) Human body effects on implantable antennas for ISM bands applications: models comparison and propagation losses study. Prog Electromgn Res 110:437-452

Gosalia K, Lazzi G, Humayun M (2004) Investigation of microwave data telemetry link for a retinal prosthesis. IEEE Trans Microwave Theory Tech 52(8):1925-1932

Greatbatch W, Homes CF (1991) History of implantable devices. IEEEEng Med Biol Mag 10(3): 38-41

Guillory K, Normann RA (1999) A 100-channel system for real time detection and storage of extracellular spike waveforms. J Neurosci Methods 91:21-29

Hofmann M, Fischer G, Weigel R, Kissinger D (2013) Microwave-based noninvasive concentration measurements for biomedical applications. IEEE Trans Microwave Theory Tech 61:2195-2204

Huang W, Kishk AA (2011) Embedded spiral microstrip implantable antenna. Hindawi Int J Antennas Propag 2011:1-6

Huang FJ, Lee CM, Chang CL, Chen LK, Yo TC, Luo CH (2011) Rectenna application of miniaturized implantable antenna design for triple-band biotelemetry communication. IEEE Trans Antennas Propag 59(7):2646-2653

Institute of Electrical and Electronics Engineers (IEEE) Std 802. 15. 6. 2012 (2012) IEEE standard for local, metropolitan area networks: wireless body area networks. International Committee on Electromagnetic Safety, The Institute of Electrical and Electronics Engineers, New York

Institute of Electrical and Electronics Engineers (IEEE) Std 95. 1-1999 (1999) IEEE standard for safety levels with respect to human exposure to radiofrequency electromagnetic fields, 3 kHz to 300 GHz. International Committee on Electromagnetic Safety, The Institute of Electrical and Electronics Engineers, New York

Institute of Electrical and Electronics Engineers (IEEE) Std 95. 1-2005. 2005 (2005) IEEE standard for safety levels with respect to human exposure to radiofrequency electromagnetic fields, 3 kHz to 300 GHz. International Committee on Electromagnetic Safety, The Institute of Electrical and Electronics Engineers, New York

International Commission on Non-Ionizing Radiation Protection (ICNIRP) (1998) Guidelines for limiting exposure to time-varying electric, magnetic, and electromagnetic fields (up to 300GHz). Health Phys 74:494-522

International Telecommunications Union- Radiocommunication Sector (ITU-R) (1998) Radio regulations, SA. 1346. http://itu. int/home

International Telecommunications Union- Radiocommunication Sector (ITU-R) (2008) Radio regulations, section 5. 138 and 5. 150. http://itu. int/home

Ito K, Furuya K, Okano Y, Hamada L (2001) Development and characteristics of a biological tissue-equivalent phantom for microwaves. Electron Commun Jpn 84:67-77

Karacolak T, Hood AZ, Topsakal E (2008) Design of a dual-band implantable antenna and development of skin mimicking gels for continuous glucose monitoring. IEEE Trans Microw Theory Tech 56(4):1001-1008

Karacolak T, Cooper R, Topsakal E (2009) Electrical properties of rat skin and design of implant-able antennas for medical wireless telemetry. IEEE Trans Antennas Propag 57(9):2806-2812

Karacolak T, Cooper R, Butler J, Fisher S, Topsakal E (2010) In vivo verification of implantable antennas using rats as model animals. IEEE Antennas Wirel Propag Lett 9:334-337

Kawoos U, Tofighi MR, Warty R, Kralick FA, Rosen A (2008) In-vitro and in-vivo trans-scalp evaluation of an intracranial pressure implant at 2.4 GHz. IEEE Trans Microwave Theory Tech 56(10):2356-2365

Kendir GA, Liu W, Wang G, Sivaprakasam M, Bashirullah R, Humayun MS, Weil JD (2005) An optimal design methodology for inductive power link with class-E amplifier. IEEE Trans Circuits Syst 52(5):857-866

Kim J, Rahmat-Samii Y (1996) Planar inverted F antennas on implantable medical devices: meandered type versus spiral type. Microw Opt Technol Lett 48(3):567-572

Kim J, Rahmat-Samii Y (2004) Implanted antennas inside a human body: simulations, designs, and characterizations. IEEE Trans Microw Theory Tech 52(8):1934-1943

Kim J, Rahmat-Samii Y (2006) SAR reduction of implanted planar inverted F antennas with non-uniform width radiator. In: IEEE international symposium on antennas and propagation, Albuquerque

Kiourti A, Nikita KS (2011) Meandered versus spiral novel miniature PIFAs implanted in the human head: tuning and performance. In: 2nd ICST international conference on wireless mobile communication and healthcare (MobiHealth 2012), Kos Island

Kiourti A, Nikita KS (2012a) A review of implantable patch antennas for biomedical telemetry: challenges and solutions. IEEE Antennas Propag Mag 54(3):210-228

Kiourti A, Nikita KS (2012b) Miniature scalp-implantable antennas for telemetry in the MICS and ISM Bands: design, safety considerations and link budget analysis. IEEE Trans Antennas Propag 60(6):3568-3575

Kiourti A, Nikita KS (2012c) Accelerated design of optimized implantable antennas for medical telemetry. IEEE Antennas Wirel Propag Lett 11:1655-1658

Kiourti A, Nikita KS (2012d) Miniaturization vs gain and safety considerations of implantable antennas for wireless biotelemetry. In: International symposium on antennas and propagation, Chicago

Kiourti A, Nikita KS (2013a) Numerical assessment of the performance of a scalp-implantable antenna: effects of head anatomy and dielectric parameters. Bioelectromagnetics 34(3):167-179

Kiourti A, Nikita KS (2013b) Design of implantable antennas for medical telemetry: dependence upon operation frequency, tissue anatomy, and implantation site. IGI Global Int J Monit Surveillance Technol Res (IJMSTR) 1(1):16-33

Kiourti A, Nikita KS (2014) Implantable antennas: a tutorial on design, fabrication, and in vitro/in vivo testing. IEEE Microw Mag 15(4):77-91

Kiourti A, Christopoulou M, Nikita KS (2011a) Performance of a novel miniature antenna implanted in the human head for wireless biotelemetry. In: IEEE international symposium on antennas and propagation, Spokane

Kiourti A, Tsakalakis M, Nikita KS (2011b) Parametric study and design of implantable PIFAs for wireless biotelemetry. In: 2nd ICST international conference on wireless mobile communication and healthcare, Kos Island

Kiourti A, Costa JR, Fernandes CA, Santiago AG, Nikita KS (2012) Miniature implantable antennas for biomedical telemetry: from simulation to realization. IEEE Trans Biomed Eng 59(11):3140-3147

Kiourti A, Psathas KA, Lelovas P, Kostomitsopoulos N, Nikita KS (2013) In vivo tests of implantable antennas in rats: antenna size and inter-subject considerations. IEEE Antennas Wirel Propag Lett 12:1396-1399

Kiourti A, Psathas KA, Nikita KS (2014a) Implantable and ingestible medical devices with wireless telemetry functionalities: a review of current status and challenges. Wiley Bioelectrom 35(1):1-15

Kiourti A, Costa JR, Fernandes CA, Nikita KS (2014b) A broadband implantable and a dual-band on-body repeater antenna: design and transmission performance. IEEE Trans Antennas Propag 62(6):2899-2908

Lee CM, Yo TC, Luo CH (2006) Compact broadband stacked implantable antenna for biotelemetry with medical devices. In: IEEE Annual conference on wireless and microwave technology, Clearwater

Lee CM, Yo TC, Huang FJ, Luo CH (2009) Bandwidth enhancement of planar inverted-F antenna for implantable biotelemetry. Microw Opt Technol Lett 51(3):749-752

Liu WC, Chen SH, Wu CM (2008a) Implantable broadband circular stacked PIFA antenna for biotelemetry communication. J Electromagn Waves Appl 22(13):1791-1800

Liu WC, Yeh FM, Ghavami M (2008b) Miniaturized implantable broadband antenna forbiotelem-etry communication. Microw Opt Technol Lett 50(9):2407-2409

Liu WC, Chen SH, Wu CM (2009) Bandwidth enhancement and size reduction of an implantable PIFA antenna for biotelemetry devices. Microw Opt Technol Lett 51(3):755-757

Medtronic (2010a) Adapta with MVP Pacing System, Minneapolis. http://www.medtronic.com/for-healthcare-professionals/products-therapies/cardiac-rhythm/pacemakers/adapta-with-mvp-pacing-system/. Last day accessed 4 Aug 2014

Medtronic (2010b) GuardianREAL-Time, Minneapolis. http://www.medtronic-diabetes-me.com/Guardian-REAL-Time.html. Last day accessed 4 Aug 2014

Medtronic (2011a) Revo MRI SureScan, Minneapolis. http://www.medtronic.com/for-healthcare-professionals/products-therapies/cardiac-rhythm/pacemakers/revo-mri-pacing-system/. Last day accessed 4 Aug 4 2014

Medtronic (2011b) MiniMed Paradigm Veo, Minneapolis. http://www.medtronic-diabetes.co.uk/product-information/paradigm-veo/index.html. Last day accessed Aug 4 2014

Medtronic (2012) SynchroMed II Pump, Minneapolis. http://www.medtronic.com/patients/severe-spasticity/therapy/itb-therapy/synchromed-ii-pump/. Last day accessed 4 Aug 2014

Mitcheson PD, Green TC, Yeatman EM, Holmes AS (2004) Architectures for vibration-driven micropower generators. IEEE J Microelectromech Syst 13(3):429-440

Noroozi Z, Hojjat-Kashani F (2012) Three-dimensional FDTD analysis of the dual-band implant-able antenna for continuous glucose monitoring. Prog Electromagn Res Lett 28:9-21

Nucleus Freedom (2010) Cochlear Nucleus System. http://www.cochlear.com/wps/wcm/connect/us/recipients/recipient-support/nucleus. Last day accessed 4 Aug 2014

Permana H, Fang Q, Cosic I (2011) 3-Layer implantable microstrip antenna optimized for retinal prosthesis system in MICS band. In: IEEE international symposium on bioelectronics and bioinformatics

Permana H, Fang Q, Rowe WST (2013) Hermetic implantable antenna inside vitreous humor simulating fluid. Prog Electromagn Res 133:571-590

PositiveID (2004) PositiveID/VeriChip, Delray Beach. http://www.positiveidcorp.com/index.html. Last day accessed 4 Aug 2014

Rucker D, Al-Alawi A, Adada R, Al-Rizzo HM (2007) A miniaturized tunable microstrip antenna for wireless communications with implanted medical devices. In: 2nd international ICST conference on body area networks, Brussels

Sánchez-Fernández CJ, Quevedo-Teruel O, Requena-Carrión J, Inclán-Sánchez L, Rajo-Iglesias E

(2010) Dual-band microstrip patch antenna based on short-circuited ring and spiral resonators for implantable medical devices. IET Microw Antennas Propag 4(8):1048-1055

Sani A, Alomainy A, Hao Y (2009) Numerical characterization and link budget evaluation of wireless implants considering different digital human phantoms. IEEE Trans Microw Theory Tech 57(10):2605-2613

Sani A, Rajab M, Foster R, Hao Y (2010) Antennas and propagation of implanted RFIDs for pervasive healthcare applications. Proc IEEE 98:1648-1655

Savci HS, Sula A, Wang Z, Dogan NS, Arvas E (2005) MICS transceivers: regulatory standards and applications. In: Proceedings of the IEEE international southeast conference

Scanlon WG, Evans NE, McCreesh ZM (1997) RF performance of a 418 MHz radio telemeter packaged for human vaginal placement. IEEE Trans Biomed Eng 44(5):427-430

Scanlon WG, Burns JB, Evans NE (2000) Radiowave propagation from a tissue-implanted source at 418 MHz and 916.5 MHz. IEEE Trans Biomed Eng 47:527-534

Scarpello ML, Kurup D, Rogier H, Ginste DV, Axisa F, Vanfleteren J, Joseph W, Martens L, Vermeeren G (2011) Design of an implantable slot dipole conformal flexible antenna for biomedical applications. IEEE Trans Antennas Propag 59(10):3556-3564

Schmid G, Neubauer G, Illievich UM, Alesch F (2003) Dielectric properties of porcine brain tissue in the transition from life to death at frequencies from 800 to 1900 MHz. Bioelectromagnetics 24:413-422

Second Sight (2012) Argus II retinal prosthesis system, Sylmar. http://2-sight.eu/en/product-en. Last day accessed 4 Aug 2014

Shults MC, Rhodes RK, Updike SJ, Gilligan BJ, Reining WN (1994) A telemetry-instrumentation system for monitoring multiple subcutaneously implanted glucose sensors. IEEE Trans Biomed Eng 41(10):937-942

Skrivervik AK, Merli F (2011) Design strategies for implantable antennas. In: Antennas and propagation conference, Loughborough, Nov 2011

Soontornpipit P, Furse CM, Chung YC (2004) Design of implantable microstrip antenna for communication with medical implants. IEEE Trans Microw Theory Tech 52(8):1944-1951

Soontornpipit P, Furse CM, Chung YC (2005) Miniaturized biocompatible microstrip antenna using genetic algorithm. IEEE Trans Antennas Propag 53(6):1939-1945

Sun W, Yuan YX (2006) Optimization theory and methods. Springer, New York

Tang Z, Smith B, Schild JH, Peckham PH (1995) Data transmission from an implantable biotelemeter by load-shift keying using circuit configuration modulator. IEEE Trans Biomed Eng 42(5):524-528

Valdastri P, Menciassi A, Arena A, Caccamo C, Dario P (2004) An implantable telemetry platform system for in vivo monitoring of physiological parameters. IEEE Trans Inf Technol Biomed 8 (3): 271-278

Vidal N, Curto S, Lopez Villegas JM, Sieiro J, Ramos FM (2012) Detuning study of implantable antennas inside the human body. Prog Electromagn Res 124:265-283

Vidal N, Lopez-Villegas JM, Curto S, Colomer J, Ahyoune S, Garcia A, Sieiro JJ, Ramos FM (2013) Design of an implantable broadband antenna for medical telemetry applications. In: 7th European conference on antennas and propagation

Virtanen H, Keshvari J, Lappalainen R (2006) Interaction of radio frequency electromagnetic fields and passive metallic implants-a brief review. Bioelectromagnetics 27:431-439

Warty R, Tofighi MR, Kawoos U, Rosen A (2008) Characterization of implantable antennas for intracranial pressure monitoring: reflection by and transmission through a scalp phantom. IEEE Trans Microw Theory Tech 56(10):2366-2376

Weiss MD, Smith JL, Bach J (2009) RF coupling in a 433 MHz biotelemetry system for an artificial hip. IEEE Antennas Wirel Propag Lett 8:916-919

Wessels D (2002) Implantable pacemakers and defibrillators: device overview and EMI considerations. In: Proceedings of the IEEE international symposium electromagnetic compatibility (EMC 2002)

Xia W, Saito K, Takahashi M, Ito K (2009) Performances of an implanted cavity slot antenna embedded in the human arm. IEEE Trans Antennas Propag 57(4):894-899

Zarlink (2006) Medical implantable RF transceiver ZL70101 datasheet, Zarlink Semiconductor, Ottawa

第 62 章
医学诊治系统中的天线与电磁问题

Kazuyuki Saito，Koichi Ito

摘要

近年来，人们研究了电磁技术在医学中的各种应用，也研究了几种微波技术在医学中的应用，这大致可以分为诊断技术和治疗技术两类。作为诊断应用的一个案例，本章将从生物医学电磁兼容性的角度探讨磁共振成像中的射频技术。此外，还将介绍对生物组织采用微波热效应的治疗系统，这些系统包括癌症的热疗设备以及采用高功率微波的外科医疗设备。

关键词

医学应用；诊断；磁共振成像；热治疗；热疗；外科医疗设备；比吸收率；温度升高

K. Saito(✉) · K. Ito
千叶大学前沿医学工程中心，日本
e-mail：kazuyuki_sato@ faculty. chiba-u. jp； koichi_ito@ faculty. chiba-u. jp

62.1 引言

近年来提高患者生活质量的要求日益显著,而微波技术由于能减轻患者的精神和生理负担(Ito,1996)受到了广泛关注(Sterzer,2002)。其应用可以分为以下 3 类。

(1) 采用体层摄影术(CT)和磁共振成像(MRI)等微波技术手段获取人体内部信息并开展诊断。

(2) 将微波作为热疗的热源。

(3) 传输患者的医疗信息。

由于大家一般认为患者医疗信息的传输问题(第三类)属于通信领域的范畴(Shimizu et al. ,1995),本章仅介绍针对电磁波的特定医学领域应用(第一类和第二类)。

62.2 磁共振成像(MRI)中的微波技术

1. 采用微波技术的诊断设备

X 光、超声波和磁场等体内诊断方式已经得到了深入研究和广泛应用。与 X 光体层摄影术相比,微波体层摄影术虽然应用尚不普遍,但研究热度颇高,如 Hagness 等学者(1999)和 Bond 等学者(2003)研究了采用微波体层摄影术探测乳腺癌的治疗方案。磁共振成像可能是目前最成功地应用了电磁场技术的诊断设备(大量的文章和专著已经介绍了磁共振成像设备的原理与技术改进)。本章首先简要介绍磁共振成像设备的基本组成,然后聚焦于其生物医学电磁兼容性问题。

2. 磁共振成像设备的基本组成

在磁共振成像诊断中,待测物体处于高强度的静磁场环境中,并被称为射频(RF)脉冲的电磁脉冲所辐射。因此,待测物体内部的原子核自旋会产生核磁共振(NMR)信号,而通过接收核磁共振信号并进行图像重建处理就可以得到物体内部的各种解剖信息。图 62.1 所示为正常的头颅层析图像以及大脑内部血管的图像(血管造影法)。通过改变射频脉冲的参数,可以获得待测物体内部不同类型的图像。如图 62.2 所示为磁共振成像设备的基本组成,其中主磁体产生的高强度静态磁场会使待测物体内部原子核的自旋方向一致,梯度线圈产生的梯度磁场将决定图像的位置,而射频线圈将向待测物体辐射射频脉冲并将接收来自待测物体的核磁共振信号。因此,将射频线圈称为“天线”可能更为准确。如果读者想要进一步了解磁共振成像系统的构成,可以参考 Jin(1998)的著作。图 62.3 展示了用于成像的射频线圈。

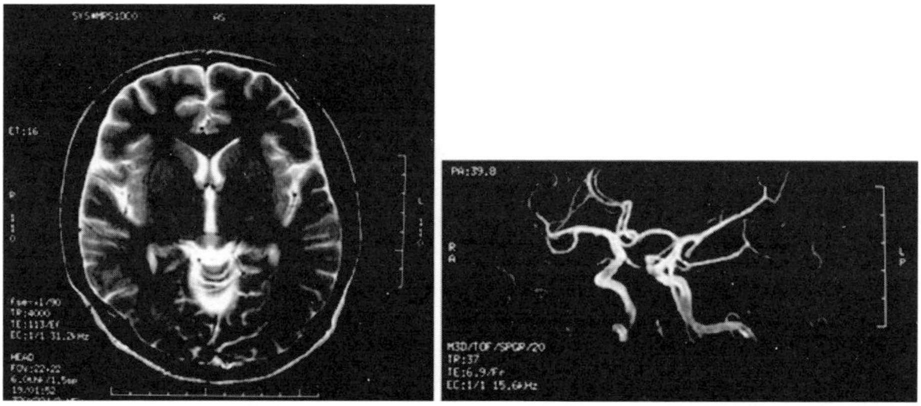

(a) (b)

图 62.1 磁共振图像

(a)正常的头部层析图像;(b)磁共振血管造影法生成的图像。

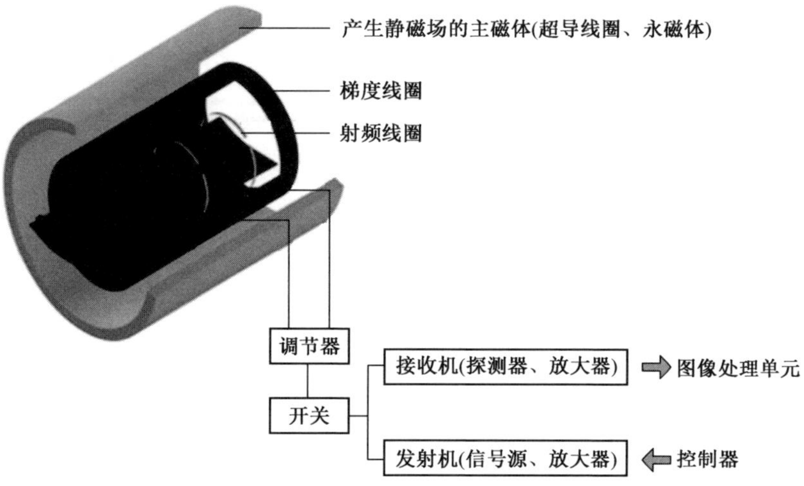

图 62.2 磁共振成像设备的基本组成

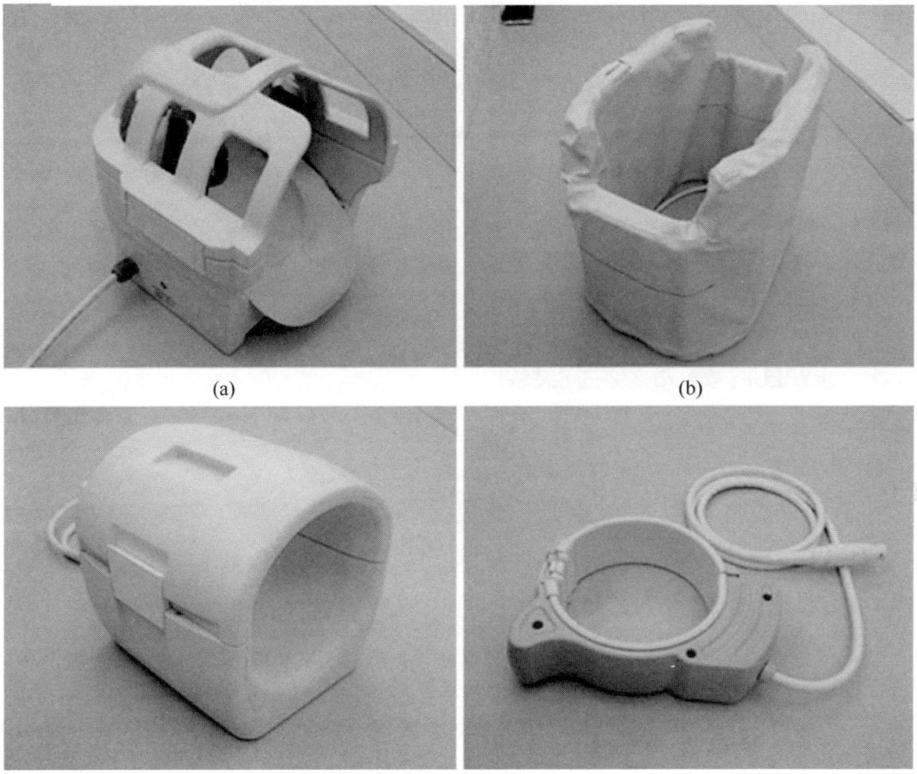

(c)　　　　(d)

图 62.3　射频线圈

(a)头部线圈;(b)胸部线圈;(c)膝部线圈;(d)关节线圈。

3. 磁共振成像中的生物医学电磁兼容性问题

本节将介绍磁共振成像中射频线圈的射频脉冲辐射引起的生物医学电磁兼容问题。研究者已经结合身体部位特征开发了多款射频线圈。在磁共振成像中,射频线圈将向人体辐射脉冲电磁波(射频脉冲),并接收体内原子核产生的核磁共振信号。根据射频脉冲的形状,可以得到图 62.1 所示的人体内部图像。一般而言,尽管射频脉冲的带宽很窄,但其幅值并不低。因此,有必要评估由射频线圈辐射出的电磁能量在人体内部的比吸收率(SAR)。

研究者已经针对磁共振成像中人体头部比吸收率的评估问题开展了研究(Angelone et al., 2004; Chen et al., 1998; Nguyen et al., 2004; Simunic et al., 1996),并针对涉及患者安全的比吸收率限制问题建立了国际电工委员会标准

(IEC 标准,2002)。近来这一技术还被拓展应用于人体其他部位。此外,磁共振成像通常能够生成高质量的图像并缩短成像时间。本章研究了孕妇及其胎儿体内的比吸收率分布。孕妇一般会选择超声诊断方法,但在无法准确判断胎儿畸形等情况下也会选择磁共振成像手段(Hubbald et al. ,1999;Amin et al. ,1999;Levine,2004)。

在计算孕妇及其胎儿体内比吸收率分布的过程中,采用了两种鸟笼型线圈和两种高分辨率孕妇全身模型。

62.3 数值计算方法与模型

1. 计算方法

在数值计算过程中,通过时域有限差分(FDTD)方法(Yee,1966)得到了射频线圈内部及周边的电场,而作为评估生物组织热效应核心指标之一的电磁能比吸收率(SAR)是通过下式计算的,即

$$\mathrm{SAR} = \frac{\sigma}{\rho} E^2 \quad \mathrm{W/kg} \tag{62.1}$$

式中:σ 为生物组织的电导率(S/m);ρ 为生物组织的密度($\mathrm{kg/m^3}$);E 为电场强度(rms)(V/m)。比吸收率与天线周围电场强度的平方值成正比,且等效于生物组织内部电场所产生的热源。

2. 女性体模

下面将介绍两类女性体模的比吸收率分布计算问题。在计算早期孕妇比吸收率分布中采用了日本信息通信研究机构(NICT)(Nagaoka,2004)开发的基于日本成年女性平均数据的真实高精度全身体素模型(A 模型)。由于孕早期胎儿(胚胎)的尺寸很小而很难确认妊娠阶段,大家认为那些未察觉自身妊娠状态的女性会采用磁共振成像方法。在妊娠晚期案例中采用了第 26 孕周的女性体模(B 模型)(Nagaoka et al. ,2004;Saito et al. ,2006a;Togashi et al. ,2008)。为了开发这一模型,首先从第 26 孕周孕妇的磁共振图像中获取了由胎体、胎脑、胎眼、羊水、胎盘和子宫壁等 6 个器官构成的胎儿模型,根据孕妇的标准体型和构造对 A 模型中女性的腹部进行了扩展,最后将两个模型合成并根据医生的建议进行了调整。对孕妇模型开发问题感兴趣的读者可参考 Nagaoka 等学者(2007)的文章。

图 62.4(a)和图 62.4(b)分别展示了 A、B 两种模型。这些高分辨率模型由

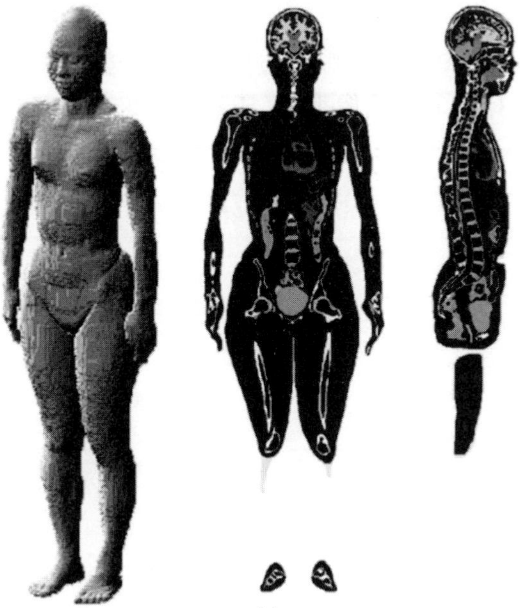

(a)

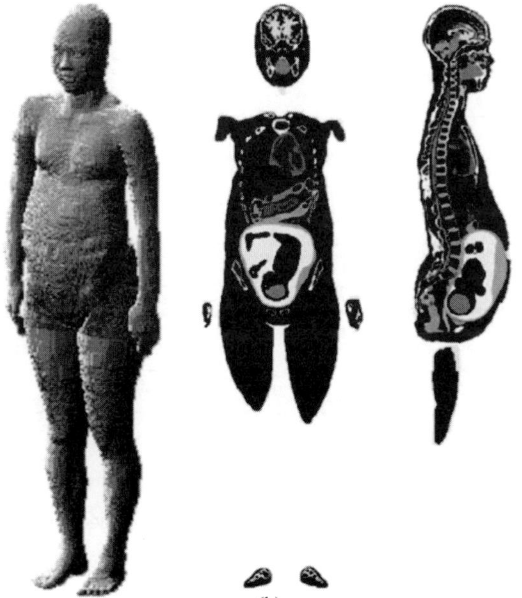

(b)

图 62.4　女性体模

(a) A 模型(孕早期);(b) B 模型(第 26 孕周)。

尺寸为2mm×2mm×2mm的立方体体素构成,其物理特性源于前人的研究成果(Hand et al.,2006;Gabriel et al.,1996;Duck et al.,1990;Van Den Berg et al.,1983)。表62.1列出了孕妇腹部以及胎儿的相关参数。

表62.1 孕妇及胎儿在64MHz的物理特性

	密度ρ/(kg/m^3)	相对介电常数ε_r	电导率σ/(S/m)
母体			
肌肉	1040	72.0	0.71
脂肪	928	13.6	0.07
皮肤	1100	84.4	0.46
血液	1060	86.5	1.21
骨骼-皮质	1990	16.7	0.06
骨骼-松质	1040	18.2	0.11
肺	655	56.2	0.41
肾	1050	80.6	0.45
胃	1050	85.8	0.88
结肠	1044	94.7	0.64
小肠	1044	118.3	1.59
卵巢	1048	106.8	0.69
子宫壁	1052	92.1	0.91
羊水	1000	97.3	2.07
胎盘	1060	86.5	1.21
胎儿			
身体	1040	94.2	0.92
眼睛	1009	69.1	1.50
大脑	1030	97.2	0.76

3. 射频线圈的计算模型

鸟笼型线圈常用于磁共振成像系统。它既辐射射频脉冲信号,也接收核磁共振信号。根据加载电容位置的差异,可分为高通型和低通型两类(Jin,1998)。图62.5(a)、图62.5(b)分别展示了高通型和低通型线圈的构造,在通用的1.5T磁共振成像系统中往往采用64MHz的频率来激励人体内原子核以实现成像。这些线圈分别由宽度为10mm的两个端环和8条支柱组成,在建模过程中被视为理想电导体。为了容纳女性体模,线圈的直径和长度分别设为 600mm 和 700mm。为了抑制线圈外射频辐射而将线圈置于射频屏蔽装置内,在计算过程中屏蔽装置被视为理想电导体。基于前人的研究成果(Hand et al. ,2006;Wu et al. ,2006;Ochi et al. ,1993),圆柱形射频屏蔽装置的内径和长度分别设为 740mm 和 1260mm。

在图 62. 5(a)、图 62. 5(b)所示的高通和低通鸟笼型线圈中,电容分别被加载于端环和支柱上。为了确定这些电容的容量,采用了“鸟笼型生成器”(Chin et al. ,1998)方法通过等效电路模型获得线圈的谐振频率。高通线圈和低通线圈分别需要加载 15. 27pF 和 4. 47pF 的电容,从而在 64MHz 实现谐振。在计算过程中采用了两点馈电方式,两个馈电端口之间的相位差为 90°。这种激励模式称为“正交激励”,能够采用圆极化场获得清晰的磁共振成像图像(Jin,1998)。

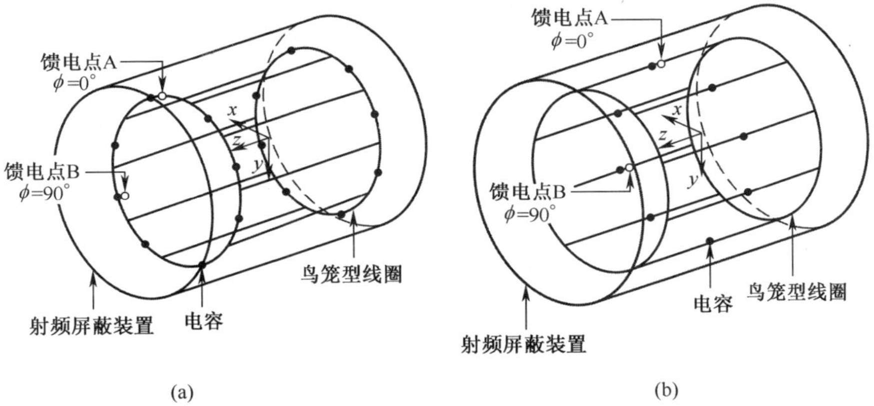

图 62. 5　鸟笼型线圈

(a)高通型;(b)低通型。

4. 数值计算模型

图 62. 6 所示为包含女性体模的时域有限差分计算模型。作为该模型的案例,将 B 模型加入到高通鸟笼型线圈中。每种成像类型中的线圈位置不同,因此线圈的位置存在多种可能。研究者曾计算了射频线圈位置和比吸收率的关系(Kikuchi et al. ,2007)。而在这里,A、B 两种模型中线圈的中心分别位于子宫和胎儿大脑的位置。在计算女性全身模型的过程中需要采用大型的解析区域,因此使用了日本千叶大学媒体与信息技术研究所的超级服务器(日立 SR11000)。

计算过程中屏蔽装置(含女性体模)内部的均匀网格尺寸为2.0mm,由于大部分电磁能量都聚集在屏蔽装置内部,在其外部采用了非均匀剖分网格。

时域有限差分计算中采用的参数见表62.2。为了计算人体模型的比吸收率分布,在馈电间隙上施加了连续正弦波电场以开展稳态分析;坐标系的原点位于计算模型中心。通过对比试验结果验证了计算方法的有效性(Saito et al.,2006b)。

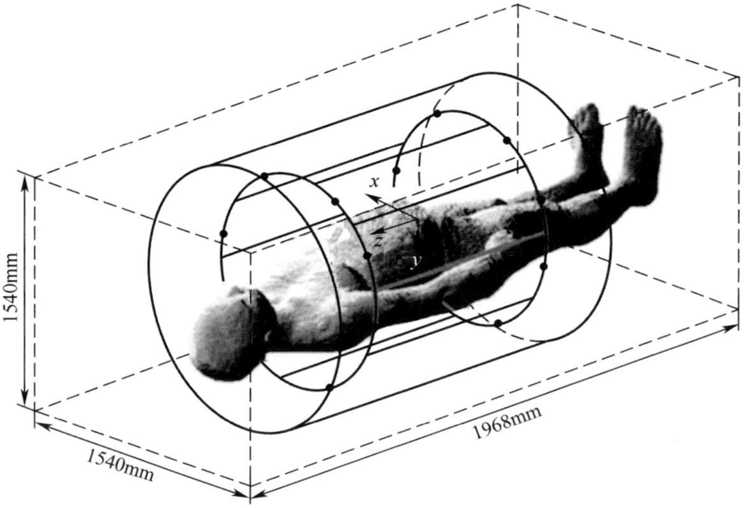

图62.6　时域有限差分计算模型

表62.2　时域有限差分计算中的参数

网格尺寸(最小)/mm	$\Delta x,\Delta y$	2.0、2.0
	Δz	2.0(常数)
网格尺寸(最大)/mm	$\Delta x,\Delta y$	5.6、5.6
	Δz	2.0(常数)
解析空间 $x\times y\times z$/单元		534×534×984
时间步长/s		3.8
吸收边界条件		理想匹配层(PML)(8层)

5. 孕妇腹部的比吸收率分布

在真实的磁共振成像系统中,需要根据成像区域和类型采用不同的脉冲序列。由于每种脉冲序列的辐射功率不确定,通过在馈电点激励连续正弦波的方式计算得到了孕妇及其胎儿体内的比吸收率。为了便于转化辐射功率,在所有的计算案例中都将线圈的比吸收率数值归一化于 1W 的辐射功率。辐射功率是通过在线圈表面进行坡印廷矢量积分得到的。

(1) A 模型中采用两类射频线圈的比吸收率分布对比。

图 62.7(a)~(h)所示为将低通和高通鸟笼型线圈应用于 A 模型的比吸收率分布计算结果。观察面包括子宫的矢状面(yz 平面)和围绕子宫中心的冠状面(xz 平面)。图 62.7(a)~(d)所示为 $A—A'$、$B—B'$、$C—C'$和 $D—D'$这 4 条观察线涵盖的范围。这里假定 A 模型(未怀孕女性模型)处于孕早期,胎儿或胚胎的尺寸很小。在子宫和卵巢位置而非胚胎组织的位置观测到了比吸收率数值(Dimbylow,2006)。

从图 62.7(b)和图 62.7(d)中可见,冠状面左侧($-225\text{mm}<x<0$)和右侧($0<x<225\text{mm}$)的比吸收率呈现出非对称性分布。此外,研究结果也证实了比吸收率的分布与人体内部的部位相关。在单点馈电的模型中观察到了对称的比吸收率分布趋势,因此研究者认为非对称性的分布趋势与两点馈电的方式有关。从图 62.7(a)~(d)中还可发现,在接近女性体表且具有高电导率的皮肤和肌肉等部位比吸收率相对较高,图 62.7(e)~(h)也进一步确认了这一趋势(当然其中电导率较低的脂肪组织属于例外)。在大腿(图 62.7(b)和图 62.7(d)的中 $x=0$,$-100<z<-300\text{mm}$ 的区域)和腋窝(图 62.7(b)和图 62.7(d)的中 $x=\pm200\text{mm}$、$z=400\text{mm}$ 的区域)处观察到了较高的比吸收率,这是由于电场聚集于这些狭窄间隙而造成的。通过对比高通和低通鸟笼型线圈的比吸收率分布,可以发现在馈电点和加载电容附近比吸收率的数值相对较高,这可以归结为人体和线圈间隙中的电场聚集。

与皮肤表面和肌肉组织相比,女性子宫和卵巢(图 62.7(a)和图 62.7(c)的 $15<y<60\text{mm}$、$-50<z<50\text{mm}$ 区域周围,图 62.7(b)和图 62.7(d)的$-40<x<25\text{mm}$、$-50<z<50\text{mm}$ 区域周围)内的比吸收率较低。而由于电磁能量在肌肉组织中的衰减,子宫中的比吸收率也较低(图 62.7(e)和图 62.7(g)中 $15<y<60\text{mm}$ 的区域,图 62.7(f)和图 62.7(h)中$-40<x<25\text{mm}$ 的区域)。还可进一步观察到无论采用哪种线圈,子宫和卵巢的比吸收率差异非常小。由此可以断定,由于子宫和卵巢位于人体深处,其比吸收率较低。

(2) B 模型中采用两类射频线圈的比吸收率分布对比。

图 62.8(a)~(h)所示为将低通和高通鸟笼型线圈应用于 B 模型的比吸收率分布计算结果。观察面包括胎儿头部的矢状面(yz 平面)和围绕胎儿身体的冠状面(xz 平面)。$A—A'$、$B—B'$、$C—C$ 和 $D—D'$这 4 条观察线涵盖的范围如图 62.8(a)~(d)所示。

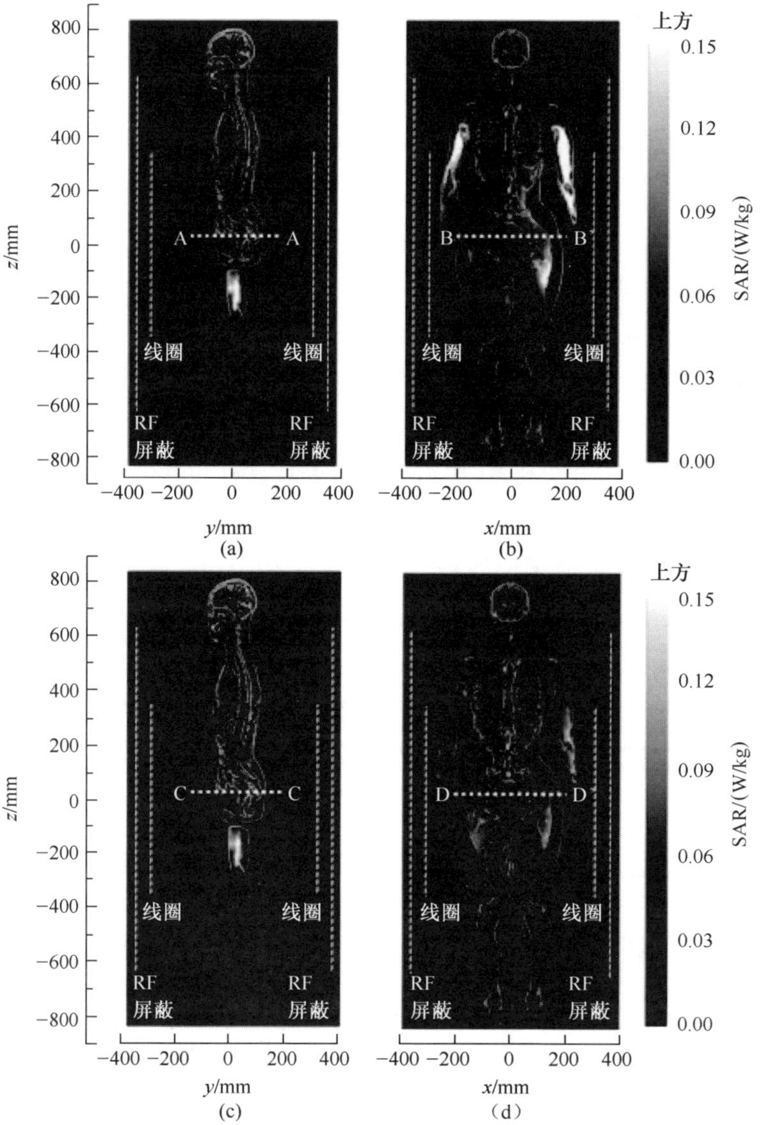

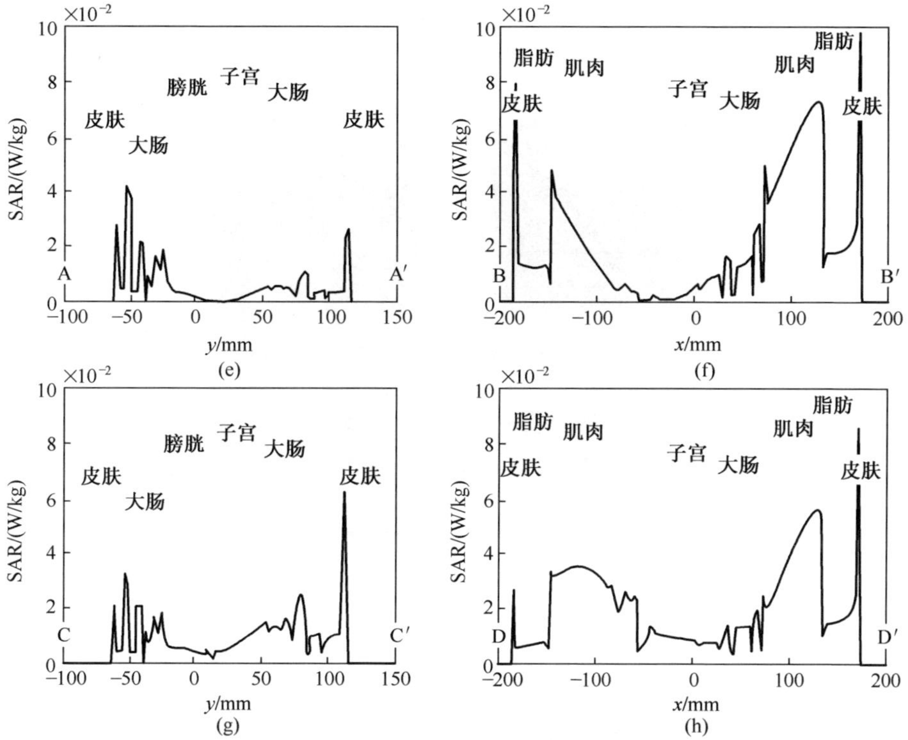

图 62.7　两种鸟笼型线圈在 A 模型中的比吸收率分布计算结果

(a)矢状面(高通线圈);(b)冠状面(高通线圈);(c)矢状面(低通线圈);(d)冠状面(低通线圈);

(e)矢状面 $A—A'$(高通线圈);(f)冠状面 $B—B'$(高通线圈);

(g)矢状面 $A—A'$(低通线圈);(h)冠状面 $B-B'$(低通线圈)。

由图 62.8 可见,B 模型中母体表面也呈现出与 A 模型类似的相对较高的比吸收率和非对称性,而羊水中的比吸收率也较高。特别值得关注的是,羊水上部和下部(图 62.8(a)、图 62.8(c)中 $y=-100$,$z=-50$,150mm 附近;图 62.8(b)、图 62.8(d)中 $x=0$、$z=-50$mm 以及 $x=100$mm、$50<z<200$mm 附近)的比吸收率相对较高。由图 62.8(e)~(h)可见,接近胎儿的羊水中比吸收率相对较高,这是由于羊水的电导率是其他组织的 1.5~2 倍(参见表 62.1)。此外,异质结构会导致生物组织边界上的比吸收率发生陡变。

胎儿体内(图 62.8(e)、图 62.8(g)中 $-20<y<50$mm 附近、图 62.8(f)、图

62.8(h)中$-50<x<15$mm附近)的比吸收率低于母体(最大值不及母体内最大数值的1%),这是电磁场在高电导率羊水中的衰减所致。

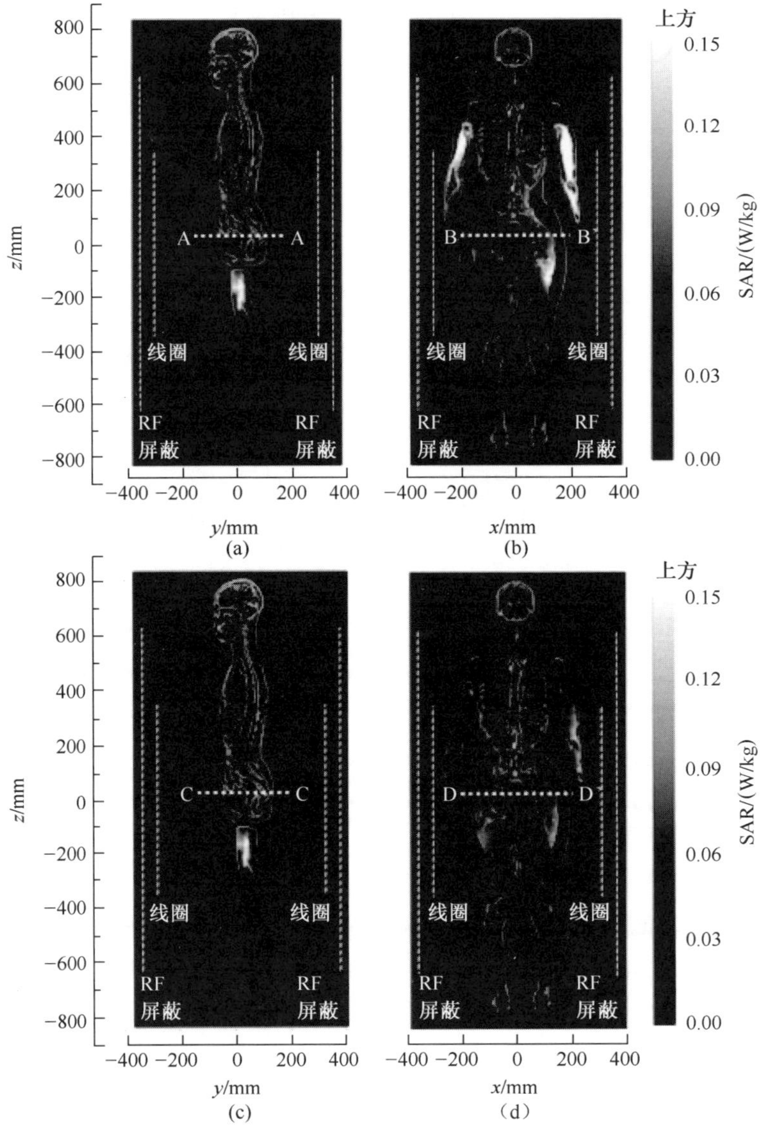

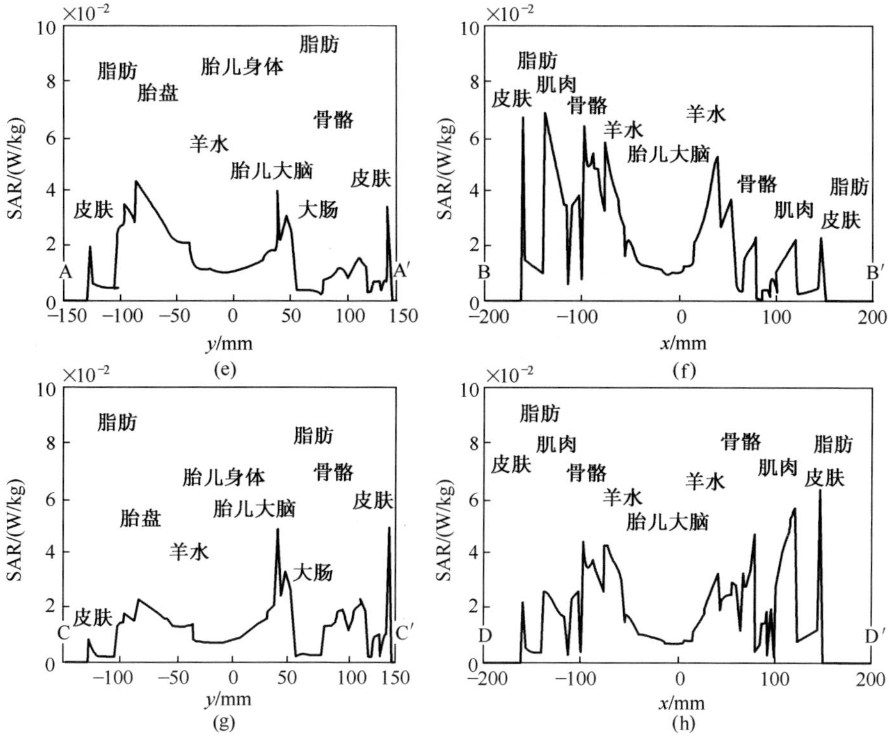

图 62.8　两种鸟笼型线圈在 B 模型中的比吸收率分布

(a)矢状面(高通线圈);(b)冠状面(高通线圈);(c)矢状面(低通线圈);(d)冠状面(低通线圈);
(e)矢状面 $A—A'$(高通线圈);(f)冠状面 $B—B'$(高通线圈);
(g)矢状面 $A—A'$(低通线圈);(h)冠状面 $B—B'$(低通线圈)。

6. 小结

本节介绍了磁共振成像中孕妇体内比吸收率分布的计算方法。Kikuchi 等学者(2009)对比吸收率进行了更深入的分析,其他研究者也针对磁共振成像中的比吸收率分析问题发表了文章(De Wilde et al. ,2005)。通过改进射频线圈的结构来抑制磁共振成像中的比吸收率也是一个重要的研究方向。

62.4　癌症的微波热疗

1. 加热方案分类

癌症可以采用外科手术、放射治疗、化学疗法、基因治疗、免疫疗法、消融术和热疗等治疗手段,而临床中有时也会结合两种或多种治疗方法。热疗利用了肿瘤和正常生物组织之间的温度敏感性差异,既是非常具有前景的癌症治疗方法,也是微波技术在医学中的重要应用。基于这种方法,肿瘤将被加热至42~45℃的温度范围,而周围正常的生物组织不会被损伤(Seegenschmiedt et al.,1995),还可将放射治疗和化学治疗方法与热疗相结合以提高疗效。

可采用热水、超声波和电磁波等手段加热肿瘤。微波能是局部热疗的热源之一(Tsukiyama et al.,1991),其频率范围覆盖了几百兆赫到几千兆赫(即几个吉赫)的频段。目前商用的热疗加热设备采用了430MHz、915MHz和2.45GHz等频点。

由于目标肿瘤的大小和形状不同,不可能仅采用一种天线就"包打天下"(Ito,2006)。图62.9展示了4种用于热疗的天线,其中"辐射型"和"接触型"天线被归为"外部天线","腔内型"和"组织内型"天线被归为"内部天线"。下面将介绍与"内部天线"相关的问题。

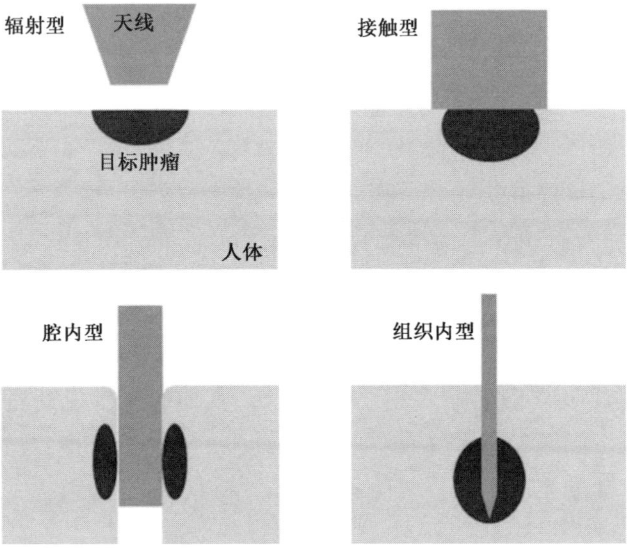

图62.9　4种用于微波加热的天线

2. 组织内微波热疗

组织内的微波热疗可应用于局部肿瘤。采用这种技术时天线将被插入至肿瘤内部,并直接向目标辐射微波能量(Tsukiyama et al.,1991;Lin and Wang,1987)从而有效且可靠地加热肿瘤。针对这种方法,可以通过调整轴向天线单元数量和插入点位置改变横向(天线轴的垂直方向)的热场分布(图 62.10(a)),而纵向(天线轴的水平方向)热场分布的改变依赖于在保持细线天线结构的前提下改变天线单元(图 62.10(b))。在后续章节中将介绍能够在轴向产生可控热场分布的天线以及可实现任意形状热场分布的阵列施源器。

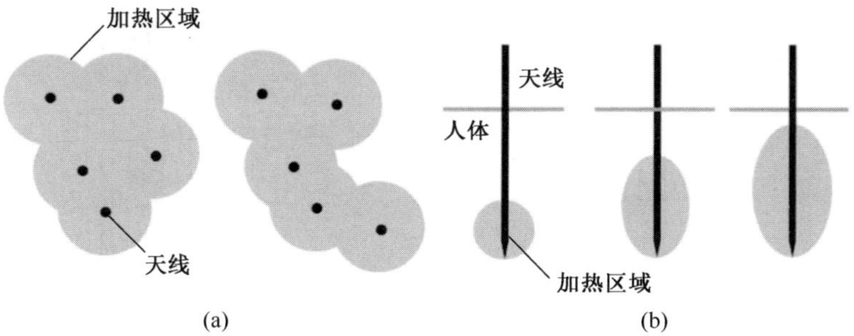

图 62.10　采用细线天线的加热方式

(a)垂直于天线轴向;(b)平行于天线轴向。

3. 天线结构

为了在纵向生成可控的热场分布区域而选取了同轴偶极子天线单元,这是因为它能在天线末端产生局部的加热区域(Kikuchi et al.,2006;Saito et al.,2008)。下面介绍采用同轴偶极子天线实现热场分布控制的原理。

图 62.11 所示为同轴偶极子天线的基本结构。天线的工作频率为 2.45GHz(日本工业、科学和医疗(ISM)频段之一),由半刚性细同轴电缆组成,细同轴线的外导体上加工了环形开槽结构,同轴线的下端短路。为了实现天线的阻抗匹配,短路端到环形开槽中心的距离 L_{ts} 为 10mm(Kikuchi et al.,2006)。环形开槽的两端增加了导电套筒,而套筒的长度(L_{td} 和 L_{ud})会影响加热区域的形状。基于卫生的考虑,将天线置于导管之中。尽管天线的插入深度取决于目标肿瘤的位置,本章中将该数值统一设为 70mm。

4. 天线单元的比吸收率分布

要分析天线周围的热场分布,先要得到天线的比吸收率。图 62.12 和表 62.3中分别列出了同轴偶极子天线的计算模型和参数。

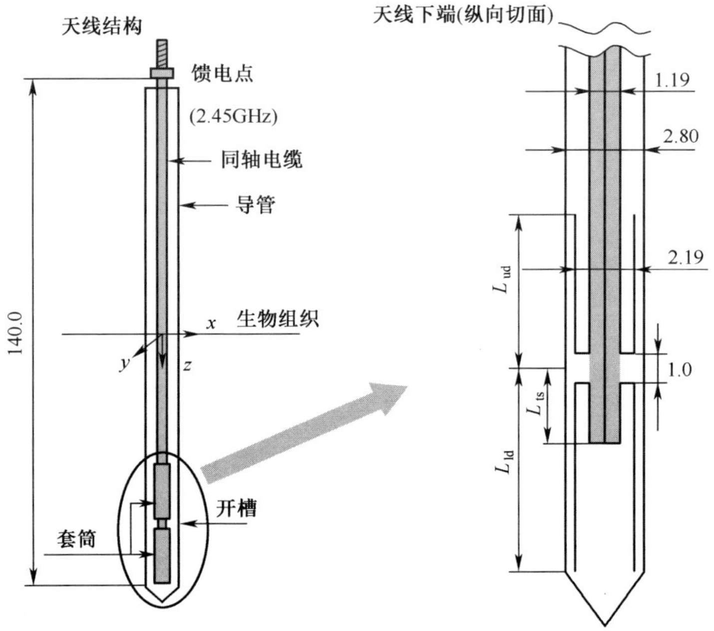

图62.11　同轴偶极子天线的结构(单位:mm)

表62.3　时域有限插分计算中的参数和材料特性

时域有限插分计算中的参数		
网格尺寸(最小)/mm	$\Delta x, \Delta y$	0.05
	Δz	1.00(常数)
网格尺寸(最大)/mm	$\Delta x, \Delta y$	1.50
	Δz	1.00(常数)
吸收边界条件	Mur(一阶)	
材料参数		
	相对介电常数 ε_r	电导率 σ/(S/m)
生物组织(体模)	42.5	1.5
导管	2.6	0.0

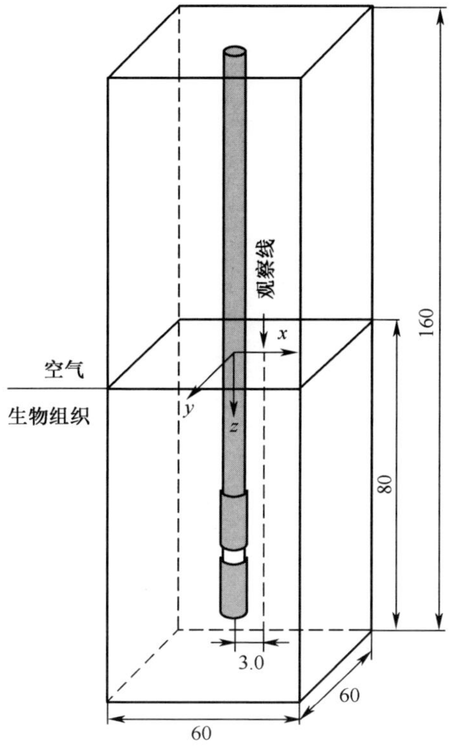

图 62.12　同轴偶极子天线的时域有限差分计算模型(单位:mm)

图 62.13 所示为天线比吸收率分布的测量与计算结果。比吸收率的观察线平行于天线轴向,与天线中心的距离为 3mm(图 62.12)。采用热像法测量了天线的比吸收率分布,具体测量步骤可参考 Saito 等学者(2013a)的文章。

在 L_{ud} 设为 20.0mm 的情况下,下端套筒的长度 L_{ld} 从 10.0mm 逐渐增加到 30.0mm。可以看到,纵向高比吸收率区域的长度几乎与 $L_{ld} + L_{ud}$ 的长度一致(图 62.13 中的灰色区域)。除了开槽处外,几种情况下计算和测量结果均呈现出良好的一致性。与其他位置相比,开槽处的比吸收率极高。因此热像法中不应忽略峰值点的热传递;而测量得到的比吸收率数值低于计算结果。

由此可见,同轴偶极子天线能够在纵向产生可控的加热区域。而初步的研究结果表明,为实现可控的热场分布,套筒长度(L_{ld} 或 L_{ud})应小于 30mm。

如果在天线的加工过程中能够实现足够长的下端套筒,可以方便地通过切

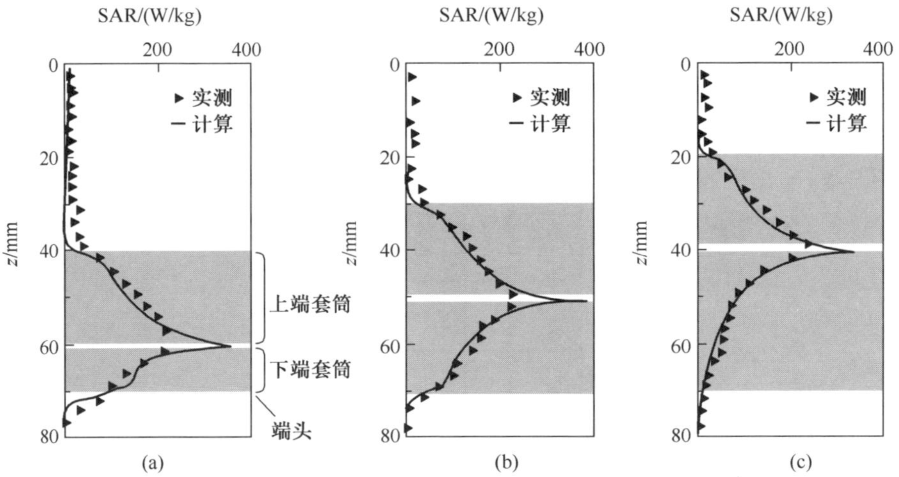

图 62.13 比吸收率分布的测量和计算结果

(所有的结果均归一化于 1.0W 的辐射功率)

(a) L_{ld} =10.0mm;(b) L_{ld} =20.0mm;(c) L_{ld} =30.0mm。L_{ld} —下端导电套筒的长度。

短其长度,改变纵向加热区域的尺寸。图 62.13 中下端套筒长度 L_{ld} 的最小值为 10mm,这恰好与 L_{ts} 的数值相同。

5. 通过阵列施源器生成任意形状的热场分布

通过多个同轴偶极子单元可以在天线轴向实现可控的热场分布。这里任意形状三维热场分布的实现即为阵列施源器("施源器"一词是指加热系统中直接作用于人体的部分,因此天线就是施源器。但"施源器"通常指的是阵列天线而非独立的天线单元)。本章研究了由4个天线单元组成的阵列施源器的热场分布。图 62.14 所示为阵列施源器的计算模型,所有的天线单元均为等幅同相馈电。

基于前人的研究成果(Saito et al.,2004),采用了 20mm 的阵列间距,天线单元的插入深度均为 70mm。

研究了由不同天线单元构成的两类阵列施源器,其参数分别如下。

(1) 天线单元的参数相同。

单元 A、B、C 和 D: L_{ld} =20.0mm, L_{ud} =20.0mm

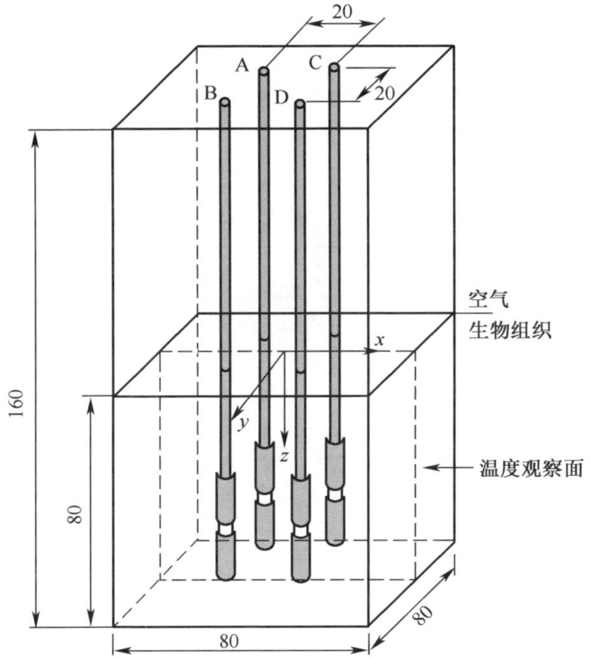

图 62.14　由 4 个同轴偶极子天线单元组成的阵列施源器的计算模型(单位:mm)

(2) 两种套筒参数。

单元 A 和 B: L_{ld} = 20.0mm, L_{ud} = 20.0mm

单元 C 和 D: L_{ld} = 10.0mm, L_{ud} = 10.0mm

阵列施源器的热场分布是通过温度分布计算得到的。可通过求解生物传热方程得到(Penns, 1948)(式(62.2)),生物组织内部的温度分布,其计算方法与 Saito 等学者(2006c)的方法相同。计算中涉及的电、热参数见表 62.4(Van Den Berg et al., 1983; Johnson and Guy, 1972)。

$$\rho c \frac{\partial T}{\partial t} = k \nabla^2 T - \rho \rho_b c_b F(T - T_b) + \rho \cdot \mathrm{SAR} \tag{62.2}$$

式中:T 为温度(℃);t 为时间(s);ρ 为生物组织的密度(kg/m^3);c 为生物组织的比热容(J/kg · K);k 为生物组织的热导率(W/(mK);ρ_b 为血液的密度(kg/m^3);c_b 为血液的比热容(J/(kg · K);T_b 为血液的温度(℃);F 为血流速度(m^3/(kg · s))。

表 62.4　相关的电、热参数

电性能	
相对介电常数(生物组织) ε_r	47.0
电导率(生物组织)/σ/(S/m)	2.21
热性能	
比热容(生物组织)c/(J/(kg · K))	3500
比热容(血液) c_b /(J/(kg · K))	3960
热导率 k[W/m K]	0.60
密度(生物组织)ρ/(kg/m^3)	1020
密度(血液) ρ_b /(kg/m^3)	1060
血流速度 F/(m^3/(kg · s))	8.33×10^{-6}
初始温度/℃	37.0
血液温度/℃	37.0

图 62.15 所示为计算得到的温度分布。图 62.14 中定义了温度观察面,其中黑色实线圈为温度高于 42℃ 的区域,即治疗所需的最低温度(有效加热区域),整个阵列的辐射功率为 20W。为了控制热场分布,有效加热区域中 z 方向的长度应与阵列施源器中 $L_{\mathrm{ld}}+L_{\mathrm{ud}}$ 的长度一致。

如图 62.15(a)所示,在所有天线单元尺寸相同的情况下,有效加热区域的轴向(z 方向,$x=\pm10$mm)长度约为 27mm,而 $L_{\mathrm{ld}}+L_{\mathrm{ud}}$ 的长度为 40mm。由此可见,有效加热区域的长度降低了 33%。

由图 62.15(b)可见,在采用两种套筒的情况下轴向加热区域的长度与套筒长度相关,因此单元 A 和 B($x=\pm10$mm)有效加热区域在 z 方向的长度约为 29mm。与 40mm 长的 $L_{\mathrm{ld}}+L_{\mathrm{ud}}$ 相比,这一长度减小了 28%。单元 C 和 D($x=\pm10$mm)的有效加热区域在 z 方向长度为 19mm,这几乎与 $L_{\mathrm{ld}}+L_{\mathrm{ud}}$ 的长度一致。

从这些结果可见,热场分布与阵列施源器的套筒长度相关。从图 62.16 中的加热区域三维图中可以更清晰地观察到这一现象。

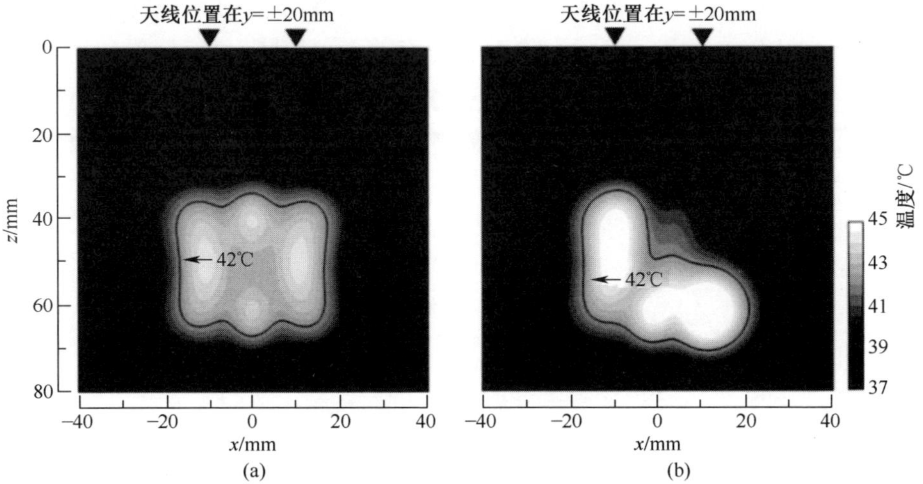

图 62.15　两类阵列施源器的温度分布计算结果

(a)所有天线单元的尺寸相同;(b)两种套筒参数。

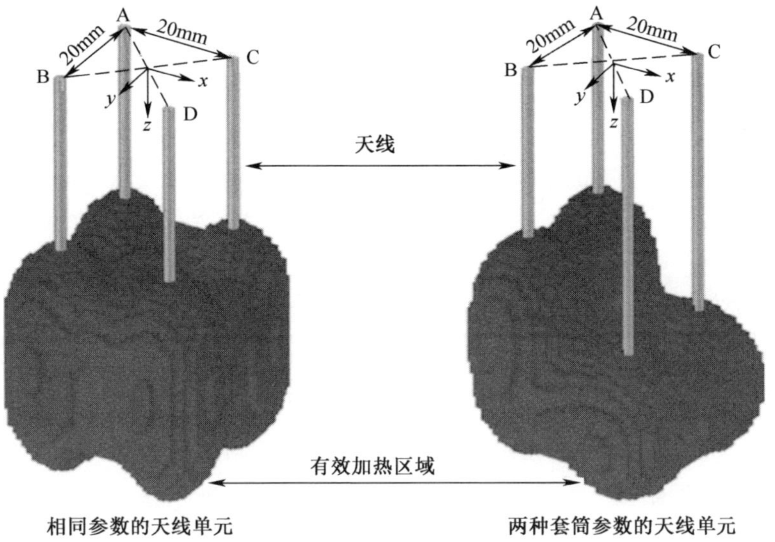

图 62.16　三维温度分布计算结果

6. 腔内微波热疗

在目标肿瘤接近食道、大肠、尿道等腹腔区域时,可以采用微波天线进行腔内微波热疗。我们一直在开展内窥镜和微波天线相结合的胆管癌微波热疗研究,其方案如图62.17所示:首先将内窥镜插入十二指肠,然后将细长的柔性天线插入内窥镜的手术钳通道,最后通过乏特乳头将天线导引到位于十二指肠的胆管。这种无创治疗方法不但能够有效治疗不可切除的胆管癌,还有望治疗其他类型和部位的癌症。

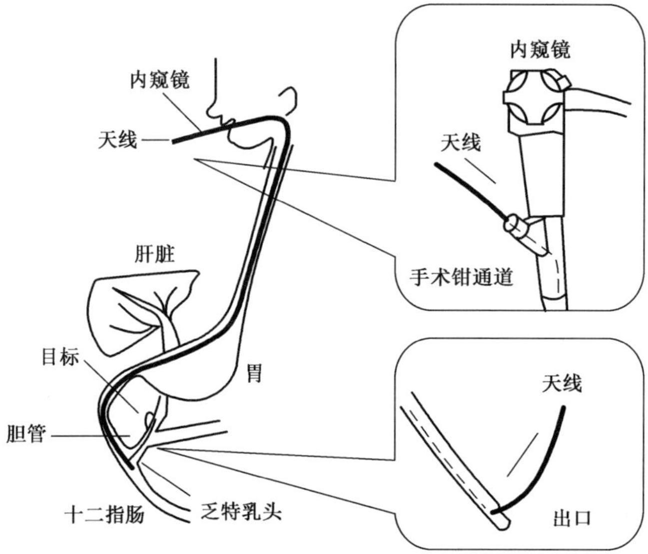

图62.17　治疗胆管癌的腔内微波热疗方案

在患者体内置入自膨式金属支架已成为当前治疗由胆管癌引起的恶性梗阻性黄疸的标准方法,但近半接受这种疗法的患者会由于癌细胞快速扩张而在6~8个月内(Loew et al.,2009)出现再梗阻现象。金属支架会对插入体内的天线所辐射的微波能量产生屏蔽效应(Saito et al.,2010),为此作者发明了一种与腔内胆管癌微波热疗中采用的内窥镜式同轴天线兼容的新型支架。

7. 金属支架结构

图62.18的左侧为常规金属胆道支架(图62.18(a)),右侧为新型胆道支架(图62.18(b))(Itakura et al.,2012)。新型支架由6个金属支架和5个长度为2mm的塑料支架组成,其周期性排列方式能够在支架外部产生有效的加热效应。如果塑料支架排列过于紧密,微波能量就无法有效地从塑料支架之间辐射出去,因此塑料支架(相对介电常数为2.1)的间距设为8mm。根据Püspök等

(2005)的研究成果将支架的长度和直径分别设为 60mm 和 5mm,从调整支架长度的目的出发,将新型支架底端金属部件的长度设为 10mm。尽管支架通常为网状结构,由于与馈电电磁波的波长相比,支架中网格的尺寸已经足够小,在计算中仍将其设为实体圆柱。

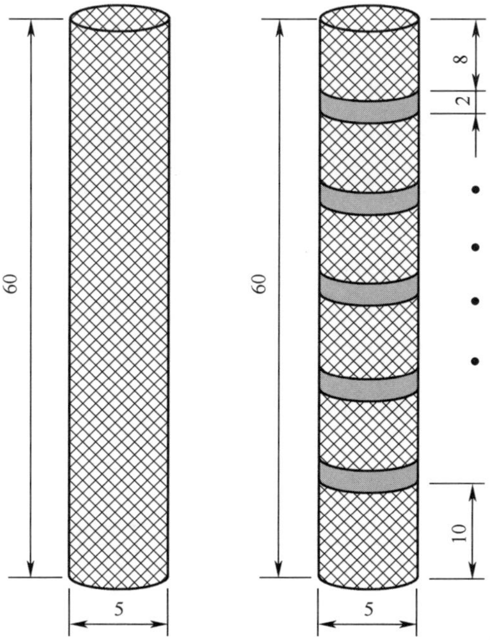

图 62.18　胆道支架结构(单位:mm)

(a)常规支架;(b)新型支架。

8. 同轴天线的结构

图 62.19 所示为馈电同轴天线的结构。天线由柔性细同轴电缆构成,可插入到内窥镜中;其直径为 2.4mm,内导体伸出电缆顶端 3mm;馈电点位于电缆的一端。在治疗过程中将整个天线置于支架的中心,天线伸出支架端点约 1mm 以避免与其接触。因此,在胆管支架被人体组织或因再狭窄引起的肿瘤包裹的情况下,天线仍可实现电磁耦合馈电。

9. 计算模型

图 62.20 所示为胆管支架和同轴天线的时域有限差分计算模型以及相应的

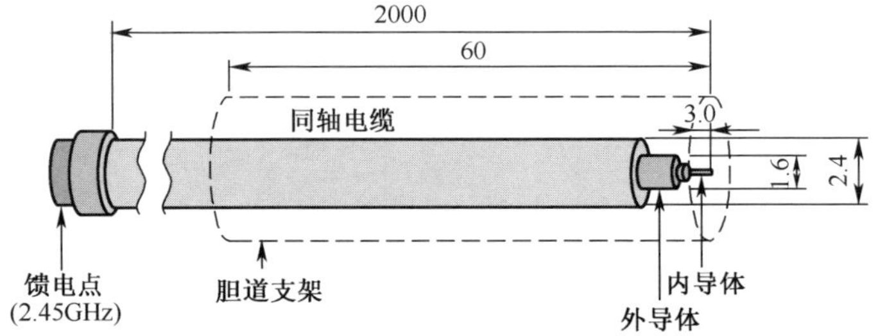

图 62. 19　馈电同轴天线结构(单位:mm)

观察线。支架模型被置于充满胆汁的胆管中,而胆管位于肌肉中。假定肿瘤会引起再狭窄,从电性能的观点来看,支架被肌肉组织所包裹。天线的工作频率为 2. 45GHz,时域有限差分计算中采用的参数和生物组织的特性参见表 62. 5 (Duck,1990;Van Den Berg et al. ,1983)。

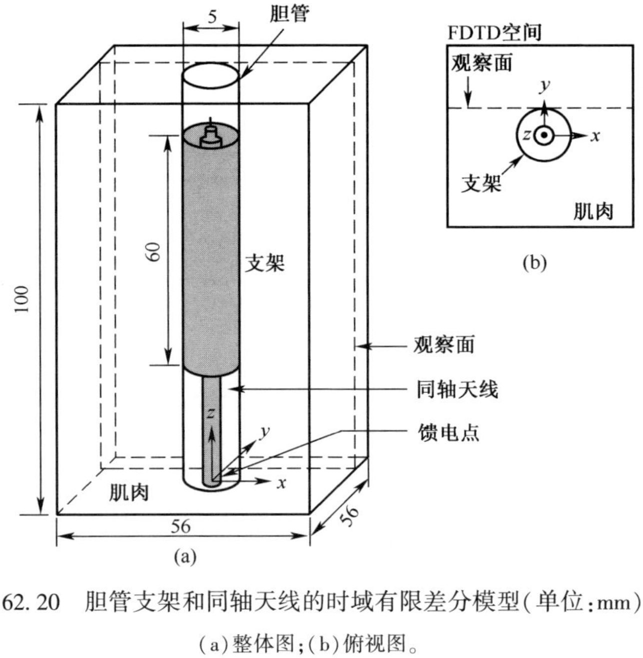

图 62. 20　胆管支架和同轴天线的时域有限差分模型(单位:mm)

(a)整体图;(b)俯视图。

表 62.5　时域有限差分计算中的参数和生物组织特性

时域有限插分计算中的参数		
单元尺寸(最小)/mm	$\Delta x, \Delta y$	0.05
	Δz	1.00(常数)
单元尺寸(最大)/mm	$\Delta x, \Delta y$	1.50
	Δz	1.00(常数)
吸收边界条件	Mur(一阶)	
材料参数		
	相对介电常数 ε_r	电导率 σ/(S/m)
肌肉	47.0	2.21
胆汁	67.2	2.77
导管	2.6	0.0

10. 计算结果

图 62.21 所示为两种支架比吸收率分布的计算结果,观察线如图 62.20 所

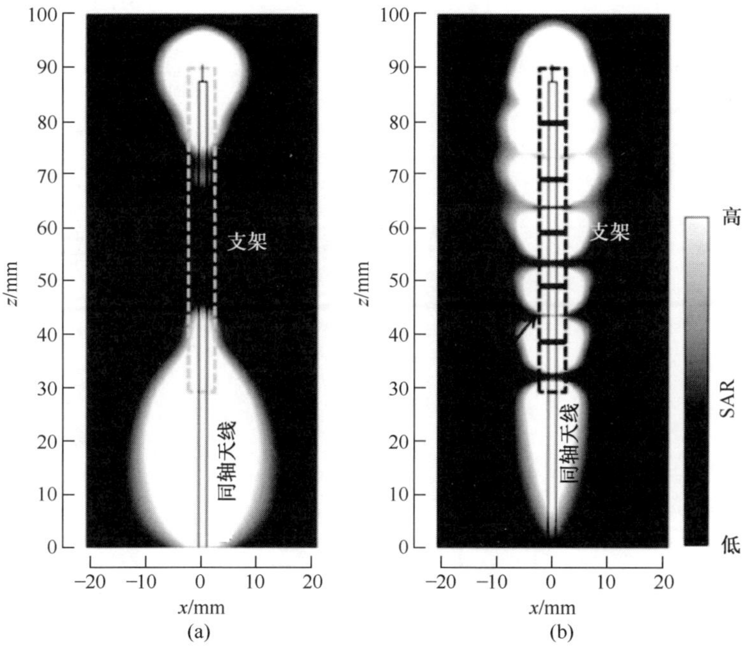

图 62.21　计算得到的比吸收率分布

(a)常规支架;(b)新型支架。

示。常规金属支架中部(40mm<z<70mm)的比吸收率低于两端(10mm<z<30mm及85mm<z<95mm),这是由其屏蔽效应导致的。目标肿瘤应位于支架中心附近;而计算结果表明,常规的金属支架不适用于这一治疗目的。从新型支架的计算结果来看,整个支架(30mm<z<90mm)均处于高比吸收率区域,微波能量可以泄漏到塑料支架的外部。由此可见,新型支架可以有效加热目标肿瘤。

11. 试验验证

图62.22所示为比吸收率测量系统,图62.23(a)、图62.23(b)所示为试验中采用的胆管支架和内窥镜天线。测量过程中首先要将两种支架的试制件置入等效肌肉的固态体模中(图62.23(c)、图62.23(d)),然后将天线穿过支架,伸出顶端1mm并施加微波能量。天线与微波源相连,其输入功率和辐射时间分别为50W和60s。红外相机测量得到的温度分布将转化为比吸收率分布(Okano et al.,2000)。试验中的观察面与图62.20中一致。

图62.24(a)、图62.24(b)中所示为两种支架的比吸收率分布测量值。常规金属支架中部(40<z<70mm)的比吸收率低于两端(20<z<30mm,以及80<z<90mm)。而新型支架的电磁能量将从支架的塑料部件处泄漏到外部,导致整个支架都位于高比吸收率区域。以上结果进一步证实了新型支架能够在轴向长约60mm的范围内对生物组织进行有效加热。

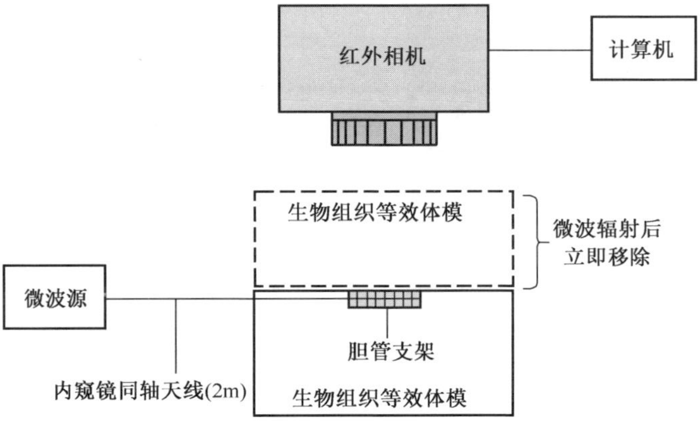

图62.22 比吸收率测量系统

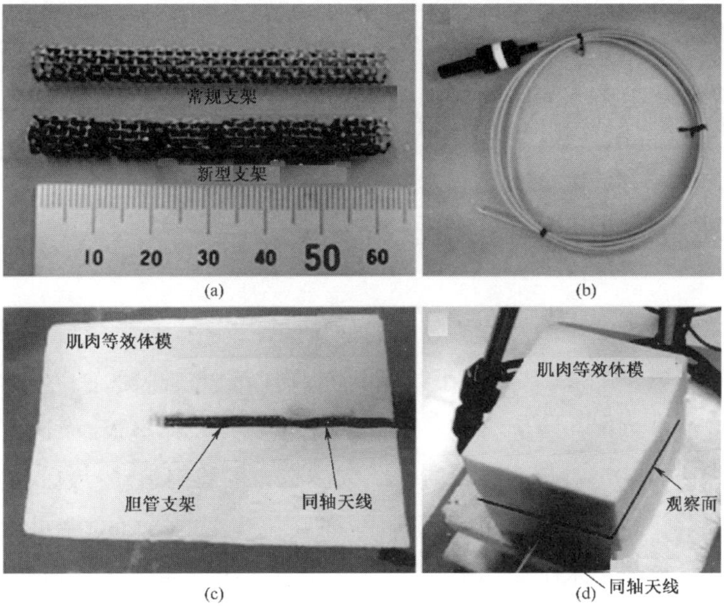

图 62.23　比吸收率测量装置

(a)支架试制件;(b)内窥镜同轴天线;(c)体模横剖面;(d)测量装置。

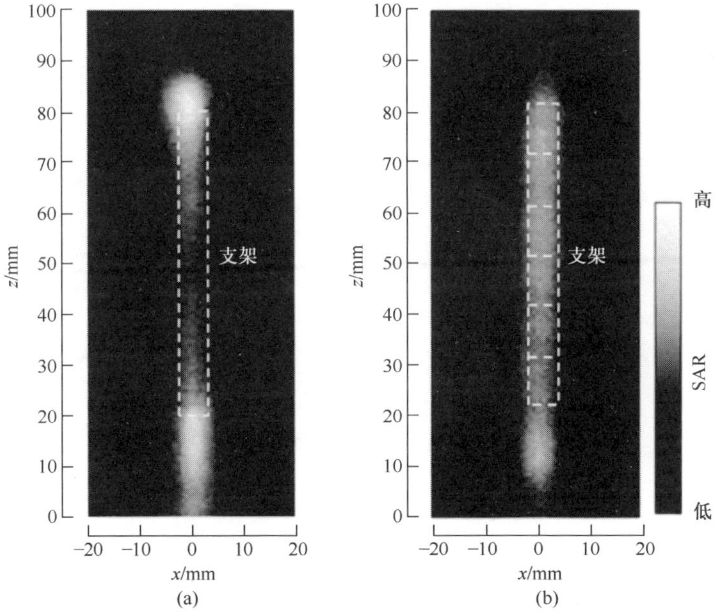

图 62.24　比吸收率分布测量值

(a)常规支架;(b)新型支架。

12. 小结

本节介绍了用于组织内和腔内加热的微波天线性能。后续不但需要开发可应用的器件,还应开发相应的治疗方案。

62.5 采用微波能的外科医疗设备

我们还开发了基于微波能热效应的外科医疗设备。已广泛应用于外科手术的电刀采用了射频电流(从几百千赫到几兆赫),可以实现凝血和生物组织的分离。但这种设备也存在着固有的缺陷。首先它需要外部电极,而这有时会在其周围引起烧伤;其次,射频电流可能会引起不自主的肌肉运动;最后,这种设备产生的极高温度会导致生物组织发生碳化,而碳化产生的雾气会严重影响腹腔镜手术的进行。外科手术中采用的超声刀可能会溅起体液,从而引起腹腔镜手术中应避免的雾气。

外科手术中的大出血对于患者而言非常危险,特别是在腹腔镜手术中的大出血会导致腹腔镜视场受限、手术无法继续,因此凝血成为了最重要的治疗目的之一(图 62.25(a))。Saito 等学者(2013(b)) 已经研究了基于小型环天线的凝

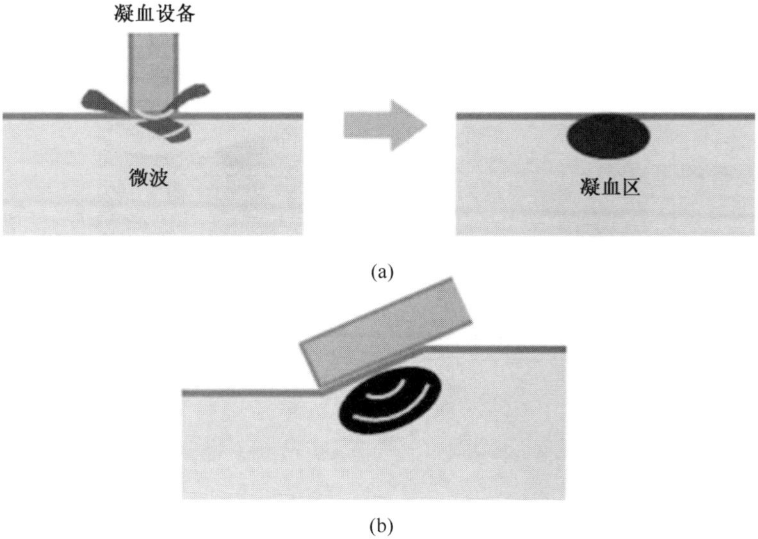

(a)

(b)

图 62.25 采用微波能的凝血设备

(a)凝血;(b)在侧面生成凝血区。

血设备，并采用数值计算方法和相应的试验验证了其有效性。然而这一设备需要进行相应的改进：它只能在其底部产生凝血区，而在某些情况下迫切需要在设备的周边区域产生凝血区（图 62.25（b））。在后续的章节中将介绍一种在其底部和侧面均可以生成凝血区的设备。

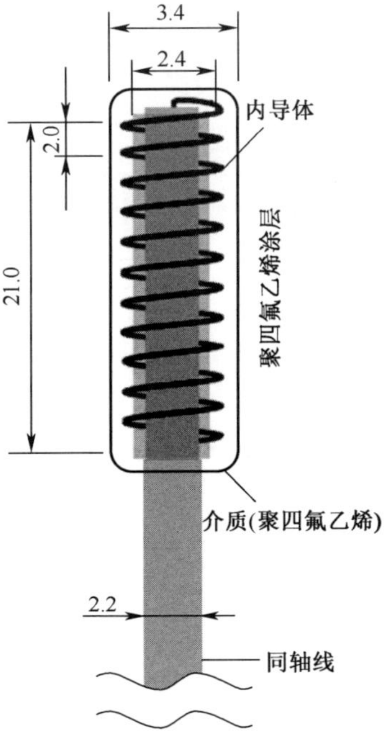

图 62.26　凝血设备的组成（围绕顶端）（单位：mm）

1. 设备的基本组成

图 62.26 所示为螺旋结构的凝血设备。螺旋共有 11 匝，螺距为 2.0mm；用聚四氟乙烯（PTFE）材料包裹了螺旋结构以防止天线与生物组织黏连；天线的工作频率为 2.45GHz。

图 62.27 所示为时域有限差分计算模型。天线通过两种方式与肌肉组织接触，并通过同轴电缆馈电。整个设备被置入与体液电性能相仿的盐水中。

2. 加热特性

采用数值计算和试验验证的方法评估了设备的加热性能。计算过程遵循“癌症的微波能热治疗”章节中的方法，即首先计算天线的比吸收率分布，再求解生物传热方程得到肌肉组织的温度分布。肌肉的物理特性参见表 62.6。

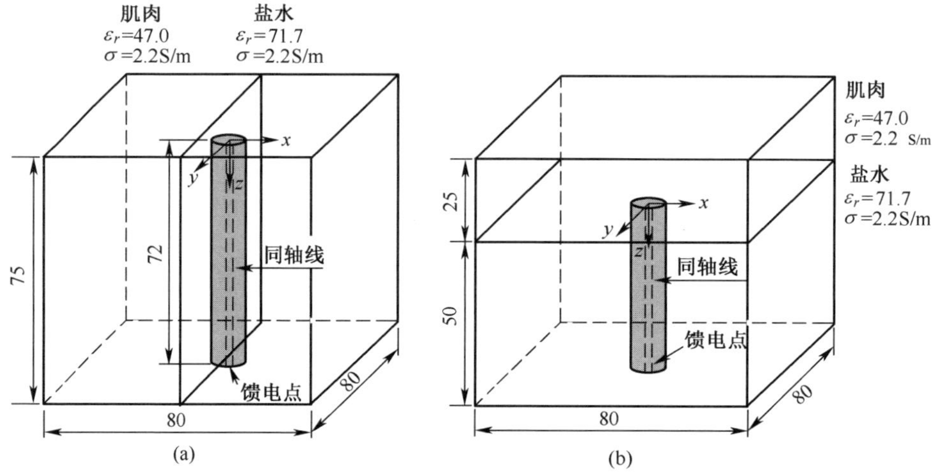

图 62.27 计算模型(单位:mm)

(a)A模型(计算侧面凝血区);(b)B模型(计算底部凝血区)。

表 62.6 肌肉的物理特性

电性能(@2.45GHz)	
相对介电常数(生物组织) ε_r	47.0
电导率(生物组织)σ/(S/m)	2.21
热性能	
比热容 c/(J/(kg·K))	3600
热导率 k/(W/(mK))	0.50
密度 ρ/(kg/m^3)	1020
血流速度 F/(m^3/(kg·s))	8.3×10^{-6}
初始温度/℃	37.0

图62.28所示为计算得到的温度分布。其中A模型的观察面为 $x=-1.7$mm 位置的 yz 平面,B模型的观测平面为 $z=-1.0$mm 位置的 xy 平面,输入功率和加热时间分别为80W和20s。A模型中的凝血区域(高于60℃的区域)约为13mm×33mm(yz 平面),B模型中为5mm×4mm(xy 平面)。

如图62.29所示,通过在离体生物组织上的试验验证了设备的有效性。试验中辐射功率约为25W,加热时间约为10s,基于原理验证的目的未采用盐水。

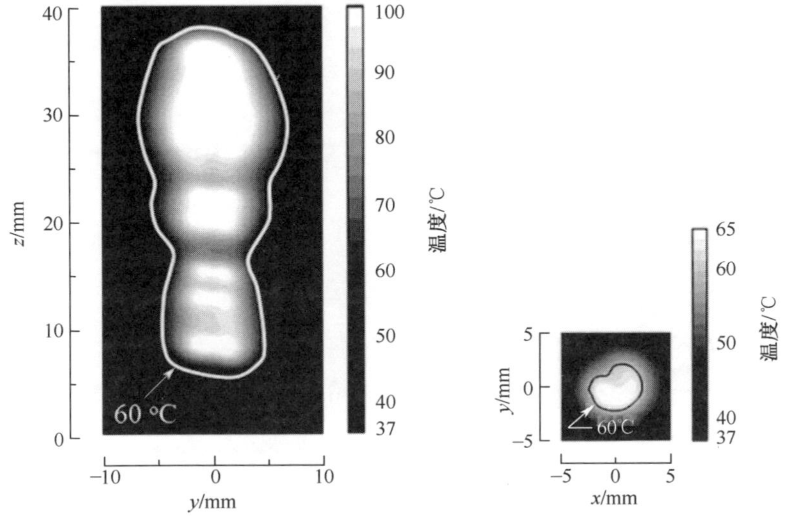

图 62. 28　计算得到的温度分布

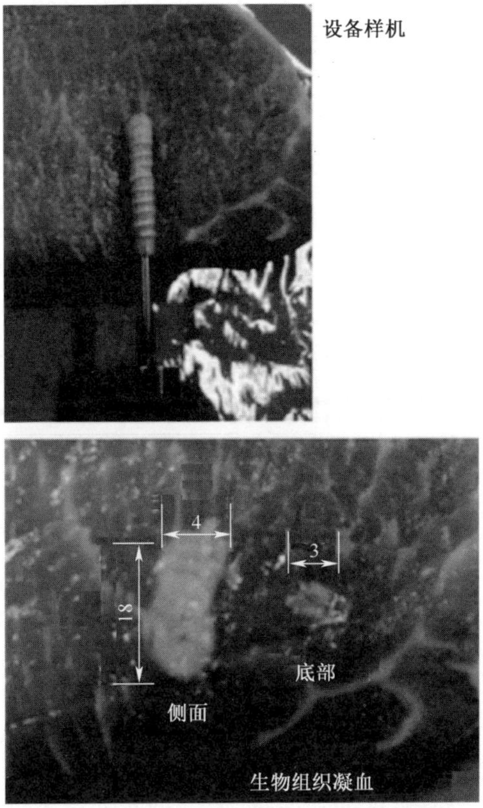

图 62. 29　在离体生物组织上开展的试验(单位:mm)

由图62.29可见,该设备能够在离体生物组织的侧面和底部形成两类凝血区。

3. 小结

后续在开发用于外科治疗设备的过程中,投入应用前必须在活体动物中验证其有效性。

交叉参考:

▶第66章　磁共振成像天线

▶第51章　可穿戴可植入天线评估。

▶第61章　面向生物医学遥测应用的植入天线

参考文献

Amin RS, Nickolaidis P, Kawashima A, Kramer LA, Ernst RD (1999) Normal anatomy of the fetusat MR imaging. Radiographics 19:S201-S214

Angelone LM, Potthast A, Segonne F, Iwaki S, Belliveau JW, Bonmassar G (2004) Metallic electrodes and leads in simultaneous EEG-MRI: specific absorption rate (SAR) simulation studies. Bioelectromagnetics 25:285-295

Bond EJ, Li X, Hagness SC, Veen DV (2003) Microwave imaging via space-time beamforming forearly detection of breast cancer. IEEE Trans Antennas Propag 51:1690-1705

Chen J, Feng Z, Jin JM (1998) Numerical simulation of SAR and B1-field inhomogeneity of shielded RF coils loaded with the human head. IEEE Trans Biomed Eng 45:650-659

Chin CL, Collins CM, Li S, Dardzinski BJ, Smith MB (1998) Bird cage builder, version 1.0. Center for NMR Research, Department of Radiology Pennsylvania. State University College of Medicine, Hershey

Collins CM, Liu W, Wang J, Gruetter R, Vaughan JT, Ugurbil K, Smith MB (2004) Temperature and SAR calculations for a human head within volume and surface coils at 64 and 300 MHz. J Mag Reson Imag 19:650-656

De Wilde JP, Rivers AW, Price DL (2005) A review of the current use of magnetic resonance imaging in pregnancy and safety implications for the fetus. Progress Biophysics and Molecular Biology 87:335-353

Dimbylow P (2006) Development of pregnant female, hybrid voxel-mathematical models and their application to the dosimetry of applied magnetic and electric fields at 50 Hz. Phys Med Biol 51: 2383-2394

Duck FA (1990) Physical properties of tissue: a comprehensive reference book. Academic, London

Gabriel C (1996) Compilation of the dielectric properties of body tissues at RF and microwave frequencies. Armstrong Laboratory, Brooks Air Force Technical Report AL/OE-TR-1996-0037. King's College, London, Department of Physics, London

Hagness SC, Taflove A, Bridges JE (1999) Three-dimensional FDTD analysis of a pulsed micro-wave confocal system for breast cancer detection: design of an antenna-array element. IEEE Trans Antennas Propag 47:783-791

Hand JW, Li Y, Thomas EL, Rutherford MA, Hajnal JV (2006) Prediction of specific absorption rate calculations in mother and fetus associated with MRI examinations during pregnancy. Magn Reson Med 55:883-893

Hubbald AM, Adzick NS, Crombleholme TM, Coleman BG, Howel LJ, Haseigrove JC et al (1999) Congenital chest lesions: diagnosis and characterization with prenatal MR imaging. Radiology 212:43-48

International Electrotechnical Commission (2002) International standard, medical equipment-part 2-33: particular requirements for the safety of magnetic resonance equipment for medical diagnosis, 2nd revision. International Electrotechnical Commission 60601-2-33, Geneva, pp 29-31

Itakura H, Saito K, Takahashi M, Ito K (2012) Development of biliary stent compatible with microwave hyperthermia for bile duct carcinoma. Thermal Medicine 28:43-51

Ito K (1996) Medical applications of microwave. In: Proceedings of 1996 Asia-Pacific microwave conference, vol 1, New Delhi, pp 257-260

Ito K (2006) Antenna technology applied to medicine. Trans IEICE B J89-B:1558-1568 [in Japanese]

Jin J (1998) Electromagnetic analysis and design in magnetic resonance imaging. CRC Press, Boca Raton

Johnson CC, Guy AW (1972) Nonionizing electromagnetic wave effects in biological materials and systems. Proc IEEE 60:692-718

Kikuchi S, Saito K, Takahashi M, Ito K (2006) Control of heating pattern for interstitial microwave hyperthermia by a coaxial-dipole antenna-aiming at treatment of brain tumor. Trans

IEICE B J89-B:1486-1492

Kikuchi S, Saito K, Takahashi M, Ito K, Ikehira H (2007) SAR calculations in various parts of pregnant woman during MR imaging. In: Proceedings of the 2007 international symposium on antennas and propagation, Niigata, 20-24 Aug 2007, pp 434-437. http://i-scover.ieice.org/proceedings/ISAP/2007/pdf/2C4-4.pdf. Accessed 28 Jul 2015.

Kikuchi S, Saito K, Takahashi M, Ito K, Ikehira H (2009) SAR computation inside fetus by RF coilduring MR imaging employing realistic numerical pregnant woman model. IEICE Trans Commun E92-B:431-439

Levine D (2004) Fetal magnetic resonance imaging. J Matern Fetal Neonatal Med 15:85-94

Lin JC, Wang YJ (1987) Interstitial microwave antennas for thermal therapy. Int J Hyperthermia 3:37-47

Loew BJ, Howell DA, Sanders MK (2009) Comparative performance of uncoated, self expandable metallic biliary stents of different designs in 2 diameters: final results of an international multicenter, randomized controlled trial. Gastrointest Endosc 70:445-453

Nagaoka T, Watanabe S, Sakurai K, Kunieda E, Watanabe S, Taki M et al (2004) Development of realistic high-resolution whole-body voxel models of Japanese adult males and females of average height and weight, and application of models to radio-frequency electromagnetic-field dosimetry. Phys Med Biol 49:1-15

Nagaoka T, Togashi T, Saito K, Takahashi M, Ito K, Watanabe S (2007) An anatomically realistic whole-body pregnant-woman model and specific absorption rates for pregnant-woman exposure to electromagnetic plane wave from 10 MHz to 2 GHz. J Phys Med Biol 52:6731-6745

Nguyen UD, Brown JS, Chang IA, Krycia J, Mirotznik MS (2004) Numerical evaluation of heating of the human head due to magnetic resonance imaging. IEEE Trans Biomed Eng 51:1301-1309

Ochi H, Yamamoto E, Sawaya K, Adachi S (1993) Analysis of MRI antenna inside an RF shield. IEICE Trans Commun J 76-B-II:79-85

Okano Y, Ito K, Ida I, Takahashi M (2000) The SAR evaluation method by a combination of thermographic experiments and biological tissue-equivalent phantom. IEEE Trans Microw Theory Tech 48:2094-2103

Penns HH (1948) Analysis of tissue and arterial blood temperatures in the resting human forearm. J Appl Phys 1:93-122

Püspök A, Lomoschitz F, Dejac C, Hejna M, Sautner T, Gangl A (2005) Endoscopic ultrasound guided therapy of benign and malignant biliary obstruction: a case series. Am J Gastroenterol

100:1743-1747

Saito K, Yoshimura H, Ito K, Aoyagi Y, Horita H (2004) Clinical trials of interstitial microwave hyperthermia by use of coaxial-slot antenna with two slots. IEEE Trans Microw Theory Tech 52: 1987-1991

Saito K, Kikuchi S, Takahashi M, Ito K, Ikehira H (2006a) SAR distributions in the abdomen of a pregnant woman generated in a birdcage coil for the MRI system. In: Proceedings of the first European conference on antennas and propagation, 2006 [CD-ROM], Nice, 6-10 Nov 2006

Saito K, Amano T, Takahashi M, Ito K, Ikehira H (2006b) Evaluation of the SAR by two types of RF coils for MRI system [abstract]. In: Abstract Book of the Bioelectromagnetics Society 28th annual meeting, Cancun. Curran Associates, Red Hook, pp 247-250

Saito K, Hiroe A, Kikuchi S, Takahashi M, Ito K (2006c) Estimation of heating performances of a coaxial-slot antenna with endoscope for treatment of bile duct carcinoma. IEEE Trans Microw Theory Tech 54:3443-3449

Saito K, Kawamura T, Takahashi M, Ito K (2008) Generation of controllable heating patterns by two types of thin microwave antennas for interstitial microwave thermal therapy. In: Proceedings of the 2008 international symposium on antennas and propagation (ISAP 2008), Taipei, Oct 2008 [CD-ROM]

Saito K, Tsubouchi K, Takahashi M, Ito K (2010) Practical evaluations on heating characteristics of thin microwave antenna for intracavitary heating. In: Proceedings of the 32nd international conference of the IEEE/EMBS, Buenos Aires, 31 Aug-4 Sep 2010, pp 2755-2758

Saito K, Takahashi M, Ito K (2013a) Generation of controllable heating patterns for interstitial microwave hyperthermia by coaxial-dipole antennas. IEICE Trans Electron E96-C (9):1178-1183

Saito K, Ito K, Ishikawa S, Inoue M, Takahashi M (2013b) Development of surgical devices using microwave energy. In: 2013 7th European conference on antennas and propagation (EuCAP), 8-12 Apr 2013, Gothenberg, pp 2813-2815

Seegenschmiedt MH, Fessenden P, Vernon CC (eds) (1995) Thermoradiotherapy and thermochemotherapy. Springer, Berlin

Shimizu K, Matsuda S, Saito I, Yamamoto K, Hatsuda T (1995) Application of biotelemetry technique for advanced emergency radio system. IEICE Trans Commun E-78B:818-825

Simunic D, Wach P, Renhart W, Stollberger R (1996) Spatial distribution of high-frequency electromagnetic energy in human head during MRI: numerical results and measurements. IEEE

Trans Biomed Eng 43:88-94

Sterzer F (2002) Microwave medical devices. IEEE Microwave Mag 3:65-70

Togashi T, Nagaoka T, Kikuchi S, Saito K, Watanabe S, Takahashi M et al (2008) FDTD calculations of specific absorption rate in fetus caused by electromagnetic waves from mobile radio terminal using pregnant woman model. IEEE Trans Microw Theory Tech 56:554-559

Tsukiyama I, Tanaka Y, Yamashita T, Nakazawa M, Terashima H, Uehara S et al (1991) Overview of heating devices by electromagnetic wave. In: Matsuda T (ed) Hyperthermia manual. Magbros, Tokyo, pp 19-42 [in Japanese]

Van Den Berg PM, De Hoop AT, Segal A, Praagmen N (1983) A computational model of the electromagnetic heating of biological tissue with application to hyperthermic cancer therapy. IEEE Trans Biomed Eng BME-30:797-805

Wu D, Shamsi S, Chen J, Kainz W (2006) Evaluations of specific absorption rate and temperature increase within pregnant female models in magnetic resonance imaging birdcage coils. IEEE Trans Microw Theory Tech 54:4472-4478

Yee KS (1966) Numerical solution of initial boundary values problems involving Maxwell's equations in isotropic media. IEEE Trans Antennas Propag AP-14:302-307

第 63 章
全息天线

Christian Rusch

摘要

光学全息理论可以用来描述一种特殊漏波天线的功能。在这种所谓的全息天线中,在薄基片中传播的表面波模式将激励通过全息图建立的天线辐射口面。这种全息结构可以视为由表面波行波和辐射平面波叠加而成的干涉图样,通过改变全息结构的形态就可以控制全息天线的波束指向和形状。与其他漏波天线相比,全息天线易于加工和系统集成,因而在毫米波雷达等领域具有良好的应用前景。

关键词

全息天线;漏波天线;行波天线;波束扫描;毫米波天线;毫米波雷达

C. Rusch(✉)
卡尔斯鲁厄理工学院高频技术与电子学研究所,德国
e-mail:christian. rusch@ kit. edu

63.1 引言

波导缝隙阵天线和采用基片集成波导(SIW)技术实现的类似天线是常见的漏波天线。在高频段,波导的加工成本高昂且实现工艺复杂。在毫米波低频段基片集成波导易于加工;而在亚太赫兹频段,为了确保波导模式能够在低泄漏的前提下传输,过孔间距应小于几个微米,但目前的印制电路板(PCB)工艺尚不能满足这一要求。

全息天线不需要过孔,可以通过刻蚀或薄膜等加工工艺来实现,因此可以制造出工作在D频段或J频段的全息天线。P. Checcacci 在 1968 年首次提出了全息天线的概念,但由于口面效率低且需要采用外部喇叭天线作为馈源等缺点,在后来的很长一段时间里这一研究方向无人问津。20 世纪末又有一些研究团队重启了针对这项技术的研究工作;他们认为尽管全息天线具有口径大的缺点,但复杂程度低和易于集成的优点使其在毫米波雷达中具有良好的应用前景。

本章开篇介绍了与光学全息术类似的全息天线理论,以及全息天线的设计方法。随后介绍了能够实现表面波模式传播的馈源结构设计方法。采用阵列馈源的新方案可以实现波束的二维扫描。作为应用案例,本章最后介绍了采用集成全息天线的毫米波雷达,该产品在系统集成和波束扫描方面具有显著的优势。

63.2 全息理论概述

全息天线属于漏波天线,与其他形式的天线相比,其特征在于采用了光学全息理论来计算辐射口面。

光学全息理论将被应用于天线设计。由于全息天线采用了表面波模式,将在本节“3. 作为参考光波的表面波传播”中介绍其传播理论以及生成这些传播模式的方法。由于全息天线属于周期性漏波天线,在本节“5. 漏波天线”中将介绍全息天线与漏波天线之间的关系。

1. 光学全息术

匈牙利工程师 Dénes Gábor 发明了光学全息术并于 1948 年首次公开发表,

这一方法主要用于记录目标的空间图像并进行三维重构。“全息(holography)”这一希腊单词意为“完整的图像”，来源于希腊语中的“holos(完整)”和“graphein(绘图)”两词。这种完整性是通过同时记录强度信息和表示目标高度的信息实现的。后面将对比摄影术和全息术的原理。

在摄影术中，目标的图像是通过物镜建立在感光胶片上的。这种方法需要有光线照射到目标上；胶片或目前常用的光传感器将记录物体反射光的强度。这一过程未能记录光波的相位信息，因此只能得到目标的二维图像。

全息方法由“记录”和“重构”两个步骤组成。如图 63.1(a)所示，在“记录”的过程中采用了相干光源照射目标和胶片。非平面物体反射光波的相位信息包含了物体表面的位置信息。这些含有相位信息的物光波将与直接入射到胶片薄膜的参考光波(平面波)发生干涉。形成的干涉图样称为“全息图”；它不但含有亮度、对比度这一强度信息(与摄影术类似)，还包括表示干涉线间距离变化的高度信息(相位)。

在目标重构的过程中，需要用参考光源照射全息结构。参考光波与干涉图样(全息图)的叠加将生成之前记录得到的物体三维图像(图 63.1(b))。这种理论方法可以用来描述某些漏波天线的功能。

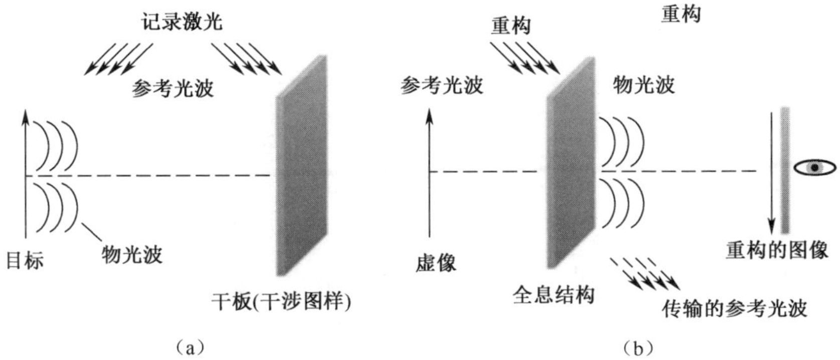

图 63.1　光学全息术

2. 全息理论在天线设计中的应用

全息理论可用于计算全息天线辐射口面的结构。由于胶片不能作为辐射口面，“记录”这一步骤只是求解所需干涉图样的理论方法。图 63.2 所示为天线的设计方法。

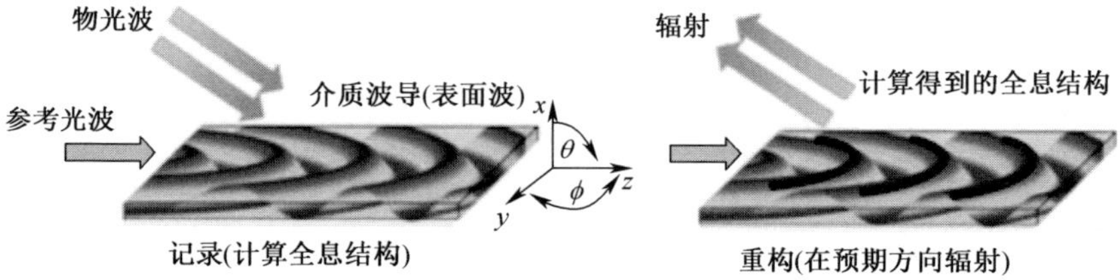

图 63.2　全息天线概念的图解

全息天线由天线基片构成,在波数为 β_0 的表面波模式沿基片 z 方向传输时,基片发挥着介质波导的功能。从光学全息理论来看,这种表面波即为参考光波。可以采用两种方式激励这种模式:①用喇叭天线照射基片边缘(Lizuka et al.,1975;Sooriyadevan et al.,2007;ElSherbiny et al.,2004);②用平面端射天线作为表面波辐射器直接作用于基片表面(Podilchak et al.,2008;Hammad et al.,2003)。距源很近的区域内将产生具有圆形相位波前的行波。例如,在基片内部采用点源,无耗介质中传输的表面波的电场可以表示为(在笛卡儿坐标系下)

$$E_{\mathrm{ref}_{z,y}} = E_{\mathrm{ref}_r} \cdot \mathrm{e}^{-\mathrm{j}\beta_0 r} \tag{63.1}$$

其中,

$$\begin{cases} z = r\cos\phi \\ y = r\sin\phi \end{cases}$$

从源产生的表面波将在基片平面内以球面波的方式均匀传播(图 63.2(a))。参数 r 为电磁波与源之间的径向距离, E_{ref_z} 和 E_{ref_y} 为电场分量。对于理想圆形传播模式而言,径向距离上的电场幅度和相位为常数。距离表面波辐射器 r 处的电场幅度为 E_{ref_r}。

辐射的横电磁(TEM)波被定义为物光波;在计算全息结构的过程中,假定在基片表面 TEM 物光波与参考光波发生叠加。θ_0 和 ϕ_0 两个参数定义了物光波来波方向所决定的天线主瓣方向(图 63.2)。照射基片表面($x=0$)的电场分量与角方向的关系为

$$E_{\mathrm{obj}_{z,y}} = E_{\mathrm{obj}_{z,y}} \cdot \mathrm{e}^{jk_0 \cdot \sin\theta_0 \cdot \cos\phi_0 \cdot z} \cdot \mathrm{e}^{jk_0 \cdot \sin\theta_0 \cdot \sin\phi_0 \cdot y} \tag{63.2}$$

式中: $E_{\mathrm{obj}_{z,y}}$ 为电场分量的幅度; k_0 为 TEM 波在自由空间中的传播常数。

图 63.3(a)和图 63.3(b)所示为计算得到的相位波前。其中表面波作为参

考光波在基片内部传播，而物光波相对于基片表面的来波方向为 $\theta_0=-45°$ 和 $\phi_0=0°$。在计算干涉图样的过程中假定物光波照射在基片表面，并与环形参考光波相叠加。图63.3(c)所示为形成的干涉图样。由于参考光波的球面相位波前接近表面波辐射器，因而形成了图中的圆柱形结构。为了在基片表面形成全息结构，采用了金属条带。这些金属条带能够缩短表面波模式的电场线，因而构成了干涉图样的基础。图63.3(d)所示的全息图为具有简略相位信息的干涉图样。采用这种方法会丢失其余的相位信息。

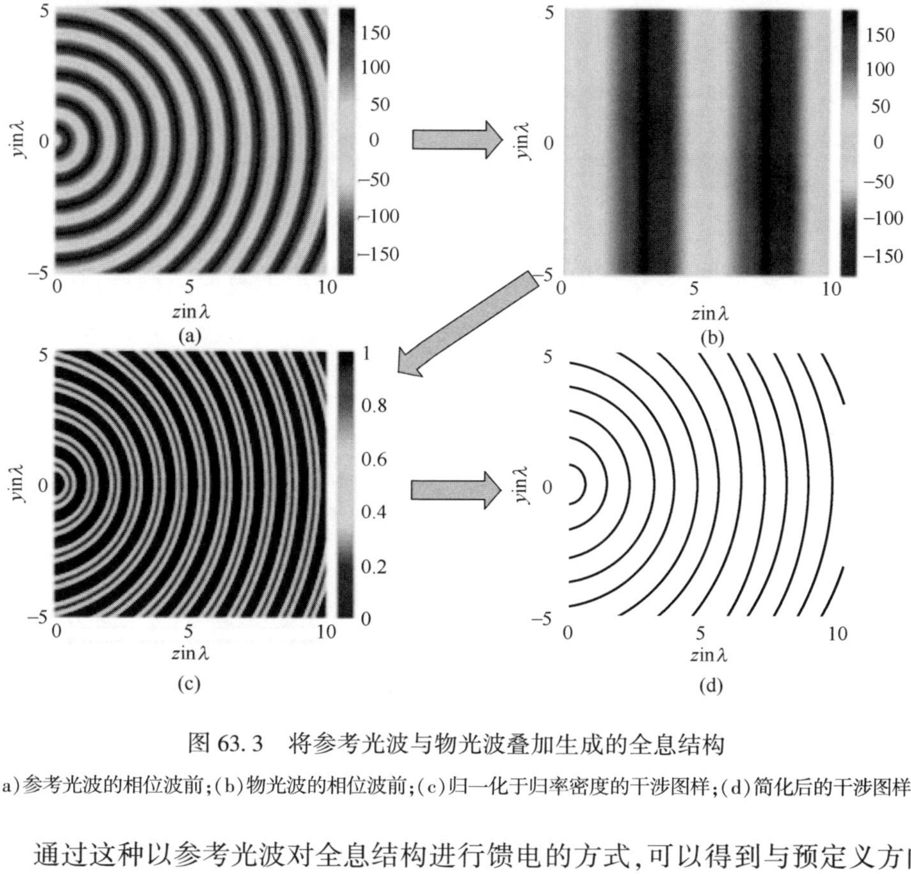

图63.3　将参考光波与物光波叠加生成的全息结构

(a)参考光波的相位波前；(b)物光波的相位波前；(c)归一化于归率密度的干涉图样；(d)简化后的干涉图样。

通过这种以参考光波对全息结构进行馈电的方式，可以得到与预定义方向一致的主瓣方向。

3. 作为参考光波的表面波传播

采用表面波模式对全息结构馈电以形成辐射口面的方式有利于将全息天线与毫米波系统进行集成。要得到预先定义了辐射特性的全息结构的尺寸，需要了解传播模式的波数 β_0。为了计算图 63.4 所示的基片上各种可传播模式的波数 β_0 以及图 63.5 所示的模式图,假定有以下条件:

· 基片在 y 方向和 z 方向无限延伸;

· 基片无耗;

· 表面波沿 $+z$ 方向传播→ $e^{-j\beta_0 z}$;

· y 方向的电磁场均为常量 $\left(\frac{\partial}{\partial y}=0\right)$;

· 切向场分量在空气与介质的交界处连续。

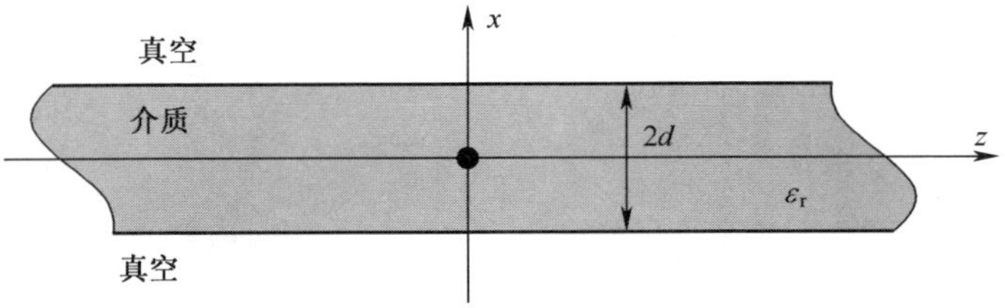

图 63.4　表面波传播方向与天线基片的坐标定义

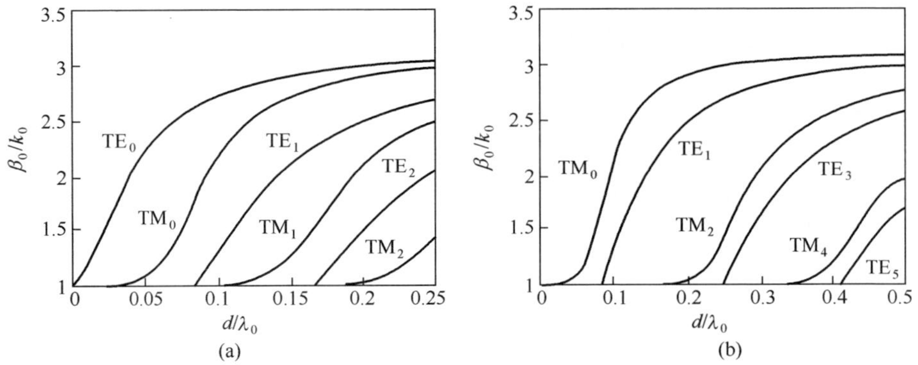

图 63.5　氧化铝基片（ε_r = 9.9）上表面波模式的模式图

(a)没有金属化地板;(b)采用金属化地板。

Beer 等学者(2013)研究发现,横向和纵向场分量之间存在以下 4 种对称关系,即

$$E_x\left(\frac{\omega^2}{c^2}-\beta_0^2\right)=-j\beta_0\frac{\partial E_z}{\partial x} \tag{63.3}$$

$$E_y\left(\frac{\omega^2}{c^2}-\beta_0^2\right)=\mathrm{j}\omega\mu_0\mu_r\frac{\partial H_z}{\partial x} \tag{63.4}$$

$$H_x\left(\frac{\omega^2}{c^2}-\beta_0^2\right)=-\mathrm{j}\beta_0\frac{\partial H_z}{\partial x} \tag{63.5}$$

$$H_y\left(\frac{\omega^2}{c^2}-\beta_0^2\right)=-\mathrm{j}\omega\varepsilon_0\varepsilon_r\frac{\partial E_z}{\partial x} \tag{63.6}$$

由于非均匀介质垂直于 z 方向，横电磁波（TEM 波）无法传播；通过式（63.3）至式（63.6）可以求解出传播的 TE 模式和 TM 模式的场分量。表 63.1 中列出了相关的结果。基片和真空区域中的截止波数 k_c 和 h 分别为：

$$k_c^2=\varepsilon_r k_0^2-k\beta_0^2 \quad 0\leqslant |x|\leqslant d$$

$$h^2=\beta_0^2-k_0^2 \quad d\leqslant |x|\leqslant \infty$$

根据表 63.1 中的公式可以推导出模式图和波数 β_0。TE_0 和 TM_0 模没有截止频率，能够在非常薄的基片上传播。由于电场线的方向与金属化层平行，对基片表面进行金属化（顶部或底部）可以抑制偶数阶（$n=0,2,4,\cdots$）TE 模和奇数阶（$n=1,3,5,\cdots$）TM 模的传播。

未金属化基片上的 TE_0 模和表面金属化基片上的 TM_0 模的模式纯度高，因此在全息天线中得以广泛应用。其他模式的传播会产生不利的栅瓣。

表 63.1　TE 和 TM 表面波的模式方程

		模型方程	截止频率
当 n 为偶数阶 TM 模	Even TM with $n=0,2,4,\cdots$	$\frac{k_c}{k_0}\tan\left(\frac{k_c}{k_0}2\pi\frac{d}{\lambda_0}\right)=\varepsilon_r\sqrt{(\varepsilon_r-1)}=\frac{k_c^2}{k_0^2}$	$f_c=\frac{nc_0}{n4d\sqrt{\varepsilon_r-1}}$
	Odd TM with $n=1,3,5,\cdots$	$-\frac{k_c}{k_0}\cot\left(\frac{k_c}{k_0}2\pi\frac{d}{\lambda_0}\right)=\varepsilon_r\sqrt{(\varepsilon_r-1)}=\frac{k_c^2}{k_0^2}$	$f_c=\frac{nc_0}{n4d\sqrt{\varepsilon_r-1}}$
当 n 奇数阶 TE 模	Even TE with $n=0,2,4,\cdots$	$\frac{k_c}{k_0}\tan\left(\frac{k_c}{k_0}2\pi\frac{d}{\lambda_0}\right)=\sqrt{(\varepsilon_r-1)}=\frac{k_c^2}{k_0^2}$	$f_c=\frac{nc_0}{n4d\sqrt{\varepsilon_r-1}}$
	Odd TE with $n=1,3,5,\cdots$	$-\frac{k_c}{k_0}\cot\left(\frac{k_c}{k_0}2\pi\frac{d}{\lambda_0}\right)=\sqrt{(\varepsilon_r-1)}=\frac{k_c^2}{k_0^2}$	$f_c=\frac{nc_0}{n4d\sqrt{\varepsilon_r-1}}$

4. 表面波辐射器

研究者已经针对全息天线提出了多种生成所期望的表面波模式的方法。目前大家非常关注直接印制在电路板上的平面馈源，因为这种技术能够在非常高的频段实现小型且易于集成的全息天线。由于辐射器由全息结构组成,只要辐射器能够在期望的频率范围内稳定工作并照射到整个全息区域,表面波辐射器对辐射方向图的影响将非常小。可以采用多种方式生成期望的模式;而由于辐射器对辐射方向图的影响很小,可以根据其集成水平和馈电线技术等特性来确定模式的产生方式。

图 63.6 所示为表面未金属化基片上 TE_0 模式的场分布,图 63.7 所示为表面被金属化的基片上 TM_0 模式的场分布,了解这些场分布有助于表面波辐射器的设计。对垂直于传播方向的电场和平行于传播方向的磁场,TE_0 模的场分布与槽线相似。因此,在采用表面未金属化基片的 TE_0 模表面波辐射器中推荐使用渐变槽线天线,或是利用馈电槽线的 Vivaldi 天线或采用微带馈电线的对拓型 Vivaldi 天线(Bai et al,2011)等渐变槽线天线的变形。

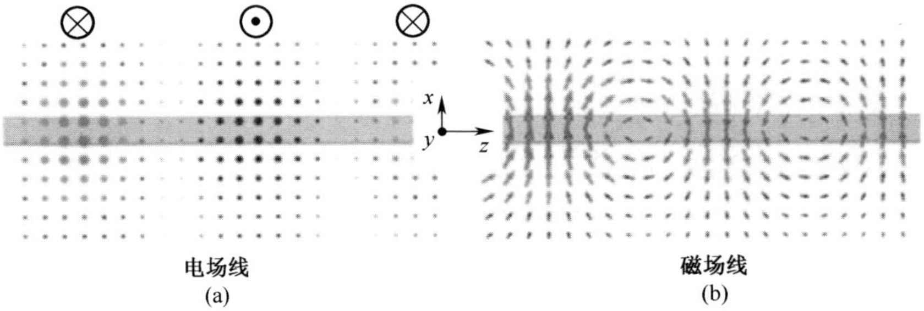

图 63.6 未金属化基片上 TE_0 模表面波在+z 方向传播的场分布

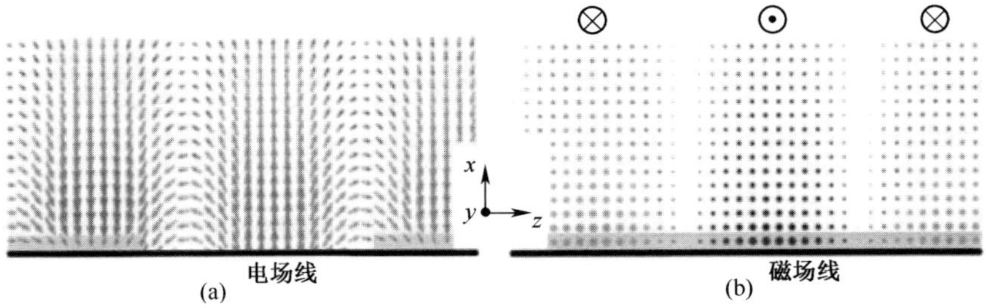

图 63.7 已金属化基片上 TM_0 模表面波在+z 方向传播的场分布

Podilchak(2009)设计了一种开槽准八木馈源。而采用 SIW 技术实现集成化喇叭天线方案的缺陷在于需要大量密布的过孔,这对高频段的加工工艺提出了挑战。

后续将介绍不同类型表面波辐射器的研究进展。

5. 漏波天线

在工作频率、主瓣方向和参考光波波数 β_0 已知的情况下完成全息结构设计后，可以根据漏波天线理论分析其辐射性能。图 63.8 所示为这种天线的纵向切面图。表面波辐射器能够产生参考光波以对全息结构中的周期性单元馈电，因此该天线可被视为周期性漏波天线。由于 $n=0$ 阶的表面波模式为慢波而无法辐射能量，天线的辐射依赖于 $n=-1$ 阶的空间谐波（Oliner，1993）。

在慢波波数 β_0 和全息结构周期性 p 已知的情况下，可由下式计算空间谐波的波数，即

$$\beta_n = \beta_0 + \frac{2\pi}{p}n \tag{63.7}$$

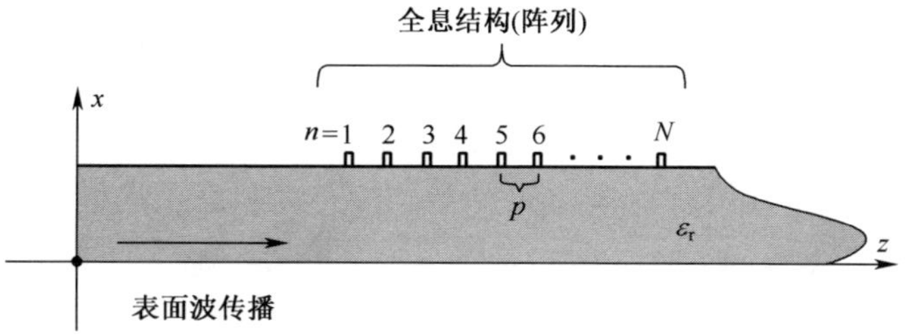

图 63.8　全息天线侧视图

空间谐波的辐射应满足以下条件，即

$$-k_0 < \beta_n < +k_0 \tag{63.8}$$

式中：k_0 为 TEM 波在自由空间的传播常数。空间谐波一旦能满足这一条件，即为“快波”。可由快波的波数 β_n 计算出与频率相关的天线主瓣方向，有

$$\sin\theta_0 \approx \frac{\beta_n}{k_0} \tag{63.9}$$

图 63.9 所示为基片材料和厚度不同情况下的天线扫描范围，可见提高基片的厚度和介电常数可以增大其扫描范围。

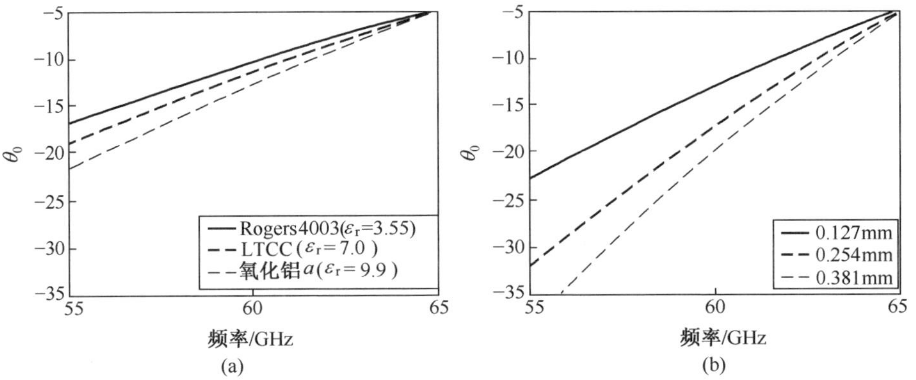

图 63.9　材料特性对天线扫描范围的影响

63.3　设计

在介绍了根据全息理论计算全息结构的方法和材料特性对全息天线扫描范围的影响后,介绍在射频前端内部集成全息天线和采用表面波辐射器阵列形成二维扫描全息天线的方法。最后介绍一维和二维扫描全息天线的设计案例。

1. 多层基片结构

采用高介电常数的厚基片可以提高全息天线的扫描范围。为了实现传输线与前端的互联而采用了平面型表面波辐射器。射频前端传输线(如微带线)上的表面波传播会降低传输效率(Collier and White,1976),因此在射频前端应采用较薄的基片以抑制表面波的传播。

基于此,在应用集成全息天线的雷达射频前端中(图 63.10)针对多层基片采用了折衷方案(Rusch et al.,2013a)。最终确定低温共烧陶瓷(LTCC)基片的厚度为0.42mm,介电常数 $\varepsilon_r=7.1$。在采用微带技术实现的雷达电路下方是位于该结构第二层金属平面的地面(GND)。薄基片(0.127mm)可以在避免表面波在这一区域内传播的同时确保微带线具有较高的传输因数。地面将在接近表面波辐射器的部位被截断。为了确保全息结构中的表面波传播并提高天线的扫描范围,将位于全息结构下方的基片厚度设为0.42mm。图 63.11 所示为天线的仿真增益,在 55~65GHz 的频率范围内其主瓣方向偏转了 41°。

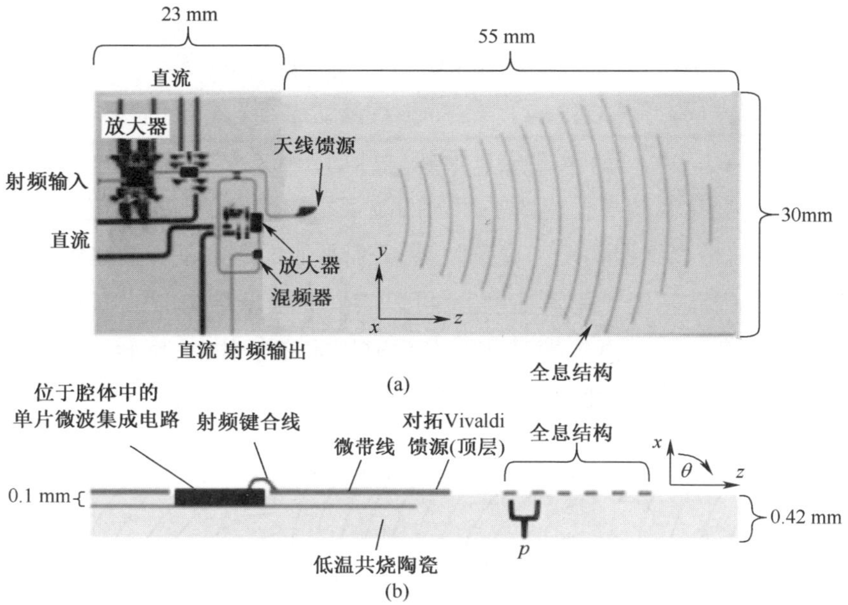

图 63.10　采用低温共烧陶瓷技术的雷达前端与集成全息天线

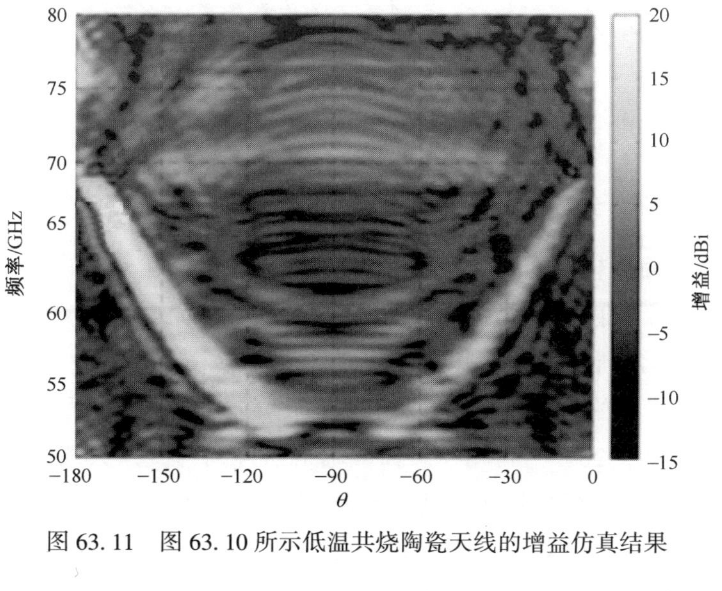

图 63.11　图 63.10 所示低温共烧陶瓷天线的增益仿真结果

2. 采用单个表面波辐射器的环形全息结构

根据全息理论以及辐射物光波的平面相位波前,全息结构的形状代表了参考光波的相位波前。由于单个平面波辐射器会生成圆形的相位波前,这些单个辐射单元由半径差为 p 的同心半圆组成。主瓣位于垂直于基片的平面内,辐射方向与全息结构中的参数 p 和频率相关。改变全息结构的周期性可以相应地调整天线的辐射方向(图 63.12(a),(b))。在第二平面(xy 平面)内改变主瓣的方向会形成图 63.12(c)所示的全息形状,可以看到这些圆圈并不同心。因此,可以通过改变全息结构来控制两平面内的波束指向。在 Rusch 等学者(2013b)提出的方案中,全息结构实现于聚酰胺箔上,而平面馈源则是直接在陶瓷基片上加工的。将聚酰胺箔置于陶瓷基片上,可以实现对全息结构的馈电并确保天线辐射方向与预期一致。由于聚酰胺箔并没有固定在基片上,旋转全息结构(如可通过机械方法)即可改变天线的主瓣方向。

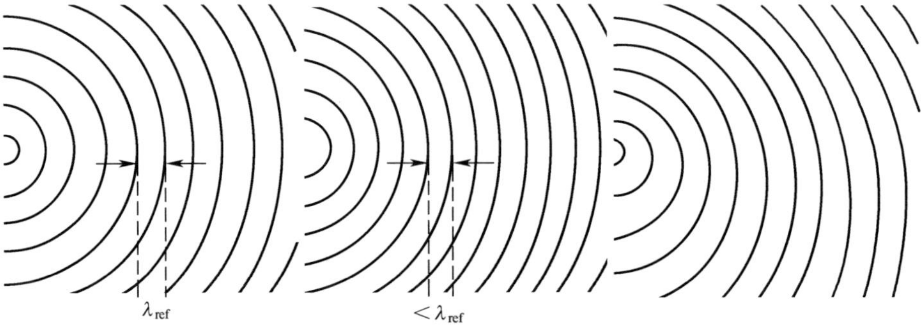

图 63.12　计算得到的不同主瓣方向的全息结构

(a) $\theta_0 = 0°$、$\phi_0 = 0°$;(b) $\theta_0 = -45°$、$\phi_0 = 0°$;(c) $\theta_0 = -45°$、$\phi_0 = -40°$

3. 采用表面波辐射器阵列的线性全息结构

采用表面波辐射器阵列后表面波将呈现平面相位波前(图 63.13),因此全息结构中各单元的形状也将从环形变为直线形。从图 63.14 中可见,旋转全息结构可以改变天线的指向,由此可以构建具有二维扫描能力的系统。

Rusch 等学者(2013c)将相控表面波辐射器阵列与全息天线的频率扫描能力进行了结合。假如辐射器单元间的相位差引起参考光波入射角倾斜,其对天线波束指向的影响可等效于全息结构的转动。他们还研究了用 Rotman 透镜控制参考光波入射角的方法(2013c)(见“案例 1:二维扫描的全息天线”部分内容)。还可以采用 Bulter 矩阵一类的相控馈电网络或在每个表面波辐射器中增加 MMIC 移相器以改变波束指向。

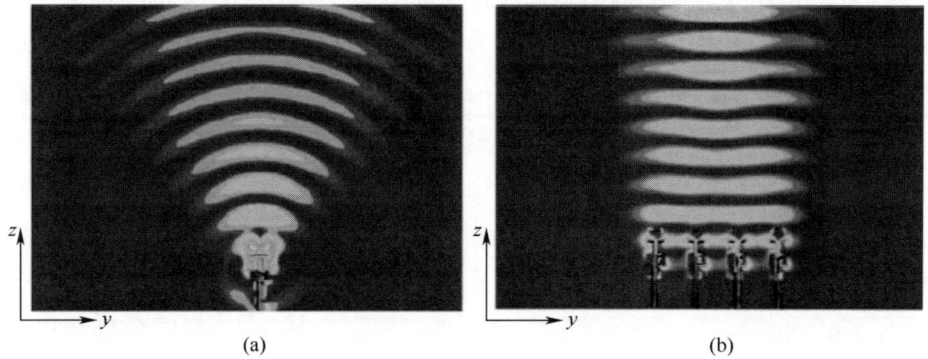

图 63.13　采用单个表面波辐射器和辐射器阵列的参考光波电场分布对比

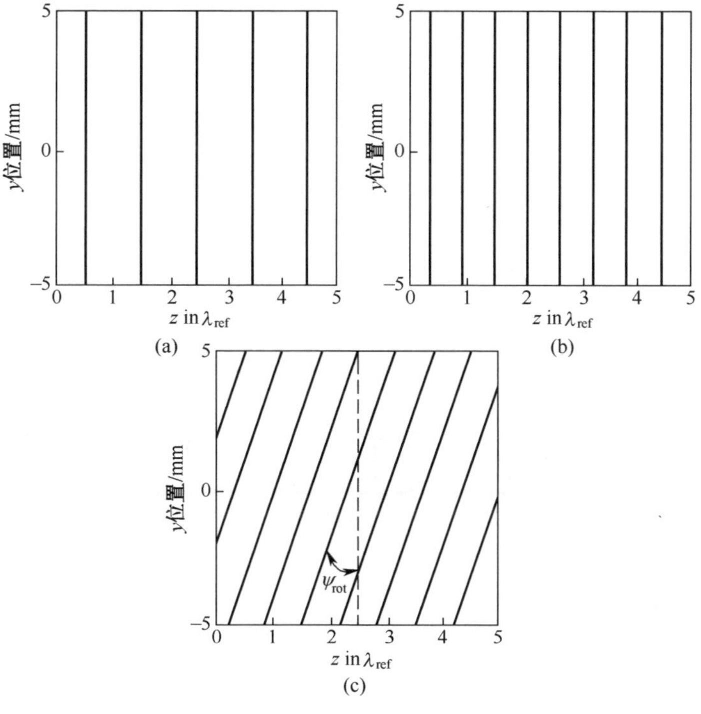

图 63.14　具有线性相位波前的参考光波全息结构

4. 表面波辐射器的设计

可以采用多种表面波辐射器来实现所需的参考光波模式。总地来说，为实现效率高且交叉极化低的全息天线，表面波辐射器应满足以下条件：

· 能够生成高模式纯度的表面波模式;
· 天线失配低;
· 基片内部的辐射在全息结构方向具有高定向性;
· 辐射特性与频率无关。

可以将平面端射天线作为表面波辐射器来形成需要的模式,但需要注意的是,辐射器的尺寸应与表面波的波长相匹配。下面介绍 4 个表面波辐射器的案例。

1) 八木馈源

平面偶极子和折合偶极子是常见的表面波辐射器,而为了提高辐射器的定向性并对全息结构形成更有效的馈电,可增加一个反射器以及一个或多个引向器。选取天线单元的相对尺寸和间距时可借鉴前人的成果(Rothammel and Krischke,1995),但需要根据表面波模式的波长进行适当调整。通过全波分析方法能够精确计算上述指标。集成巴伦可对共面波导(CPW)形式的辐射器馈电(图 63.15),而这一辐射器还采用了反射器(Ma et al.,1999)。采用这种巴伦不但能直接将全息天线与单端口集成电路相连,还可在基于探针的测试系统中测量天线性能。与其他表面波辐射器相比,这种谐振型辐射器的带宽较窄。

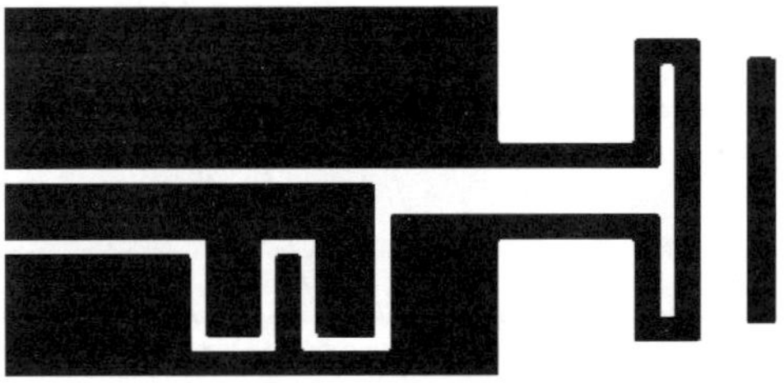

图 63.15 平面准八木表面波辐射器(其巴伦具有槽线和共面波导转换的功能)

2) 平面 Vivaldi 馈源

图 63.16 所示的 Vivaldi 天线是一种宽带天线,具有宽带阻抗匹配特性和频率稳定的辐射特性,常用于超宽带(UWB)系统中(Pancera et al.,2011;Adamiuk et al.,2008)。很多学者已经研究了渐变结构的形状和槽线的长度(Frayne and Leggetter,1991;Yngvesson et al.,1989)。指数型渐变结构能够在宽频带内实现高定向性,故而其应用最为广泛。由于在垂直于槽线模传播方向上存在较强的

电场分量,这种天线适用于辐射 TE_0 模表面波。将该天线与波纹结构相结合可以抑制天线两翼的反射电流,从而进一步改善中心频率的阻抗匹配性能。然而这种设计方法的缺陷在于天线相心的位置会随着频率而改变,因此无法在宽频带内保证天线的相心位于环形全息结构的中心,而这会降低天线的效率。这种采用了槽线馈电的辐射器特别适合与采用差分输出端口的集成电路相结合。为了与单端口集成电路相连或实现基于探针的天线测量,也可以采用“八木馈源”部分中的巴伦形式。

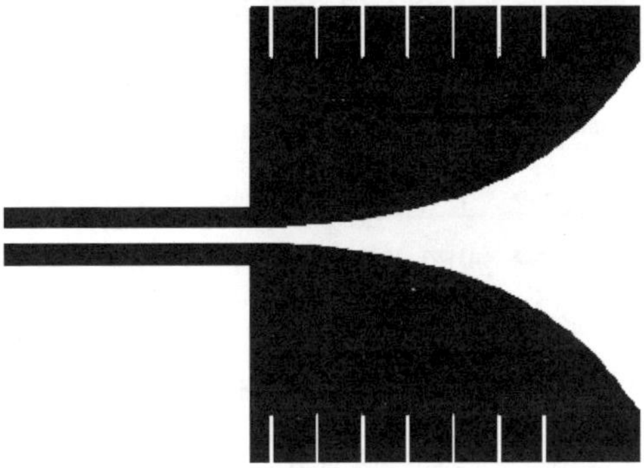

图 63.16　采用槽线馈电的 Vivaldi 表面波辐射器

3）对拓 Vivaldi 馈源

对拓 Vivaldi 馈源中的两翼位于不同基片层上(图 63.17)(Bai et al. ,2011; Hood et al. ,2008),其优势在于可以采用毫米波前端中常用的微带线技术,避免不同传输线之间的转换,从而实现宽带性能。渐变结构的形状和尺寸的设计与平面 Vivaldi 天线类似。由于基片会导致天线主瓣方向发生倾斜,需要结合带宽和辐射性能等设计要素优化馈电微带线和对拓结构中两翼间带状线的转换结构。

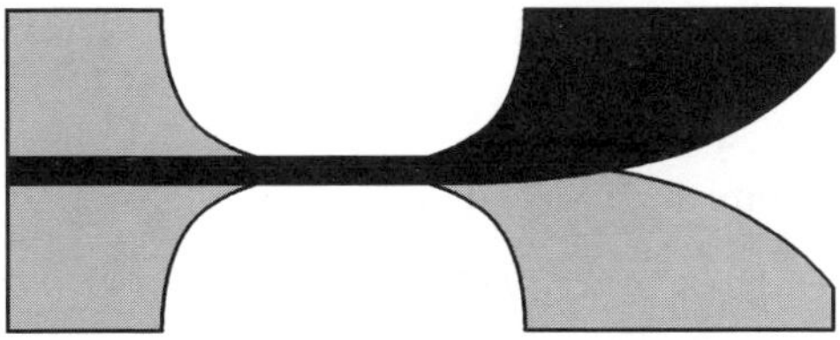

图 63.17　TE_0 模对拓 Vivaldi 表面波辐射器

(1) 案例1:二维扫描全息天线。

可以采用不同的方式控制表面波辐射器阵列的相位(见“3. 采用表面辐射器阵列的线性全息结构”部分内容)。集成化移相器的优点在于能够独立且连续地控制每个辐射器单元的相位(Yun and Chang,2001),缺点则是所需的偏置电路会导致系统中的集成移相器较为复杂。Butler矩阵和Rotman透镜一类的无源相位控制馈电网络易于实现,但移相能力受限于输出端口的数量。与Butler矩阵相比,Rotman透镜在移相范围和步长等方面允许更多的设计变量。文献中介绍了各种不同的设计方法,包括Rotman最早发表的文章(Rotman and Turner,1963)。下面的案例将介绍Lambrecht等学者(2010)提出的设计方法。

图63.18(a)所示为Rusch等提出的全息天线俯视图,构成辐射口面的全息结构由金属条带组成。在“2. 全息理论在天线设计中的应用”部分中已经介绍了,金属条带周期性排列于干涉图样的根部,而干涉图样是由表面波的传播(参考光波)和辐射平面波(物光波)叠加形成的。在没有地板的介质板上,对拓型Vivaldi阵列(表面波辐射器)将形成具有平面相位波前的TE_0模表面波。

Rotman透镜的输入端口可以控制对拓Vivaldi表面波辐射器输入端口之间的相位差,从而控制TE_0模表面波的传播方向,这会导致主波束在自由空间中的xy平面上发生变化(Rusch et al.,2013c)。Rotman透镜、表面波辐射器和全息结构均位于厚度为0.2mm的Rogers 4003介质板上。如图63.18(b)所示,在Rotman透镜和部分表面波辐射器位置,介质层的底部存在一地板平面。地板平面终止于表面波辐射器终止处。TE_0模表面波会在Rogers基片下方具有高介电常数特性的氧化铝层中传播。为了在改进表面波传播的同时提高频率扫描范围,基片底部增加了厚度为0.254mm的氧化铝介质层(见“5. 漏波天线”部分内容)。由于Rogers 4003材料的介电常数低,这种多层堆叠结构可以抑制微带传输线系统中的表面波;而由于氧化铝基片的介电常数高,这一结构可以提高频率扫描范围,并促进TE_0模表面波在全息天线中传播。可采用标准PCB工艺来实现这种多层堆叠结构。

图63.19所示为Rotman透镜前4个输入端口的辐射方向图仿真结果,由于天线采用了对称性设计而没有展示其他端口的结果。两个平面内的波束扫描范围均能满足设计要求。由于采用了没有地板的介质板,在对称面上镜像产生了第二主瓣。可以采用反射器或体全息的方式(Iizuka et al.,1975)抑制第二主

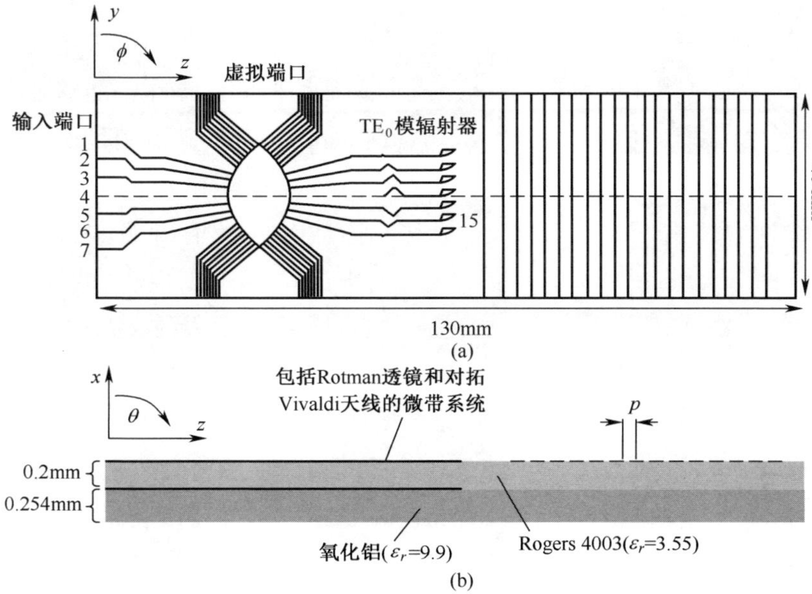

图 63.18　采用 Rotman 透镜的二维扫描全息天线设计方案

瓣。采用这种方案可以在 $5° < \theta_0 < 40°$ 和 $-70° < \phi_0 < 70°$ 的扫描范围内实现约 19.1dBi 的最大增益。

(2) 案例 2:工作在 60GHz 的 TM_0 模表面波全息天线。

能够产生 TM_0 模的表面波辐射器类型非常有限。采用基片集成波导(SIW)工艺实现的喇叭天线既能用作 TM_0 模表面波辐射器,又具有良好的集成性能(Tsao et al.,2012),但由于需要在侧壁上生成密布的过孔而导致在毫米波频段的加工难度很大。采用目前的制造技术至多能在 W 频段加工出这种馈源,在更高的频段可以考虑开槽偶极子等平面型天线。借鉴 Podilchak(2009)发表的关于开槽型准八木馈源的论文开发出了一种缩比模型(图 63.20),与采用 Vivaldi 馈源的 TE_0 模天线相比这种 TM_0 模天线因采用了谐振型馈源而带宽较窄。采用基于探头的测量系统得到了全息天线的辐射方向图,而共面波导(CPW)馈线非常适合这种系统(Beer and Zwick,2010)。

由于大多数雷达系统都需要在法向形成对称波束,采用了周期性 $p = 3.45$ 的全息结构以便在 60GHz 产生 $\theta_0 = 0°$ 的主瓣方向。图 63.21 所示为尺寸 5mm ×2mm、采用 12 单元全息结构的天线。从图 63.22 可见,天线 S 参数的仿真和测

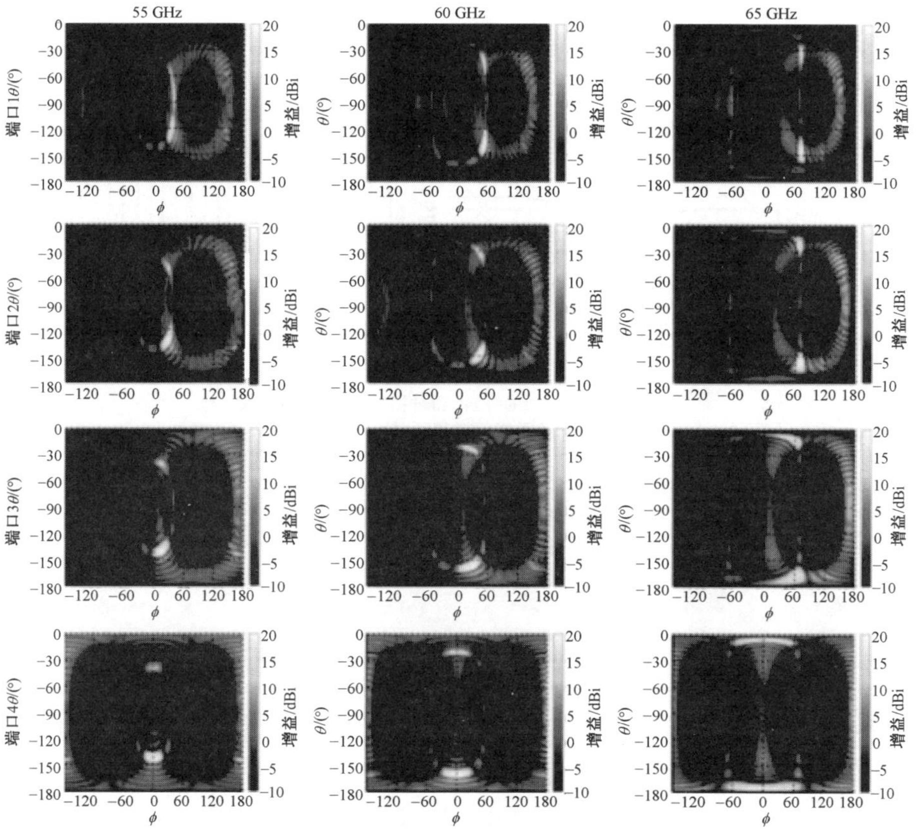

图 63.19 结合 Rotman 透镜的全息天线仿真辐射方向图

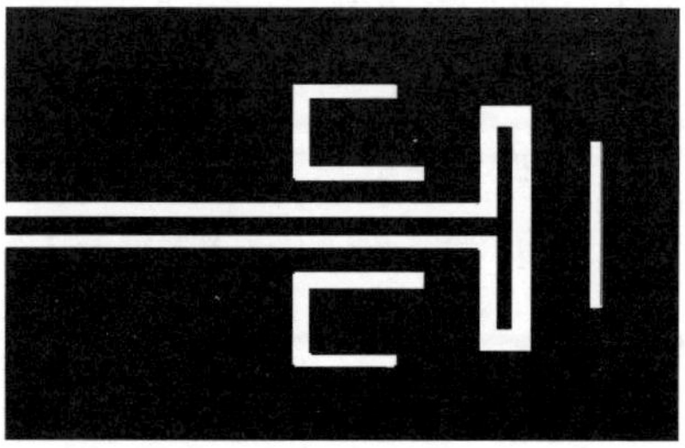

图 63.20 用于表面波辐射器的开槽型准八木馈源

(与 Podilchak 等学者 2009 年的方案相似)

量结果具有良好的一致性,仿真结果在 58GHz 出现的峰值是由接近法向的阻带所致(Oliner,1993)。这是周期性漏波天线的常见效应,而其对辐射性能的影响取决于全息结构。尽管 TM_0 模天线在毫米波频段也存在阻带，其对辐射性能的影响小于 TE_0 模天线，这源于 TM_0 模天线中的金属条带减小了波阻抗的变化。在这个频点以及高于 64GHz 的频段仿真和实测结果的一致性下降，馈源加工中的过度刻蚀问题导致实测的方向性性能低于仿真结果。参考光波将沿垂直于期望的传播方向在基片边缘传播，因此参考光波的功率并没有作用于全息结构，而是沿着平行于基片平面的方向辐射，这种功率损耗会导致增益降低。由于损耗的功率没有被反射回馈源，从表面上看天线仍具有良好的阻抗匹配特性。

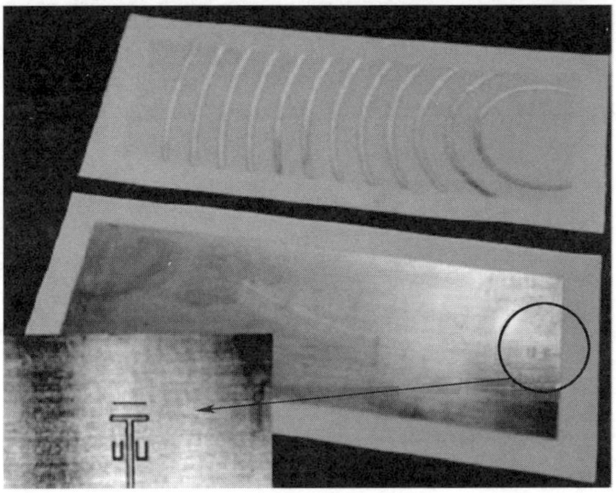

图 63.21　采用 TM_0 模参考光波和开槽准八木辐射器的全息天线

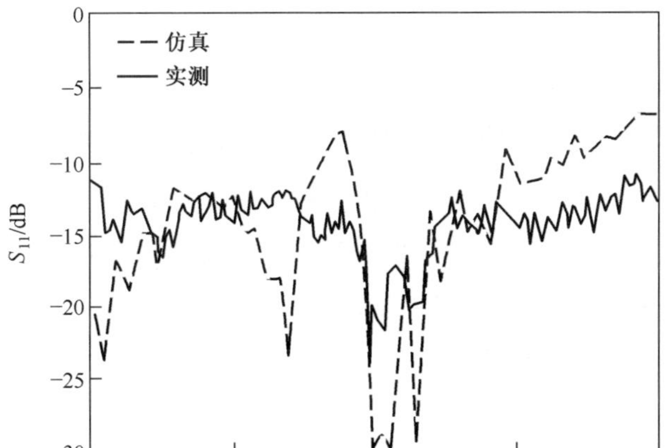

图 63.22　反射系数

连续金属平面的存在避免了双向辐射问题。图63.23中的仿真方向图表明这种结构能够在法向实现对称的波束扫描能力。阻带的存在导致增益下降了3.4dB,但这种影响比 TE_0 表面波等相似结构低得多。在10GHz的带宽内可以实现±12°以内的波束形成范围。从式(63.9)可知,由于反正弦函数在0附近的梯度最小,周期性漏波天线在法向附近的“波束形成范围/带宽”比值最低。

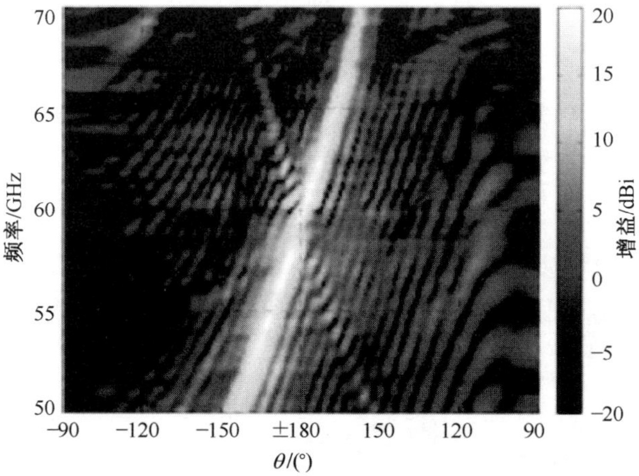

图63.23 采用 TM_0 模开槽辐射器的全息天线仿真增益

4)相关的平面周期性漏波天线

全息天线属于周期性漏波天线。采用微带传输线或具有周期性缝隙的波导型辐射器具有类似的辐射性能,因而也可以采用全息理论进行分析。本节将介绍前人研究的其他天线设计形式和频扫天线中的热点问题。

文献中报道的以及通信与雷达等领域常见的漏波天线大都采用了波导或SIW技术。波导因工作温度范围宽、环境适应性好而在航天和军事领域得到了广泛应用;而SIW技术能够有效降低加工难度。采用微带传输线(Martinez-Ros et al.,2011)或同轴电缆(Gandini et al.,2012)对SIW漏波天线馈电有利于其与毫米波射频前端的集成。在采用 TE_{10} 基模的情况下,相对于传播方向可以实现纵向(Liu et al.,2011)和横向(Gandini et al.,2012)两种缝隙排布方式。纵向排布的缝隙将严重影响波导表面的电流,而这一阻带效应会影响法向的辐射性能。很多研究者都提出了抑制这一阻带效应并在宽频带内实现频扫的方法(Dong and Itoh,2011)。Guntupalli和Wu(2012)也提出了一种简便且有效的基于纵向排布双缝隙辐射单元的设计方法,间距为 λ/4 的双缝型辐射单元排布形式可以抵消反射波,抑制阻带效应并实现主波束在法向的连续频率扫描。将相控阵与频率扫描技术进一步结合,还可以在二维和不同空间方向改变主波束方向(Guntupalli and Wu,2013)。

平行于传播方向的缝隙排布方式对行波的影响较低,故而阻带效应比纵向排布小;但缺点在于单个辐射单元的泄漏率较低,导致天线上需要更多的周期性辐射单元。对于辐射单元少、长度短的天线,为了防止产生驻波往往会对传输到天线末端的高功率电磁波进行阻抗匹配。Schuhler 等学者(2010)提出可以通过曲折线将天线末端的功率导引到输入端口,实现电磁波的同相叠加以对功率循环利用。

与 SIW 天线相比,基于周期性传输线结构的漏波天线不需要大量密布过孔,而这些过孔将提高加工成本,并限制其工作频率范围。相比之下,周期性微带传输线枝节实现的漏波天线结构简单、成本低廉,但为了提高天线的效率,同样需要大量的周期性结构。研究者还提出在周期性不连续结构前方采用匹配电路以降低这种天线的阻带效应(Paulotto et al.,2009)。图 63.24 所示为 Yang(2010)、吴柯及其团队提出的辐射单元结构,其中的交叉传输线对行波的影响较小,因此可以忽略法向的阻带效应,并在 16~39GHz 的频率范围内实现超过 100°的频扫范围。

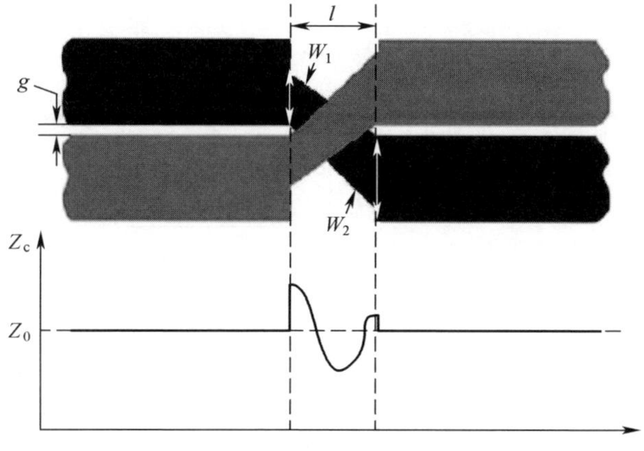

图 63.24 基于微带传输线技术的周期性漏波天线辐射单元(Yang et al.,2010)

63.4 应用

1. 全息天线设计的历史

Checcacci 等(1970)首次将光学全息理论应用于天线设计。他们首先将两个不同天线(喇叭天线和反射面天线)的相干电磁波相叠加生成干涉图样,再利用喇叭天线照射全息结构,从而生成了重构的反射面天线辐射方向图。文章中的全息结构由金属条带构成,对应于辐射源的干涉图样。Checcacci 首次证明了利用简化相位信息的干涉图样可以得到预设的全息天线波束指向,并创造了“全息天线”这一术语。

K. Iizuka(1975)改进了 Checcacci 的方法,使其适用于毫米波频段。Iizuka 对天线进行了重新排列,将参考光波和干涉图样置于同一平面上,从而可以采用 PCB 技术将馈源和全息结构实现在同一块基片上(图 63.25)。垂直于这一平面的辐射场即为物光波。Iizuka 文献中天线基片的上、下表面均未进行金属化。金属条带的间距为自由空间中的一个波长而非介质和空气界面上传输的表面波的波长。采用矩形喇叭天线照射基片的边缘以实现参考光波对全息结构的激励。由于基片表面未进行金属化,这种天线具有双向辐射特性,而这也是这篇论文的创新点之一。文章作者还提出可以对两块全息板进行组合以实现单向辐射。两块板的间距为 $\lambda/4$,而第二块全息板的半径需要比第一块短 $\lambda/4$。这样干涉将在一个方向增强并在另一个方向减弱,从而实现单向辐射的平面波。他们将全息结构刻蚀在长度和宽度均为 12λ 的印制电路板上,利用喇叭天线照射基片边缘。虽然书中没有给出天线增益的测量结果,但其单向窄波束的前后比约为 20dB。

Farhat 于 1980 年首次提出了利用全息理论实现天线波束动态控制的概念,其方案中采用了载流子密度可控的半导体平板。通过改变平板的传输系数和反射系数可动态形成不同的干涉图样以控制波束指向。方案中照射天线和干涉全息结构未处于同一平面。

后来全息理论主要用于天线测量中,即参考天线照射到干涉图样并产生天线测量所需的平面波。全息测量方法特别适用于卫星通信中的大型反射面天线(Hirvonen et al.,1997;Sazonov,1999)。

全息天线自 2001 年起又迎来了新一波研究热潮。Snarnoff 公司的 Fathy 等

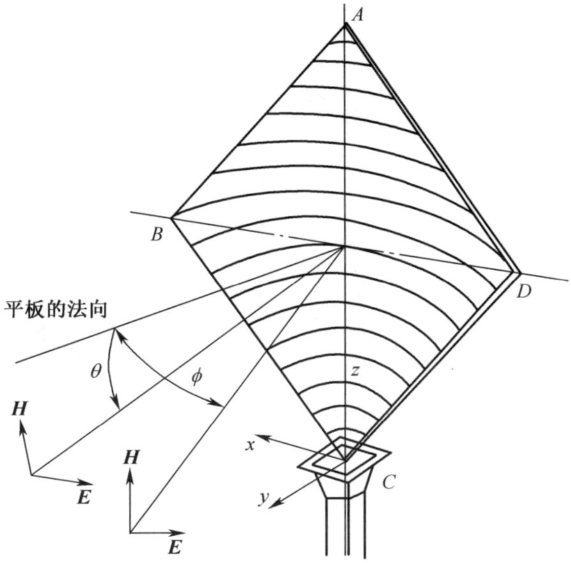

图 63.25　一种全息天线的结构和形状(Iizuka et al. ,1975)

公开了他们在 Reconfigurable Aperture Program(可重构孔径项目)中取得的成果(ElSherbiny et al. ,2004;Fathy et al. ,2001、2003a、2003b)。他们提出的可重构概念基于直流电流驱动的类金属导电性等离子体岛,可以在硅衬底上精确生成并控制这些等离子体岛以在硅片上动态形成金属图样(Fathy et al. ,2001、2003b)。文章中指出,全息天线是这一概念的潜在应用方向。采用直流电流驱动的等离子体岛可以动态改变干涉图样或在硅片上生成全息结构,从而结合参考光波来实现天线波束的扫描。为了验证这一概念,他们采用简单的刻蚀工艺替代等离子体岛技术,并加工了工作在 35GHz 的全息天线(ElSherbiny et al. ,2004;Fathy et al. ,2003a)。这种天线是在氧化铝和 TMM-4 多层基片上实现的,全息结构由刻蚀生成的同心环组成,馈源为开口波导。从图 63.26 可见,在距离基片 $\lambda/4$ 处增加了地板作为反射器,从而形成了单向波束。这种设计的新颖之处在于采用表面波而非空间波作为参考光波。表面波在多层材料内部传播,其波长比空间波短,因此全息结构应更为密集。他们在 35GHz 处实现了多个采用不同全息结构的天线,从而实现对波束指向的控制。全息结构的尺寸约为 92mm×92mm,增益约为 25dBi。

近年来的研究中仍可见到采用矩形喇叭天线作为馈源的方案(Sooriyadevan

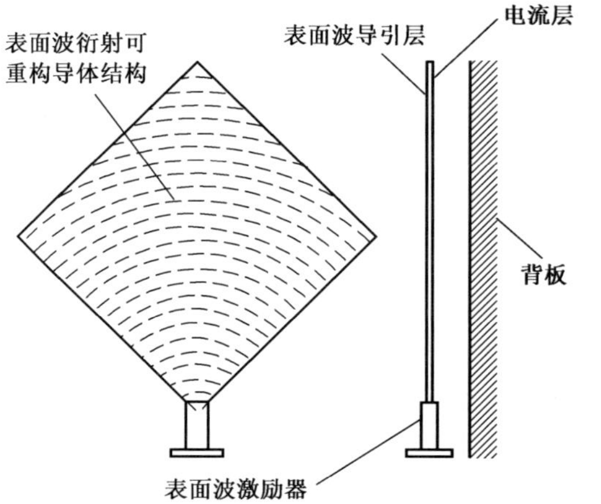

图 63.26　全息表面波天线(ElSherbiny et al. ,2004)

et al. ,2007)。尽管这种馈源不合适集成度要求高的系统,研究者在全息天线的概念提出很久之后才发表了采用平面端射天线作为表面波辐射器的文章(Petosa et al. ,2004;Sutinjo et al. ,2010)。采用以上类型的表面波辐射器(Podilchak et al. ,2009、2011)可以将全息天线应用于毫米波乃至更高的频段(大于100GHz)。除了八木辐射器和渐变开槽天线等端射天线(Thingvold et al. ,2003)外,还可采用偶极子(Li et al. ,2011)或贴片天线(Sutinjo et al. ,2010)等方案。

与采用 SIW 技术的漏波天线相比,上述全息天线不需要加工过孔,因此可以在非常高的频段采用薄膜工艺,利用具有高介电常数的薄介质基片加工而成。

2. 案例:频扫毫米波雷达

在调频连续波(FMCW)雷达中采用具有频扫特性的漏波天线能以低廉的成本和简单的系统架构测量目标的距离和角度信息。需要足够的系统带宽以在两个测量维度上实现足够的分辨率。这就是全息天线在集成化毫米波雷达中得到广泛应用的原因:天线在高频段可以实现小型化,从而使其封装方法与 Beer 等(2013)的方案相似。

1) 工作原理

采用频扫天线的雷达系统可以同时测量一个平面内的距离与方位信息,因此频扫天线往往会与调频连续波(FMCW)雷达相结合。与采用相控阵或机械扫描天线的雷达相比,Mayer 等学者(2003)和 Alvarez-Lopez 等学者(2012)提出的方案能够实现较为简单的系统架构。频扫天线不需要天线或其部件机械转动，能够降低系统的复杂程度和材料疲劳导致的失效风险。通过发射带宽为 B 的调频信号，可以使天线主波束在可测角度范围内进行扫描。与传统的 FMCW 雷达类似，从目标反射回来的电磁波将与发射的调频信号混合，产生包括被照射目标距离信息在内的中频信号，有

$$R = \frac{c_0}{2B} f_{\mathrm{IF}} t_{\mathrm{mod}} \tag{63.10}$$

位于不同角度方向的小目标只会根据照射时间的不同反射部分调频信号，这将导致接收到的信号功率发生调制。在发射与接收信号完成混频之后，中频基带信号也包括了这一功率调制信息。通过分析这一功率调制信息，可以测得目标的方位信息。

图 63.27 所示为采用频扫天线的雷达工作原理，左上方为发射调频信号曲线，右侧为具有两个测量目标的场景以及不同时间的天线性能。第二幅图包括 3 条曲线：两条虚线表示单个目标的反射信号；实线表示雷达接收到的回波信号叠加值。根据发射调频信号的构型，天线主瓣方向在不同时间会发生变化：在刚开始发射信号时（t_1），主波束指向第一个目标，并接收到很强的反射信号（短虚线）；当主波束指向没有目标的空旷区域时（t_2），接收机会收到微弱的信号；在天线照射第二个目标时（t_3），接收到的功率将再一次增强（长虚线）。

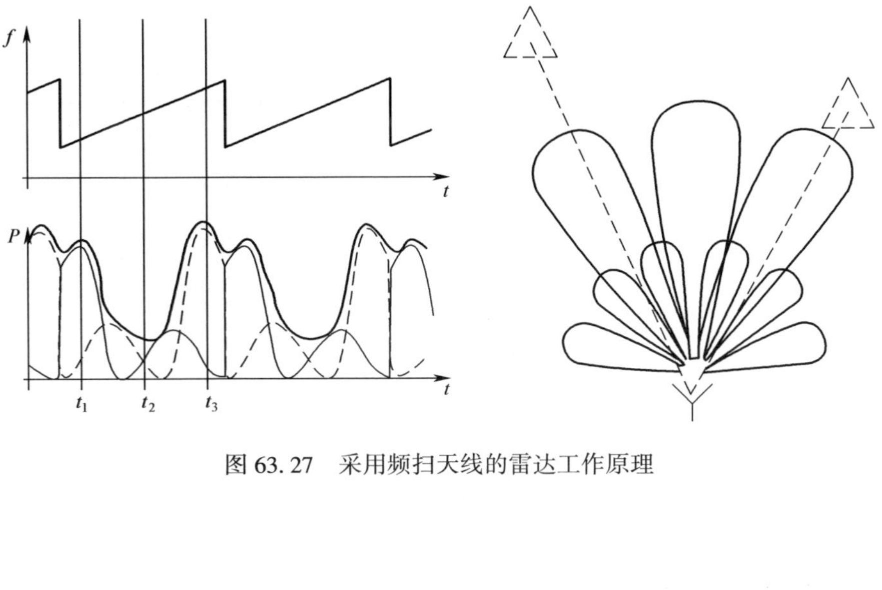

图 63.27　采用频扫天线的雷达工作原理

2) 距离的测量

式(63.11)为FMCW雷达最大距离分辨率ΔR_{max}的计算方法。距离分辨率与系统带宽B成反比,与波的传播速度c成正比,即

$$\Delta R_{max} = \frac{c}{2B} \tag{63.11}$$

如果雷达采用频扫漏波天线,接收机将无法接收到整个带宽B内的信息。由于天线只在短时间内照射单个目标,可以定义在这段时间内决定分辨率的新带宽B'。假定波束宽度θ_{3dB}为常数且与频率相关的主瓣方向具有线性斜率,可通过扫描范围θ_S和波束宽度θ_{3dB}来计算距离分辨率(Mayer et al.,2003),即

$$\Delta R = \frac{c}{2B'} = \frac{c}{2B}\frac{B}{B'} = \frac{c}{2B}\frac{\theta_S}{\theta_{3dB}} \tag{63.12}$$

距离信息通常由中频信号f_{IF}与传统FMCW雷达获取的目标距离之间的比例确定。由于角度范围不同,在调制时间t_{mod}范围内的不同时刻被天线照射,最大可测的目标距离与目标的方位相关(图63.28)。对于FMCW雷达而言,由于需要对发射和接收两种线性调频信号进行混合,应该在调制时间t_{mod}范围内接收远距离目标的回波(对于实际的FMCW雷达,有$t_{Rxn} \ll t_{mod}$)。

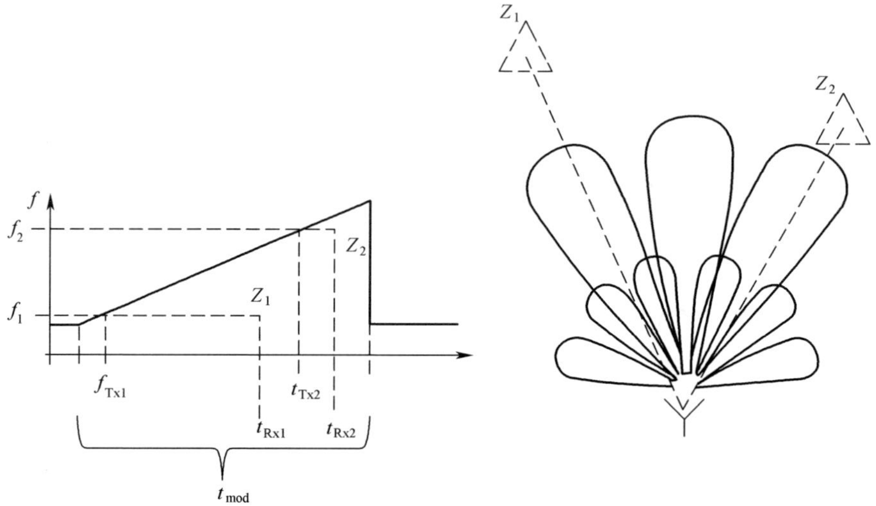

图63.28 在采用频扫天线时距离分辨率和最大距离的下降

下面的案例将采用 $t_{Rxn} \ll t_{mod}$ 的简化方法。如果目标 Z_1 在角度范围内且在发射调频信号之初就被照射到，发射和反射信号在剩余的调制时间内不会影响随后被照射到的目标 Z_2。可以用一个简单的计算来证明这一情况。对于频扫雷达，调制带宽和调制时间分别为 $B = 10\text{GHz}$ 和 $t_{mod} = 10\text{ms}$。目标 Z_1 被频率为 f_1 的信号照射，在 $t_{Tx1} = 1\text{ms}$ 时刻发射信号并在 t_{Rx1} 时刻接收回波；目标 Z_2 被频率为 f_2 的信号照射，在 $t_{Tx2} = 9\text{ms}$ 时刻发射信号，并在 t_{Rx2} 时刻接收回波信号。为了满足在调制时间内接收到最后回波这一条件，最大的目标距离为

$$R_{max} = \frac{c_0}{2}(t_{mod} - t_{Tx_n}) \tag{63.13}$$

对于刚刚描述的场景，根据以上公式可以计算出两个目标的最大距离分别为 $R_{max1} = 1350\text{km}$ 和 $R_{max2} = 150\text{km}$。这些数值表明，这种效果在非常快的频扫或远距离目标条件下才非常重要。

3）方位的测量

测量目标的方位信息需要分析接收到功率信号的幅度调制信息。角度方位为 θ_Z 的某个点目标的回波信号包含雷达频扫天线的辐射特性。由于时间和发射信号的频率已知，可以提取出方位信息。为此需要采用收发同步技术以准确掌握发射信号和接收信号之间的关系（图63.27）。为了使天线性能高效收敛，不应将中频设置过低。如果在中频信号内部周期很少，包络功率会因欠采样而导致测量精度不足（Chan and Judah，1998）。这种局限性与真实场景和所需的分辨率有关，在目标距离相同的情况下，可以采用曲折线生成更高中频的方法解决这一限制（Mayer，2003）。为了提高方位测量精度，需要关注信号传播速度引起的时移问题。发射信号和接收机功率调制信号之间不同步的时移会导致测量精度下降，而式（63.10）可用于纠正这种误差。测量其距离并计算时移即可校正方位的测量结果。

方位分辨率是由天线主瓣的3dB波束宽度 θ_{3dB} 所定义的（Skolnik，1990）。在目标非常接近的情况下，难以进行准确的区分。

4）方位/距离的折衷

为了提高距离分辨率，需要采用宽波束天线，而提高方位分辨率则需要窄波束天线，因此在FMCW雷达和频扫天线的设计过程中需要对此问题进行权衡。式（63.14）定义了这种不确定关系，即：

$$\Delta R \cdot \Delta\theta = \frac{c}{2B}\theta_S \tag{63.14}$$

根据这一公式可以在其他参数已知的情况下计算某一参数的极限(Slobach and Schneider,1999)。

3. 案例:采用集成全息天线的 60GHz LTCC 雷达前端

这里将介绍采用集成全息天线的雷达前端以及相应的测试结果,从而阐述采用频扫天线的 FMCW 雷达的工作原理和技术要求。

1) 测量装置

采用 Beer 和 Zwick(2010)提出的天线测量装置来测量雷达前端的性能,用于支撑参考喇叭的旋臂,同时还起着使雷达对准目标的功能。图 63.29 和图 63.30 所示为雷达前端的等效电路以及测量系统的组成。

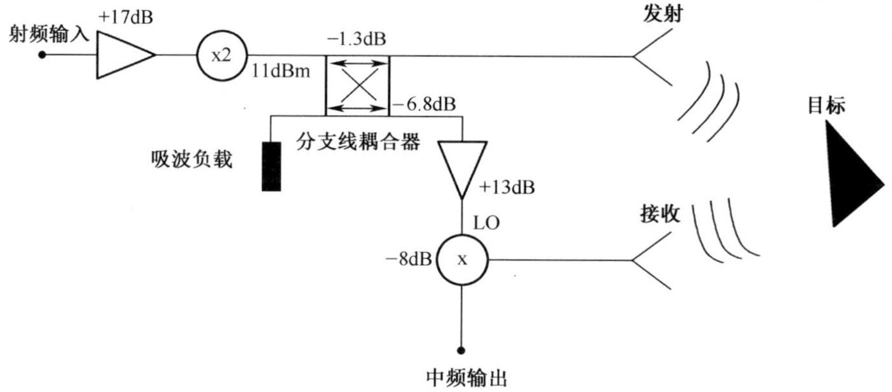

图 63.29 LTCC 雷达前端的等效电路

采用 GSG 微波探针对雷达的射频输入端口馈电。信号源为 HP83650A,发射信号的中心频率为 31.5GHz、带宽为 6GHz。采用倍频器后(×2)发射信号的中心频率为 63GHz、带宽为 12GHz。材料和加工工艺的误差会导致天线的实测性能与仿真结果存在略微的差距;而我们选取的雷达前端的频率将与天线的工作频率一致。为了实现尽可能高的中频频率,将最小扫描时间 t_{mod} 设置为 20ms。旋臂与雷达的距离约为 70cm。根据式(63.15),若要忽略雷达前端中的信号传播时间,中频 f_{IF} 应设为 2.8kHz,有

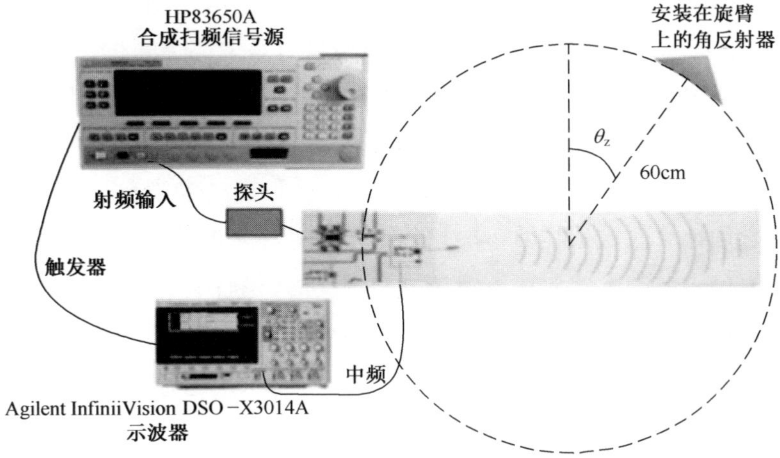

图 63.30　雷达前端与集成全息天线的测量装置

$$f_{IF}=\frac{\Delta f\dfrac{\Delta t}{t_{mod}}=\dfrac{\Delta f^2 r}{c_0}}{t_{mod}} \tag{63.15}$$

式中：r 为雷达和目标之间的距离(m)；c_0 为电磁波在空气中的传播速度；t_{mod} 为扫描时间。

采用安捷伦公司的 InfiniiVision DSO-X 3014A 示波器对中频信号采样，利用触发信号对示波器和信号源进行同步。采用同步技术是为了得到目标被照射瞬间的发射频率与天线波束方向之间的关系，而采用角反射器作为目标是为了得到较高的雷达散射截面。如图 63.30 所示，目标位于雷达上方。前面已经对 θ 和 θ_Z 进行了定义。由于天线的下部具有更高的辐射功率，在测量过程中目标位于基片的下方 ($\theta_Z > 180°$)。天线与目标之间的距离约为 60cm，能够满足测量所需的远场条件(Balanis，1997)。

2) 短时傅里叶变换

时-频分析仪中往往会采用短时傅里叶变换(STFT)方法。这一方法基于离散傅里叶变换(DFT)。与对完整信号进行加窗的方法不同，短时傅里叶变换通过移动确定的短窗函数来计算信号中的各个样本。因此信号具有时间分辨率，同时产生许多含有不同时刻信号频率信息的单个 DFT。由单个 DFT 组成的序列就构成了 STFT。产生的谱图为短时傅里叶变换绝对值的平方，信号的功率与时间和频率相关。为了获取高瞬时分辨率,必须采用短窗函数,而短窗函数又会降低频率分辨率,因此精确选择窗函数的参数对获取高质量的测量结果至关重要。在使用短时傅里叶变换时必须根据分辨率和计算时间考虑以下4个参数:

① 频域采样数量决定的离散傅里叶变换长度(可能因为使用零填充增加了长度(Skolnik,1990));

② 必须计算时域采样数量决定的离散傅里叶变换的数目;

③ 窗口函数的形状对频谱泄漏剧烈程度的影响;

④ 窗口函数的长度决定了需要在时间和频率分辨率之间进行权衡。

窗口长度应结合时间和频率分辨率两个参数的重要性进行权衡。

3) 测量结果

采用上述装置在两个不同的角度位置测量了角反射器目标,其结果如图63.31所示。为了消除天线失配或收发通道间耦合的影响,通过减去无目标场景下的测量结果进行了信号校正。在距离固定的条件下,由于不同时间的信号幅度峰值在变化,角度位置的变化清晰可见。

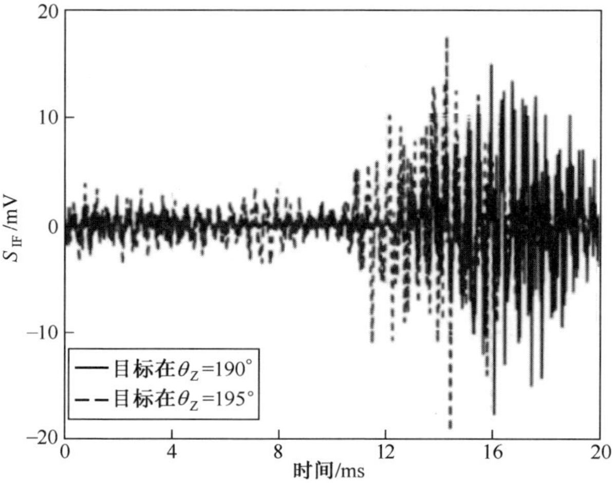

图63.31 两个角反射器处于不同位置的中频信号测量值

由于对FMCW扫频信号源和示波器进行了同步,每个时步的发送信号频率是已知的。为了在最大接收幅度时刻得到天线的主瓣方向,应采用信号处理方法处理测得的天线增益。距离和角度分辨率应通过STFT窗口(这里为汉明(Hamming)窗口)长度的定义进行设置。图63.32进一步说明了这种折衷关系。

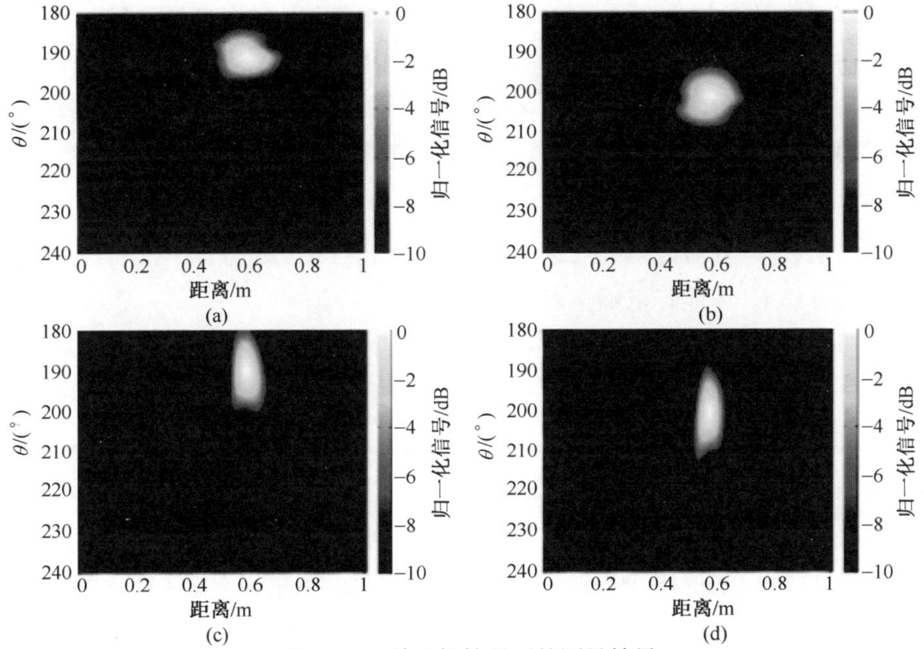

图 63.32　单目标情况下的测量结果

(a) θ_Z = 190°, N_W = 101 个采样点；(b) θ_Z = 200°, N_W = 101 个采样点；

(c) θ_Z = 190°, N_W = 401 个采样点；(d) θ_Z = 200°, N_W = 401 个采样点。

图 63.32 所示为同一角反射器的两种不同的 STFT 测量结果。角反射器位于旋臂上，与雷达的距离约为 60cm。预设的两个角度 θ_Z 分别为 190°和 200°。在 Matlab 软件中采用 STFT 可以灵活定义窗口函数的长度和类型。根据测量得到的天线方向图和波速，可以用距离和角度位置来替代时间和频率轴。完整信号具有 N_S = 2001 个采样点。

较长的窗口长度(N_W = 401 个采样点)会使距离轴变窄，进而产生更高的距离分辨率。在角度轴采用较短的窗口长度(N_W = 101 个采样点)也会导致相同的效果。使用 Dirac 函数或矩形窗口函数可以获得最大的角度分辨率，其中矩形窗口的长度应根据完整采样数量来确定。中频是在完整采样时间范围内测量的。这种影响是由非理想的天线方向图导致的，其副瓣也会照射到目标。因此，选择更长的窗口也能提高信噪比。为了降低频谱泄漏的影响，在显示的测量结果中使用了长度为 N_W 的汉明窗。为了获得两个测量变量的高精度数据，在后处理过程中针对每个测量过程都采用两种长度不同的窗口函数。此外通过补零的方式将采样数量增加到 $N_S = 4096$。在后处理的第一步中,采用长度 $N_W = N_S$ 的汉明窗口函数通过计算得到的频谱可以确定出中频。在这一步骤中无法获取瞬时分辨率,但可以获得最高精度的距离信息。为了得到目标的角位置,对具有更短汉明窗的数据进行了短时傅里叶变换。长度 $N_W = 1$ 的汉明窗可获得最高的角距离分辨率,但这意味着要在时域中确定信号的最大幅度。这一幅度会受到环境因素或噪声的强烈影响,因此选择长度 $N_W = 101$ 的窗口不但可以获得良好的瞬时分辨率,还能降低噪声对幅度的影响。

安装在旋臂上的角反射器将以每步-5°的步长从起始角 $\theta_Z = 220°$开始围绕雷达旋转,旋转中心与全息结构对齐。图 63.33 所示为测量结果。通过介质波导和空气中确定的中频和波速可以计算出距离。第二个 y 轴对应测得最大回波信号时刻的发射频率。这里假定在触发扫频产生器后将产生线性 FMCW 信号。在测量得到的天线方向图中,这些坐标轴可与测量得到的目标角度位置进行转换(图 63.33(b))。受限于天线方向图的测量精度,测量误差为±1°。在测量天线方向图时,参考喇叭天线将以 2°的步长围绕待测天线(AUT)转动。

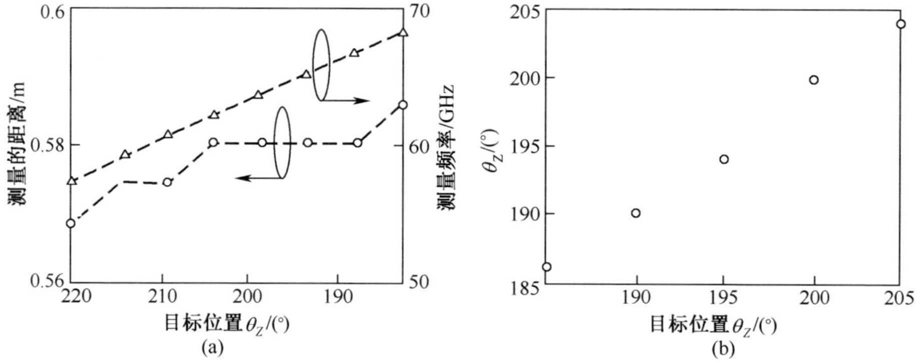

图 63.33　单目标情况下的雷达测量结果

由于天线沿纵向扩张且单个全息单元具有非恒定幅度,可以用天线相心位置非恒定的特征来解释小角度情况下的距离测量偏差问题。

63.5　结论

研究证明,基于介质基片的平面全息天线在毫米波系统中具有良好的应用前景。由于将表面波作为馈电模式,可以采用标准 PCB 技术在很高的频率(如 D 波段和 J 波段)加工出这种天线。

本章首先介绍了全息天线理论和光学全息术,并探究了在不同频率和波束扫描角度下材料参数与天线特性之间的关系。随后分析了采用金属化地板和未采用金属化地板的介质板传输特性的差异,并介绍了类似 Vivaldi 天线和八木天线的平面馈源。采用表面波辐射器阵列可以得到具有线性相位波前的表面波,从而影响全息结构的形状,这种新型结构可以实现天线的二维扫描。FMCW 雷达是全息天线的重要应用方向之一,将全息天线与采用 LTCC 技术的射频前端相结合可以同时测量目标的距离和方位信息。

交叉参考:

▶第 56 章　汽车雷达天线
▶第 37 章　波束扫描漏波天线
▶第 16 章　线天线
▶第 40 章　毫米波天线与阵列
▶第 24 章　相控阵天线
▶第 30 章　波导缝隙阵列天线

参考文献

Adamiuk G, Zwick T, Wiesbeck W (2008) Dual-orthogonal polarized Vivaldi antenna for ultra wideband applications. In: 17th international conference on mi-crowaves, radar and wireless communications, Wroclaw, pp 1-4

Alvarez-Lopez Y, Garcia-Gonzalez C, Vazquez-Antuna C, Ver-Hoeye S, Andres FL (2012) Frequency scanning based radar system. Prog Electromagn Res 132(9):275-296

Bai J, Shi S, Prather D (2011) Modified compact antipodal Vivaldi antenna for 4-50GHz UWB application. IEEE Trans Microwave Theory Tech 59(4):1051-1057

Balanis CA (1997) Antenna theory: analysis and design. John Wiley & Sons, Inc., Hoboken, New Jersey

Beer S (2013) Methoden und Techniken zur Integration von 122 GHz Antennen in miniaturisierte Radarsensoren, Karlsruher Forschungsberichteaus dem Institut für Hochfrequenztechnik und Elektronik; 70, KIT Scientific Publishing, Karlsruhe, ISBN 9783731500513

Beer S, Zwick T (2010) Probe based radiation pattern measurements for highly integrated millimeter-wave antennas. In: Proceedings of the fourth European conference on antennas and propagation (EuCAP), Barcelona

Beer S, Rusch C, Gulan H, Gottel B, Girma M, Hasch J, … Zwick T (2013) An integrated 122-GHzantenna array with wire bond compensation for SMT radar sensors. IEEE Trans Antennas Propag 61(12):5976–5983

Chan K-L, Judah SR (1998) A beam scanning frequency modu-lated continuous wave radar. IEEE Trans Instrum Meas 47(5):1223–1227

Checcacci P, Russo V, Scheggi A (1970) Holographic antennas. IEEE Trans Antennas Propag 18 (6):811–813

Collier RJ, White PD (1976) Surface waves in microstrip circuits. In: 6th European microwave conference, Rome, pp 632–636

Dong Y, Itoh T (2011) Substrate integrated composite right-/left-handed leaky-wave structure for polarization-flexible antenna application. IEEE Trans Antennas Propag 60:760–771

ElSherbiny M, Fathy A, Rosen A, Ayers G, Perlow SM (2004) Holographic antenna concept, analysis, and parameters. IEEE Trans Antennas Propag 52(3):830–839

Farhat N (1980) Holographically steered millimeter wave antennas. IEEE Trans AntennasPropag 28(4):476–480

Fathy A, ElSherbiny M, Rosen A, Ayers G, Perlow S (2003a) Experimental demonstration of a 35 GHz holographic antenna. IEEE MTT-S Int Microwave Symp Dig 3:1833–1836

Fathy A, Rosen A, OwenH, Kanamaluru S, McGinty F, McGee D, … ElSherbiny M (2001) Siliconbased reconfigurable antennas. IEEE MTT-S Int Microwave Symp Dig 1:377–380

Fathy A, Rosen A, Owen H, McGinty F, McGee D, TaylorG, …ElSherbiny M (2003b) Silicon-based reconfigurable antennas - concepts, analysis, implementation, and feasibility. IEEE Trans Microwave Theory Tech 51(6):1650–1661

Frayne PG, Leggetter AJ (1991) Wideband measurements on Vivaldi travelling wave antennas. IEEE Colloq Multi-Octave Microwave Circuits 5/1–5/6

Gabor D (1948) A new microscopic principle. Nature 161:777–778

Gandini E, Ettorre M, Casaletti M, Tekkouk K, Le Coq L, Sauleau R (2012) SIW slotted waveguidearray with pillbox transition for mechanical beam scanning. IEEE Antennas Wirel Propag Lett 11:1572–1575

Guntupalli AB, Wu K (2013) Full-space scanning phased array system for future integrated high data rate communication over E-band and beyond. In: European microwave conference (EuMC), Nuremberg, pp 1607–1610

Guntupalli A, Wu K (2012) Multi-dimensional scanning multi-beam array antenna fed by integrat-edwaveguide Butler matrix. IEEE MTT-S Int Microwave Symp Dig 1–3

Hammad H, Antar YM, Freundorfer A, Mahmoud S (2003) Uni-planar CPW-fed slot launchers for efficient TM0 surface-wave excitation. IEEE Trans Microwave Theory Tech 51(4):1234–1240

Hirvonen T, Ala-Laurinaho J, Tuovinen J, Raisanen A (1997) A compact antenna test range based on a hologram. IEEE Trans Antennas Propag 45(8):1270–1276

Hood AZ, Karacolak T, Topsakal E (2008) A small antipodal Vivaldi antenna for ultrawide-band applications. IEEE Antennas Wirel Propag Lett 7:656–660

Iizuka K, Urasaki S, Ushigome H (1975) Volume- type holographic antenna. IEEE Trans Antennas Propag 23(6):807–810

Lambrecht A, Beer S, Zwick T (2010) True-time-delay beamforming with a Rotman-lens for ultra-wideband antenna systems. IEEE Trans Antennas Propag 58(10):3189–3195

Li Y, Zhu Q, Mo R (2011) Studies on the holographic antenna: theories and experiments. In: A-sia-pacific microwave conference proceedings, Melbourne, pp 654–657

Liu J, Jackson D, Long Y (2011) Substrate integrated waveguide (SIW) leaky-wave antenna with transverse slots. IEEE Trans Antennas Propag 60:20–29

Ma K-P, Qian Y, Itoh T (1999) Analysis and applications of a new CPW-slotline transition. IEEE Trans Microwave Theory Tech 47(4):426–432

Martinez-Ros A, Gomez-Tornero J, Goussetis G (2011) Planar leaky-wave antenna with flexible control of the complex propagation constant. IEEE Trans Antennas Propag 60:1625–1630

Mayer W, Wetzel M, Menzel W (2003) A novel direct-imaging radar sensor with frequency scanned antenna. IEEE MTT-S Int Microwave Symp Dig 3:1941–1944

Oliner AA (1993) Leaky-wave antennas. In: Johnson R (ed) Antenna engineering handbook. McGraw-Hill, New York

Pancera E, Zwick T, Wiesbeck W (2011) Spherical fidelity patterns of UWB antennas. IEEE Trans Antennas Propag 59(6):2111–2119

Paulotto S, Baccarelli P, Frezza F, Jackson D (2009) A novel technique for open-stopband suppression in 1-D periodic printed leaky-wave antennas. IEEE Trans Antennas Propag 57:1894–1906

Petosa A, Thirakoune S, Levis K, Ittipiboon A (2004) Micro- wave holographic antenna with integrated printed dipole feed. Electron Lett 40(19):1162–1163

Podilchak SK, Freundorfer AP, Antar YM (2008) Broadside radiation from a planar 2-D leaky-wave antenna by practical surface-wave launching. IEEE Antennas Wirel Propag Lett 7:517–520

Podilchak SK, Freundorfer AP, Antar YM (2009) Surface-wave launchers for beam steering and application to planar leaky-wave antennas. IEEE Trans Antennas Propag 57(2):355–363

Podilchak SK, Freundorfer AP, Antar YM (2011) A new leaky-wave antenna design using simple surface-wave power routing techniques. IEEE Int Symp Antennas Propag 3052–3054

Rothammel K, Krischke A (1995) Antennenbuch. Franckh-Kosmos, Stuttgart Rotman W, Turner R (1963) Wide-angle microwave lens for line source applications. IEEE Transa Antennas Propag 11(6):623–632

Rusch C, Beer S, Gulan H, Zwick T (2013a) Holographic antenna with antipodal feed for frequency-scanning radar. In: 2013 I. E. antennas and propagation society international sympo-sium (APSURSI), Orlando, pp 234–235

Rusch C, Beer S, Pahl P, Zwick T (2013b) Multilayer holographic antenna with beam scanning in two dimensions at W-band. In: 7th European conference on antennas and propagation (EuCAP), Gothenburg, pp 2625–2628

Rusch C, Beer S, Pahl P, Gulan H, Zwick T (2013c). Electronic beam scanning in two dimensions with holographic phased array antenna. In: International workshop on antenna technology (iWAT), Karlsruhe, pp 23–26

Rusch C, Sch € afer J, Gulan H, Zwick T (2014) 2D-scanning holographic antenna system with Rotman-lens at 60 GHz. In: European conference on antennas and propagation (EuCAP), The Hague

Sazonov D (1999) Computer aided design of holographic antennas. IEEE Antennas Propag Soc Int Symp 2:738–741

Schuhler M, Wansch R, Hein M (2010) On strongly truncated leaky-wave antennas based on periodically loaded transmission lines. IEEE Trans Antennas Propag 58:3505–3514

Skolnik M (1990) Radar handbook, 2nd edn. McGraw-Hill, New York

Solbach K, Schneider R (1999) Antenna technology for milli-meter wave automotive sensors. In: 29th European microwave conference, Munich, pp 139–142

Sooriyadevan P, McNamara DA, Petosa A, Ittipboon A (2007) Electromagnetic modelling and optimisation of a planar holographic antenna. IET Microwaves Antennas Propag 1(3):693–699

Sutinjo A, Okoniewski M, Johnston RH (2010) A holographic antenna approach for surface wave control in microstrip antenna applications. IEEE Trans Antennas Propag 58(3):675–682

Thingvold SR, Ittipiboon A, Sebak A, Petosa A (2003) Holographic antenna efficiency. IEEE Antennas Propag Soc Int Symp 3:721–724

Tsao H-Y, Yang D-H, Cheng J-C, Fu J, Lin W-P (2012) W-band SIW H-plane horn antenna development. In: 4th international high speed intelligent communication forum (HSIC), Nan-jing, pp 1–3

Yang N, Caloz C, Wu K (2010) Full-space scanning periodic phase-reversal leaky-wave antenna. IEEE Trans Microwave Theory Tech 58:2619–2632

Yngvesson KS, Korzeniowski TL, Kim Y-S, Kollberg EL, Johansson JF (1989) The tapered slot antenna-a new integrated element for millimeter-wave applications. IEEE Trans Microwave Theory Tech 37(2):365–374

Yun T-Y, Chang K (2001) A low-cost 8 to 26.5 GHz phased array antenna using a piezoelectric transducer controlled phase shifter. IEEE Trans Antennas Propag 49(9):1290-1298

第 64 章
辐射计天线

Markus Peichl

摘要

微波辐射测量采用纯被动的方式感知热源自然产生的微波辐射。微波辐射计是相应设计和开发的测量装置，通常由超低噪声接收机和信号记录单元组成。辐射计通常包含一个天线作为第一级接收组件用于收集入射辐射，测量得到的辐射功率将通过“亮温度”这一指标进行表征。任何物体或表面可观测的亮温度取决于其化学量和物理量，这些量通过物体的辐射（吸收）、反射和传输特性及其真实温度进行表征。由于地球温度典型值接近于 300K、宇宙温度接近于 3K，这两个极限温度范围之间的温度都可以被观测到。根据实际观测方向的不同，环境的亮温度会呈现出较大的差异。

一方面，为了观测亮温度随时间的变化，辐射测量相对于天线指向方向需要是静止的；另一方面，为了得到局部变化的一维或二维廓线，需要对整个场景的亮温度进行扫描，对二维廓线进行处理就能得到可与传统照片媲美的二维图像。根据具体的应用场景，将结合波束宽度、副瓣电平、扫描能力和损耗等技术要求

M. Peichl（✉）
德国宇航中心高频技术与电子学研究所，德国
e-mail：Markus. peichl @ dlr. de

来确定天线形式。采用辐射测量技术,人类能够在太空中对地球和其他行星进行观测,从机载平台上对地球表面和大气进行观测,或在地面上对环境和宇宙进行观测。从地面上对宇宙进行感知的活动属于射电天文学范畴(参见“第67章包含太赫兹天线的空间天线”部分内容)。在实际中很少直接采用亮温度这一物理量。从20世纪50年代开始,更常见的做法是通过适当的物理模型将亮温度转换到其他第二个或第三个量,以便更直接地用于地球观测(如土壤湿度、海洋盐度、降雨率、积雪层等)。近年来,微波辐射测量也被应用于与安全和防护相关的场景中;在这些应用中,除了要满足探测和识别所需的空间分辨率外,目标与其周边环境应具有充足的温度对比。

为了使读者更好地理解天线的设计要求,本章首先介绍了微波辐射测量中的相关参数,然后对典型的辐射计天线系统进行了回顾。基于解释不同应用中的需求变化的目的,还介绍了若干当前采用的天线系统。在分析辐射计天线基本参量的基础上,对设计和验证过程中的关键指标进行了研讨,并给出了典型案例的试验结果。最后对辐射计天线的潜在应用及其频率范围进行了简要的总结和展望。

关键词

微波辐射测量;对地观测;保密;天线温度;天线损耗;天线反射;机械扫描器;焦平面阵;孔径综合;频率扫描;数字波束形成;稀疏阵;空间分辨率;灵敏度;采样

64.1　引言

微波辐射计可以被动地测量绝对温度在0K之上的物质以电磁波形式辐射的热量。物体的热温度或真实温度通常称为物理温度,以便与通过微波辐射计或红外设备测得的表观温度相区分。这种表观温度称为“亮温度”。在地面观测中,由于反射来自宇宙源的天空辐射的影响,可以在反射型材料和吸收型材料之间观测到剧烈的对比(参见“蜂窝无线通信无线电波传播中的物理学和数学”

部分内容)。在微波频段,空间二维亮温度分布往往可以用作许多与天气相关物理现象的标志。因此,微波辐射计在地球科学、气候学、农业、污染与灾害控制、探测、侦察、监视及身份登记等领域得到了广泛应用。近 10 多年来,诸如人员安检和关键基础设施监测一类的安防领域也开始关注这项技术。读者如果对微波辐射计及其应用感兴趣,可以参考 Ulaby 等(1981)、Janssen(1993)、Mätzler(2006)及 Peichl 等(2007)的研究成果。

64.2 基本参量

热辐射的起源是通过能量与物质的量子力学交换给出的,即基于辐射的相互作用,能量可以被吸收或以非常小但固定的部分发射。这些能量的大小完全取决于所有物质的原子或分子所能采用的激发态单能级差异。由于单原子或分子存在很多不同能级,同时物体可能由多种不同材料组成,并且由于从一个能级到另一个能级转变的事件在统计上总是发生,物体或物质整体发出的辐射特性是用宽带噪声描述的。因此,某种物质发射或吸收辐射能量的能力是相同的,这种能力由发射率 e 和吸收率 a 的值来表示和量化。

对于黑体,普朗克定律给出了热噪声辐射的功率分布随频率和物理温度之间的函数关系(Ulaby et al. ,1982)。黑体是一种假想的物质,热平衡情况下,它完全吸收所有接收到的辐射并等量发射出来。因此,如果黑体和周围环境的总能量交换率是100%,或等效地表示为1,则关系式 $e=a=1$ 是有效的。在自然界甚至人造世界中,黑体是不存在的,但它可以通过特定材料的组合充分地近似,如在回声室中使用的微波吸收体。正因为这个原因,自然物体通常被称为灰体,意味着它们的发射率和吸收率是相等的但是小于 1,相互作用能量的剩余量与灰体表面的反射辐射和通过灰体的透射辐射有关。由于能量守恒的要求,引入反射率 r 和透射率 t ,以下关系式对于自然界热平衡条件下的物体是有效的,即

$$\begin{cases} e + r + t = 1 \\ e、r、t \leqslant 1 \\ e = a \end{cases} \tag{64.1}$$

在微波区域,频率高达 300GHz,但当温度低至 1K 时,普朗克定律近似为瑞利-金斯定律,即

$$B_f = \frac{2k_B T f^2}{c^2} \tag{64.2}$$

式中：B_f 为所谓的亮度（以前的辐射强度），单位是瓦特每立体角每赫兹，这是与立体角无限小量和带宽无限小增量相关的观测辐射功率；T 和 f 分别为以开尔文为单位的物理温度和以赫兹为单位的频率；c 为光的速度，$c \approx 3 \times 10^8 \mathrm{m/s}$；$k_B$ 为玻尔兹曼常数，$k_B \approx 1.38 \times 10^{-23} \mathrm{J/K}$。式（64.2）中一个重要的事实是亮度与物理温度的线性关系，它在某一频率以简单的方式直接将观测到的辐射功率和温度联系起来。这个关系同样适用于来源于灰体的辐射，在这种情况下，给定的温度是亮温度，一般与物理温度不同。使用这个关系的魅力在于，当在室外区域使用辐射计系统测量某物体并校准为亮温度时，低温度值代表强反射材料，而高温度值代表强吸收材料，当然这决定于相对于天空或空间的观测方向。

由于现在可以使用亮温度代替辐射功率以描述某特定测量，如图 64.1 所示，亮温度可以被认为是几个贡献量的组合，以简单的符号表示为

$$T_B = eT_0 + rT_{B,\mathrm{ev}} + tT_{B,\mathrm{bg}} \tag{64.3}$$

式（64.3）中等号右侧第一个被加数表示物体包含的热能，由它的物理温度 T_0 确定。第二个贡献项是来自周围的反射功率部分，通过用亮温度 $T_{B,\mathrm{ev}}$ 表示。第三项是源自物体后方并穿过物体的辐射，$T_{B,\mathrm{bg}}$ 是对应的背景亮温度。

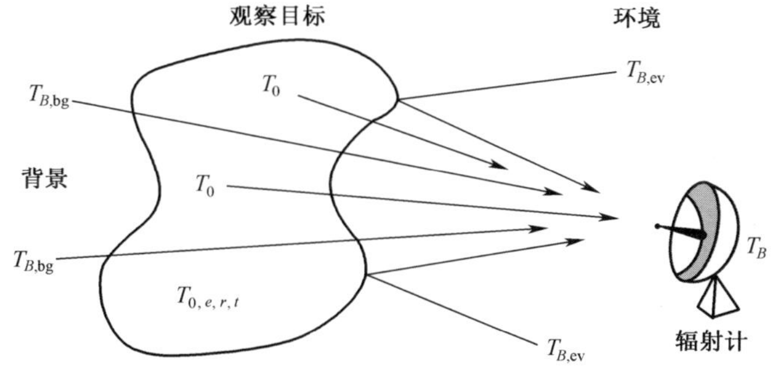

图 64.1　观测到的亮温度贡献量
（物体的物理温度是 T_0，它与辐射的相互作用能力通过发射率 e、反射率 r 和透射率 t 描述，辐射通过辐射计的天线接收）

注意，至于 $T_{B,\mathrm{ev}}$ 和 $T_{B,\mathrm{bg}}$ 同样可以根据式（64.3）得到，此外，式（64.3）通常

必须是将所有这些方向的贡献量合并起来的一个积分式,天线可以接收自这些方向贡献量,并且这些方向的贡献量可以转向特定的方向范围。材料的 e 、r 和 t 属性强烈地决定于频率、观测角度、极化方向以及观测到的亮温度 T_B（参见"蜂窝无线通信中与电波传播相关的物理学和数学问题"部分内容）。

辐射功率和温度的等效关系同样可以用欧姆电阻的奈奎斯特定理表达(Ulaby,1981),即

$$P_N = k_B \Delta f T \tag{64.4}$$

式中: k_B 为玻尔兹曼常数; Δf 为观测噪声带宽; T 为物理温度。由于无法从接收天线噪声中区分出欧姆电阻产生的噪声,且天线噪声被认为是无损的。因此,式(64.4)中的温度可以由亮温度替换。对于辐射计测量,空间探测或地基探测可观测到的亮温度范围大致在3~300K量级,典型的接收机带宽为100MHz,代入这些值,自然亮温度观测功率估计值在 10^{-15} ~ 10^{-13} W 范围内,这个值很小,并与接收机自身产生的噪声功率在同一量级。

探测空间亮温度分布需要天线和足够对焦的移动天线波束收集特定方向的辐射,观测到的亮温度称为天线温度,并在球面坐标系表达。使用 Θ 和 Φ 表示俯仰角和方位角,并覆盖范围 $0 \leqslant \Theta \leqslant \pi$ 和 $0 \leqslant \Phi \leqslant 2\pi$:

$$T_A(\Theta', \Phi') = \frac{1}{\Omega_A} \int_{\text{天线方向图}} T_B(\Theta, \Phi) F_{Pn}(\Theta - \Theta', \Phi - \Phi') \sin(\Theta - \Theta') \mathrm{d}\Theta \mathrm{d}\Phi \tag{64.5a}$$

$$\Omega_A = \int_{\text{天线方向图}} F_{\mathrm{Pn}}(\Theta, \Phi) \sin\Theta \mathrm{d}\Theta \mathrm{d}\Phi \tag{64.5b}$$

式中: F_{Pn} 为天线归一化功率图; Ω_{A} 为天线在幅值恒定时接收到的有效立体角; $\sin\Theta \mathrm{d}\Theta \mathrm{d}\Phi$ 项表示积分中的无穷小立体角,移动波束通过带撇坐标; (Θ', Φ') 表示,表明天线的实际指向方向。由式64.5(a)可知,数学上天线温度是由场景相关的亮温度分布与天线功率图相关或特殊卷积(即通过 $x' - x$ 替换 $x - x'$)。当天线波束扫描得到的亮温度为常数,即 $T_B(\Theta, \Phi) = T_0 =$ 常数时,立体角 Ω_A 归一化特性是清楚的。这种情况下,天线温度的结果通常是 $T_A = T_B = T_0$,并且天线方向图对真实亮温度分布没有模糊影像。对于其他空间上不同分布的情况,天线方向图决定扫描测量可获得的空间分辨率和对比度,稍后将在本章"辐射计天线的基本参量"部分中讨论。

64.3　应用案例

下面将针对一些应用介绍并简要讨论二维成像的实际案例,这些应用采用了不同天线类型。图 64.2 所示为用于监测应用中的地基测量图像。

图 64.2　某一复杂场景的辐射计图像(上图)和照片(下图)
(辐射计图像是通过工作在 90GHz 的机械扫描偏置抛物面天线获得的。
两幅图像均未进行几何调整。图中的黑色和深蓝色表示低亮温区域,
白色和亮蓝色表示高亮温区域)(Peichl et al. ,2007)

首先,可以观测到辐射毫米波图像的准光学特性以及细节部分的复杂性。在图 64.2 中还对一些特殊的目标或材料进行了标准化,从而使读者便于理解对地观测辐射测量中的亮温变化。需要特别注意的是,天空区域和反射天空辐射的金属目标构成了“冷”源,而树木、地平面区域以及从地平面方向反射环境辐射的建筑立面构成了“热”源。

图 64.3 所示的第二个案例是通过土壤湿度和海洋盐度卫星(Soil Moisture and Ocean Salinity,SMOS)获得的全球亮温分布,该卫星于 2009 年 11 月成功发射。SMOS 卫星上的 L 波段二维孔径合成辐射计系统采用了稀疏干涉阵列技术

(参见“第 67 章包含太赫兹天线的空间天线”)。由贴片天线单元(参见“微带贴片天线”一章)组成的天线阵列构成了一个 Y 形天线(ESA,2009)。

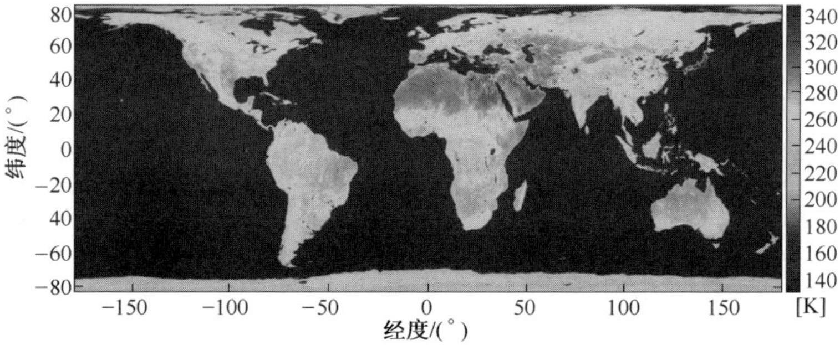

图 64.3　通过 SMOS 卫星获得的全球平均亮温分布图

(辐射计工作在 L 频段(中心频率为 1.413GHz),极化方式为垂直极化。

本图涉及 2014 年 6 月 29 日~8 月 24 日间的数据,入射角为 42.5°)

图 64.4 所示为通过多光谱辐射计测得的埋藏目标(即地雷模拟装置和其他目标)二维图。辐射计采用了宽带 Vivaldi 天线(参见“超宽带天线”一章);在接近地面处采用二维栅格运动对场景进行扫描;1.5~7GHz 的工作频段被分割为许多带宽为 50MHz 的通道(Peichl et al.,2007)。需要注意的是,由于天线工作在近场范围内,其方向图与远场方向图存在较大的差异。

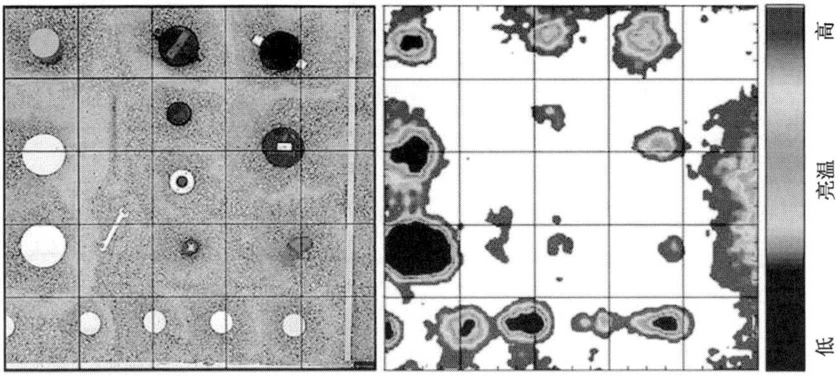

图 64.4　具有埋藏目标场景的照片(左图)和亮温图像(右图)

(照片中的可见目标(地雷模拟装置、金属片、水壶)将被埋入沙子中,埋入的深度为 1cm~15mm。右图为 2~6GHz 不同中心频率下获得的单幅图像的叠加结果)

以上几个微波辐射测量的案例表明应用场景和天线类型间存在高灵活可变性。限于篇幅,本章不能介绍微波辐射测量所涉及的全部问题,仅重点介绍了基本的辐射参量,并阐述了这些参量与天线或天线系统之间的关系。接下来,本章将进一步详细介绍微波辐射测量中涉及的不同天线类型。

1. 辐射计天线综述

从理论上讲,每种天线形式都可以应用于辐射测量。但在大多数实际情况下,天线形式的确定既要考虑应用场景的特殊性,也要满足天线低损耗这一基本要求(参见"传输线"一章)。低损耗这一要求源于天线是辐射计中第一个也是最关键的设备,而可观测的亮温与接收系统的噪声处于同一个量级。由于微波辐射测量往往需要成像或得到环境的一维廓线,因此天线所在的扫描机构可以是机械扫描,也可以是电扫描,还可以是二者的结合。这样在性能表征的过程中需要考虑整个天线系统,而不仅仅是天线单元本身。接下来简要介绍最常用且最有效的天线扫描方式。

1) 机械式扫描器

图 64.5 所示为某场景中天线机械扫描的工作原理。辐射计系统往往采用正馈抛物面、偏置抛物面、卡塞格伦或格里高利等反射面天线形式(参见"反射面天线"一章)。我们既可以在馈源固定的前提下通过旋转或摆动主反射面或副反射面的方式来实现天线波束的转动,也可以采用相似的原理在系统中增加一块平面金属板实现波束的偏转。这种扫描原理既可以应用于二维扫描,也可应用于一维扫描。对于一维扫描,可以在飞机或卫星上依靠平台的运动形成第二维扫描。需要注意的是,在图 64.5(a)所示的拉锯式扫描中,天线的入射角一直在变化;而在图 64.5(b)所示的圆锥扫描中,天线的入射角为一常数。

图 64.6 所示为两种机械式扫描的案例。图 64.6(a)所示的 SUMIRAD 系统(Surveillance in an Urban environment using Mobile sensors Imaging RADiometer,在城市环境下采用移动传感器进行监测的成像辐射计)可以对行进车辆的前方实现快速成像。与接收机相连的卡塞格伦天线指向可动金属偏转板,从而可以实现天线波束在水平方向的扫描。为了有效降低旋转过程中(高达 2400r/min)产生的气动阻力,将偏转板封装在了圆柱形的聚苯乙烯塑料泡沫结构中。采用曲柄传动机构对由天线、接收机和偏转板构成的组件进行驱动,从而实现天线在垂直方向的扫描。系统的中心频率为 90GHz,带宽为 20GHz。在帧率为 1 幅/s 图

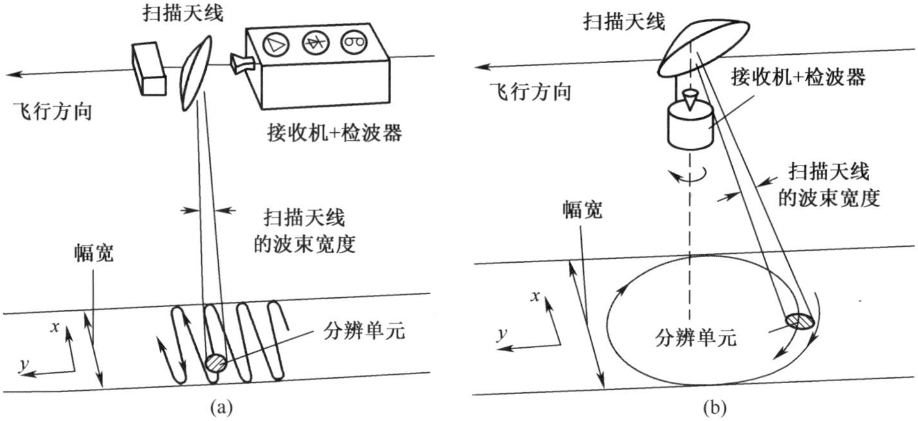

图 64.5　机载天线机载式扫描的工作原理(在这两种情况下
可动天线结合平台的运动生成地面的波束覆盖区域)

(a)图中的天线为一偏置反射面,沿着飞行方向的切向来回摆动;(b)偏置反射面将围绕轴向进行圆锥扫描。

图 64.6　机械式扫描辐射计系统的两个案例(右图日本 JAXA 许可)

(a)SUMIRAD 车载成像系统应用于如威胁侦测之类的安全应用中;

(b)用于对地观测和气候变化检监测的 AMSR2 星载辐射计。

像的情况下,系统的角度分辨率约为 0.75°(天线口径为 30cm),温度分辨率(灵敏度)小于 2K。系统可以针对同一场景在 30°×80°(俯仰×方位)的视场内同时形成两幅图像,且线极化状态可供独立选择。

图 64.6(b)所示为全球环境变化观测任务(Global Change Observation Mission,GCOM)卫星上采用的第二代先进微波扫描辐射计(Advanced Microwave Scanning Radiometer 2,AMSR2)。该辐射计能够实现对不同地球物理参数的长期全球观测,帮助人类增强对于气候变化和水循环的理解(JAXA 网站)(Imaoka et al. ,2010)。馈源喇叭组件位于偏置抛物面天线的焦平面上,从而产生倾斜波束(参见"第 67 章包含太赫兹天线的空间天线")。通过以 40r/min 的速度旋转装置(不是整个卫星),可以在所有的频率通道上实现 47.5°的圆锥扫描,而卫星平台的运动可以产生第二维扫描。系统具有 6 个中心频率,均处于 7~89GHz 频段内,能够提供 1.8°~0.15°的角分辨率(天线口径为 2m)。相应的温度分辨率的范围为 0.4~1.4K,可以采用两种线极化工作模式。卫星的轨道高度为 700km,幅宽约为 1450km。AMSR2 已于 2012 年 5 月成功发射入轨。

当然,机械扫描可以实现很多应用,但是机械地移动反射单元的基本流程都是必需的。当大口径天线需要快速转动以实现高分辨率指标和/或实时成像能力时,这种方法在天线尺寸和质量惯性有局限性就显现出来。尽管如此,这里仍可以相对低廉的成本和低损耗的天线系统实现机械式扫描系统。此外,还可以采用冷、热负载法以较为简易的方式实现系统标定,该方法需要使用两个亮温度差别较大且已知的参考目标。最后需要指出的是,机械式扫描总会在角空间中立即生成天线波束。因此,这些天线系统被称为实孔径天线系统,它们能够提供实孔径成像。

2) 焦平面阵

焦平面阵(FPA)已经广泛应用于诸如数码相机等光学成像系统中(参见"多波束天线阵列"一章),其基本原理为将小型检波器或天线阵列置于聚焦机构上。聚焦机构往往采用介质透镜天线(参见"介质透镜天线"一章)或弯曲金属反射面天线以实现波束的汇聚。图 64.7 所示为采用一维焦平面阵的机载辐射测量成像系统原理图。对于二维焦平面阵而言,需要在 N 个天线单元的列方向上扩展 M 倍,以得到具有 $N\times M$ 个像素的图像。当然在这一过程中需要对反射面天线进行精心设计,以确保其波束在两个方向具有扫描能力。在对地观测应用中,基于焦平面阵技术的辐射计系统也被称为"推扫"系统(Skou and Le Vine,2006)。

图 64.8 所示的辐射测量焦平面阵系统既可以应用于飞机的视景增强,也可

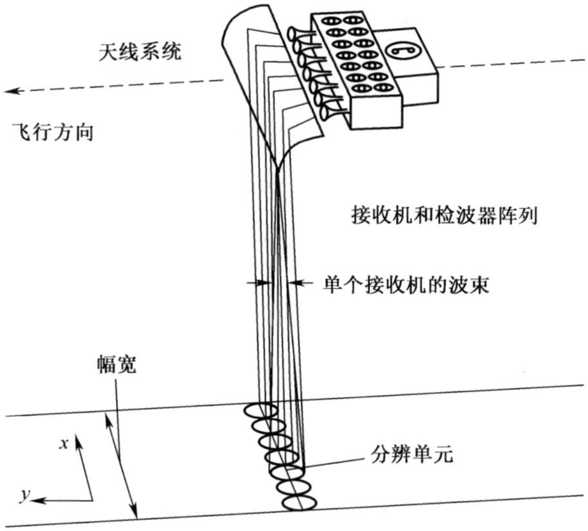

图 64.7　采用焦平面阵技术进行一维扫描的原理图
(为了在飞行方向的切向产生多个波束,将多个馈源天线置于反射面天线的焦平面上。在这一案例中,要获取沿飞行方向的图像维度仍然依赖于平台的运动)

以应用于人体隐匿违禁品的探测等安防领域(Appleby et al.,2004)。事实上为了减少接收机数量,这一扫描方案将焦平面阵技术与机械扫描进行了结合。例如,可以采用极化栅格,首先从未极化的电磁波中提取出垂直极化分量(V);然后在电磁波被金属旋转镜反射之前,使其穿过1/4波片,从而将线极化方向旋转45°($V+45°$)。这一旋转镜被倾斜放置,从而在旋转的过程中形成圆锥扫描。在被反射之后,电磁波将再次穿过1/4波片,其极化方向又旋转了45°,最终形成水平极化电磁波($V+90°=H$)。水平极化电磁波将被曲面极化栅格反射(该极化栅格仅允许垂直极化电磁波穿过),并被聚焦于焦平面阵所处的焦平面上。由于焦平面阵中的每个单元都会独立地产生圆锥扫描,因此在旋转镜360°旋转的过程中可以实现观测场景的完全扫描。

QinetiQ公司研制的被动式毫米波(PMMW)系统中心频率为90GHz,带宽为20GHz。在帧率为25幅/s图像的情况下,系统的角度分辨率约为0.47°(天线口径为60cm),温度分辨率(灵敏度)约为2K。系统的视场为30°×80°(俯仰×方位),焦平面阵由150个接收机组成,每个接收机均与一小矩形喇叭馈源相接。

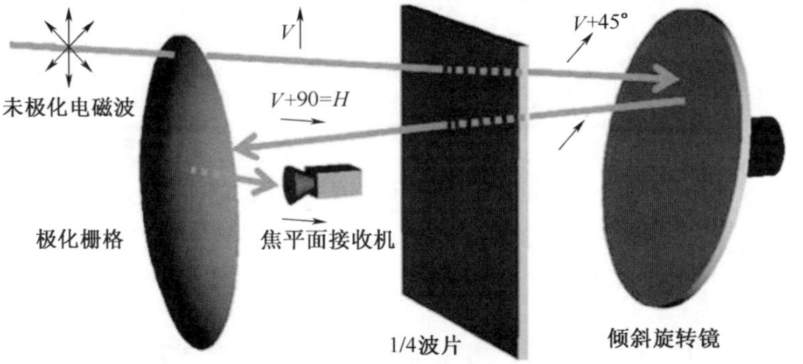

(a)

(b)

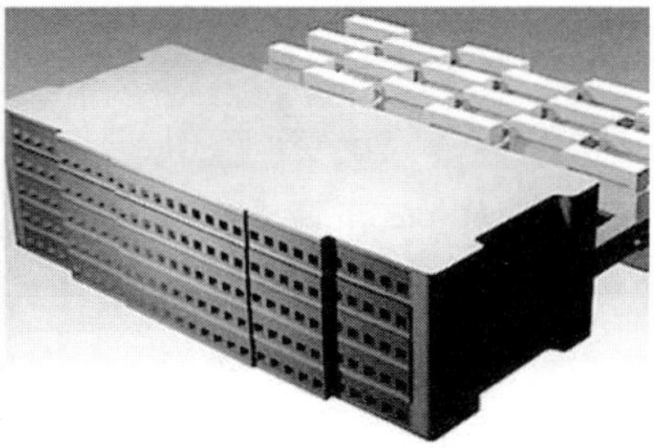
(c)

图 64.8　QinetiQ 公司研制的被动式毫米波实时成像仪的扫描原理和实物照片
(该设备的天线系统将焦平面阵技术和机械扫描技术进行了结合)
(a)扫描原理;(b)实物;(c)包括馈源天线和接收机在内的焦平面阵模块。

由于小型化且成本低廉的微波集成电路(MIC)和单片微波集成电路(MMIC)尚不成熟,被动式微波遥感领域采用大量接收机的情况还不多见。研究者目前尽可能避免大量接收机(如几百个甚至几千个),如 Heinz 等(2014)在亚毫米波成像的研究工作中(参见“毫米波和亚毫米波天线测量”一章)采用了焦平面阵和机械扫描相结合的实现方式。迄今为止,在对地观测领域,学者们只进行了相关的理论研究(Nielsen et al. ,1989),尚未见到实际投入运行的系统。但是随着技术的不断进步,在焦平面阵模块的小型化技术被攻克之后,焦平面阵技术必将在未来的高帧率成像天线系统中得到更广泛的应用。需要指出的是,天线单元之间的物理间距无法实现对整个场景的完整奈奎斯特采样。因此,就像 QinetiQ PMMW 系统中一样,采用了半单元间距单 FPA 行和交叉重叠扫描模式的横行调整技术。此外由于接收机需要具有良好的一致性,因此系统的校正问题也非常具有挑战性。需要注意的是,在焦平面阵成像的过程中,所有的天线波束都是即刻在角空间内生成的。因此,这种天线系统属于实孔径天线,能够进行实孔径成像。最后需要强调的是,测量单个天线波束并不需要机械转动,因此可以得到大型的天线结构和较高的空间分辨率。

3) 综合孔径

自 20 世纪 50 年代开始综合孔径作为一种成像技术(Thompson et al.,2001)应用于射电天文(参见"射电望远镜系统中的天线"章节)。该技术的目标是利用天线孔径中的冗余,只记录场景所需的空间频率,复制最少但遵循奈奎斯特采样定理。空间频率是特定空间变化量如亮温度分布的量度,因此通常场景由一定数量的不同加权的空间频率组成,即空间频谱。通过对两个空间分离的天线(即干涉仪)的输入信号进行互相关来执行单个空间频率的测量,其中单个天线间的距离称为基线。对于机载的情况,综合孔径的成像原理如图 64.9 所示。

请注意,对于图示情况,只需要一个由两个填充有天线单元的分支组成的稀疏阵列,而不是一个完全填充的二维阵列。这里的成像不是通过在整个阵列中瞬时生成天线波束来实现的,而是通过对理想系统的情况下获得的空间频谱进行傅里叶逆变换来实现的。因此,与之前描述的在空间域中扫描的方法不同,综合孔径在空间频域中执行场景扫描。稀疏阵列表示一个合成孔径,大致模拟相似尺寸的真实孔径天线。合成天线波束仅通过处理生成,因此不是瞬时存在的。

图 64.10 所示为 2009 年由欧空局(ESA)发射的 SMOS 卫星。该卫星上搭载的综合孔径微波辐射计(Microwave Imaging Radiometer with Aperture Synthesis, MIRAS)采用了综合孔径技术(参见"第 67 章包括太赫兹天线的空间天线")。SMOS 卫星的使命是对陆地的土壤湿度和海洋的盐度进行全球观测,从而帮助人类提高对天线和环境的建模能力。该卫星还被用于监测植被含水率、雪覆层和冰组构(Barré et al.,2008;Font et al.,2010)。

呈 Y 形的 MIRAS 综合孔径辐射计是这种成像方式在空间中的首次应用。该设备工作在为射电天文观测预留的频带内,中心频率为 1.413GHz,带宽为 20MHz。之所以采用 L 频段,除了带宽受到保护的原因外,还在于这一频段对土壤湿度和海洋盐度具有高频段无法比拟的亮温灵敏度。稀疏阵共有 69 个接收

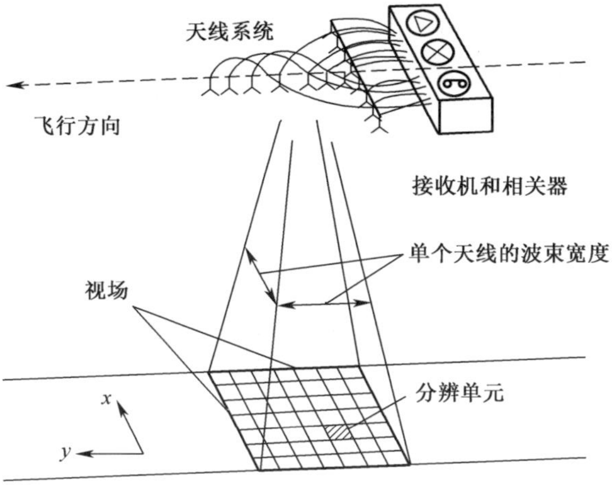

图 64.9　二维综合孔径成像原理(稀疏阵中的成对天线/接收机组成了二元干涉仪,可以实现对单个空频的测量。通过处理所有空频的信号,可以获得图像。主要指出,根据这一成像原理,不需要平台的运动就能够获得二维图像。也可以仅在一个维度进行孔径合成)

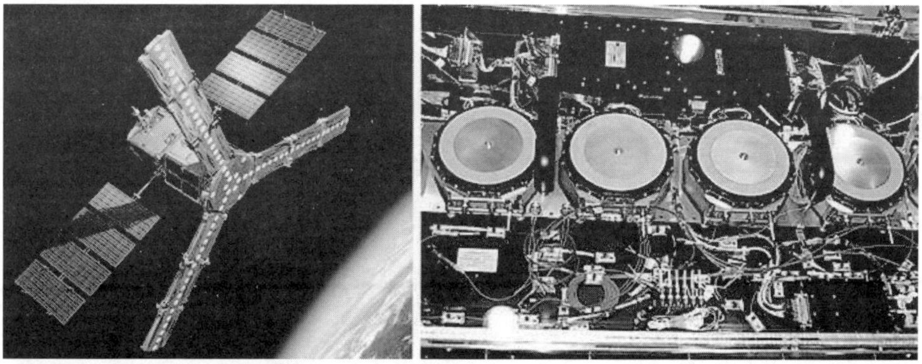
(a)　(b)

图 64.10　由 ESA 发射的 SMOS 卫星(天线单元采用了集成式馈电网络且直径为 165mm 的双极化缝隙耦合微带贴片天线(参见“微带贴片天线”一章)
(得到 CESBIO,法国和西班牙 EADS CASA EspacioS. L. 许可翻印)
(a)SMOS 卫星在太空中的艺术效果图;(b)真实硬件中的 4 个接收机单元与相应的电子设备。

机;每个 Y 形支臂上排布了 18 个间距为 0.875 个波长的单元,其他的 15 个接收机位于中心区域。两个天线单元的最大间距为 7.8m(辐射计臂长为 4.5m),由此根据采样空间频谱的传递函数,可以获得的角分辨率约为 2°。温度分辨率指标为 2~4K,与场景相关(如陆地或海洋环境)。对于轨道高度为 758km 的卫星,其地面的可用幅宽约为 1050km。采用了时钟频率为 55MHz 的 1bit 数字同步器对成对天线进行信号同步。

另一个综合孔径辐射测量的应用案例用于安全检查,以便在恶劣视觉环境下采用实时成像仪进行领航。由于飞机或直升机上的重量和体积限制,需要采用小型化的设计方案。如图 64.11(a)所示,该方案首先对场景进行了综合孔径采样,然后立即将毫米波信号上变频到光频;与 SMOS 卫星中采用的射频同步和傅里叶变换技术不同,这一案例中的图像重构是依靠透镜和光学相机完成的(Schuetz et al.,2007)。

系统工作在 75GHz,带宽为 10GHz。如图 64.11(b)所示,天线阵列采用了五臂平面螺旋的排列方式,共有 220 个天线单元和接收机。在视频速率为 25 帧/s 的条件下,系统可实现的温度分辨率约为 3K。天线口面为方形,边长为 0.6m;视场约为 20°,俯仰和方位方向的角分辨率为 0.4°。如图 64.11(a)所示,天线单元将接收毫米波能量,经过低噪声放大后直接上变频至光频,进而开展相应的图像重构工作。

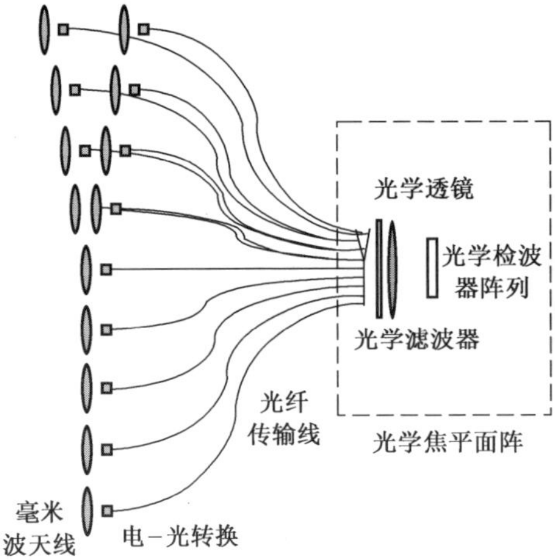

(a)

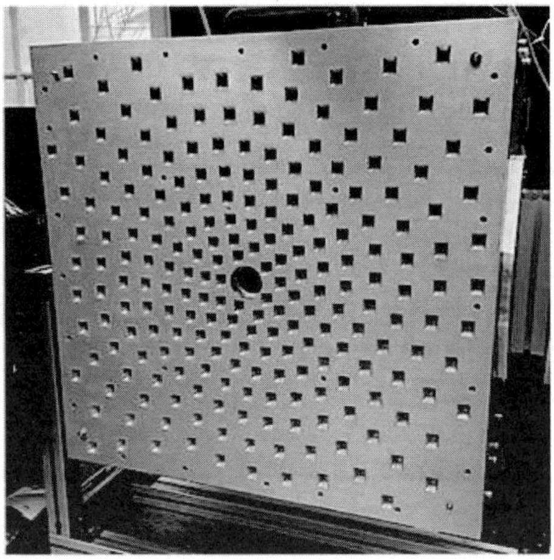

(b)

图 64.11 Y 形天线的应用(蒙美国 Phase Sensitive 公司许可)
(a)采用 Y 形天线阵列的综合孔径扫描原理(毫米波信号将被上变频至光频,以开展相应的图像重构);(b)采用平面螺旋排列方式的毫米波辐射计样机(参见“毫米波天线与阵列”一章)(天线单元为矩形喇叭,安装在铝板之上)。

在不采用机械转动部件的情况下以高帧率实现高分辨率二维综合孔径成像是微波辐射测量中的新方法。由于对阵列进行了有效的稀疏,可以利用合理数量的天线和接收机单元来实现大型的天线口径和很高的空间分辨率。但是目前的系统仍需要数百个接收机单元,未来甚至可能需要数千个单元。由于真实系统中存在的缺陷,无法采用简单的傅里叶变换应用于测量得到的空间频谱,因此图像重构工作仍然具有很大的挑战。此外,合成波束与阵列构型(如 Y 形、螺旋形等)及空间频谱对应采样模式满足奈奎斯特判据的情况密切相关。天线孔径的综合以及相应的采样原理会导致综合波束栅瓣的出现,系统的可用视场也会受到限制。由于接收机单元的传递函数之间存在微小的差异,无法采用机械扫描系统中的经典冷-热定标方法,因而综合孔径系统的定标也非常复杂。尽管对阵列进行了稀疏,与机械扫描系统相比仍然需要大量的天线单元和接收机,因此要实现这种系统仍然需要较高的成本。Martin Neira 等在 2014 年发表了一篇综述性论文,就对地观测和安全检测中综合孔径微波辐射技术 25 年来的发展进行了总结。

4）其他扫描原理

前述内容中已对目前得到广泛采用和未来最具应用前景的扫描原理及其天线类型进行了介绍。然而,仍存在一些迄今为止还未见实际应用的扫描原理。这些扫描原理包括相控阵技术、频率扫描技术、数字波束形成技术以及基于透镜的扫描技术。下面将逐一对这些技术进行简要介绍。

（1）相控阵扫描器。

相控阵技术起源于 20 世纪 50 年代兴起的雷达技术(参见“相控阵”一章)。该技术中采用小天线组成的阵列来替代大型天线口面,通过改变每个天线单元的幅度和相位,以电扫描的形式控制波束方向。图 64.12 所示为一维相控阵的工作原理。为了在某一天线指向上得到最大的输出功率,需要补偿每个天线单元与参考天线单元(如图 64.12 中最右侧单元)之间的附加路径。这种补偿依赖于引入额外的天线相移和时延,而幅度的控制可以实现波束的赋形。最后将依靠硬件对所有的相关信号进行叠加。

但迄今为止相控阵扫描方式还很少应用于微波辐射测量中(Srinvasan et al.,2010;Sönmez et al.,1992)。这有两个主要原因:首先,为了得到足够的温度分辨率并控制天线的指向,需要大量的移相器、低噪声放大器和天线单元,也就是说,波束指向控制和赋形需要大量密布的天线单元;其次为了满足天线系统的损耗尽可能低这一技术挑战,可能无法获取高性能的低噪声放大器,也可能这样大量的放大器的成本过高(参见“传输线”一章)。以增加单元间距或增大天线单元口径的方式去减少阵列单元,会造成栅瓣出现和视场减小。此外,目前大型天线还需要采用低色散传输线技术实现的实时延迟线。总地来说,目前采用相控阵技术实现辐射测量的成本太高。但可以预见的是,随着 MMIC 技术和片上系统(参见“片上天线”一章)的逐渐成熟,未来的器件将进一步得以小型化,从而使得在集成天线系统中采用数千个放大器-移相器电路的方案成为可能。

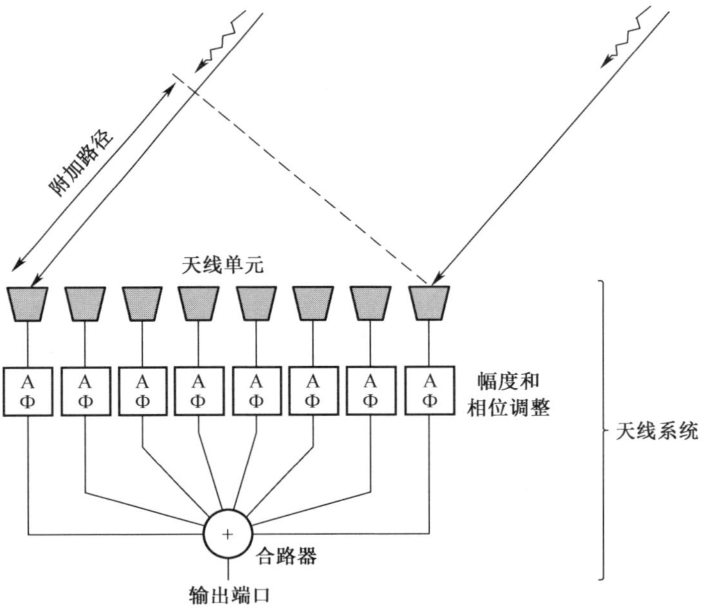

图 64.12 用于辐射计的相控阵扫描原理(为了接收某一方向的亮温辐射,天线单元在接收到信号之后将完成移相和幅度加权,并在输出端口进行相干叠加。图中所示的一维相控阵原理也适用于二维扫描)

需要进一步指出的是,相控阵除了能够依靠电扫实现波束快速扫描外,还能针对某一场景从时间维度上实现连续扫描。因此,相控阵也属于实孔径天线系统。但是在大视场范围进行高精度成像时,需要波束在每个场景位置上驻留时间短,这会降低温度分辨率。由于所有的天线单元构成了阵列的辐射性能,因此相控阵天线的定标技术和综合孔径技术一样存在挑战。而经典的冷-热方法也不适用。此外，密布的天线单元会导致在某些扫描方向出现阻抗失配；如果不能对其进行充分的计算和补偿，亮温测量会出现较大的误差。

(2) 频率扫描。

在一维天线阵列中，当单天线单元均采用了相同长度的互联传输线顺序馈电时，相邻单元的相移相等，并与频率或波长相关。因此，假如阵列中有 N 个天线单元，从阵列的开始到结束，得到 $1 \times \Delta\varphi \sim (N-1) \times \Delta\varphi$ 之间线性相移。由于 $\Delta\varphi \leqslant 2\pi\Delta L/\lambda$，阵列生成的波束相对于被控制在一定的离轴方向 $0 \leqslant \Theta \leqslant \pm\Theta_{\max}$，根据图 64.13，$\lambda$ 为波长，ΔL 为交叉互连传输线的长度。该波束控制原则上可以被理解成为一种相控阵扫描(参见"相控阵"一章)，在这一扫描中，频率变化不是在固定频率调整相位，而是产生一定的相位值(参见"波束扫描漏波天线"一章)。

这种类型的天线可以通过任意行波配置来实现，提供传输线段和天线单元的重复排列(参见"传输线"一章)。在微波辐射测量中，天线结构损耗最低是最重要的，因为它是接收链路的第一级器件，对总接收机噪声的贡献最大。一种合适的天线类型是波导缝隙天线(参见"波导缝隙阵列天线"一章和"锥形缝隙天线"一章)，特别是在高频段(如亚毫米波段)。波导本身是一种低损耗传输线，辐射槽可以相对简单地磨成宽或窄的金属壁。

使用频率扫描和相控阵组合技术的第一种辐射计成像方法由 Clark 等(2004)总结，该系统工作在 W 波段(75~93GHz)，使用并列平面缝隙波导天线，共有 232 个单独通道，用以实现如隐匿武器检测等实时安全应用。使用边长为 60cm 的矩形天线，可以实现大约为 0.4°的角分辨率，频率扫描方向大约为 20°的视场，其他方向大约为 30°的视场。

图 64.14 显示 Ka 波段另一种实现和扫描模式，及其同固定波束中使用的经典缝隙几何结构(Schreiber and Peichl，2013)的对比。扫描型天线将与孔径合成(参见"波导缝隙天线阵"一章)结合，在安防应用如车辆和飞行器视觉增强全电子扫描辐射计系统中使用。值得注意的是，扫描版本的缝隙位已经形成相当长的孔，以满足控制天线波束的大带宽需要。如图 64.14(b)所示，缝隙设计允许 9.5GHz 带宽下 26.5°的扫描角范围，扫描速度为 2.8°/GHz。图中使用的缝隙波导天线孔径长度为 0.5m，共包含 122 个等距缝隙。由于工作频率范围大，最低和最高频率间相应的半功率波束宽度为 1.26°~0.84°。注意，对于中频段频率，

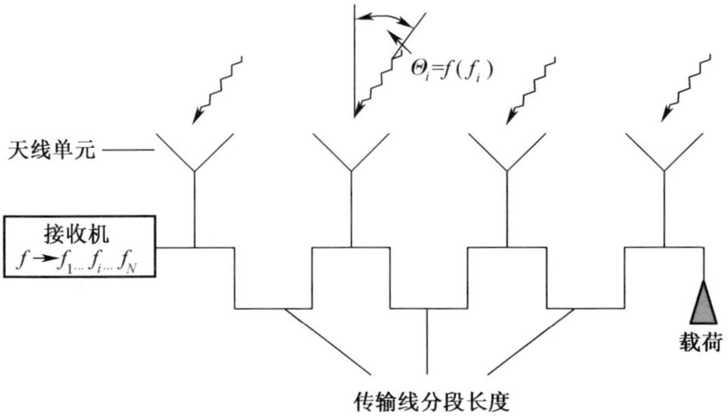

图 64.13　通过改变运行频率实现天线波束控制的原理图
(传输线段长度固定且相同,因此通过改变频率 f_i 改变阵列
方向线性相位量,以控制波束朝着对应的方向 $\boldsymbol{\Theta}_i$)

扫描角的范围不是以 0°孔径方向为中心,而是大约在-17°处。这个偏移是为了满足在天线效率,即最小损耗,和输入阻抗足够匹配(参见“阻抗匹配和巴伦”一章),即低反射(Scheiber,2014)中所需的优化而引起。获得的波束效率在频段边缘处至少为 20%,在频段中心处至少为 90%。注意,对于该天线的辐射测量操作,应该只使用大约 100MHz 瞬时带宽,以减少由于在带宽内意外的波控而造成的波束模糊。

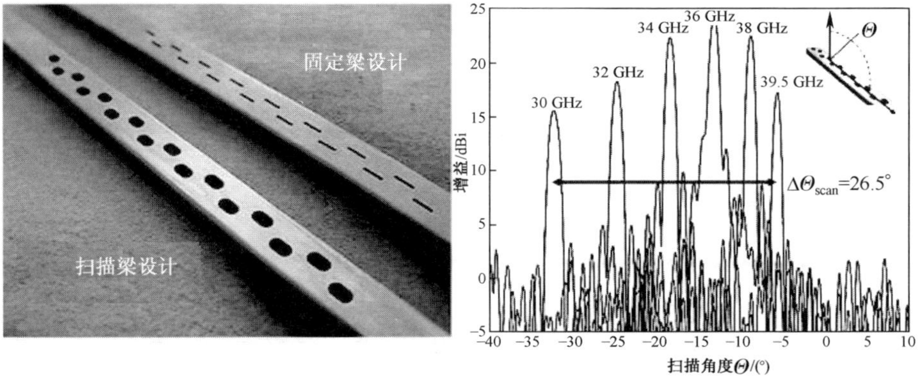

(a)　　(b)

图 64.14　Ka 波段另一种实现和扫描方式

(a)用于固定或者扫描波束设计的 Ka 波段缝隙波导天线照片;(b)将不同频率下测得的扫描波束版本的增益曲线叠加在一张图上,以显示与扫描角度变化的依赖关系(波导是标准 WR28 矩形波导)。

对于一些辐射扫描应用,频偏波控是一种有吸引力的方法,因为它可以仅通过电子学而非多接收机设计造成的额外花费来实现。然而,它只能在一维情况下实现,因此二维成像中的第二个扫描方向需要通过其他合适的方法实现。此外,一些不好的影响如带内或者扫描区域边缘的角分辨率变化和损耗增加必须接受,对于该类天线需要仔细设计。此外,只能对特定扫描区域进行窄带操作,如果不对设定参数进行补偿,就会造成温度分辨率降低。需要进一步注意,因为波束指向依赖于频率,对于需要在特定频带进行观测的应用不能使用这种扫描原理。

(3) 数字波束形成。

数字波束形成(DBF)是一种成像或扫描技术,该技术通常可以定义为通过特殊的天线布局和对采样信号的数学处理,对图像中的每个位置的信号都进行足够的采样,从而生成综合的聚焦天线波束的过程(参见“多波束天线阵”一章)。因此,天线系统的天线波束现实中并不是瞬时存在的,而是存在于数据处理和最终的图像中,综合孔径就已经是这种情况。然而,在这种情况下,DBF 的工作原理如图 64.15 所示。

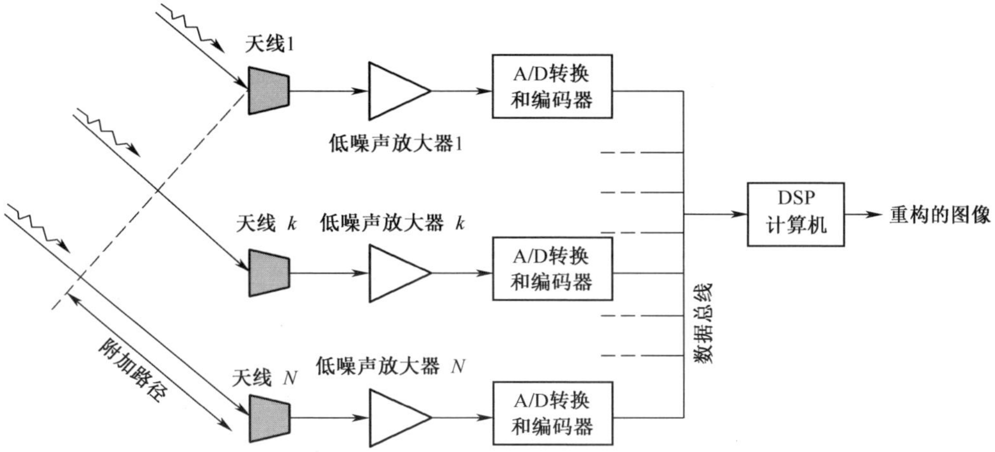

图 64.15　采用一维数字波束形成技术的辐射成像原理(每个天线单元接收亮温后,对信号进行预处理以实现 A/D 转换和存储。对所有的通道进行相干采样,并对所有通道进行信号处理以生成最终的图像。图中所示为某一方向的辐射,但系统可以同时接收来自所有方向的辐射(A/D—模拟/数字;DSP—数字信号处理器)

适当空间分布的天线/接收机阵列中,每个通道都被相干的同时采样并数字化,存储于计算机或数字信号处理器的存储器中。因此,在该点并没有发生聚焦。然后对数字的数据一同进行相位处理,这样对于每个方向,单天线单元间的额外路径长度得到补偿,从而实现一定方向的聚焦。由于在每个方向使用相同的数据集可以完成补偿,根据每个所需方向接收到的辐射功率进行加权,并行生成多合成天线波束,从而共同重建最终的图像。适当的相位操作和单通道的幅度加权在很大程度上实现合成天线波束成形,甚至在不完美真实系统中单独执行纠错。

DBF是一种比较新的扫描或成像技术,因为必须大量提供所需的采样器件,根据辐射计系统的期望带宽进行非常高速率的采样,这在过去是不可能或过于昂贵的。通常,阵列必须密集地填充以避免或最小化栅瓣,这意味着对于高空间分辨率和大视场需要大量的单通道,视场是由单通道天线方向图确定的。然而,如彩图64.16所示,Bosch-Lluis(2011)首次尝试了辐射测量应用。

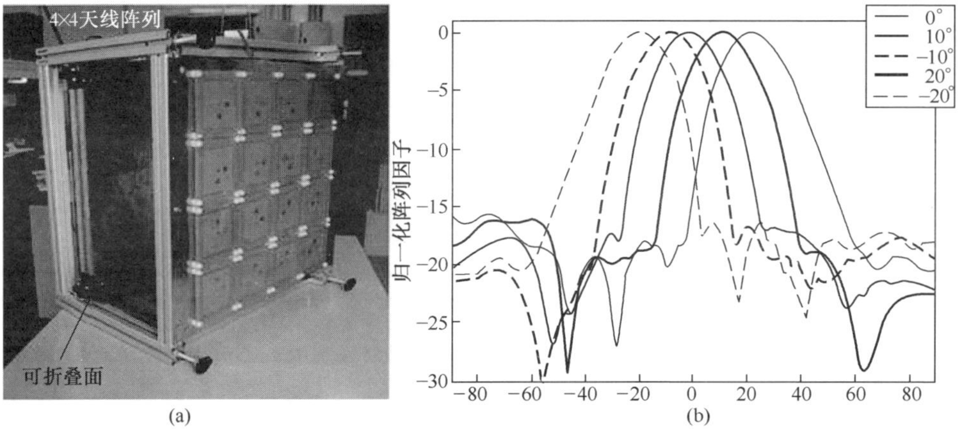

图64.16 辐射测量应用(彩图见书末)

(a)工作在L频段的PAU-RAD辐射计系统照片;(b)测得的合成天线波束。

(通过DBF技术,在一个扫描方向生成多天线波束。单天线单元通过微带贴片实现(参见“微带贴片天线”一章))

被动式先进单元辐射计(PAU-RAD)系统是一个演示装置,用于从一个高架平台进行地基海洋海平面盐度监测。它由双极化微波辐射计和全球定位系统(GPS)反射计组成,因此,为了从使用相同的前端受益,中心频率选择在1575GHz,带宽为2.2MHz。DBF只适用于单阵列方向,模拟固定波束生成适用于其他阵列方向。因此,16个单天线单元组成4个通道,每种极化条件下,每个通道在 5.745MHz 采样频率下量化为 8bit。正方形阵列横向长度大约为 2.6 个波长或 0.5m(图 64.16(a)绿色区域),结果半波束宽度大约为 24°。

对于未来使用全电子扫描的高性能辐射计系统,DBF 被认为是最灵活和强大的成像技术。因此,不通过任何机械扫描单元,大孔径和对应高空间分辨率是可实现的。注意到,当阵列中所有天线对的复相关通过数字信号处理完成时,甚至使用稀疏矩阵的综合孔径成像能通过 DBF 实现。然而,由于每个通道的采样率通常较高,数据获取量是相当大的。例如,考虑一个 1000 个单元的阵列,工作在 1GHz 带宽,积分时间为 10ms,采样量化为 8bit,对于严格的全奈奎斯特,对应的数据量至少为 20GB,最终的图像需要处理这么大量的数据。对于当前的内存和计算机技术水平,这项任务仍然是一个不小的挑战,尤其对于实时性运行有要求的系统。

(4) 基于透镜的扫描。

几个世纪以来,光学系统中广泛采用了透镜以将光聚焦到人体视网膜或感光胶片等被动探测器中。为了瞬间生成图像,这些探测器起到了焦平面阵(FPA)的作用(参见“介质透镜天线”一章)。从实用角度出发,这一原理也可以应用于微波频段。然而过去在微波辐射测量中很少采用具有凸面形状的厚介质体一类的经典光学透镜设计方案。这主要是由于系统的体积和重量大、反射损耗和介质损耗高、光学系统中存在常见的成像误差(如像差、慧差、像散等)等原因导致的,需要采用高昂的代价进行补偿或缩减。此外,在空间分辨率给定的情况下,在大视场范围内利用纯 FPA 系统进行二维成像需要大量的接收机/探测器,而这在实现上颇具挑战。尽管如此,近 10 多年来研究者逐渐开始尝试在毫米波频段开发基于透镜的被动式 FPA 系统(Richter et al.,2006;Kim et al.,2011)(参见“毫米波天线与阵列”一章)。

龙伯透镜是一种特别的介质透镜。如图 64.17 所示,龙伯透镜是由球形介质材料构成;其折射率 n 具有对称性,在球体中心位置为 $2^{1/2}$,在球体边缘为 1。

根据射线理论,这一折射系数的变化能够将任意方向的平行来波聚焦到另一表面的某一点上,并在这一点上放置一个天线单元。当然,由于球面的口径尺寸有限,天线的远场方向图是发散的且其半功率波束宽度和副瓣等特性与常规

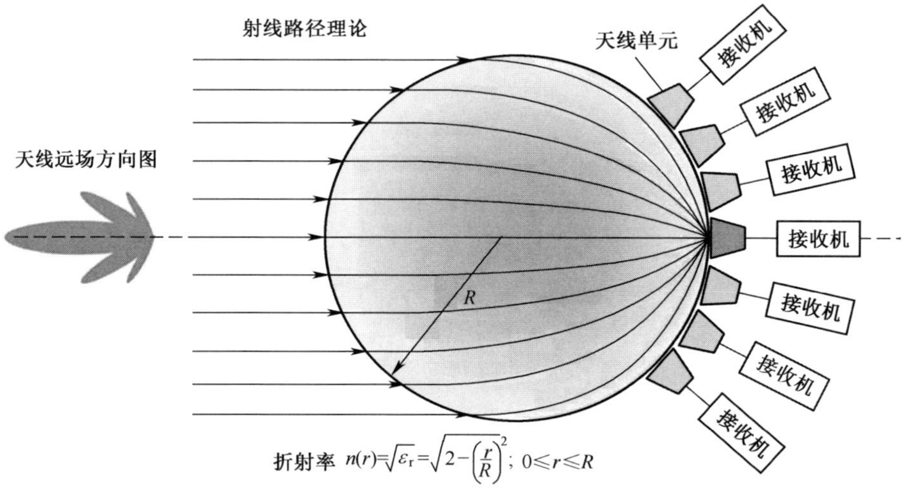

图 64.17　龙伯透镜辐射计系统的成像原理

(天线阵列位于球形透镜的表面,每个天线单元均位于一束平行电磁波的焦点上。图中仅展示了中心天线单元的光束。透镜的折射率将随着半径 r 改变。ε_r 为球形材料介电常数的实部)

的天线波束形状一致。然而这种透镜也具有其优势。由于透镜表面的介电常数为 1,天线单元的阻抗匹配问题将得以简化(参见"阻抗匹配与巴伦"一章)。透镜介电常数的数值将从中心的 2 逐渐减小到表面的 1,这意味着可以采用轻量材料加工透镜,从而在大口径情况下也能控制其重量。理想的龙伯透镜实现难度非常大;通常情况下,透镜由数层球形泡沫材料组成,每层材料的介电常数相同;可以通过控制泡沫材料的密度来调整每层的介电常数(Bor et al.,2014)。需要指出,相邻天线单元之间的互耦效应会导致阻抗失配和方向图畸变(参见"多单元天线中单元间的互耦抑制"一章),而天线单元和透镜间应保持适当距离。龙伯透镜系统可采用喇叭天线、开口波导等天线形式。透镜的介质损耗会影响辐射计系统的温度分辨率,而这一问题在大口径透镜中尤为显著。但在集成天线/接收机电路数量充足的情况下,可以以一种本书建议的扫描方案,在不需要机械转动的情况下实现二维成像辐射计。尽管成像原理已经较为成熟,在实践中基于龙伯透镜的辐射成像系统尚不多见(Shannikov et al.,2005)。

辐射计成像系统中另一种令人关注的透镜形式为 Rotman 透镜(参见"多波束天线阵列"一章)。如图 64.18 所示,这种透镜是由阵列单元端口、波束端口和透镜区域组成的多端口装置。由于这种透镜通常由端口区域和平行平板区域组成，可以采用波导结构或微带技术来实现。前者可以实现与外部电路部件的阻抗匹配（参见“阻抗匹配与巴伦”一章）和物理连接，而后者可以提供所有波束方向需要的相移。透镜的形状源于每个天线波束同时需要的相移或延迟关系（Tudosie,2009）。天线单元可以采用喇叭天线、贴片天线（参见“微带贴片天线”一章）、偶极子天线等形式，只要这些单元能够满足应用需求即可。

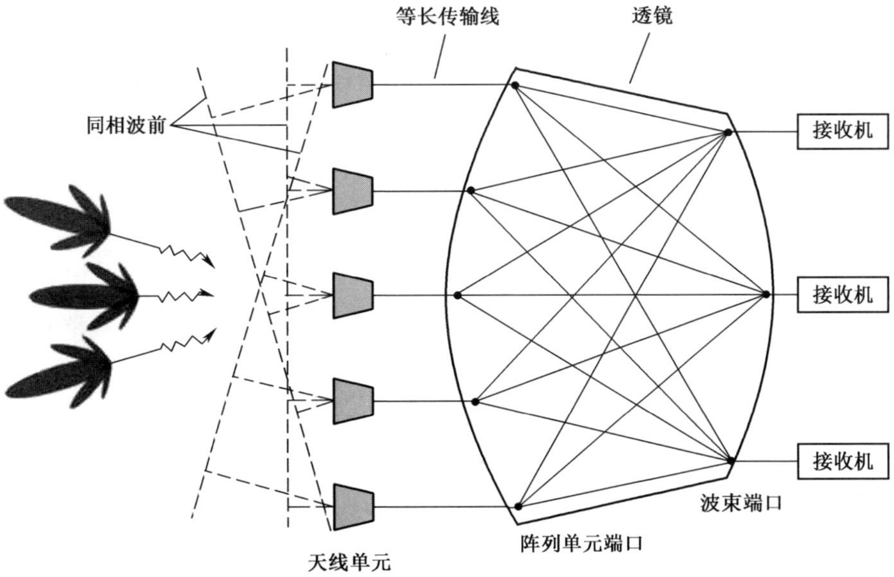

图 64.18　Rotman 透镜辐射计系统的成像原理（该系统具有 5 个单元端口和 3 个波束端口。某一方向的辐射将会导致天线阵列中从第一个到最后一个单元具有逐渐增加的线性相移。通过透镜可以补偿这些相移，从而确保在某个波束端口上所有的分量为同相。透镜需要能够在所有波束端口都满足这一条件，从而对于 n 个方向同时产生 n 个聚焦的波束）

天线元件应尽可能靠近，以避免单天线图产生栅瓣。根据所需的视场和角度分辨率来选取天线单元的数量 m。而波束端口的数量 n 则需要根据所需波束方向的数量以及奈奎斯特准则决定的视场采样来确定。很显然，具有大量端口的透镜难以实现，而理论原理则有其局限性。因此，为了降低辐射计系统的温度分辨率，除了对波束形状进行限制外，还需要结合频率和系统实现方式对透镜的损耗和传输线结构提出要求。可以并行地产生多个波束，从而快速完成视场范围内的扫描。此外,可以将多个 Rotman 透镜进行堆叠和连接以实现二维扫描。

但是以往基于 Rotman 透镜扫描实现的辐射计系统非常有限(Hall et al.,2001)。这一现象的主要原因可能在于波束数量较多的情况下系统组成复杂且尺寸大,且在高频工作时透镜结构的损耗较高。总地来说,尽管透镜天线已经在几个世纪以来广泛应用于聚光和相关的成像系统,其在辐射计系统中还很少得到应用。这一问题的主要原因是在低频采用这项技术时会导致系统的体积和重量较大。此外,在合适的波束形状和低损耗辐射接收的条件下开展系统的设计和制造也颇具挑战性。最后同样重要的是,如果要实现焦平面阵扫描,特别是二维扫描,需要大量的接收机单元。如前所述,这在目前成本依然非常高昂。

本节讨论了微波辐射计成像系统中可以采用和已经实现的天线概念。下面内容将介绍辐射计天线系统中的基本参量。这些参量在系统的设计和验证过程中具有非常重要的意义。

2. 辐射计天线的基本参量

前述章节介绍了一维或二维辐射成像系统的多种应用、实现的系统及扫描方法,而天线系统在总体系统性能中发挥着至关重要的作用。天线系统的作用包括天线方向图的影响以及天线系统引入的信号损失。天线方向图决定了图像的空间质量,即图像的空间分辨率和密度转换形状。信号的损失则包括两类:一类是由天线结构和材料的衰减损耗(参见“传输线”一章),这种损耗要么是欧姆损耗,要么是介质损耗;另一类是由天线自身、辐射计接收机、传输线之间的阻抗失配引起的损耗。这些损耗会影响被称为温度分辨率或成像过程灵敏度的噪声水平,或者说会影响在最终图像中区分微小亮温差异的能力。

如前所述,成像过程大致可以分为实波束扫描和综合波束扫描两类。可以通过机械扫描系统、焦平面阵(包括基于反射面和基于透镜的系统)、相控阵和频率扫描等实孔径系统来实现实波束,采用孔径综合或数字波束形成技术来产生综合波束。下面主要介绍实孔径天线,并将简要介绍孔径综合技术的特性。

1) 天线方向图的影响

式(64.5a)给出了球坐标系下亮温度分布与天线方向图之间的基本关系,即

$$T_A(\Theta',\Phi') = \frac{1}{\Omega_A}\int_{\text{天线方向图}} T_B(\Theta,\Phi)F_{Pn}(\Theta-\Theta',\Phi-\Phi')\sin(\Theta-\Theta')\mathrm{d}\Theta\mathrm{d}\Phi$$

由于天线功率图 F_{Pn} 和初始亮温度分布的卷积特性，显而易见，天线图对 T_B 有平滑作用，从而引起镜像结果天线温度 T_A 模糊，平滑和模糊的程度取决于天线图的宽度和形状。天线图的宽度可以通过在 $\Phi=0°$ 和 $\Phi=90°$ 两个正交方向上的半功率波束宽度 $\Delta\Theta$ 表示，或通过最大方向因子 $D_{\max}$ 表示。此外，波束宽度 $\Delta\Theta$ 是图像中可实现的空间分辨率，定义为分辨两个相邻点源能力的度量。由于最大方向性因子与天线波束角的关系为

$$D_{\max}=\frac{4\pi(\mathrm{sr})}{\Omega_A(\mathrm{sr})}\approx\frac{41253(\deg^2)}{\Delta\Theta_{\Phi=0}\Delta\Theta_{\Phi=90}(\deg^2)} \tag{64.6}$$

方向性因子也可以理解为在 4π 立体角内被分辨的点源数量 $N=D_{\max}$。在一维条件下，即为在 360°角度范围内，可以被分辨的波束宽度为 $\Delta\Theta$ 的点源数量。然而，应该注意的是，方向性因子并不直接给出任何有关天线方向图形状及其旁瓣分布的叙述。

天线方向图的形状，特别是旁瓣的贡献，可以用波束效率 η_A 表示，它定义为主瓣传输功率与总传输功率之比，即

$$\eta_A=\frac{\Omega_{ML}}{\Omega_A} \tag{64.6a}$$

$$\Omega_{ML}=\int_0^{2\pi}\int_0^{\Theta_0}F_{Pn}(\Theta,\Phi)\sin\Theta\mathrm{d}\Theta\,\mathrm{d}\Phi \tag{64.6b}$$

必须选择合适的角度 Θ_0，如天线图第一个零点或第一个最小值点。当旁瓣非常低时，波束效率接近于 1；而在高旁瓣时，波束效率远小于 1。然而，必须注意波束效率不能直接确定天线方向图的空间分辨率特性。

辐射计系统的空间成像质量必须同时使用方向性因子和波束效率来表征，在某些规范场景下，对响应的分析特别有用。因此，成像关系（式(64.4)）可以直接用来评估一些基本的亮温度分布情况。

（1）恒亮温度情况。

$$T_B(\Theta,\Phi)=T_0 \tag{64.7a}$$

$$T_A(\Theta',\Phi')=\frac{T_0}{\Omega_A}\int_{\text{天线方向图}}F_{\mathrm{Pn}}(\Theta-\Theta',\Phi-\Phi')\sin(\Theta-\Theta')\mathrm{d}\Theta\mathrm{d}\Phi=T_0 \tag{64.7b}$$

当亮温度在成像过程实际视野周围一个大的区域范围内恒定为 T_0 时，天线

温度的测量值是相同的。因此,天线方向图对于图像质量毫无影响,但图像本身自然也没有包含多少信息。然而,当 T_0 的值已知且精度非常高时,这种情况就适合于校准目的。

(2) 嵌入在其他恒定背景中非常窄宽度的亮温度源。

当源覆盖的立体角 $\delta\Omega_S$ 相对于天线图等效立体角 Ω_A 很小时,天线方向图可以在 $\delta\Omega_S$ 内被假定为常数,测得的天线温度可以表示为

$$T_A(\Theta',\Phi') = T_0 + (T_1 - T_0)\frac{\delta\Omega_S}{\Omega_A}F_{\mathrm{Pn}}(\Theta_S - \Theta',\Phi_S - \Phi') \tag{64.8a}$$

$$\frac{\delta\Omega_S}{\Omega_A} \ll 1 \tag{64.8b}$$

同样,这里 T_0 为恒定背景的亮温度, T_1 为点源的亮温度, Θ_S 和 Φ_S 表示源角度。显然,在这种情况下由于立体角比值较小,得到源的天线温度仅与背景有小的偏差。然而,可以注意到点源的角分布以足够的精度显示出天线功率图的形状,这正好可以用于射电天文中对大口径天线功率图的测量(参见“射电望远镜系统的天线”一章),因为它们的尺寸和远场条件都具有挑战性,故不能使用传统的天线测量方法,接下来将举例说明这种情况。

在L波段 (λ = 20cm),太阳表面的亮温度高达100000K(Reul et al., 2007),从地球上观测到的太阳角直径大约为0.5°。使用 W = 5m 口径的碟形天线,半功率波束宽度大约为 $\Delta\Theta \approx 70°\lambda/W = 2.8°$,立体角比约为 $\delta\Omega_S/\Omega_A \approx 0.5^2/2.8^2 = 0.032$,大致满足点源假设时的小尺寸要求。因此,观测到的最大亮温度为3200K,这将满足在约30dB动态范围波束测量过程中3K宇宙微波背景的需求。

式(64.7b)可以通过增加在不同位置亮温度为 T_2 的第二个点源来扩展,即:

$$\begin{aligned}T_A(\Theta',\Phi') = T_0 &+ (T_1 - T_0)\frac{\delta\Omega_{S1}}{\Omega_A}F_{Pn}(\Theta_{S1} - \Theta',\Phi_{S1} - \Phi') \\ &+ (T_2 - T_0)\frac{\delta\Omega_{S2}}{\Omega_A}F_{Pn}(\Theta_{S2} - \Theta',\Phi_{S2} - \Phi')\end{aligned} \tag{64.9}$$

编号1、2表示每个源各自数量,如果两个点源是相同的而只是位置不同,则观测到的天线温度由下式给出,即

$$T_A(\Theta',\Phi') = T_0 + T_\Delta(F_{Pn}(\Theta_{S1} - \Theta',\Phi_{S1} - \Phi') + F_{Pn}(\Theta_{S2} - \Theta',\Phi_{S2} - \Phi')) \tag{64.10a}$$

$$T_{\Delta}=(T_S-T_0)\frac{\delta\Omega_S}{\Omega_A} \tag{64.10b}$$

式中：T_{Δ} 为点源相对于恒定背景的亮温度的最大变化。这样，式(64.10a)就可以图形化分析半功率波束宽度和天线方向图对两个点源目标分离能力的影响，如空间分辨率以及相对于背景的对比度。对于这种目的，一维分析是适用的，并且这个结论对于二维情况同样具有代表性，即

$$T_A(\Theta')=T_0+T_{\Delta}(F_{Pn}(\Theta_{S1}-\Theta')+F_{Pn}(\Theta_{S2}-\Theta')) \tag{64.11}$$

根据半功率波束宽度和旁瓣电平特征，天线功率图可以有完全不同的形状，这取决于特定的天线类型及其在孔径平面的源场分布情况。对于实际情况，在分析过程中天线孔径尺寸应保持恒定，因为出于传感器尺寸和成本限制考虑，大多数应用规定了有限的尺寸，如口径或长度及宽度。在这种情况下，影响天线方向图的唯一参数是孔径的场分布。图64.19总结了分析过程中如何使用场分布和对应功率图的情况，这些图在半功率波束宽度旁瓣电平方面显示出很强的变化。注意，可以通过选择阵列天线的振幅锥度或碟形天线系统的馈源图在很大范围内调节孔径分布，有关孔径场辐射特性的总结可以在Olver等(1994)和Johnson等(1993)的文章中找到。例如，宽度为 W 均匀分布的孔径场归一化功率方向图由下式给出：

$$\begin{cases} F_{Pn}(\Theta')=\left(\dfrac{\sin q}{q}\right)^2 \\ q=\dfrac{\pi W}{\lambda}\sin\Theta \end{cases} \tag{64.12}$$

这种天线方向图对不同分离宽度两个相同点源成像的影响，如图64.20至图64.22所示。图64.20所示的成像结果表明两个源只能由均匀孔径场产生的天线方向图区分开，然而，该特征显示源附近亮温度曲线的最大振铃，这可能引起对真实值的误解。其他所有情况下，从曲线中只能确定一个源，但始终会观察到较低振铃的影响。因此，当以场景内任何对象的最大探测能力为目标时，均匀孔径法是有效的。如 $\cos(x)^2$ 情况下，强锥形孔径场产生了真实曲线的最大平滑度，但实际上从源到背景的过渡区域几乎没有亮温度数据的损坏。该性质对

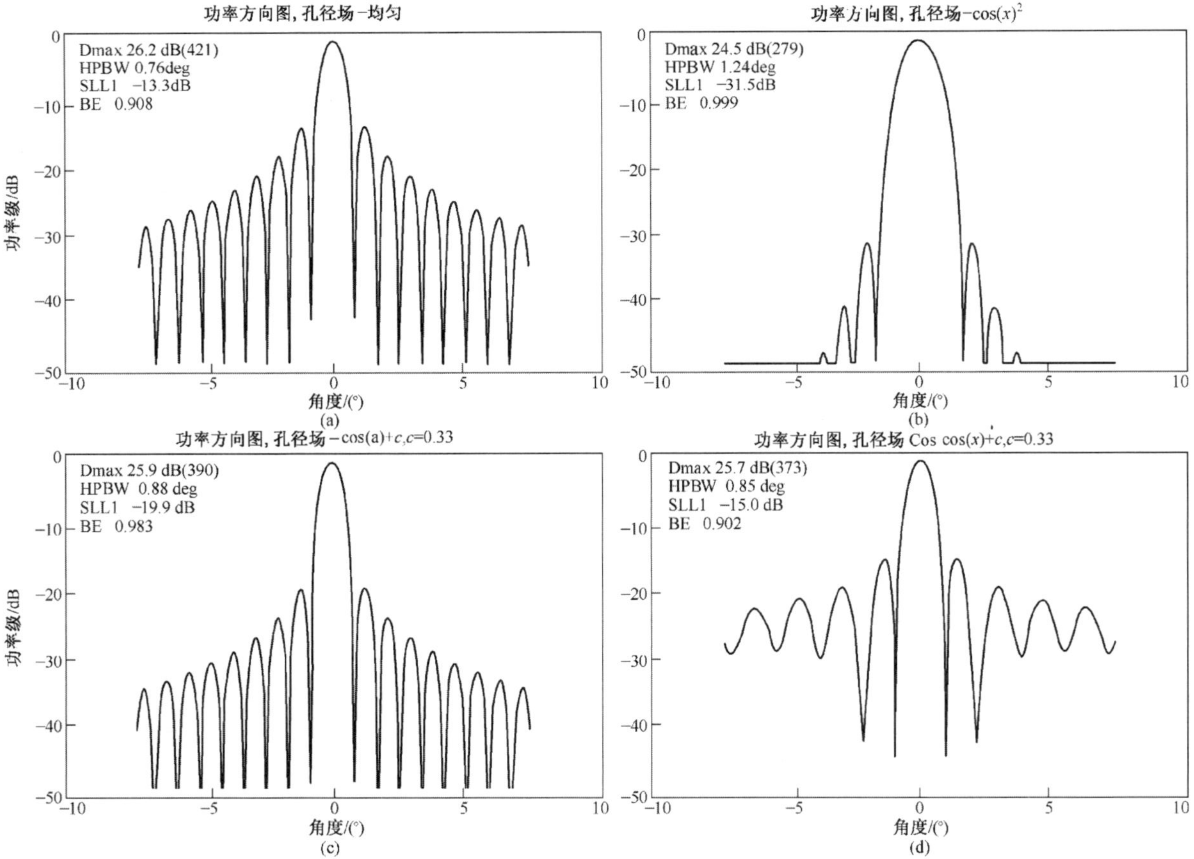

图 64.19 由特定孔径场产生的各种不同归一化天线方向图具有最大值 1（在孔径边缘 $x=\pm W/2$ 处，$\cos x$ 函数为零，未标出方向图小于 50dB 的值。每个图绘出最大方向性因子的值 D_{max}，半功率波束宽度 HPBW，第一旁瓣电平(SLL1)和波束效率(BE)的值，针对孔径尺寸 $W=2$m 和频率为 10GHz 时计算了方向图）

(a)均匀；(b) $\cos(x)^2$；(c) $\cos x+c$；(d) $\cos x+c$ 具有5%的中心阻塞(卡塞格林式)。

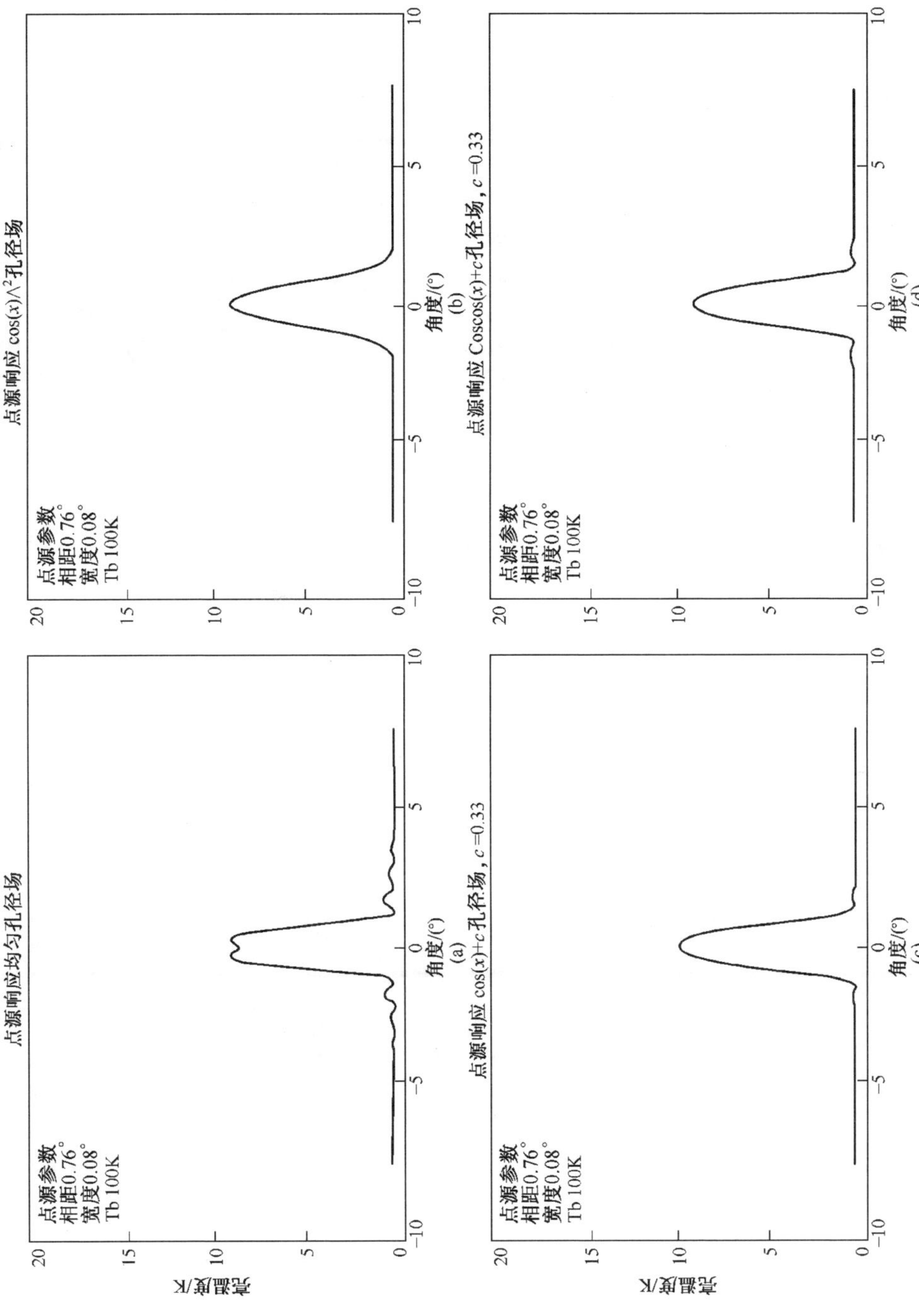

图 64.20　两个相距 0.76°的相同点源成像结果
（原始点源的亮温度值和宽度分别为 100K 和 0.08°，扫描天线方向图如图 64.19 所示，仿真过程中没有考虑额外的噪声）

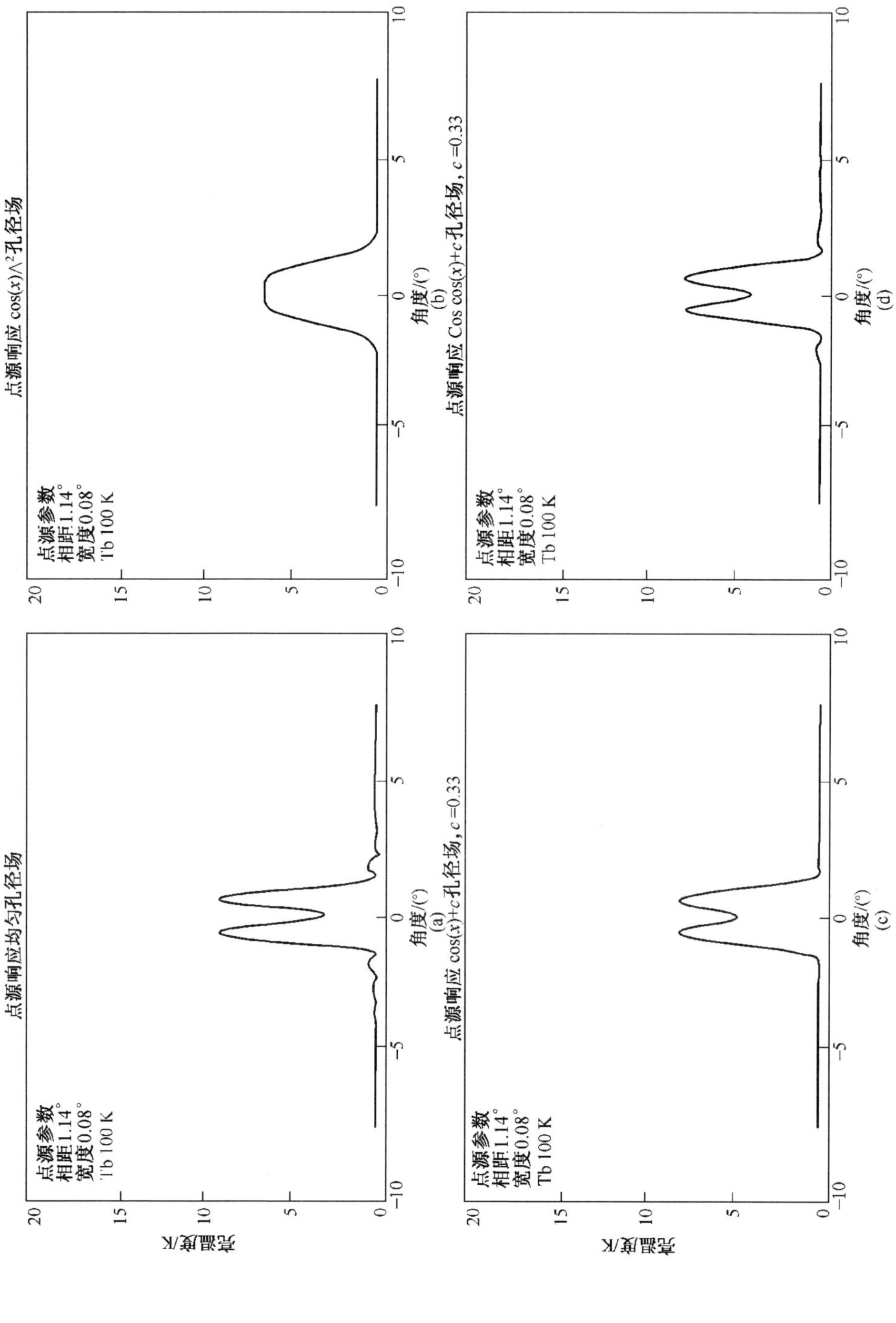

图 64.21 两个相距 1.14°的相同点源成像结果(原始点源的亮温度值和宽度分别为 100K 和 0.08°,扫描天线方向图如图 64.19 所示,仿真过程中没有考虑额外的噪声)

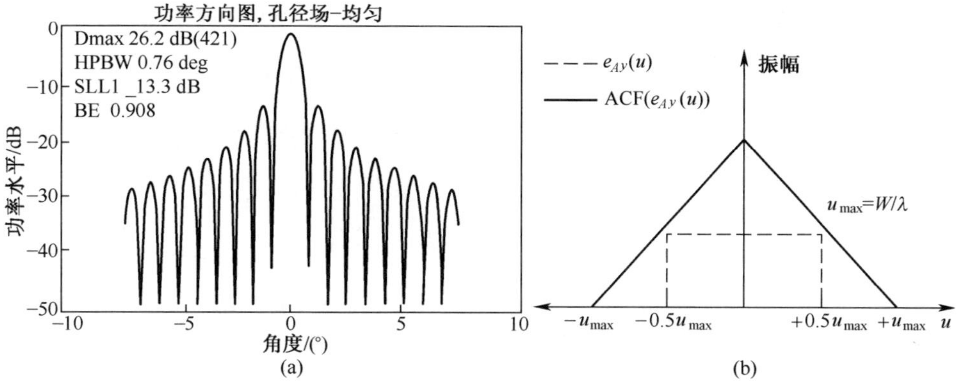

图 64.22　场分布及功率图对应情况（注意，这里根据式（64.16a），图 1 左侧的角度等于 $\sin\Theta$ 是有效的）

（a）根据图 64.19 和式（64.12）的一维天线功率图（均匀孔径场分布 $e_{Ay}(u)$，$W = 2m$，$\lambda = 3cm$）；（b）空间频率域中对应的功率谱是 $e_{Ay}(u)$ 的自相关函数（ACF）。

于高绝对精度要求的观测曲线是有意义的。注意在这种情况下，分离恰好是对应于均匀孔径场的图 64.19（a）的半功率波束宽度。

在图 64.21 中，源被均匀条件下 1.5 倍半功率波束宽度所隔开，这样除了 $\cos(x)^2$ 孔径场方向图外，其他情况下两个源都可以区分开。同样，分离对于图 6.21（a）情况是最好的，其中重建的源电平再次显示出最高振幅，但在过渡区周围的振铃是最差的。根据之前的分析，如果需要最佳探测性能或者最佳绝对精度性能，在可行性限制范围内，天线方向图的选择需要受特定的应用驱动。应该注意的是，以上结果尽管是通过具体的例子展示，但在一般情况下都是有效的。

2）空间采样要求

对于辐射成像的大多数情况，孔径天线用于聚焦天线波束。根据 Olver 等（1994）的结论，位于笛卡儿坐标系 $x-y$ 平面并指向 y 方向的孔径场 E_{Ay} 远场的共极场辐射图 E_{cp}，可以被以下等式以足够的精度表示，即

$$E_{cp}(\Theta',\Phi') = A_0(1+\cos\Theta)F_y(\Theta,\Phi) \tag{64.13a}$$

$$A_0 = \frac{jk\exp(-jkr)}{4\pi} \tag{64.13b}$$

$$k = \frac{2\pi}{\lambda} \tag{64.13c}$$

$$F_P(\Theta,\Phi)=\iint_{孔径} e_{Ay}(x,y)\exp(\mathrm{j}k(x\sin\Theta\cos\Phi+y\sin\Theta\sin\Phi))\mathrm{d}x\mathrm{d}y \tag{64.13d}$$

式中:A_0 为远场相位变化和幅度随距离 r 的衰减;λ 为波长。如果孔径很大并且因此波束方向性强,$\cos\Theta\approx 1$ 这个近似关系在波束区域是有效的。因此,归一化远场和功率图 F_{Fn} 和 F_{Pn} 可以被简单地表示为

$$F_{Fn}(\Theta,\Phi)=\frac{F_y(\Theta,\Phi)}{\mathrm{Max}\{F_y(\Theta,\Phi)\}}=c_F F_y(\Theta,\Phi) \tag{64.14a}$$

$$F_{Pn}(\Theta,\Phi)=F_{Fn}(\Theta,\Phi)F_{Fn}*(\Theta,\Phi)=|F_{Fn}(\Theta,\Phi)|^2 \tag{64.14b}$$

式中:c_F 为归一化常数。式(64.14a)和式(64.14b)理论上可以描述大多数忽略交叉极化贡献的孔径天线的典型天线方向图。接下来,应用一些有用的转换,即

$$u=\frac{x}{\lambda} \tag{64.15a}$$

$$v=\frac{y}{\lambda} \tag{64.15b}$$

$$l=\sin\Theta\cos\Phi \tag{64.16a}$$

$$m=\sin\Theta\sin\Phi \tag{64.16b}$$

$$\cos\Theta=\sqrt{1-l^2-m^2} \tag{64.16c}$$

$$l^2+m^2\leqslant 1 \tag{64.16d}$$

因此,式(64.13d)可以表示为

$$F_y(l,m)=\iint_{孔径} e_{Ay}(u,v)\exp(\mathrm{j}2\pi(ul+vm))\mathrm{d}u\mathrm{d}v \tag{64.17}$$

现在,众所周知的事实很明显,天线远场方向图和孔径场是一对二维傅里叶变换关系。由于方向余弦 l 和 m 表示远场方向图的空间坐标,因此坐标 u 和 v 可以被解释为孔径场分布的空间频率分量,该解释与信号处理中传统时域—频域关系是一致的。需要进一步注意,用于估计辐射图的孔径场方法对于孔径尤其是辐射计天线是有价值的工具,因此在大多数情况下,所需的孔径场是已知的并且具有足够精度。由式(64.14b)和式(64.17)可知,孔径场的自相关函数与天线功率图的傅里叶变换相关(Kraus and Marhefka,2001),即:

$$F_{Pn}(l,m)=\mathrm{FT}\{\mathrm{ACF}(e_{Ay}(u,v))\} \tag{64.18}$$

式中，FT 表示傅里叶变换算子；ACF 表示自相关算子。如图 64.19(a)所示，对于式(64.12)的一维天线方向图，空间频率域的傅里叶变换如图 64.22 所示。

现在，在式(64.16)给出的新坐标系下，式(64.5a)可以表示为

$$T_A(l',m') = \frac{1}{\Omega_A}\int_{\text{天线方向图}} T_B(l,m)F_{Pn}(l-l',m-m')\frac{\mathrm{d}l\mathrm{d}m}{\sqrt{1-(l-l')^2-(m-m')^2}} \tag{64.19}$$

对于窄天线方向图 ($l-l',m-m' \ll 1$，对于较大的值，天线方向图接近于 0)，分母中的平方根接近于 1。如果该式再次解释为空间域中的互相关积分，它可以在空间频率域被表示为单个傅里叶变换的乘积，即：

$$T_A(l,m) = \frac{1}{\Omega_A}\mathrm{FT}\{t_B(u,v)f_{Pn}^*(u,v)\} \tag{64.20}$$

理论上，亮温度分布 $t_B(u,v)$ 的频谱是有限的，因为在本质上，从一个到另一个亮温度水平过渡的斜率几乎是无限的(如位于热背景的一块金属板反射冷天空的辐射)。然而，空间域中天线方向图已知的平滑特性是由其空间频率谱 $f_{Pn}(u,v)$ 在有限范围内产生的，如图 64.22(b)三角函数的一维示例所示。

显而易见，亮温度分布的成像需要在空间域以有限速率进行离散采样，要么由于有限的图像采集时间，要么由于像焦平面阵一样的多波束成像系统给定的采样模式(参见“多波束天线阵”一章)。因此，假设在一维情况下，在空间域以 Δl 为间隔的对天线进行采样，将产生无限重复的以 $\Delta u_R = l/\Delta l$ 为间隔的对应空间频谱。因此，为了避免在相邻的频谱产生重叠，如产生混叠影响成像质量，空间域的采样率必须遵循以下采样定理，即

$$\Delta u_R \geqslant 2u_{\max} \Rightarrow \Delta l \leqslant \frac{2}{2u_{\max}} = \frac{\lambda}{2W} \tag{64.21}$$

此外，由于 $l=\sin\Theta$，可以得到 $\mathrm{d}\Theta = \mathrm{d}l/\cos\Theta$。因此，$\Theta = 0$ 时给出 $\mathrm{d}\Theta$ 的最小值，得到以弧度为单位的角采样规则，即

$$\Delta\Theta \leqslant \frac{\lambda}{2W} \tag{64.22}$$

当然，同样的规则适用于矩形采样网格的第二图像维度。现在，考虑图 64.22(a)中天线功率图的空间分辨率，以及以弧度为单位由半功率波束宽度定

义的式(64.12),即

$$\Delta\Theta_{HPBW} = 0.886\frac{\lambda}{W} \tag{64.23}$$

最终,角采样率必须远小于空间分辨率的间隔。

$$\Delta\Theta_S \leqslant 0.564\Delta\Theta_{HPBW} \tag{64.24}$$

但必须注意的是,对于不同孔径场分布产生较低最大空间频率时,式(64.22)的采样要求在一定程度上可以放宽。这一方面导致式(64.22)标准的降低;另一方面导致空间分辨率降低(值增大)。此外,在二维情况下,可以在一个六边形网格而不是矩形网格上执行采样,以提供更高的采样密度。

3) 焦平面阵列

在一阶近似中,式(64.22)规定的角采样网格与基于反射镜或透镜的焦平面阵列系统焦面阵的采样模式直接相关(Johansson,1995),即:

$$\Delta\Theta_S \approx \frac{1}{f}\Delta x_S \text{ 或 } \Delta x_S \approx \frac{f\lambda}{2W} \tag{64.25}$$

式中:$\Delta\Theta_S$ 由式(64.22)给出;Δx_S 为焦平面中阵列元素的间距;f 为图64.23所示聚焦单元的焦距。

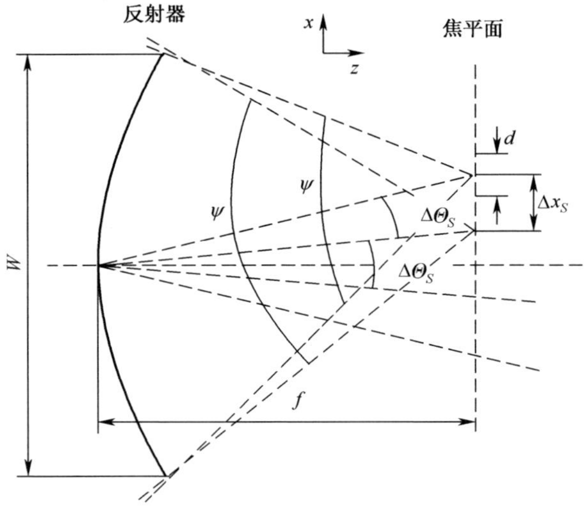

图64.23 焦面阵(FPA)的一维示意图(FPA元件(右侧绿色和蓝色粗体线)被画得过大,通常比整体FPA应有的尺寸 W 和 f 小。因此,角采样间隔 $\Delta\Theta_S$ 和照射角 Ψ 与对于每个波束生成是类似的,其指向方向由点虚线示意表示。为了清楚起见,仅不对称地显示了两个元件)

现在,必须考虑的是,在大多数应用中,需要紧凑型设计,这会导致 $f/W \leqslant 1$。因此,对于最大单元尺寸,根据式(64.25)有 $d \leqslant \Delta x_S \leqslant \lambda/2$。另一方面,反射镜必须由单个元件适当照明,于是

$$\psi \approx \frac{\lambda}{d} \tag{64.26}$$

对于多种类型的馈源天线来说,半功率波束宽度估计是一个典型有效的选择。例如,可以计算抛物反射面的照明角度 ψ (Stutzman and Thiele,1998)(参见"反射镜天线"一章),因此对于波长尺寸的元件,以下关系有效,即:

$$\frac{\lambda}{d} \approx \frac{1}{\psi};\ \psi = 4\arctan\left(\frac{1}{4\left(\frac{f}{W}\right)}\right) \tag{64.27}$$

图 64.24 描述了当 $d = x_S$ 时式(64.27)中照明驱动元件尺寸与式(64.25)中采样驱动元件尺寸的关系。

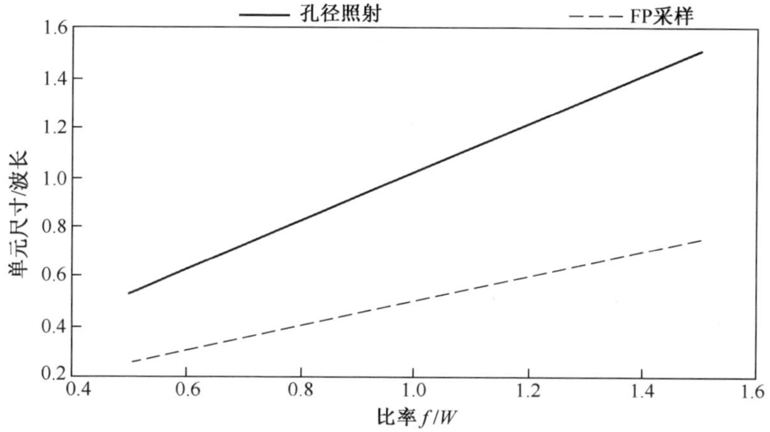

图 64.24　焦面阵天线单元尺寸与直接馈电抛物反射面 f/W 比的函数关系(要求如图 64.23 所示,实线表示由适当反射面照明确定的尺寸,虚线表示对焦平面进行适当采样的要求)

该结果表明,基本上不可能同时满足这两个要求(参见"多波束天线阵"一章)。无论是焦平面出现一些欠采样的场景(使用更大的元件尺寸,因此元件间距更大),还是反射镜后面背景的一些溢出贡献(使用更小元素尺寸产生更宽的波束),或是两者的折中,都必须在某种程度上接受。应注意,该结果适用于凝视型 FPA 系统和基本量的近似。为了满足这两方面需求达到令人满意的水平,可以采取以下

措施。

(1) 微调凝视型 FPA 的参数。由于先前的推导基于假设和近似,单个参数的一些微调可以使图 64.24 所示的两条曲线更加接近。参数包括 f/W 比值、孔径尺寸 W(即空间分辨率和溢出贡献)、焦平面的馈电元件类型、反射照明的形状(即 FPA 元件的孔径场分布)以及元件的排列(如六边形与矩形)。但是,应该指出的是,这些措施仅产生有限的改善,一些图像失真可能仍然存在。还要进一步指出,通过将小天线元件密集地排列,可能会引起波束畸变、互耦和阻抗失配等问题,这些问题可能会抵消密集空间采样带来的好处。

(2) 使用其他反射面型和多反射系统。使用抛物主反射面将在离轴距离较大时产生更大的波束失真,因此,使用球反射面可以改善波束质量。在这种情况下,FPA 元件不再位于平面中,而是位于主反射面半径一半的球面上。元件的弯曲排列也可以改善抛物反射面的性能,特别是对大型离轴元件(参见“反射面天线”一章)。此外,使用像卡塞格林或格雷戈里式排列的多反射面系统可以提供另一个自由度以优化 FPA 性能。这里,只能期望有限的改进,尽管会高于案例 1。

(3) 附加机械运动。当凝视型 FPA 不能根据采样定理对场景进行适当采样时,整个系统的附加机械运动可以克服该问题以填补间隙。这就是当前提升 FPA 性能多采取的方式,特别是对于成像时间限制较少但对灵敏度要求较高的系统(如射电天文和实验室系统),或是精度要求较低的准实时成像。此外,这种方法可以大幅增加辐射成像系统的视场,因为在大型离轴操作中,由于元件数量有限且性能降低,凝视型 FPA 系统的视场非常小。然而,应该注意到,这种方法大大增加了成本,特别是对于 FPA 设计,需面对高精度及高动态力学方面的挑战。

(4) 设计为相控阵或数字波束形成阵列的 FPA 元件。在过去的几十年中,特别是在射电天文系统中(Padman,1995; Fisher,1996; Fisher and Bradley,2000;Warnick,2013)(参见“射电望远镜系统中的天线”一章),这些方法都曾被考虑。这种设计的电子波束成形能力允许在焦平面中应用全采样,从而无需任何机械运动消除混叠效应。然而,对于相控阵场合,仍然存在可实现视场的限制,需要进行连续采样,在计算机系统中并行数字合成所有天线波束,所以也可以通过数字波束形成技术克服这种限制。后者可能是 FPA 系统中最有前途的技术。

4) 溢出效应

接下来,对于一维情况,简要讨论辐射测量中溢出对误差的贡献,该结果同

时对二维情况也适用。根据图 64.23,馈电元件的天线温度可表示为

$$T_A = \frac{T_{BSC}}{\Omega_A} \int_{|\Theta| \leq \psi/2} F_{Pn}(\Theta)\,\mathrm{d}\Theta + \frac{T_{BSP}}{\Omega_A} \int_{|\Theta| > \psi/2} F_{Pn}(\Theta)\,\mathrm{d}\Theta \qquad (64.28)$$

这里假设场景的 T_{BSC} 和溢出区域的 T_{BSP} 都为恒定亮温度,注意到 T_{BSC} 是反射面聚焦波束的亮温度,即要测量的量。现在,馈源的归一化天线功率图表示为 $F_{Pn}(\Theta) = \cos(b\Theta)$,这非常接近于实际情况,其中常数 b 是确定的,所以有 $\cos(b\psi/2) = p(0 \leq p \leq 1)$。进一步,对于 $b\Theta > \pi/2$ 时假设了 $F_{Pn}(\Theta) = 0$,这样,可以计算出式(64.28)的积分,且天线温度中的溢出误差可以估算为

$$\Delta T_{spill} = T_{BSC} - T_A = (T_{BSC} - T_{BSP})(1 - \sqrt{1 - p^2}) \qquad (64.29)$$

图 64.25 显示了当 T_{BSC} = 250K 且 T_{BSP} = 50K 时的溢出误差曲线。这个结果模拟辐射计天线(主波束)指向地球,进而溢出贡献源自天空的情况,并以数字方式对高斯功率方向图进行评估。

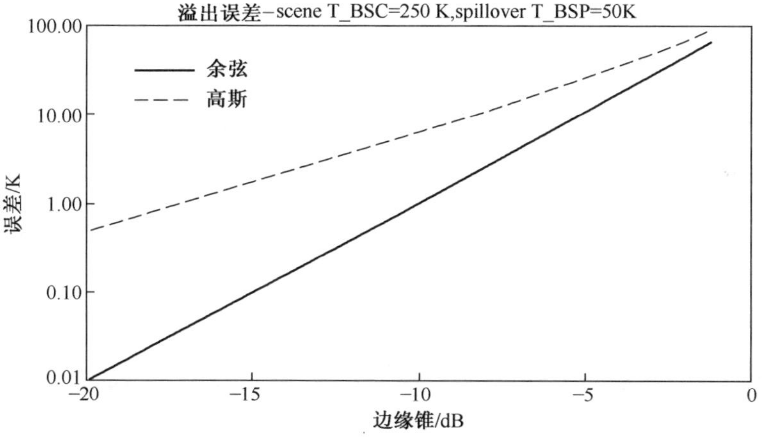

图 64.25　直接馈电反射天线的亮温度确定中的溢出误差与边缘锥度的关系(p_{dB} = 10log$p$)(场景和溢出区域的两个极端温度情况已被用于最大的误差影响。假定馈电元件的归一化功率方向图具有 $\cos(b\Theta)$ 和 $\exp(-b\Theta^2)$ 形状,b 是各种情况下的宽度参数)

对于绝对精度要求高的测量,溢出误差最为重要。可以确定,即使 10dB 的边缘锥度,在余弦情况下可以产生 1K 的亮温度误差,在高斯情况下则高达 6K,因此对大多数地面观测应用来说,至少 10~15dB 范围内的锥度值是可行的。在

旁瓣水平分布差的条件下,如例所示,溢出效应可能更高。由于高的边缘锥度伴随空间分辨率的损失,只有几个分贝的较小边缘锥度对安全应用可能会是有益的。然而高溢出贡献会降低或者模糊图像可实现的亮温度对比度。注意,在每个使用与其他聚焦单元如发射面(参见“反射面天线”一章)或透镜(参见“介质透镜天线”一章)组合的单馈源或多馈源子系统中,都会出现溢出效应。

5) 灵敏度考虑

辐射成像系统要求的温度分辨率(也称为灵敏度)是对场景空间采样产生强烈影响的另一个重要因素,因为所有其他误差源都应该比这小得多。该实例基于一阶假设,即大多数误差源可以像对噪声一样处理,并且在统计上是独立的,因此可以应用高斯误差传播定律。灵敏度描述系统能检测到的亮温度最小差异。由于它依赖于应用驱动系统参数,所以不能任意进行改进。在通用公式中,温度分辨率由 Ulaby(1982)给出,即

$$\Delta T = k\frac{T_{\mathrm{sys}}}{\sqrt{B\tau}} = k\frac{T_A + T_{REC}}{\sqrt{B\tau}} \tag{64.30}$$

有限的噪声是由被探测信号的噪声特性确定的,取决于天线温度 T_A 与平均接收机噪声温度 T_{REC} 之和的系统噪声温度,以及系统带宽 B 和每个空间采样的积分时间 τ 之积。特定的接收机结构和采用的成像方法影响系数 k,其在不小于1的很宽范围内取值,值1适用于集成在机械扫描仪顺序采样场景的单总功率接收机。

现在,成像任务通常由在给定时间内以一定空间分辨率一定大小场景的成像需求所决定的,因此,每个空间样本的积分时间可以表示为

$$\tau = \frac{\Delta\Omega}{4\Omega_{FOV}} t_{frame} \tag{64.31}$$

式中:角增量 $\Delta\Omega$ 表示二维角分辨率;Ω_{FOV} 表示二维视场,均以平方度表示;系数4是根据之前讨论过的以大约一半空间分辨率速率采样的要求而来;t_{frame} 为获取完整图像持续的时间。将两个方程结合起来得到:

$$\Delta T = \frac{2kT_{sys}}{\sqrt{Bt_{frame}}}\sqrt{\frac{\Omega_{FOV}}{\Delta\Omega}} \tag{64.32}$$

这即为空间分辨率和成像过程灵敏度的一般关系,等式右侧第二项考虑了天线系统的参量,即波束大小和扫描角度范围。式(64.32)和单个量的实际数

字表明，对于大多数应用，必须在空间分辨率和灵敏度之间进行折中。以 Peichl 等(2013)描述的实束扫描仪为例，假设天线温度为 300K 时，系统温度 $T_{sys} \approx$ 800K，系统有效带宽 B 为 15GHz，图像采集时间 t_{frame} 为 1s，扫描视场 Ω_{FOV} 为 $360° \times 30°$，角分辨率 $\Delta\Omega$ 为 $0.75° \times 0.75°$，对于单个总功率接收机成像系统，系数 k 的值为 1。因此，对应的温度分辨率 ΔT 为 1.8K。

6) 综合孔径成像

对辐射测量应用领域的综合孔径成像兴起于 20 世纪 80 年代，当时人们开始对低频率的高空间分辨率成像感兴趣(Ruf et al.，1988；LeVine et al.，1990)。这种组合需要更大的天线结构，在合理的帧速率下，这些天线结构不能以给定的速度机械移动，作为焦平面阵或相控阵的替代(参见“相控阵”一章和“反射面天线相控阵馈线的应用”一章)。综合孔径技术是一门活跃的技术，自 20 世纪 50 年代以来即在射电天文学中使用(Thompson et al.，2001)(参见“射电望远镜系统中的天线”一章)。这里最大的优势，与其他电子学扫描技术相比，所需单天线/接收机单元的数量可以显著减少。在过去的几十年中，越来越多的研究和开发将综合孔径应用于各种应用中(Camps，1996；Peichl et al.，1998；Harvey and Appleby，2003；Barre et al.，2008；Rautiainen et al.，2008；Martin-Neira et al.，2014)。

(1) 范西特—泽尼克定理。

综合孔径成像基于使用多种适当组合的二元干涉仪，每个干涉仪中两个单元的距离都不同。一维情况下，单台干涉仪的情况如图 64.26 所示。

干涉仪将天线元件接收到的两个信号进行相位正相关，使相关器输出两个信号乘积的时间平均值 $<A(t)B(t)>$ 和 $<A(t)B(t-90°/2\pi f)>$。假设 $B(t)=E_0\sin(2\pi ft)$ 和 $A(t)=E_0\sin(2\pi f(t-s/c))$，其中 E_0 为信号幅度，f 为微波频率，s 为远场一个源与两个信号之间的路径差，这个源与视距成 Θ_i 角度，正交输出可以由复数形式组合，即

$$\mathrm{cor}(x)=I(x)+\mathrm{j}Q(x)=\frac{1}{2}E_0^2\left[\cos\left(2\pi\frac{x}{\lambda}\sin\Theta_i\right)+\mathrm{j}\sin\left(2\pi\frac{x}{\lambda}\sin\Theta_i\right)\right] \tag{64.33}$$

现在，很明显，对于单个像源的情况下，一组复数测量可以确定源的角位置 Θ_i 及其正比于 E_0^2 的辐射功率，因为基线 x 和波长 $\lambda=c/f$ 是已知的。

如果有图 64.26 所示的两个源，单次测量是不够的，因为来自两个源的信号

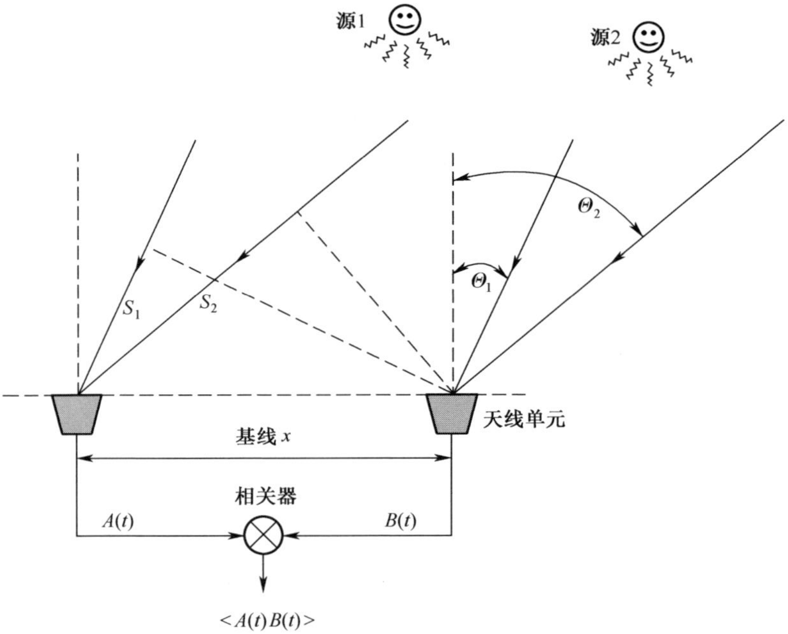

图 64.26　二元干涉仪原理图(两个天线接收特定方向的辐射并馈入一个复数相关器,该时间相关器提供信号乘积时间平均值的正交分量。两个天线单元的距离称为基线 x)

叠加在一起,而无法明确区分开。然而,通过在不同基线上增加另一组测量,基线 x 将会提供缺失的信息。因此,增加越来越多的源,就需要越来越多的基线。最终,空间中连续分布的源需要连续分布的相关函数 $cor(x)$,并且辐射功率分布 $E_0^2(\Theta)$ 与 $\mathrm{cor}(x)$ 是傅里叶变换关系,前提条件是源位于干涉阵的远场,并且源在统计上是独立的或是不相关的,这对热辐射和辐射成像是有效的。这个实例称为范西特-泽尼克定理,为综合孔径成像提供了基础。对于二维情况和理想系统(即相同的天线单元,理想的且相同频响的接收机,窄带、理想的复相关),该定理由下式给出,即

$$vis(u,v) = \frac{1}{\Omega_A}\iint_{\Omega_A} \frac{F_{Pn}(1,m)}{\sqrt{1-\mathrm{l}^2-m^2}} T_B(1,m)\exp(-\mathrm{j}2\pi(ul+vm))\,\mathrm{d}l\mathrm{d}m \quad (64.34)$$

式中:$vis(u,v)$ 为视函数,表示场景的二维亮温度分布 $T_B(1,m)$ 的空间频谱的测量,其必然与辐射功率分布成比例;$F_{Pn}(1,m)$ 是单天线单元的天线方向图;l 和 m 是由式(64.16)中定义的方向余弦;Ω_A 为天线单元的立体角,在孔径合成

场合确定成像的视场。坐标 u 和 v 是直角坐标系中的基线分量，用波长表示长度分量，即 $u = x/\lambda$ 和 $v = y/\lambda$。

（2）天线方向图的影响。

现在，通过测量 $vis(u,v)$ 可以使用逆傅里叶变换作为图像重建过程来确定所需的亮温度 $T_B(1,m)$ 分布。然而，直接变换结果由积分中的整核变换得到，其中 T_{Brec} 作为真实温度 T_B 的重建形式可以由下式计算出，即

$$\begin{cases} T_{Brec}(l,m) = T_B'(l,m)\dfrac{\sqrt{1-l^2-m^2}}{F_{Pn}(l,m)}\Omega_{\mathrm{A}} \\ T_B'(l,m) = \mathrm{FT}\{vis(u,v)\} \end{cases} \tag{64.35}$$

一般地，图像可以在天线图整个角度区域中重建。此时，问题在于天线方向图的功率电平通常比式(64.35)的平方根函数消失得更快，并且会出现除小数的情况。这种情况会极大放大天线功率图中不可避免的误差，使得这些位置的结果毫无用处。现在，天线方向图中的不确定性可以认为是 $F_{Pn}'(l,m) = F_{Pn}(l,m) + \Delta F_{Pn}(l,m)$。所以，如果给出最大温度误差 $\pm\Delta T$，天线功率图所需的精度可以由式(64.35)确定，式中 F_{Pn}'代替了 F_{Pn}，有

$$\Delta F_{Pn}(l,m) = -F_{Pn}(l,m)\frac{\Delta T}{T_B(l,m)+\Delta T} \tag{64.36}$$

对于图 64.27 中的高斯形状 $F_{Pn}(l) = \exp(-bl^2)$，给出了天线功率图所需

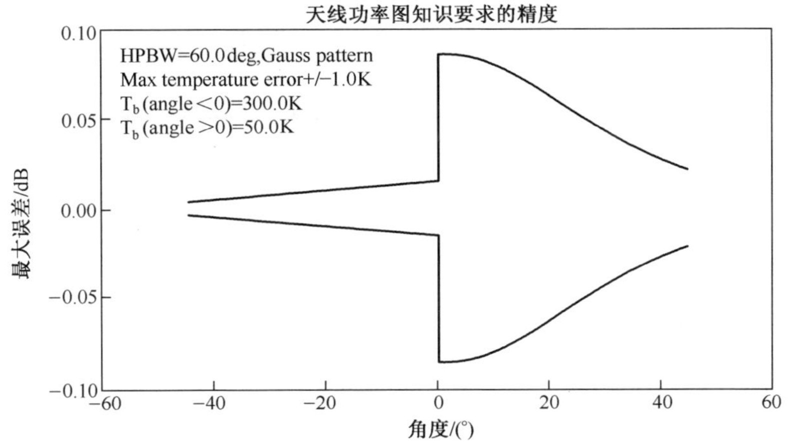

图 64.27　对于两个恒定亮温度水平的归一化天线功率图要求绝对精度（在角度小于 0°和大于 0°）（假设功率方向图为高斯型且半功率波束宽度为 60°，最大允许的温度误差为±1K）

精度的曲线,这里 $l=\sin\theta$ 是有效的。可以确定,即使在中心方向上,高精度天线方向图也是需要的,以便达到给定范围的温度误差。在方向图外部区域,这一要求更为强烈。通过测量很难达到,且在仪器整个寿命期间很难保持几百分贝级的方向图精度,因此当需要较高的绝对温度精度时,不使用远离中心的区域。然而,当观测较低亮温度水平,精度要求更为宽松。

基于之前的认识,很明显必须使用另一个方法解决综合孔径应用中天线方向图影响,一种现实的方法是将该任务与成像系统的整体校准结合起来。对于使用单接收机的经典扫描系统,所谓的冷热负载法适用于校准(Ulaby,1982),接收机测量两个已知且不同温度的基准,综合系统必须使用单天线单元视场范围内的整个场景。现在的挑战是在自然界中找到能够提供已知亮温度分布的足够大的角度区域。对于星载辐射计,银河极点给出这样的区域,设备不时地指向银河极点以进行校准标定(Brown et al.,2008)。例如,地球上的一些其他区域包括开阔的海洋、南极区域以及南美的雨林。对于地基系统,天空区域在天气晴朗下是可以使用的,然而,在大多数最新的例子中,必须额外使用真实亮温度分布模型去解决亮温度分布的角度依赖性。已知物理温度的暗室可以提供更受控的校准环境,但在这种情况下,后续的系统操作中不可能进行现场校准,只有在任务前进行表征才是可行的。Camps 等(2006)对综合孔径系统中天线方向图的影响进行了更详细的讨论。

(3) $U-V$ 平面采样和空间分辨率。

由于在综合孔径阵列中,视函数只能被有限数量的天线采样,因此必须再次考虑采样定理。如前所述,天线功率图决定了成像的视场,从而需要考虑 l 和 m 方向的空间坐标范围。假设在正、负坐标方向最大扩展 l_{max} 和 m_{max} 功率方向图是理想对称的,则重建图像时避免混叠的 $u-v$ 平面采样要求在直角坐标下表示为

$$\Delta u \leqslant \frac{1}{2l_{max}};\ -l_{max} \leqslant l \leqslant +l_{max} \tag{63.37a}$$

$$\Delta v \leqslant \frac{1}{2m_{max}};\ -m_{max} \leqslant m \leqslant +m_{max} \tag{64.37b}$$

注意 Δu 和 Δv 再次以波长形式给出,现在考虑 $l-m$ 表示有效的全半球,即 $0° \leqslant \Theta \leqslant \pi/2$ 和 $0° \leqslant \Phi \leqslant \pi/2$,保持 $l_{max}=1$、$m_{max}=1$ 和 $\Delta u=\Delta v=0.5$,这样,对于整半球成像,单天线单元最小间隔必须为半波长。例如,如果 $\Theta_{max}=30°$,则需 $l_{max}=m_{max}=0.5$ 且 $\Delta u=\Delta v=1$。需要注意的是,对于值大于 l_{max} 和 m_{max} 的

情况,单元件天线方向图不完全为零,这样根据这些范围内天线图功率水平,一些混叠可能保留在最终成像中。

此外,由于合成阵列的位数不能无限扩展,空间频谱有 u_{max} 和 v_{max} 的上限。根据本章前文"空间采样要求"部分内容的论述,该实例导致成像过程中有限的空间分辨率。现在,如果根据式(64.35)在位置 l_0 和 m_0 测量理想源,视函数具有 $vis(u,v)=a_0\exp(-\mathrm{j}(ul_0+vm_0))$ 的形式,其中 a_0是包含所有其他前因子的常数。将视函数插入式(64.35)的逆变换中,归一化重建点源响应结果由下式给出,即

$$F_{Pn,\mathrm{syn}}(l,m)=\frac{\sin(2\pi u_{\max}(l-l_0))}{2\pi u_{\max}(l-l_0)}\frac{\sin(2\pi v_{\max}(m-m_0))}{2\pi v_{\max}(m-m_0)} \tag{64.38}$$

注意,点源响应符号 $F_{Pn,syn}$,类似于空间扫描辐射计系统的天线功率图之一。其原因在于,如前所述,天线功率图可以通过扫描一个点源确定,因此式(64.38)同时被解释为综合孔径阵列的合成天线波束。根据已知的 $\sin(x)/x$ 属性,也可以识别合成特性具有负值的事实,但是它表示功率图。此外,式(64.38)表示一种自然响应,因为在重建前没有对理想视函数进行加权。注意,式(64.38)是根据式(64.34)的 u–v 平面连续函数的结果,这可以通过适当的采样近似得到。

现在,对于一维情况,将式(64.11)再次应用到式(64.38)的合成波束上,针对前面的例子,可以重新计算不同距离两个相邻点源的成像结果。合成波束和三点源距离的结果如图 64.28 所示。注意,0.52°的窄波束与图 64.19 所示的真实波束系统相比,旁瓣电平非常高,为−6.6dB。由于合成波束具有负旁瓣,在评估式(64.5b)和式(64.6)的积分时由于正负旁瓣相消,导致方向性计算结果是很大的值。然而,考虑到将方向性视为点源的数量可以在 360°范围内被分辨,这种方法是有用的。为了计算波束效率,通过使用式(64.5b)中合成功率图的大小计算这种情况的天线立体角,该方法通过提供相当低波束效率值,切实地考虑了旁瓣在降低成像质量方面的影响。

图 64.28(b)~(d)清楚地表明,对于相同尺寸的综合成像系统,可以实现两个源最高的分辨质量,因此可以为安全应用中的目标检测提供优异的能力。另外,高旁瓣的贡献会显著降低绝对精度,这可以通过以下事实发现,对于图 64.28(c),最大点源水平比图 64.28(b)和图 64.28(d)情况要高,尽管这两个例子之间的源是分离的。

现在,应该注意的是,在图像重建前,可以对单可见样本进行加权,从而通过修改式(64.35)来控制合成波束的形状。

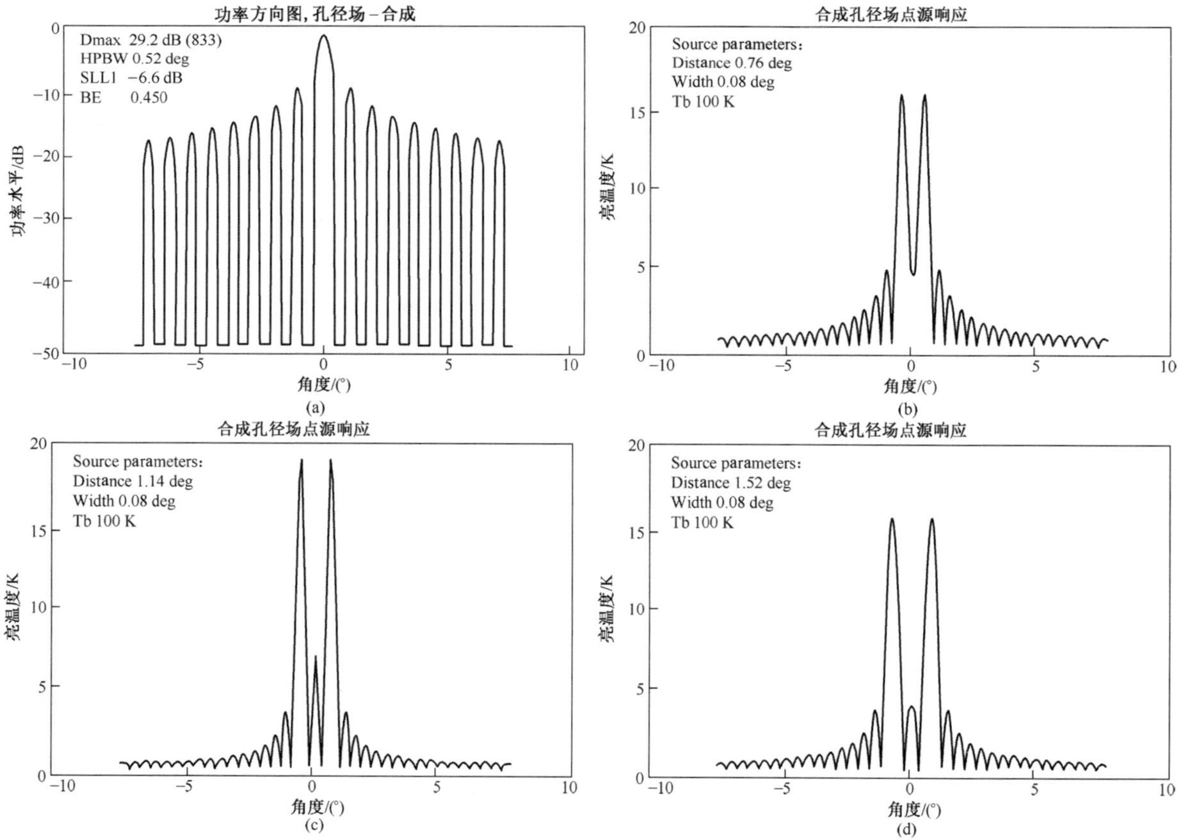

图 64.28 合成波束和三点源距离的结果(注意亮温度的大小在(b~d)中都显示出来,以便进行更好地比较(某旁瓣区域可能为负值))

(a)与图 64.19 天线类型参数相同的综合孔径系统归一化合成功率图(这里间距 W 对应最大间距);(b、c)图 64.20 和图 64.21 相同情况的点源响应;(d)两点源增加间距时的响应。

$$T''_B(l,m) = \text{FT}\{vis(u,v)wsf(u,v)\} \tag{64.39}$$

函数 $wsf(u,v)$ 可以理解为双重算子，一个用于对位置(u,v)处的视在幅度进行加权，另一个用于表示 $u-v$ 平面采样网格的形状。加权函数完全遵循标准信号理论(Harris,1978)中著名的加窗操作，接下来简要讨论采样函数。

(4) 综合孔径的阵列设计。

除了高空间分辨率、实时性和大视场外，综合孔径的优势还在于利用稀疏阵列去合成全孔径。由于每个单元贡献数个基线，因此阵列可以被设计的冗余度较低，这样每个基线只存在一次，从而提供唯一的视样。在单个元素的常规网格上，将保留一些冗余，但为了在每个位置增加一些统计偏移，所有基线应略有不同。因此，除了其他约束外，设计阵列的目标是使用最少的单天线/接收机单元，使合成波束形状的性能最佳。

现在，将式(64.39)转换到空间域，得到亮温度 $T'_B(l,m)$ 与加权采样函数 $\text{WSF}(u,v)$ 的卷积，即

$$T''_B(l,m) = \text{FT}\{vis(u,v)\} * \text{FT}\{wsf(u,v)\} = T'_B(l,m) * \text{WSF}(u,v) \tag{64.40}$$

函数 $\text{WSF}(u,v)$ 是合成设备至多能提供的合成波束，假设在其他方面是如前所述的理想系统。如果满足采样定理且加权系数在 $u-v$ 平面为常数，则函数 $\text{WSF}(u,v)$ 与式(64.38)中的合成波束相同。现在，有趣的问题是哪个元素位置以及足够的加权因子可以提供什么样的合成波束。一些简单的阵列关节及其在 $u-v$ 平面相应的采样模式图如图 64.29 所示。

为了进行性能比较，将两个重要的设计参数设为一致，即阵列最大基线长度(两个最远元素间的距离)以及元素的总数。考虑了 U、O 和 Y 这 3 种阵列几何形状，表示基本的阵列结构。相邻元素的距离沿基本结构设置为常数。这 3 个阵列在 $u-v$ 平面生成不同的采样模式图，U 型产生一个矩形模式图和最好的独立基线，由于阵列的几何结构，产生了很多相同的基线，证明没有额外的空间频率信息。O 型几何结构生成最大的合成区域，没有规则的采样模式图，独立样本数量中等。采样密度随着在 $u-v$ 平面的位置而变化。Y 型产生一个六边形采样网格，平均采样密度最高，合成区域的尺寸介于 O 型和 Y 型之间。

对于这种阵列，在整个 $l-m$ 平面($l^2 + m^2 \leqslant 1$)计算了合成波束和点源响应如图 64.30 所示。采样模式的影响可以通过点源响应完全明显的空间重复的不

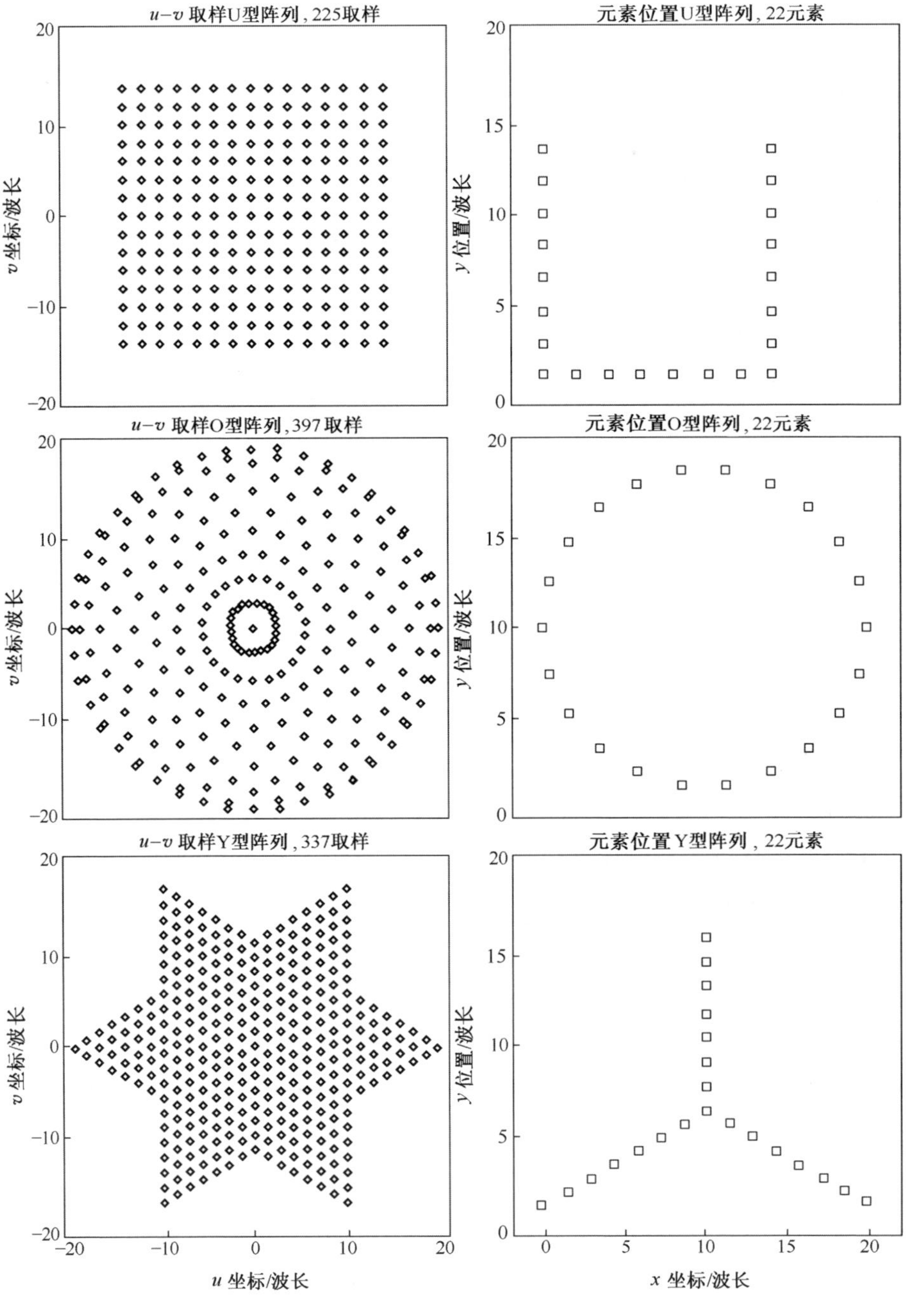

图 64.29 综合孔径(U、O、Y 型)阵列配置(右)和 u−v 平面中对应采集模式图(左)
(所有配置的最大基线都设置为 20 倍波长，天线/接收机单元的数量始终为 22)

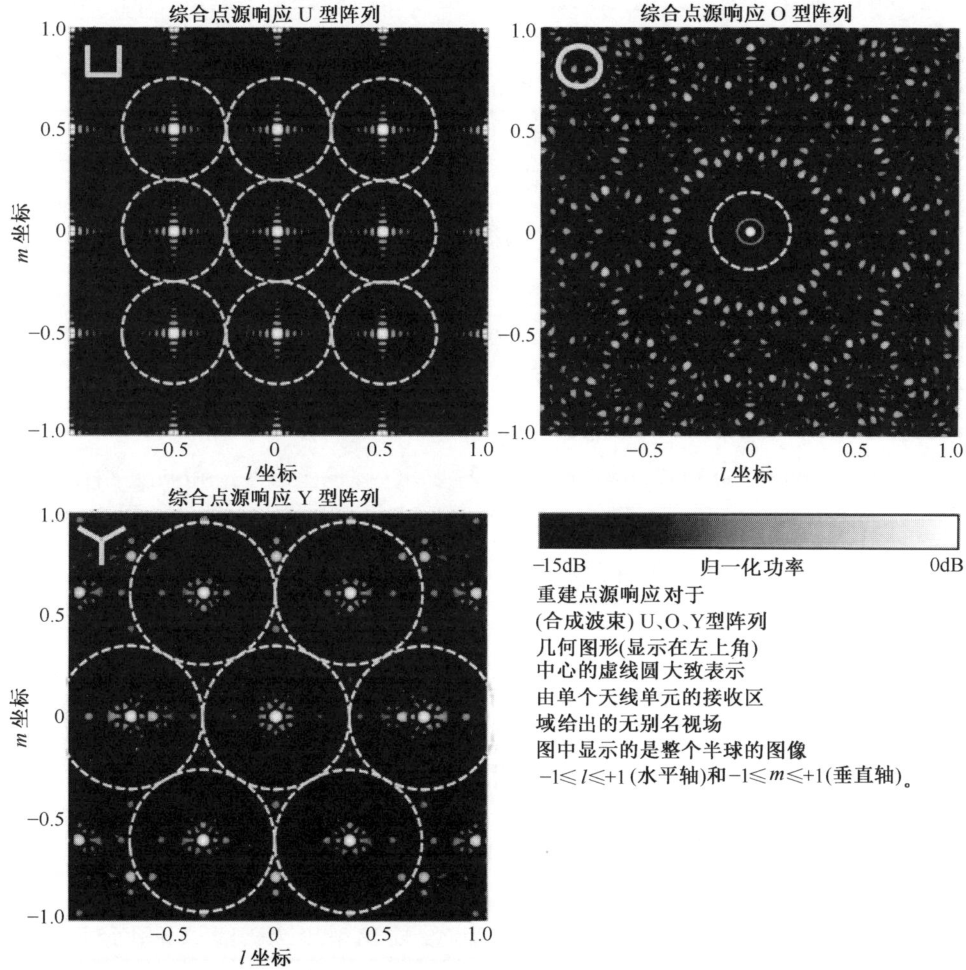

图 64. 30　图 64. 29 中综合孔径阵列的重建点源响应

同表现(混叠)来清楚地区别。矩形采样网格产生沿水平和垂直方向基线的混叠和旁瓣,在其他位置,旁瓣水平小于其他两种情况。

虚线圆是由天线对称假设接收区域的边界产生的,正好避免了在 $l-m$ 平面中心区域产生混叠,因此是成像过程的无混叠区域。可以观察到,Y 型阵列在六边形晶格上生成了点源的一个副本,并且是最大的无混叠视场。因此,U 型阵列在矩形网格中生成了一个副本,是较小的无混叠视场。因为平均采样密度是最小的,O 型阵列生成了非常小的无混叠视场。由于不规则的采样网格,没有明显的点源响应副本，但是大量的底层源和旁瓣分布出现在整个 $l-m$ 平面。O 型阵列在特定条件下实现最高的空间分辨率(最窄的合成波束)，因为有最多的大基线可用。

需要进一步注意，响应最低显示到-15dB，高旁瓣水平可能不适合辐射测量。但是，正如前面提到的，可以使用标准窗以空间分辨率为代价降低旁瓣。当然，在任何情况下，都不能通过这种方法抑制混叠。综上所述，阵列设计会对综合孔径设备的成像质量产生较大影响。根据不同的应用，必须相互平衡最大的视场、最高的空间分辨率和可以接受的旁瓣水平，以达成最合适的设计。除了所示的几何结构外，另外一些几何结构也在过去被研究和使用(Thompson et al., 2001; Hall, 2006; Jirousek et al., 2010; Dong and Li, 2010; Schuetz et al., 2013)。

根据式(64.37a)和式(64.37b)的采样要求，理论上在 l_{max} 和 m_{max} 给出的极限之外没有接收到辐射。由于可见的场景是由单元天线方向图决定的，这一要求在实际中无法得到满足，并且必须接受方向图边界外(在图 64.30 的中心圆外)的某种非零衰减。大多数情况下，孔径天线用于合成阵列，考虑当前一维分析，这种天线方向图的一阶近似可由式(64.12)给出。如果现在可见的场景限制设置为天线方向图的第一个空值，并使用式(64.37a)和式(64.37b)，得到

$$l_{max} = \sin\Theta_{max} = \frac{\lambda}{W} \tag{64.41a}$$

$$\Delta u = \frac{\Delta x}{\lambda} \leqslant \frac{1}{2l_{max}} \text{ 或 } \Delta x \leqslant \frac{W}{2} \tag{64.41b}$$

因此，空间频率采样之间的公制间距 Δx 应该至少为天线单元孔径尺寸 W 的一半，这在 $u-v$ 平面的任意位置都不能满足。物理上，只有 $\Delta x \geqslant W$ 是可以实现的最小间距。在图 64.31 所示的一维仿真示例说明混叠对综合成像可能的影响。

左边显示的是原始的由天线功率图加权的亮温度分布，它是合成阵列单元观测到的。名义上无混叠区由式(64.37a)和式(64.37b)在 $l = \pm 0.25$ 处给出。冷源明显地位于无混叠区外，但在重建图像时被折叠回无混叠区。这是由天线方向图在无混叠区外非零的事实引起的，由于其 $W = 1.5\lambda$ 的有限孔径尺寸，以及合成阵列单元间距选择在规则网格的 $\Delta u = 2\lambda$ 距离处。

作为前面分析的结论，给出以下建议。

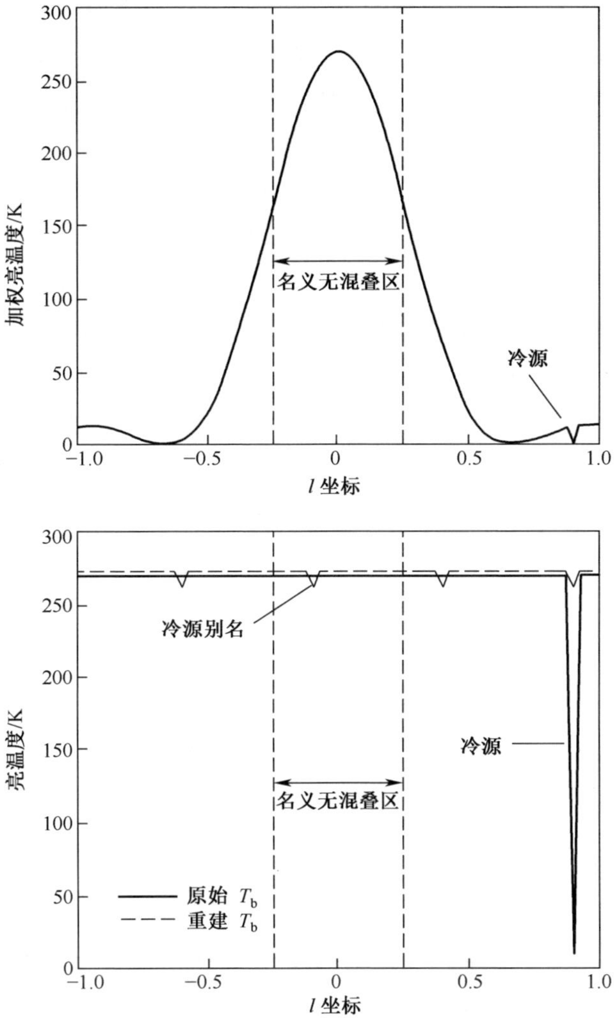

图 64.31　一维仿真示例(天线方向图的形状在重建过程中进行了修正)

(a)式(64.12)给出的通过天线功率图加权的模拟亮温度分布场景(该场景本身由 270K 恒温背景和在 $l = 0.9$ 的 10K 冷源组成);(b)原始的和重建的亮温度分布(对于合成阵列,假设单元尺寸为 $W = 1.5\lambda$,恒定距离为 $\Delta u = 2\lambda$,最大基线为 $u_{max} = 20\lambda$)。

① 使用天线单元,其方向图在要求的无混叠视场外充分地消失到可以忽略,这个要求很难实现,只有物理宽度或直径足够小同时产生高指向性和低旁瓣水平的天线类型才可以满足。有用的天线类型基于电介质如微带天线或介质

棒。然而,应该注意的是,这种紧密排列的天线会产生强烈的互耦合,这将以不可接受的方式影响天线方向图和功率匹配(重建误差、灵敏度损失)。

② 没有使用矩形采样网格,由于可能的混叠建设性地叠加在名义上的无混叠区。由于更高的采样密度或通过非规则采样网格,在二维情况下,通过六边形采样网格实现性能的改进。因为在这种情况下,可能的混叠分布在整个名义上的无混叠区,因此不会对某个区域产生较大影响。

(5) 综合孔径的灵敏度。

与实际波束成像系统相比,综合孔径辐射计通过从所有独立的天线/接收机元素到每个像素的贡献来生成图像。因此,同样适用于图像噪声内容。此外,合成阵列通过其聚焦波束人为地生成有效的天线孔径,但是物理辐射接收区域要小得多。也就是说,在一定时段内从场景中接收到的微波光子数量更少。显然,该实例对重建图像的最终温度分辨率有影响。综合孔径设备的对应方程可近似为(Le Vine,1990)

$$\Delta T = \frac{T_{sys}}{\sqrt{2B_{frame}}}\sqrt{\frac{1}{n(n-1)}}\frac{\Omega_{FOV}}{\Delta\Omega} \approx \frac{T_{sys}}{\sqrt{B_{frame}}}\frac{1}{n}\frac{\Omega_{FOV}}{\Delta\Omega} \tag{64.42}$$

这里,假设每个天线/接收机的参数是一致的,即系统噪声温度 T_{sys}、系统带宽 B 以及定义场景大小的天线元素立体角。值 $\Delta\Omega$ 表示合成波束的立体角,数字 n 是天线/接收机单元的数量并给定 $n \gg 1$,且仅考虑非冗余天线的情况。注意,合成阵列零冗余仅可在少量单元,且大 n 和常规元素排列的冗余计数,具有单簇点而不是均匀分布。因此,冗余通常不是用来提高图像灵敏度,以避免由于单元不平衡产生其他错误。此外,式(64.42)假设前述混叠效应没有产生错误。作为一个例子考虑SMOS系统(Barre,et al,2008;Font et al.,2010),$T_{sys}=450\mathrm{K}$,$B=19\mathrm{MHz}$,$t_{frame}=1.2\mathrm{s}$,$n=69$,$\Omega_{FOV}\approx 70°\times 70°$ 以及 $\Delta\Omega=1.5°\times 1.5°$,得到温度分辨率 $\Delta T\approx 3\mathrm{K}$,这与预测值和测量值吻合得很好。

对式(64.32)真实波束情况和式(64.42)合成波束情况进行比较,得到

$$\Delta T_{syn} = \frac{1}{2kn}\sqrt{\frac{\Omega_{FOV}}{\Delta\Omega}}\Delta T_{real} \tag{64.43}$$

因此,综合孔径的系数阵列特性起作用,使得合成波束灵敏度 ΔT_{syn} 与实际波束灵敏度 ΔT_{real} 相比,以场景立体角和波束立体角比值平方根降低。该缺点在某种程度上由合成阵列所用单元数量的两倍来补偿。作为一种粗略的趋势,

应该注意的是，极大地减薄合成阵列和高空间分辨率下大视场会降低灵敏度，除非通过增加单元数量（不额外增加空间分辨率）的形式实现明显的冗余。

7）天线系统的损耗

辐射成像系统有足够的灵敏度（最终成像产品具备足够的温度分辨率），根据式（64.30）、式（64.32）和式（64.42），需要系统本身具备低噪声系数或噪声温度。成像系统的噪声贡献基本上有两个来源即耗散损耗和反射损耗（参见“传输线”一章）。计算接收机系统整个噪声表现的基本规则由噪声双端口的级联公式给出（Pozar，2005），即

$$T_{cas} = T_{e1} + \frac{T_{e2}}{G_1} + \frac{T_{e3}}{G_1 G_2} + \cdots \tag{64.44}$$

式中：T_{cas} 为在第一个双端口输入端的串联噪声双端口网络的总噪声温度或等效噪声温度，假设在这种情况下所有双端口都是无噪的；T_{ei} 和 G_i 为等效噪声温度和单个二端口的功率增益。很明显，对于最低的噪声温度 T_{cas}，第一个部件占主导地位，并且应该具有低噪声温度和高增益。注意增益项可表示放大（$G > 1$）或者衰减（$0 \leqslant G \leqslant 1$）。在后一种情况下，通常使用 G 的倒数（$L = 1/G$ 且 $1 \leqslant L \leqslant \infty$），并称之为衰减因子或损耗因子。

由于天线系统是任何辐射测量系统的第一个部件，它的损耗特别值得关注。通常，天线是一种无源微波结构，用于物理地接收自由空间波，并将其导入随后的传输线和接收机输入端。因此，基本的天线都是衰减器，其等效噪声温度可以表示为（Ulaby，1982）

$$T_{att} = (L_{att} - 1)\, T_0 \tag{64.45}$$

式中：L_{att} 为衰减因子；T_0 为天线或衰减器的物理温度。此外，天线和接收机有各自的复输入阻抗，引起各自的复功率反射系数（参见“阻抗匹配和巴伦”一章），通常后者当然应尽可能低。

（1）耗散损耗和反射损耗的影响。

为了评估辐射计天线的两种损耗（耗散损耗和反射损耗），使用图 64.32 所示的等效框图。

耗散损耗通过天线温度 T'_A 根据下式确定，即

$$T'_A = \frac{1}{L_A} T_A + \left(1 - \frac{1}{L_A}\right) T_0 \tag{64.46}$$

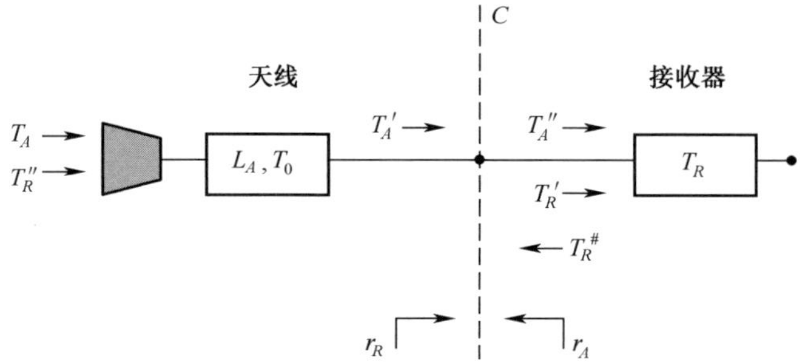

图 64.32 考虑由欧姆或介质衰减引起的天线损耗和由于阻抗不匹配引起的反射损耗进行天线/接收机相互作用噪声计算的简单模型(参见“阻抗匹配和巴伦”一章)(L_A和 T_0表示天线的衰减因子和物理温度;T_R为接收机噪声温度;r_A和 r_R表示在参考面 C 向天线方向和接收机方向测量的复电压反射系数;箭头分别表示温度或噪声的流向)

因此,对于最小耗散损耗 $L_A=1$,真实天线温度传递到参考面 C($T_A'=T_A$),对于非常大的损耗 $L_A\to\infty$,真实天线温度完全被遮挡($T_A''=T_0$)。通常对于实际天线,损耗因子接近于 1 但不等于 1。

反射损耗可以通过以下的天线温度 T_A'' 确定(Otoshi,1968),即

$$T_A''=pT_A'+(1-p)T_R^{\#} \tag{64.47a}$$

$$p=\frac{(1-|r_A|^2)(1-|r_R|^2)}{|1-r_Ar_R|^2} \tag{64.47b}$$

值 p 表示天线和接收机反射系数不匹配所确定的功率传输效率。对于理想匹配($r_A=r_R^*$),效率最大($p=1$ 和 $T_A''=T_A'$)。如果一个或两个功率反射因子为最大值($|r_A|^2=1$ 或 $|r_R|^2=1$),效率降为最低($p=0$ 和 $T_A''=T_R^{\#}$)。显然,实际情况介于两者之间,为了使反射损耗最小,效率应接近于 1。

值 $T_R^{\#}$ 表示接收机产生并传输到参考面 C 的噪声温度。接收机设计中有两种特殊情况需要区别对待。第一种情况下,接收机第一个元件是直接位于输入端的一个具有低前向噪声因子 L_I 和物理温度 T_0 的隔离器。隔离器通常被用来改善阻抗匹配(参见“阻抗匹配和巴伦”一章),以及阻止可能的混频器向天线方向的本振泄漏。由于隔离器朝着天线方向的反相衰减较大,其等效噪声温度为 T_0,因此 $T_R^{\#}=T_0$ 是有效的。为了避免额外的损耗,对于非常宽带的接收机,有时

省略了隔离器，于是 $T_R^{\#}=T_R$ 是有效的。

结合式(64.46)和式(64.47a)及式(64.47b)，允许综合考虑所有损耗类型的影响。

$$T_A'' = p\left(\frac{1}{L_A}T_A + \left(1-\frac{1}{L_A}\right)T_0\right) + (1-p)T_R^{\#} \tag{64.48}$$

$$T_R^{\#} = \begin{cases} T_0 & \text{有隔离器,} \\ T_R & \text{无隔离器。} \end{cases} \tag{64.49}$$

下面以图形方式说明两种损耗类型的单一影响。对于天线的衰减因子，考虑了实际的值如 0.5dB、0.2dB、0.1dB 和 0.0dB，功率反射系数根据表 64.1 选择。

表 64.1　不同功率反射系数值时计算得到的功率传输效率 p
(最差的情况是假设公式(64.47b)分母中乘积项 $r_A r_R$ 的相位差为 180°)

$\lvert r_A\rvert^2$/dB $\lvert r_R\rvert^2$/dB	-10	-20	-∞
-10	0.67	0.84	0.90
-20	0.84	0.96	0.99
-∞	0.90	0.99	1.00

图 64.33 显示了接收机输入端天线温度随天线自由空间终端真实天线温度及两种不同损耗源的变化情况，考虑了在接收机输入端有物理温度为 T_0 的隔离器。在这两种损失情况下，都可以看到修改后的天线温度明显升高，特别是在真实天线温度较低的情况下。当天线不是校准回路一部分时，该实例对于校准问题很重要，即当使用内部负载并通过开关馈入接收机时。在这种情况下，必须对天线/接收机组合的衰减和反射特性有相当精确的了解。如果使用天线观测的外部参考源进行校准，校准过程中会包含损耗并且不会扭曲正确的亮温度测量值。然而，很显然，建议天线耗散在 0.1dB 或更少，并且功率反射系数至少为 -20dB。

根据图 64.32，天线损耗的其他重要影响是天线输入端等效接收机噪声温度的增加，导致一方面降低灵敏度或温度分辨率，另一方面降低接收机的动态范围。由于直接在接收机输入端的总噪声温度是 $T_A''+T_R'$，该值可以转化为天线

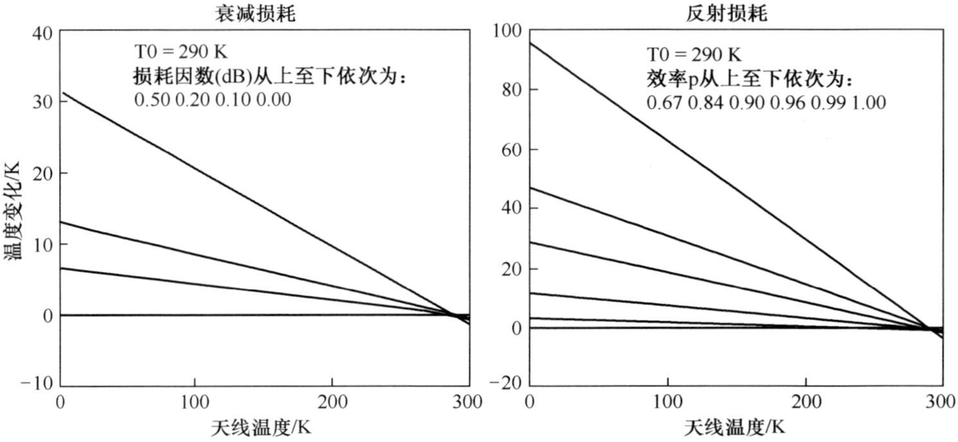

图 64.33 根据图 64.32 接收机输入端天线温度 T''_A 的变化

(效率 p 的值对应于表 64.1 的反射系数)

(a)只考虑耗散损耗($p = 1$);(b)只仿真了反射损耗($L_A = 1$)。

输入端的 $T_A + T''_R$,这里 T''_R 计算式为

$$T''_R = (L_A - 1)T_0 + L_A\left(\frac{1}{p} - 1\right)T^{\#}_R + \frac{L_A}{p}T'_R \tag{64.50}$$

$$T'_R = \begin{cases} T_R & \text{无隔离器} \\ (L_\mathrm{I} - 1)T_0 + L_I T_R & \text{有隔离器} \end{cases} \tag{64.51}$$

在接收机输入端是隔离器的情况下,值 L_I 是功率损耗因子,其物理温度假设为 T_0。在表 64.2 中给出了一些真实值来说明这种影响。

表 64.2 根据图 64.32 在不同位置计算的接收机噪声温度值,以及有天线损耗温度分辨率 ΔT_A 与无天线损耗的温度分辨率 ΔT 的比值

(ΔT 和 ΔT_A 根据式(64.30)且 $K = 1$ 时计算。参数如下:

$L_A = 1.047(0.2\text{dB})$, $p = 0.84$, $T_0 = 290\text{K}$)

L_I/dB	T_R/K	T'_R/K	T''_R/K	$\Delta T_A/\Delta T$ $T_A = 300\text{K}$	$\Delta T_A/\Delta T$ $T_A = 3\text{K}$
无隔离器	30	30	57	1.08	1.82
无隔离器	300	300	447	1.25	1.49
无隔离器	1000	1000	1460	1.35	1.46

（续）

L_1/dB	T_R/K	T'_R/K	T''_R/K	$\Delta T_A/\Delta T$ $T_A=300\text{K}$	$\Delta T_A/\Delta T$ $T_A=3\text{K}$
1.0	30	113	129	1.04	1.14
1.0	300	453	483	1.04	1.07
1.0	1000	1334	1400	1.04	1.05

可以看出，隔离器降低了改变接收机噪声温度，恶化温度分辨率的影响，因为对于表 64.2 右下角几乎所有 6 种情况，该比值非常近似。然而，必须注意的是，根据式(64.51)，原始接收机噪声温度 T_R 会因为隔离器而增加，隔离器属衰减器且作为第一个输入元件，因此灵敏度 ΔT 通常会降低。如果不使用隔离器，阻抗失配损耗（参见“阻抗匹配和巴伦”一章）会使灵敏度强依赖于实际天线温度。根据经验，天线损耗会导致温度分辨率显著降低，除非可以实现非常低 $L_A<0.1\text{dB}$ 的天线损耗和高的功率传输效率 $p>95\%$（见表 64.1 的反射系数）。

（2）天线耗散损耗的大小。

通常，很难精确地确定天线的功率耗散（欧姆损耗和介质损耗），尤其期望低损耗的情况下。实际上，该量包含在天线方向性系数与天线增益之比中，但通常只能测得增益，方向性系数从电磁仿真计算而来。因此，不能准确地评估耗散损耗。正如之前所指出的，由于辐射测量对天线损耗非常敏感，因此适合执行这项任务。应该记住，根据式(64.46)，当 $T_A=10\text{K}$、$T_0=300\text{K}$ 时，即使耗散损耗只有 0.01dB，也会引起天线温度升高大约 0.7K，这可以通过有足够精度进行适当校准的辐射计进行测量。

如“辐射计天线概述”部分内容中指出的那样，用于辐射测量的天线系统的范围非常大。全机械扫描（参见“反射面天线”一章）中有纯馈源喇叭反射系统，折叠光学系统使用 $\lambda/4$ 平面作为焦面阵，综合孔径的贴片（参见“微带贴片天线”一章）或喇叭天线稀疏阵，频率扫描缝隙波导（参见“波导缝隙阵列天线”一章），或仅提及的一些用于多波束合成的基于透镜的方法（参见“介质透镜”一章）。根据技术的不同，天线耗散损耗可能更高或更低，取决于介质（金属或其他介质）和波必须与之相互作用的路径长度。对于纯金属相互作用，如抛物面反射镜和喇叭馈源，预期应该损耗最小，接下来对此进行理论估计。

对于尺寸相对于波长较小的天线，如短偶极子或窄环路，可以通过下式计算

衰减因子,即

$$L_A = \frac{R_{rad} + R_{dis}}{R_{rad}} \tag{64.52}$$

式中:R_{rad} 为考虑真实辐射/接收功率转换的辐射电阻;R_{dis} 为代表欧姆或介质损耗功率转换的耗散电阻。注意,两个电阻之和表示复天线阻抗的实数部分(参见“阻抗匹配和巴伦”一章)。对于电小尺寸天线,两个量的解析表达式都存在(Stutzman and Thiele,1998),但不幸的是,由于这些天线相对耗散损耗较高且天线方向图形状不佳,并没有用于辐射测量应用。对于非常低损耗的反射面天线(参见“反射面天线”一章),一种使用天空辐射测量的实验方法由 Skou(1997)提出。根据该研究,导电良好的光滑表面功率反射率由下式给出,即

$$r = 1 - \frac{4R_s}{Z_0} \tag{64.53a}$$

$$R_s = \sqrt{\frac{\pi f \mu}{\sigma}} \tag{64.53b}$$

$$Z_0 = \sqrt{\frac{\mu}{\varepsilon}} \tag{64.53c}$$

式中:R_s 为反射材料的表面电阻率;Z_0 为波传输介质的固有阻抗。在空气或真空和非铁磁反射材料情况下,可以使用自由空间磁导率 $\mu = \mu_0 = 4\pi \times 10^{-7}$H/m、自由空间介电常数 $\varepsilon = \varepsilon_0 = 8.854 \times 10^{-12}$F/m 和 $Z_0 \approx 377\Omega$。σ 为反射材料的电导率,一些不同金属值在表 64.3 中给出。

表 64.3　不同金属的电导率值

类　型	银 (AG)	铜 (Cu)	金 (Au)	铝 (Al)	黄铜 (Br)	不锈铜 (Ss)
$\sigma/(\mathrm{S/m}) \times 10^7$	6.17	5.81	4.10	3.82	1.50	0.11

利用式(64.1)和 $t = 0$ 以及 $e = 1 - 1/L_{A,refl} = 1 - r$,可以计算出良导体反射面功率衰减因子,即

$$L_{A,refl} = \left(1 - \frac{4R_s}{Z_0}\right)^{-1} \tag{64.54}$$

由于反射面天线包括反射面和馈源天线,因此后者的损耗因子也需要估计。为此目的,将馈源的影响近似为一块矩形波导的损耗(参见“传输线”一章),以

表示是否这种喇叭天线的张角以超过一定长度 Δz 平稳打开。这种情况下，张角区域壁电流与波导中的近似，主模 TE_{10} 的衰减常数 α 和损耗因子 $L_{A,feed}$ 通过下式估算(Orfanidis,2008)，即

$$\alpha = \frac{R_s}{Z_0}\left(\frac{1}{b} + \frac{2}{a}\left(\frac{\lambda}{2a}\right)^2\right)\left(1 - \left(\frac{\lambda}{2a}\right)^2\right)^{-1/2} \tag{64.55}$$

$$L_{A,feed} = \exp(2\alpha\Delta z) \tag{64.56}$$

式中：a 和 b 分别为矩形波导的宽度和高度；λ 为自由空间波长。因此，反射面天线总功率损耗因子 L_A 最终估算为

$$L_A = L_{A,refl} L_{A,feed} \tag{64.57}$$

图 64.34 所示为前述反射材料和伪馈源喇叭的 L_A 计算结果。需要注意，两个天线的总损耗由式(64.57)及图中分贝值之和得到。正如所看到的，总损耗因子由馈源喇叭主导，并可在毫米波高频段达到 0.1dB，在亚毫米波频段则更大(参见“毫米波天线和阵列”章、“毫米波亚毫米波测量”章、“太赫兹光混频天线”章和“太赫兹天线和测量”章)。因此，即使最无损的天线结构如纯金属反射面天线，也必须考虑在亮温度测量中需要的高绝对精度。幸运的是，馈源喇叭影响最大，由于天线尺寸的限制，它作为整个天线更容易被包含在外部校准回路。然而，需要注意，反射面损耗的计算假定相对于波长表面足够光滑，干净且没有

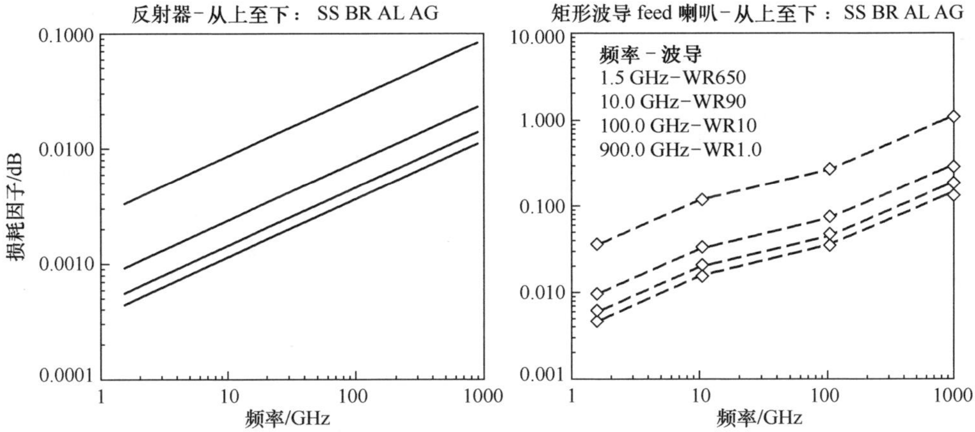

图 64.34　计算的反射面部分功率损耗因子和各种金属类型反射面天线馈源喇叭损耗因子与频率的关系

(金属值在表 64.3 中列出。对于喇叭，根据频率选择了标准矩形波导，并假定长度为 5λ)

被氧化。实际上,由于某些表面的粗糙度达几微米量级,该估计值可能更高。

64.4 总结

前面的几节证明了多种天线类型和天线系统已经或者可以在微波遥感辐射测量应用中使用。主要候选者是使用典型移动反射面天线(参见“反射面天线”一章)的机械扫描装置,使用产生多种真实天线波束的折叠微波光学和喇叭阵列的焦平面阵列(参见“多波束天线阵列”一章),以及稀疏阵列基于空间频谱采样形成综合多天线波束的综合孔径。同样有前途的是数字波束合成,其中阵列单通道信号被直接采样和数字化,并且在数字处理器中综合完成波束生成。由于这种类型的采样,孔径允许最大灵活的信号处理,因此可以采用众多如综合孔径或相控阵成像的波束形成方法。当前这里的瓶颈是数据存储数量和处理量,对于大天线系统和宽带宽是巨大的。很少使用产生多个真实波束基于透镜的成像系统,但是当高集成性接收机模块(片上系统)以可承受的成本大规模生产时,可能会变得更具吸引力(参见“片上天线”一章)。

与成像原理无关,天线系统设计时必须谨慎,因为它决定空间分辨率、场景视场、混叠影响和成像时间。此外,由于天线是辐射计系统的第一个组件,因此在有限传导率和/或介质衰减,以及天线和接收机阻抗失配的情况下(参见“阻抗匹配与巴伦”章),它可以通过耗散损耗和反射损耗对灵敏度产生很大影响。虽然对于低损耗天线结构并不是问题,因为这些量在1%~10%的范围内;但对于雷达系统或通信链路,因为待测信号功率与辐射计自身的噪底很接近,亮温度估计的误差会非常高。因此,如有可能,天线应该包含在校准回路中,但是由于其尺寸而通常行不通。这种情况下,需要组建层面的精准测量和复杂的建模来从数学上解释这些影响。

在空间对地观测中,下一代系统仍然使用机械扫描技术,因为它将用于2015年初发射的美国航空航天局喷气推进实验室(NASA-JPL)SMAP任务(Entekhabi et al.,2010)。土壤湿度主动被动(SMAP)在锥形扫描中使用6m的栅网反射器,在L频段被动地和主动地确定陆地上的土壤湿度,在685km轨道上可以实现40km的地面分辨率。系统的空间艺术图如图64.35(a)所示。NASA和ESA都在地球同步轨道(距离约36000km)使用综合孔径技术在高频段对地观测方面开展了研究(地球同步轨道综合稀疏孔径辐射计(GeoSTAR)和地球静止大气探测仪(GAS))(Tanner,2007;Christensen et al.,2007)(参见"航天器天线及太赫兹天线"一章和"太赫兹天线和测量"一章)。在50~65GHz、118GHz、183GHz和380GHz频段进行大气温度、湿度廓线和雨量图监测,Y型阵列的臂长度最大为4m,在最低频率实现大约30km的地面分辨率。GAS天线阵列示意图如图64.35(b)所示。虽然GeoSTAR系统计划使用一个固定的Y型阵列,该阵列需要非常多的单天线单元进行适当的$u-v$平面采样,但GAS系统使用高度稀疏的视轴旋转Y型阵列以充分填充$u-v$平面。这两种系统的实现方式还不是很清楚,会在2020年左右发射。

(a)

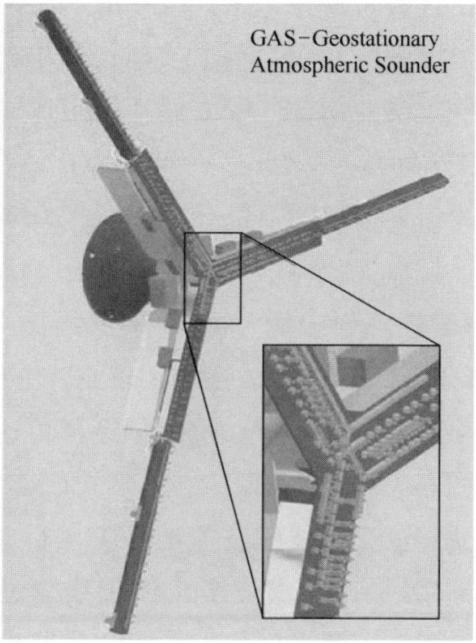

(b)

图64.35　空间图及阵列图

(a)艺术家视角的空间SMAP锥形扫描系统(由NASA/JPL-加州理工提供,美国);(b)GAS Y型阵列天线图(每个频带都通过一个独立的Y型阵列实现,缩放获得相同的空间分辨率)。

在更远的未来,使用不同轨道的卫星群合成非常大的天线孔径,实现星载对地观测是可能的和有吸引力的。每个卫星可以携带自主孔径合成阵列,以实现像SMOS一样的性能,但当卫星在轨道上有合适的星座时,它可以与其他卫星同步,以建成一个大的孔径。因此,假设卫星星座能够相应调整,就可以对地面上选定的区域进行高分辨率成像。这种方法与射电天文中的深长基线干涉(VLBI)非常相似(参见“射电望远镜天线”一章),通过有机地连接世界各地的几个单口径射电望远镜实现数千公里的阵列尺寸(Felli and Spencer,1989;Thompson et al.,2001)。

防护和安全市场是辐射成像另一个当前和未来的潜在应用领域,每种物理性质不同的新型信息源都备受关注。这里,非常高空间分辨率和实时能力通常是系统设计的主要驱动因素,一般在监视、侦察和状态控制(如引航辅助观察、隐匿物品检测、潜在危险物提示等)的增强视觉中特别有用。为了避免太大尺寸的天线结构,如果能保证对感兴趣介质的有效穿透(如大气障碍和介质盖板等),必须经常使用毫米波或亚毫米波(参见“毫米波天线和阵列”章和“毫米波亚毫米波天线测量”章)。实时性需求要求高帧率系统,只能通过电子扫描概念或这些概念的集合,以及一些可选的机械扫描支撑才可以实现。

图64.36(a)显示了一种结合孔径合成和频率扫描方法的原理图,目的是大幅减少需要通道的数量(Schreiber,2014)。这个系统的目的是长达几百米距离的大区域监视。对于第一个系统设计,估计使用大约35个缝隙波导天线(参见“波导缝隙阵列天线”章和“锥形缝隙天线”章)和接收机,可在Ka波段(30~40GHz)的120°×30°的视场实现0.4°的扫描精度。使用足够高速的采样器和数字量化器,预计2K灵敏度的帧速率可达10f/s。

图64.36(b)显示了一个基于低温冷却集合天线-测热辐射计结构焦面阵的毫米波和亚毫米波三波段成像方法(Luukanen et al.,2013)(参见“毫米波天线和阵列”章、“毫米波亚毫米波天线测量”章和“太赫兹天线与测量”章)。该系统用于近距离几米内的人体藏匿武器检测,单通道垂直排列可以和旋转波束倾斜单位组合,根据不同频段以0.17°~0.46°的角分辨率扫描大约22°×11°的区域。以10f/s的帧速率,0.2~0.8K的灵敏度是可行的。整个天线结构的高损耗和低噪声放大的缺乏通过低温冷却在7K以100GHz至数百吉赫带宽(参见“超宽带天线”章)的接收机来补偿。

之前的近未来方法的例子表明,采用高集成度接收机技术和适当天线阵结构结合的方法对很多应用来说是最有前途的解决方案。这里,天线系统的设计在整个系统的开发中扮演了核心作用,以实现高灵敏度以及在高帧速率和足够大视场下的高空间分辨率。

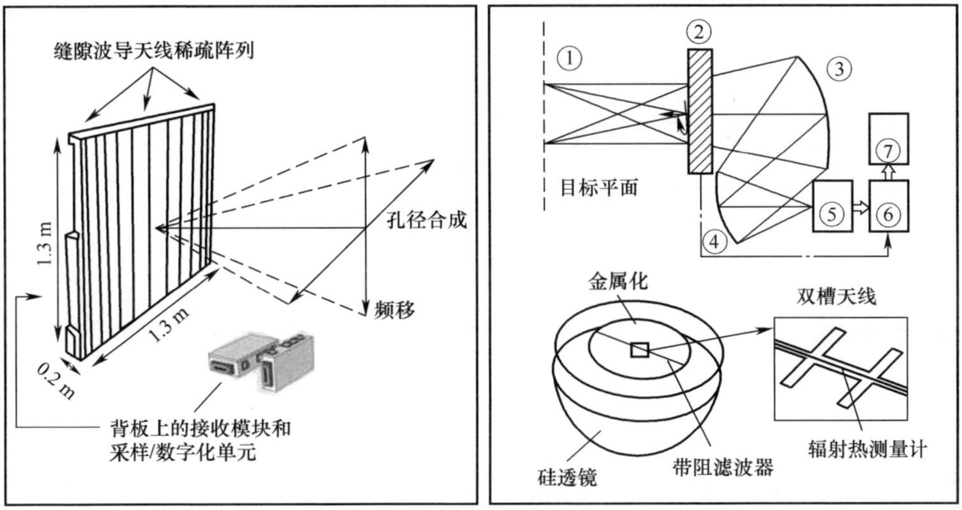

（a）　　　　　　（b）

图 64.36　混合全电子扫描仪(由芬兰 Asqella Oy 提供)

(a) Ka 波段的混合全电子扫描仪原理图(采用孔径合成进行水平和频率扫描,用于垂直波束控制);
(b)工作在 250GHz、450GHz 和 720GHz 的 3 个亚毫米波段焦面阵扫描仪(上图显示系统结构由
②圆锥波束生成旋转扫描单元,③主焦面阵(尺寸为 54cm),④副镜,⑤包含 1868 单元焦面阵的
闭环低温恒温器,⑥数据采集和⑦处理器,下图显示了焦面阵的一个通道由硅透镜、
双槽天线和作为辐射探测器的测热辐射计组成)。

交叉参考:

▶第 68 章　射电望远镜天线

▶第 72 章　反射面天线的相控阵馈源

▶第 37 章　波束扫描漏波天线

▶第 22 章　介质透镜天线

▶第 75 章　阻抗匹配与巴伦

▶第 18 章　微带贴片天线

▶第 40 章　毫米波天线与阵列

▶第 50 章　毫米波亚毫米波天线测量

▶第 42 章　多波束天线阵列

▶第 34 章　片上天线

▶第 2 章　蜂窝通信中无线电波传播的物理与数学原理

▶第 19 章　反射面天线
▶第 67 章　航天器天线与太赫兹天线
▶第 14 章　太赫兹天线与测量
▶第 73 章　传输线
▶第 36 章　超宽带天线
▶第 30 章　波导缝隙阵列天线

参考文献

Appleby R, Wallace HB (2007) Standoff detection of weapons and contraband in the 100 GHz to 1 THz region. IEEE Trans Ant Propagat 55(11):2944–2956

Appleby R, Anderton RN, Jack JW (2004) The design of a real-time 94 GHz passive millimeter-wave imager for helicopter operations. Proceedings of SPIE security & defense symposium - passive MMW imaging technology VII, Orlando, vol 5619

Barré HMJP, Duesmann B, Kerr YH (2008) SMOS: the mission and the system. IEEE Trans Geosci Remote Sens 46(3):587–593

Bor J, Lafond O, Merlet H, Le bars P, Himdi M (2014) Foam based Luneburg lens antenna at 60 GHz. Progr Electromagn Res Lett 44:1–7

Bosch-Lluis X (2011) On the design of microwave radiometers with digital beamforming and polarization synthesis for earth observation. PhD dissertation, Universitat Polytècnica de Catalunya, Barcelona

Brown MA, Torres F, Corbella I, Colliander A (2008) SMOS calibration. IEEE Trans Geosci Remote Sens 46(3):646–658

Camps AJ (1996) Application of Interferometric radiometry to earth observation. PhD dissertation, Universitat Polytècnica de Catalunya, Barcelona

Camps A, Skou N, Torres F, Corbella I, Duffo N, Vall-llossera M (2006) Considerations about antenna pattern measurements of 2-D aperture synthesis radiometers. IEEE Geosci Remote Sensing Lett 3(2):259–261

Christensen J, Carlström A, Ekström A, de Maagt P, Colliander A, Emrich A, Embretsén J (2007) GAS: the geostationary atmospheric sounder. In: International geoscience and remote sensing symposium, IGARSS, Barcelona, Spain, 2007

Clark S, Lovberg J, Kolinko V, Martin C, McCoy J (2004) Pupil plane array based millimeter-waveimaging radiometer, final technical report, Trex Enterprises Corporation

Dong J, Li Q (2010) Antenna array design in aperture synthesis radiometers. In: Mini I (ed) Microwave and millimeter wave technologies modern UWB antennas and equipment. InTech 2010. Available from http://www.intechopen.com/books/microwave-and-millimeter-wave-technologiesmodern-uwb-antennas-and-equipment/antenna-array-design-in-aperture-syn thesis-radiometers

ECMWF. http://old.ecmwf.int/products/forecasts/d/charts/monitoring/satellite/smos/

Entekhabi D et al (2010) The soil moisture active passive (SMAP) mission. Proc IEEE 98 (5): 704–716

ESA Bulletin 137 (2009) European Space Agency, February 2009

Felli M, Spencer RE (1989) Very long baseline interferometry. Kluwer Academic Publishers, Dordrecht, The Netherlands

Fisher JR (1996) Phased-array feeds for low-noise reflector antennas. National radio astronomy observatory, Green Bank, West Virginia, Electronics division internal report no. 307

Fisher JR, Bradley RF (2000) Full-sampling focal plane arrays. In: Imaging at radio through submillimeter wavelengths, ASP conference proceedings, vol 217. Astronomical Society of the Pacific

Font J, Camps A, Borges A, Martin-Neira M, Boutin J, Reul N, Kerr YH, Hahne A, Mecklenburg S (2010) SMOS: the challenging sea surface salinity measurement from space. Proc IEEE 98 (5):649–665

Hall PJ (2006) The squarekilometre array: an engineering perspective. Springer Science & Business Media, Dordrecht

Hall L, Hansen H, Abbott D (2001) A microstrip-based Rotman lens for mm-wave sensing operations. In: Proceedings of SPIE passive millimeter wave imaging technology V, Orlando, vol 4373, pp 40–48.

Harris FJ (1978) On the use of windows for harmonic analysis with the discretefourier transform. Proc IEEE 66(1):51–83

Harvey AR, Appleby R (2003) Passive mm-wave imaging from UAVs using aperture synthesis. Aeronaut J 107(1068):87–97

Heinz E, May T, Born D, Ziegler G, Peiselt K, Vyacheslav Z, Krause T, KrCuger A, Schulz M, Bauer F, Meyer HG (2014) Progress in passive submillimeter-wave video imaging. In: Proceedings of SPIE defense security + sensing symposium-passive and active MMW imaging XVII, Baltimore, vol 9078

Imaoka K, Kachi M, Kasahara M, Ito N, Nakagawa K, Oki T (2010) Instrument performance and calibration of AMSR-E and AMSR2. International archives of the photogrammetry, remote sensing and spatial information science, vol XXXVIII, part 8, Kyoto, 2010

Janssen MA (1993) Atmospheric remote sensing by microwave radiometry. Wiley, New York

JAXA. http://sharaku. eorc. jaxa. jp/AMSR/gcom/gcom. html

Jirousek M, Peichl M, Suess H (2010) A microwave imaging spectrometer for security applications. In: Proceedings of SPIE defence security + sensing symposium-passive millimeter-wave imaging technology XIII, Orlando, vol 7670, 2010

Johansson JF (1995) Fundamental limits for focal-plane array efficiency. In: Multi-feed systems for radio telescopes, ASP conference series, vol 75

Johnson RC, Jasik H, Crawford HB (1993) Antenna engineering handbook. McGraw-Hill, New York

Kim W-G, Moon N-W, Chang Y-S, Lee M-K, Jung S-W, Choi J-H, Jung J-M, Kim Y-H (2011) System design of focal plane array based millimeter-wave imaging radiometer for concealed weapon detection. In: Proceedings of IGARSS, IEEE, Vancouver, 2011

Kraus J,Marhefka R (2001) Antennas for all applications. McGraw-Hill, New York

Le Vine DM (1990) The sensitivity of synthetic aperture radiometers for remote sensingapplica-tions from space. Radio Sci 25(4):441–453

Luukanen A, Kiuru T, Leivi MM, Rautiainen A, Varis J (2013) Passive three-color sub-millimeter-wave video camera. In: Proceedings of SPIE defence security + sensing symposium-passive and active MMW imaging XVI, Baltimore, vol 8715, 2013

Martín-Neira M, LeVine DM, Kerr Y, Skou N, Peichl M, Camps A, Corbella I, Hallikainen M, Font J, Wu J, Mecklenburg S, Drusch M (2014) Microwave interferometric radiometry in remote sensing: an invited historical review. Radio Sci 49. doi:10. 1002/2013RS005230

MCatzler C (2006) Thermal microwave radiation: applications for remote sensing. The Institution of Engineering and Technology, London

National Academy of Sciences (2007) Assessment of millimeter-wave and terahertz technology for detection and identification of concealed explosives and weapons. Committee on Assessment of Security Technologies for Transportation, National Research Council, National Academies Press, Washington, DC

Nielsen PH, Pontoppidan K, Heeboell J, Le Stradic B (1989) Design, manufacture and test of a pushbroom radiometer. In: 6th international conference on antennas and propagation, ICAP, Coventry, 89, vol 1, 1989

Olver AD, Clarricoats PJB, Kishk AA, Shafai L (1994) Microwave horns and feeds, IEE electromagnetic waves series. Institution of Engineering and Technology, London

Orfanidis SJ (2008) Electromagnetic waves and antennas. Rutgers University, Piscataway. http://www.ece.rutgers.edu/&orfanidi/ewa/

Otoshi TY (1968) The effect of mismatched components on microwave noise-temperature calibrations. IEEE Trans Microwave Theor Techn 16(9):675–686

Padman R (1995) Optical fundamentals for array feeds. In: Multi-feed systems for radio telescopes, ASP conference series, vol 75

Peichl M, Süß H, Süß M, Kern S (1998) Microwave imaging of the brightness temperature distribution of extended areas in the near and far field using two-dimensional aperture synthesis with high spatial resolution. Radio Sci 33(3):781–801

Peichl M, Dill S, Jirousek M, Süß H (2007) Microwave radiometry-imaging technology and applications. In: Review lecture, ITG conference on wave propagation in communication, microwave systems and navigation, WFMN 2007, Chemnitz

Peichl M, Dill S, Rudolf D (2013) SUMIRAD-a low-cost fast millimeter-wave radiometric imaging system. In: Proceedings of SPIE defence security + sensing symposium-passive and active MMW imaging XVI, vol 8715

Pozar DM (2005) Microwave engineering, 3rd edn. Wiley, Hoboken

Rautiainen K, Kainulainen J, Auer T, Pihlflyckt J, Kettunen J, Hallikainen MT (2008) Helsinki University of technology L-band airborne synthetic aperture radiometer. IEEE Trans Geosci Remote Sens 46(3):717–726

Reul N, Tenerelli J, Chapron B, Waldteufel P (2007) Modeling sun glitter at L-band for sea surface salinity remote sensing with SMOS. IEEE Trans Geosci Remote Sens 45 (7):2073–2087

Richter J, Nötel D, Klöppel F, Huck J, Essen H, Schmidt L-P (2006) A multi -channel radiometer with focal plane array antenna for W-band passive millimeter-wave imaging. In: IEEE interna-tional MTT symposium, San Francisco, 2006

Ruf CS, Swift CT, Tanner AB, Le Vine DM (1988) Interferometric synthetic aperture microwave radiometry for the remote sensing of the Earth. IEEE Trans Geosci Remote Sens 26(5):597–611

Schreiber E (2014) Fully-electronic passive microwave imaging system using beam steering by frequency shift and aperture synthesis. In: DLR Forschungsbericht 2014-06, DLR Bibliotheks-und Informationswesen, Cologne, 2014 (in German)

Schreiber E, Peichl M (2013) The design of a broadband slotted waveguide antenna for electronic beam steering applications in MW radiometry. In: Proceedings of European microwave conference EuMC, Nuremberg, 2013

Schuetz CA, Martin RD, Biswas I, Mirotznik MS, Shi S, Schneider GJ, Murakowski J, Prather DW (2007) Sparse aperture millimeter-wave imaging using optical detection and correlation tech-niques. In: Proceedings of SPIE defence security + sensing symposium-passive and active MMW imaging X, Orlando, vol 6548, 2007

Schuetz CA, Martin R, Dillon T, Yao P, Mackrides D, Harrity C, Zablocki A, Shreve K, Bonnett J, Curt P, Prather DW (2013) Realization of a video-rate distributed aperture millimeter-wave imaging system using optical upconversion. In: Proceedings of SPIE defence security + sensing symposium-passive and active MMW Imaging XVI, vol 8715, Baltimore, 2013

Shannikov DV, Kuzmin SV, Voronin VA, Rybakov YV, Shchukin GG, Khaikin VB (2005) Microwave radiometric and antenna systems for mapping of atmosphere and underlying surface, International Symposium on Remote Sensing of Environment, ISRSE. http://www. isprs. org/publications/related/ISRSE/html/papers/935. pdf

Skou N (1997) Measurement of small antenna reflector losses for radiometer calibration budget. IEEE Trans Geosci Remote Sens 35(4):967–971

Skou N, Le Vine D (2006) Microwave radiometer systems-design and analysis, 2nd edn. Norwood, Artech House

Sönmez MK, Trew RJ, Hearn CP (1992) Front-end topologies for phased array radiometry. In: 22nd European microwave conference, vol 2, 5–9 Helsinki, Sept 1992

Srinivasan K, Limaye A, Laymon C, Meyer P (2010) Phased array radiometer calibration using a radiated noise source. In: IEEE geoscience and remote sensing symposium, 26–30, Honolulu, July 2010

Stutzman WL, Thiele GA (1998) Antenna theory and design. Wiley, New York

Tanner AB (2007) Initial results of the geostationary synthetic thinned array radiometer (GeoSTAR) demonstrator instrument. IEEE Trans Geosci Remote Sens 45(7):1947–1957

Thompson AR, Moran JM, Swenson GW (2001) Interferometry and synthesis in radio astronomy, 2nd edn. Wiley, New York

Tudosie G (2009) Analysis and design of compact passive distribution networks for microwave applications. Dissertation ETH No. 18340, Swiss Federal Institute of Technology (ETH) Zurich

Ulaby FT, Moore RK, Fung AK (1981) Microwave remote sensing, active and passive. In: Microwave remote sensing fundamentals and radiometry, vol I. Addison-Wesley, Reading

Veidt B (2006) Focal-plane array architectures: horn clusters vs. phased-array techniques, SKA Memo 71. www.skatelescope.org/pages/page_memos.htm

Warnick KF (2013) Phased-array antennas for radio astronomy. In: Radio science meeting (USNC-URSI NRSM), US National Committee of URSI National, 2013

第 65 章
无源天线天线传感器

Haiying huang

摘要

由于无线被动工作、配置简单、体积紧缩、双工和方式多样等特点，天线传感器近几年吸引了大量的研究者关注。基于天线背向散射的原理，天线传感器可实现中距离无电池的无线访问。由于天线服务于传感和通信两种功能，天线传感器可采用最小数量的器件完成。由于谐振器为窄带特性，基于频分多工理论，天线传感器易于多路复用。另外，针对多种物理测量的不同类型的天线传感器已经有报道。因为这些独特的优点，天线传感器技术将在驱动多样传感的进程中扮演重要角色。本章将通过详细描述无电池天线传感器的操作原理和无线访问，全面回顾了这种振奋人心的技术。具体将讨论湿度、动态张力、温度和爆破传感器等 4 种应用示例。此外，还将讨论未来研究的方向和开放性问题。

H. huang(✉)
德克萨斯大学阿灵顿分校，美国
e-mail：huang@ uta. edu

关键词

天线传感器;无电池无线传感器;电介质传感器;张力传感器;爆破传感器;生化传感器;湿度传感器;温度传感器;介质基板;天线后向散射;幅度调制;阻抗开关;射频 ID

65.1　引言

传感器可将物理测量过程转化成电信号,在当今互联网时代变得越来越流行。由于我们的世界互联越来越紧密,传感器在将物理域向赛博空间集成过程中扮演者基础性角色。过去的几十年,无线传感器的面世从根本上改变了传感器技术领域。取消了传统传感器的布线,无线传感器成本较低,并且很容易安装。因此,将分布式传感器在很大区域高密度使用变为现实。典型的无线传感系统如图 65.1 所示。该系统由两个子系统组成,即无线传感器和无线阅读器。无线传感器负责将传感信息编码成适合天线传输的无线信号,而无线阅读器负责将无线信号准确解码成原始的传感信息。大多数情况下,无线阅读器会通过上行链路向无线传感器发出询问信号。作为回应,无线传感器通过下行链路向无线阅读器传送传感信息。传统方式下,天线仅作为无线传感器的通信设备。然而,最近的研究已经向传感方向扩展了天线的功能。本章主要介绍这一激动人心的新技术,具体包括其操作原理、无线访问流程、应用案例和未来的发展方向。针对不熟悉无线传感器技术的读者,本章会先给出通用无线传感器的简单回顾。

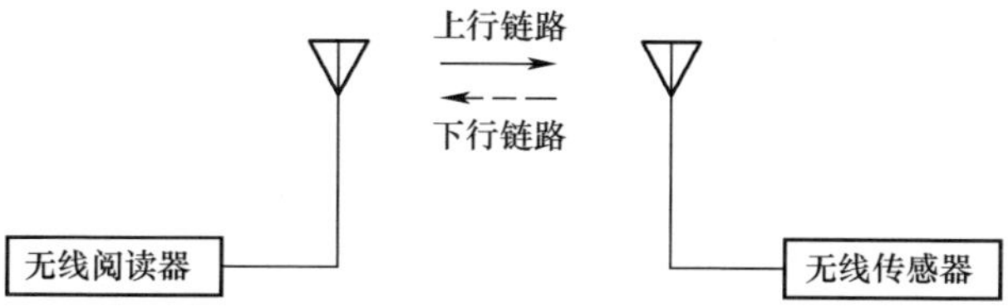

图 65.1　典型的无线传感器系统(由无线传感器和无线阅读器组成)

1. 无线有源传感器

无线传感器可粗略地分为有源和无源两类,主要区分点为是否需要板载电池。最普通的有源无线传感器基于伯克利微小平台,如图65.2所示。这种无线传感器本质功能为微小计算机。它具有和无线阅读器间的数据读取和发送功能,也可认为是一个基站。有源无线传感器的“大脑”是微小计算机,它控制并且调度其他电子部件,如模数转换、存储器和射频等。传感信号通常由转换传感器采集成模拟信号格式,如张力计量器、加速度计和热耦等。然后这一模拟信号通过ADC转换成数字信号,就可以直接通过射频传输,或发送前先由微型处理器先做处理。由于无线通信协议的数字本质,板载射频、无线传感器节点可提供大于100m距离的可靠且抗干扰通信。

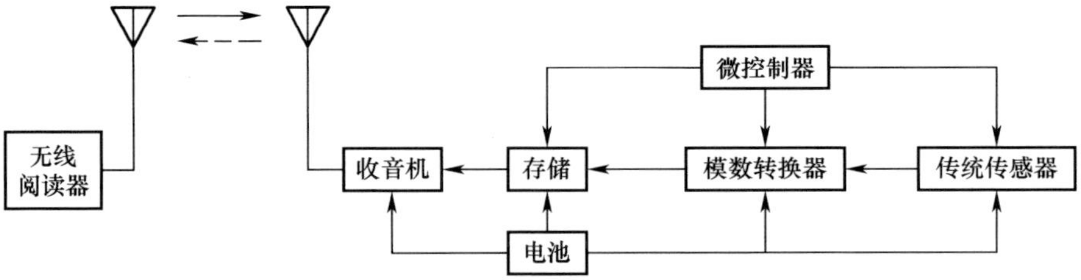

图65.2 有源无线传感器节点的组成结构

有源无线传感器技术已经较为成熟,形成了多个技术标准,如蓝牙和ZigBee等,使得这种传感器商业化更加便利。目前,有源无线传感器可在市面上以不到50美元的价格购买到。由于电子元器件包括传感器都会消耗大量的能量,板载电池成了有源无线传感器的重要限制因素。更换电池和重新对电池充电将引入重大维护的挑战。尽管多种能量收集技术的研究都为突破板载电池的限制,然而无线传感器消耗的能量和环境中收集的低能量水平之间仍然存在很大的缺口。

2. 无源无线传感器

无源无线传感器相对于电池供电的无线传感器而言是一种切实可行的替换方案,尤其在通信距离比较短的应用环境下。有源无线传感器和无源无线传感器之间最大的区别在于无源无线传感器不具备板载发射机。顾名思义,这种传感器要么完全不消耗能量,要么消耗极低的能量以至于从其他信号源上收集的能量足够支撑它们启动。无源无线传感器可大致分为 4 种类型,即基于声表面波的、电感耦合的、射频识别使能的和天线传感器。基于声表面波的无源无线传感器和电感耦合无源无线传感器比有源无线传感器的研究还要早。射频识别系统研发的初始目的主要作为替换产品条形码和存货跟踪的电子设备,近几年才因低成本和普遍性拓展到无源无线传感。天线传感器是最新加入无线无源传感器家族的,它们与射频识别传感器的通信原理相同,但是它们不需要外置传感器,并且因此比射频识别使能传感器的配置更简单。

3. 无源无线声表面波传感器

图 65.3 所示为典型无源无线声表面波传感器的简要示意图,无线传感器有一个压电基板连接到天线上,反射器直接印制在压电基板上,与天线链接处的距离很短。由于压电效应,射频信号被天线接收后可直接激励沿基板传播的声表面波,当声表面波到达反射器后,就会被反射器反射回来,在天线连接处变回射频信号,从而被天线再辐射回去。因为声表面波的传播速度比射频低很多,因此射频和声表面波的双向转换过程在入射电磁波和回传电磁波间存在大的时延。时延的大小取决于天线和反射器间的距离和声表面波的传播速度。例如,拉力、温度和湿度等物理测量对声表面波的传播速度会产生影响,因此可从回传波的延时上实现探测。为了使声表面波的传输损耗比较低,用于激励声表面波的射频频率通常限制在几十兆赫,更高的射频频率将引入大的声表面波损耗,从而限制无线声表面波传感器的访问距离。频率的限制使得传感器天线的小型化非常困难,进一步讲,由于声表面波的波速可受多种因素影响,因此在声表面波波速上解耦这些因素将是一个具有挑战性的任务。

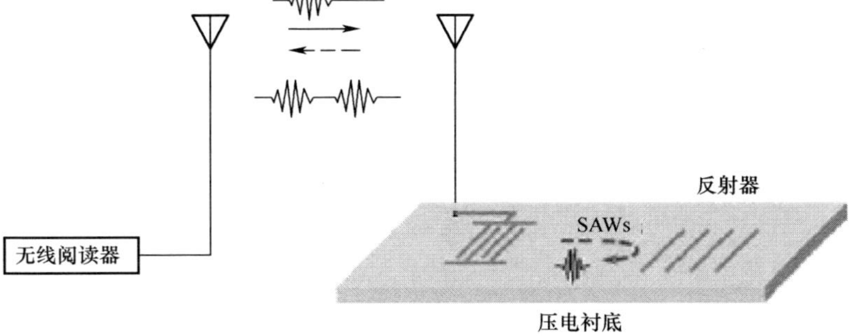

图 65.3　基于声表面波的无源无线传感系统

4. 无源无线电感耦合传感器

最简单的电感耦合无线传感系统结构示意图如图65.4(a)所示。传感器节点是一个螺旋谐振电路,电路形式为在介质基板上印制的导电迹线。既然如此,传感器节点可以通过集总元件等效电路表示,等效电路主要包括电感和与之并联的电容,如图65.4(b)所示。谐振腔电路的电感取决于导电迹线的结构,而其电容与导电迹线间的距离和基板的介电常数有关。改变这些结构和介电常数的物理测量过程也就相应地改变了谐振腔电路的电感和(或)电容,从而导致谐振频率的偏移。当阅读器天线置于螺旋线近场时,螺旋谐振腔电路相对于阅读器天线的电磁场而言属于电感耦合状态,因此,当访问频率与螺旋谐振腔频率匹配时,阅读器通过天线输出的能量被螺旋谐振电路极大地吸收进去。通过对输出频率的扫频,并监测阅读器天线反射的能量可确定螺旋谐振腔的谐振频率。相比于声表面波无源无线传感器而言,电感耦合无线传感器具有更简单的配置。由于螺旋电路必须置于阅读器天线的近场区,因此这种传感器的主要局限在于访问距离典型限定值仅几厘米。

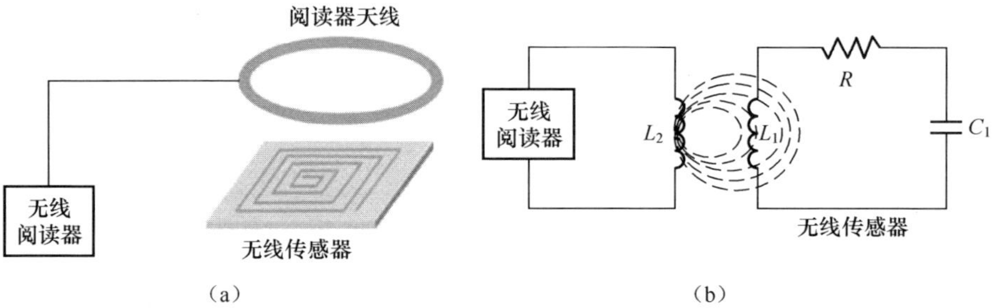

图65.4　电感耦合无源无线感知

(a)配置;(b)集总电路模型。

5. 无源射频识别传感器

无源无线射频识别系统如图65.5(a)所示。射频识别阅读器向射频识别标签广播一个访问信号,而射频标签通过发送识别号编码的信号作为响应信号。射频识别标签由天线和射频识别芯片组成。图65.5(b)表示了射频识别芯片的详细结构。射频识别芯片的 一项功能是从访问信号中收集能量,当收集到足够的能量时,射频芯片便被激活,从而能够从自身存储中获取ID号,并且通过天线负载的阻抗选择将ID号码传输出去。当射频识别阅读器接收到此信号后,回传的信号便得以处理，从而得到 ID 号码。

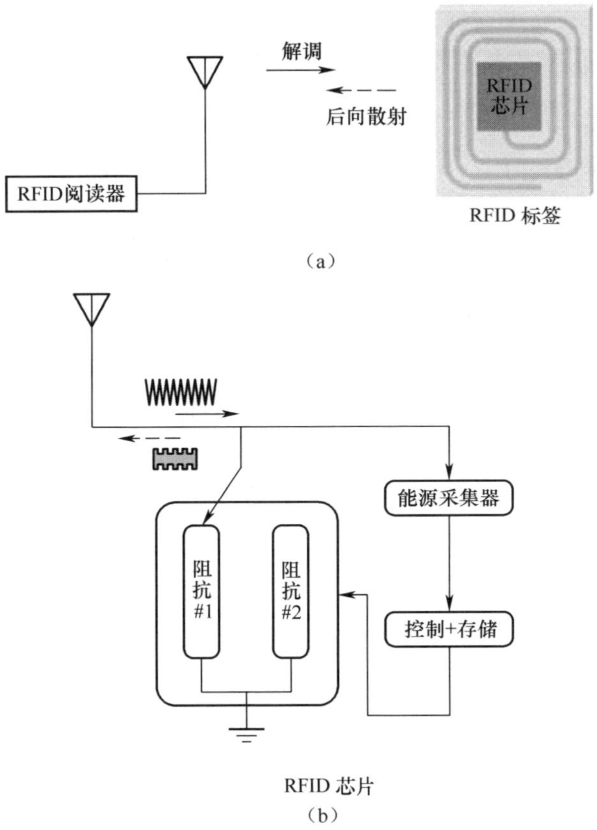

图 65.5　无源无线传感器系统

(a)系统配置；(b)射频 ID 标签的结构。

可以把传感功能合并到射频标签的 4 种通用的射频识别传感器如图 65.6 所示。最初由 Intel 研发中心开发的无线识别和传感平台(WISP)，可能是最复杂且多功能的无源无线射频识别传感器。类似于一个有源无线传感器，WISP 传感器包括微处理器、ADC、外部存储器以及一个或多个常规传感器，如图 65.6(a)所示。WISP 传感器和有源无线传感器的不同之处如下：①WISP 传感器由来自访问信号的能量驱动，而有源无线传感器由电池供电；②WISP 传感器通过调制反散射信号传输数据，因此没有板载发射机，而有源无线传感器通过发射机实现数据传送。即使 WISP 传感器消耗的能量比有源无线传感器小得多，然而射频识别读取器所提供的能量,大多数情况下,仍然不能充分地为 WISP 传感器供电。类似于有源无线传感器,WISP 传感器的电源管理仍然是一个挑战。将传感功能集成到射频识别标签的替代方案是在射频识别芯片中实现低功率片上 CMOS 传感器(图 65.6(b))。这种方法与大规模集成电路(IC)制造技术兼容,可以产生结构紧凑、功耗低和灵敏度高的射频识别传感器芯片。另外,这些芯片的开发需要定制的芯片设计和制造。此外,可以在 CMOS 芯片上实现的传感器类型也很有限。第三种射频识别传感器使用模拟阻抗传感器来改变射频识别标签天线的负载,如图 65.6(c)所示。阻抗传感器被设计用来改变它的阻抗和期望的物理测量。由于加载天线的雷达横截面(RCS)依赖于负载阻抗,因此传感器的阻抗变化可以从反散射的射频识别信号中检测出来,这反过来又可以与引起阻抗变化的物理参数相关联。这种传感器的优点是,它们不需要特殊的射频识别芯片,因此可以降低传感器节点的成本。第四种射频识别传感器通过使用射频识别标签天线作为传感器来消除外部传感器。这些射频识别传感器可以被看作被动无线天线传感器的子集,因此将在本章详细讨论。在这 4 种类型的射频识别传感器中,前两种对传感器数据进行数字编码,而另外两种则以模拟的方式对传感器数据进行编码。一般来说,数字编码更可靠,但消耗的功率也更高,而模拟编码非常有效,但容易受到电磁干扰的影响。

6. 无源无线天线传感器

在所有无线传感器中,无源无线天线传感器可能具有最简单的配置。如图 65.7 所示,无源无线天线传感器仅由两部分组成,即天线和调制器。天线可以是普通的电介质材料上的常规天线,也可以涂上功能化的材料。调制器的主要目的是调制天线接收到的访问信号,从而使信号由天线散射,也就是天线的后向散射,它可以与周围结构中散射的信号相分离,即结构后向反射。根据传感器的设计,调制器完全是被动的,或者消耗非常低的功率。通过检测天线传感器辐射特性的变化来实现传感功能,如共振频率的改变。已经展示了对湿度、气体、温度、应变、位移、裂缝等敏感的天线传感器。这些无源无线天线传感器的独特优势可概括为以下几点。

(1) 配置简单。天线本身具有通信和传感双重功能。因此,不需要外部传感器。

(2) 无源操作。传感信息直接被编码在天线的反向散射中。因此,在无线

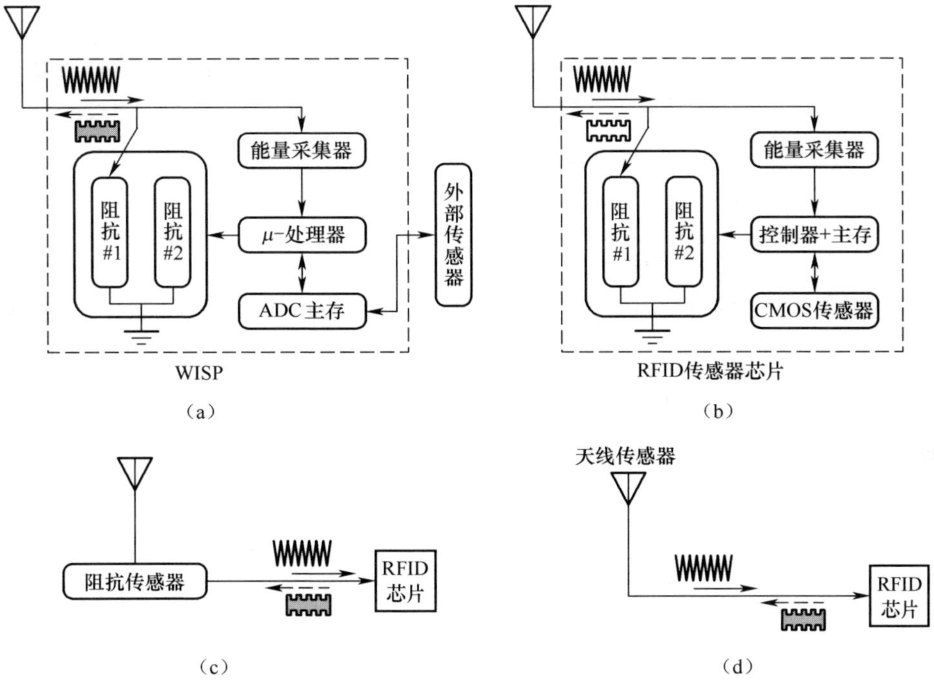

图 65.6　4 种常见射频 ID 传感器的拓扑结构

(a)无线识别和传感平台;(b)基于 CMOS 的射频 ID 传感器;(c)基于负载阻抗的射频 ID 传感器;(d)基于射制识别的天线传感器。

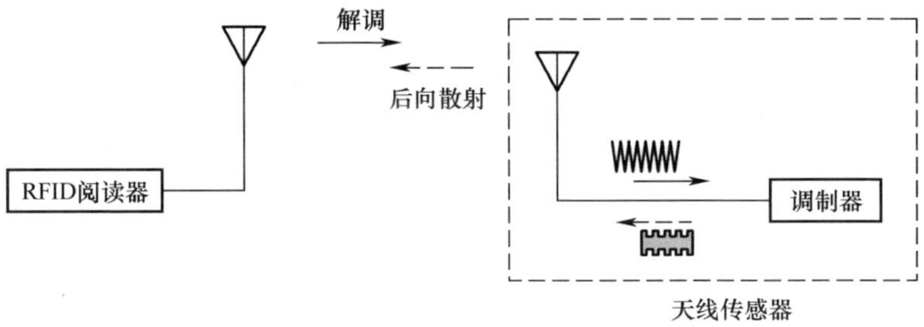

图 65.7　基于天线传感器的无源无线传感系统

传感器节点上不需要任何机载电池。

(3) 多路复用能力。基于频分复用、空分复用、码分复用等原理,天线传感器可实现多路复用,该传感器多路复用能力可实现密集的分布式传感器网络和多天线传感器的并行检测。

(4) 多态传感。天线可以设计为对各种物理测量的感应形式。

(5) 低成本。这种天线传感器可以用传统成本低廉的印制电路板制造技术来制造。

(6) 平面性和保持性。天线传感器可以在低剖面、平面、柔软的基板上制造,完全符合其附着的表面。

7. 天线作为传感器的历史回顾

尽管第一个天线是在1887年由Heinrich Rudolph Hertz实现的,但将天线以感知为目的使用的则是一项最近的发明。在文献中发表的第一个天线传感器是由Gagnadre等(1995)发表的,他们描述了一种1.5GHz的圆形天线,用来测量污泥样本的水分含量。污泥样本被放入塑料烧杯里,置于环形天线的顶部。该样本的水分含量是通过使用特定模型和Bottcher模型的天线传感器测量的有效介电常数来计算的。他们发现,当含水量较高时,该方法能够达到污泥样品中水分含量0.3%的区分度。各种天线传感器,用于测量积雪和土壤的介电常数(Denoth,1997)、气体(McGrath et al.,2004;Verma et al.,2013)、相对湿度(Chang et al.,2006)、土壤水分(You et al.,2010)以及葡萄糖(Wiwatwithaya et al.,2011),他们均用有线连接的方式实现验证。第一个无线天线传感器是由Sidén等(2007)演示的。他们使用了一对普通的射频识别标签来进行相对湿度测量。其中一个射频识别标签上覆盖了吸水材料,而另一个标签是打开的。相对湿度是通过这两种射频识别标签不同的开机功率来测量的。遵循类似的方法,Bhattacharyya等(2010)研究了位移、填充水平和温度阈值的射频识别标签。

天线温度传感器可以利用介质材料的温度依赖性开发。首个天线温度传感器由Bhattacharyya等(2011)发表,用于温度阈值检测。传感器是由一个形状记忆聚合物(SMP)薄片组成,夹在射频识别标签和金属板之间。当温度超过阈值时,SMP会改变其介电常数,这可以从射频识别标签的接通功率中检测到。然而,该传感器只能检测两个温度状态。Yang等(2012)和Qiao等(2013)对连续温度测量进行了验证。两个产品都使用了槽形天线;Yang等(2012)将水袋集成在贴片天线的基板上,而Qiao等(2013)使用$Ba_{0.3}Sr_{0.7}TiO_3$高密度聚乙烯(HD-PEBST)材料作为天线衬底,以增强温度灵敏度。最近,Jiang等(2014)研究了一种传统的微波基板(罗杰斯公司,RO3005)用于温度传感。在一个矩形的贴片天线的两个基波谐振频率上,达到了 $133.1\times10^{-6}/℃$ 和 $142.6\times10^{-6}/℃$ 的温度灵敏度,相当于 665kHz/℃ 和 856kHz/℃。以上讨论的所有天线传感器都是基于测量天线的介电常数原理,因此可以归类为天线介电传感器。开发天线介电传感器遇到的挑战为,天线辐射参数与物理测量之间的关系是由材料性质决定的,在大多数情况下,不能以分析的方式进行建模。因此,天线电介质传感器的大部分工作都是基于试验的。

Tata 等(2009)完成了天线传感原理的首个数学推导。在传输线模型的基础上,严格推导出了天线频率偏移与所受应力之间的关系。分析模型预示贴片天线的归一化频率偏移与所受应力之间是成线性比例关系。这一预测是使用安装在悬臂梁上的矩形贴片天线进行验证的。Tata 的工作后,出现了一些其他类型天线形式,如圆形贴片(Daliri et al.,2010)、折叠偶极子天线(Merilampi et al.,2010、2011)、弯折线偶极子(Occhiuzzi et al.,2011)、折叠贴片(Yi et al. ,2011)、平面偶极子(Jang and Kim,2012)、刺绣偶极子(Hasani et al. ,2013)和开槽贴片天线(Salmani et al.,2011;Yi et al. ,2014),也都验证了应变传感器。所有这些天线传感器都是基于相同的原理,换言之,所受应力改变了天线辐射单元的尺寸,从而引起天线谐振频率的变化。Bhattacharyya 等(2009)以及 Mohammad 和 Huang(2012a)利用了不同的原理,用于置换和压力传感。Bhattacharyya 等(2009)在金属板下面放置了一个射频识别标签天线。通过将金属板固定在简单支撑梁上,证明了天线传感器测量波束偏转的能力;光束的偏转改变了金属板与标记天线之间的距离,从而改变了标记天线的效率,可以从开关电源和反散射信号功率中检测到。Mohammad 和 Huang(2012a)通过使用泡沫材料将环形天线和金属膜分离,构造了压力传感器。传感器施加的压力降低了环形天线与金属板之间的距离,从而改变了环形天线的共振频率。试验证明,应用压力与共振频率位移之间成线性关系。

表 65.1 至表 65.4 基于其传感的参量种类分别列出了一些天线传感器。表中包括作者在文献中发现的所有关于天线传感器已发表的工作。标有星号的参考文献中演示了通过无线询问进行传感的试验,而未标星号的参考文献则只展示了通过有线实现传感的试验。

表65.1 天线介电常数传感器

参考文献	测量参量	天线				传感的参量
		类型	尺寸	频率	材料	
(Gagnadre et al.,1995)	污泥水分	圆形贴片	36mm 直径	1.95GHz		频率变化
(Denoth 1997)	雪或土壤	单极子	86mm	0.1~2GHz		输入阻抗
(McGrath et al., 2004)	气体	圆形贴片	约 8.6mm 半径	5.5GHz	CNT	频率变化
(Chang et al., 2006)	相对湿度	河曲贴片		约 5.36GHz	聚酰亚胺	频率变化
(Sidén et al., 2007)*	相对湿度	两个 RFID	每个 96mm×8mm	865~868MHz	纸介质薄膜	阈值功率
(Bhattacharyya et al., 2009)*	位移量	特高频 RFID	80mm×80mm	915MHz	金属背板	阈值功率
(Marrocco et al.,2009)*	塑料瓶液位	平面偶极子天线				开启和信号功率
(You et al., 2010)	土壤水分	矩形开槽贴片	31.8mm×31.8mm	1.5GHz 或 3GHz	FR4	频率变化和回波损耗
(Wiwatwithaya et al.,2011)	葡萄糖	U 形贴片		约 1.9GHz		回波损耗
(Potyrailo et al.,2011)*	电导率	RFID 标签		13.56MHz		馈电点阻抗
(Verma et al., 2013)	气体	贴片天线	41mm×41mm	2.4GHz	Duroid 和 CNT	频率变化

*无线询问演示实验

表65.2 天线温度传感器

参考文献	测量参量	天线				传感的参量
		类型	尺寸/mm^2	频率	材料	
(Bhattacharyya et al.,2010)*	温度阈值	RFID		902~928MHz	水和铝板	信号强度
(Bhattacharyya et al.,2011)*	温度阈值	RFID	130×20	902~928MHz	SMP 和金属板	开启时间
(Potyrailo et al.,2011)*	温度			13.56MHz		馈点阻抗

（续）

参考文献	测量参量	天线				传感的参量
		类型	尺寸/mm^2	频率	材料	
(Yang et al., 2012) *	温度	开槽贴片	38×38	900MHz	水囊	频率变化
(Qiao et al., 2013) *	温度	开槽贴片	44. 5×44. 5	900MHz	HDPEBST	频率变化
(Jiang et al., 2014) *	温度	矩形贴片	11. 8×9. 8	4.85 和 5. 95GHz	Duroid RO3006	频率变化

表 65. 3　天线机械传感器

参考文献	测量参量	天线				传感的参量
		类型	尺寸	频率	材料	
(Tata et al., 2009)	应力	矩形贴片	4mm×5. 3mm	17. 2GHz 或 20. 5GHz	聚酰亚胺	频率变化
(Bhattacharyya et al., 2009) *	位移	RFID 标签	80mm×80mm	915MHz	金属及标签	开启信号功率
(Daliri et al., 2010)	应力	圆形贴片		1. 5GHz	FR4	频率变化
(Merilampi et al., 2010) *	应力	折叠偶极子	100mm	915MHz	PVC 和织物	信号功率
(Merilampi et al., 2011) *	巨大形变	折叠偶极子	8mm×97mm	866MHz	PVC 和织物	开启信号功率
(Occhiiuzzi et al., 2011)	应力	河曲线偶极子	36mm×36mm	868~956MHz		信号功率
(Salmani et al., 2011) *	应力	开槽贴片	19. 8mm×17. 9mm	5GHz 或 9. 26GHz	Druoid 5880	频率变化
(Yi et al., 2011) *	应力	折叠贴片	56. 6mm×50mm	921MHz	Druoid 5880	频率变化
(Caizzone et al., 2012) *	表面位移	RFID 网格	148mm×10mm		泡沫	开启信号功率
(Jang and Kim, 2012)	应力	平面偶极子	17mm×16mm	8~12GHz	塑料	频率变化
(Muhammad、Huang, 2012a)	压力	环天线	6. 5mm 半径	6. 5GHz	Rogers 4350B	频率变化
(Muhammad、Huang, 2012b)	剪切形变	贴片天线	15mm×12. 75mm	4. 6GHz 或 5. 6GHz	泡沫	频率变化

(续)

参考文献	测量参量	天线				传感的参量
		类型	尺寸	频率	材料	
(Yi et al., 2013)*	应力裂缝	折叠贴片	6mm×6.9mm	915MHz	Druoid 5880	频率变化
(Hasani et al., 2013)*	应力	绣花偶极子	150mm	915MHz	涤纶织物	开启功率
(Yi et al., 2014)*	应力	开槽天线	44mm×48mm	900MHz	Druoid 5880	开启功率
(Yao et al., 2014)*	动态应变	矩形贴片	21.6mm×18mm	5.38GHz	Druoid 5880	频率变化

表 65.4 天线开裂传感器

参考文献	测量参量	天线				传感的参量
		类型	尺寸	频率	材料	
(Matsuzaki et al.,2009)	裂缝	偶极子天线	365mm	400MHz	碳复合材料	频率变化
(Muhammad and Huang,2010)	裂缝产生和扩展	矩形贴片	15mm×12.5mm	6.1GHz 和 8.6GHz	聚酰亚胺	频率变化
(Deshmukh et al.,2011)*	裂缝扩展	矩形贴片	15mm×12.8mm	7.1GHz	聚酰亚胺	频率变化
(Erdmann and Huang,2011)	隐藏裂缝	矩形贴片	12.75mm×14mm	6.6 和 7.8GHz	聚酰亚胺介质薄膜	频率变化
(Muhammad et al.,2012)*	裂缝定位	矩形贴片	15mm×12.75mm	5.75 和 6GHz	聚酰亚胺	频率变化率
(Kalansuriya et al.,2013)*	裂缝	偶极子	160mm	915MHz		信号强度

65.2 工作原理

本节以矩形微带贴片天线为例解释了天线传感器的工作原理。其他类型天线的工作原理与此类似,并且可以在表格上的参考文献中找到。如图 65.8(a)所示,矩形微带贴片天线由 4 部分组成,即地板、介质基板、辐射贴片和传输馈线。地板和辐射贴片都由导电材料制作而成,并被介质基板分开,共同组成一个在特定频率辐射的电磁谐振器。辐射贴片由提供入射信号的微带传输线馈电。入射信号要么被辐射贴片传输,要么被其反射。因此,贴片天线的辐射效率可以定义为入射功率和反射功率的比,也就是回波损耗。由于贴片天线起着谐振器的作用,所以其回波损耗与频率有关。图 65.8(b)所示为贴片天线的 S_{11},代表贴片天线回波损耗随频率的变化。由 S_{11} 可以得到 3 个辐射参数,即谐振频率、谐振带宽和基准损耗。谐振频率定义为回波损耗最小的频率,在这个频率上,绝大部分入射波被天线辐射出去,只有很小一部分能量被反射回来。谐振带宽通常定义为小于给定回波损耗,如-6dB 的频率范围。基准损耗代表与谐振无关的天线的总损耗。在理论上,所有这 3 个辐射参量都可以用于将物理测量值转换成可测量的辐射参数。但实际上,通常将谐振频率的变化作为传感参量。将谐振频率的变化作为传感参量的其中一个优点是不需要参考。例如,对谐振频率的测量不会受到通信频率范围、传输损耗等参量的影响。因此,谐振频率作为传感参量可提供绝对的、具有鲁棒性的、可靠的测量结果。

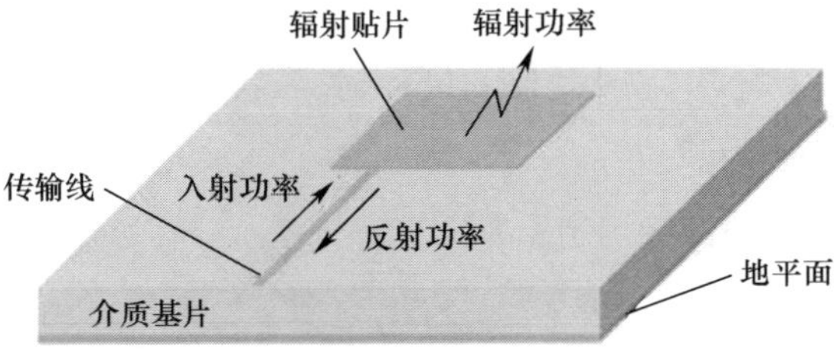

(a)

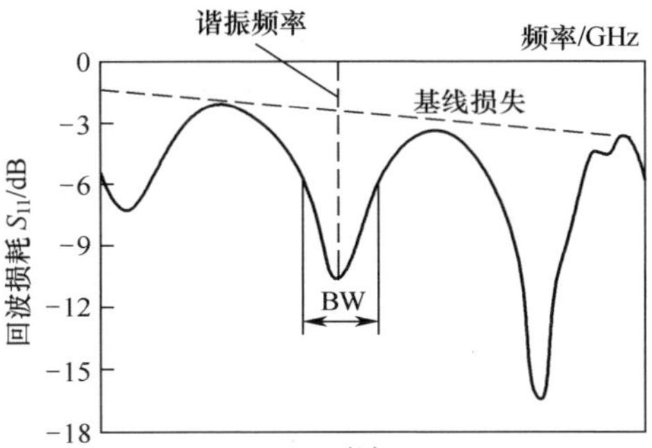

(b)

图 65.8　矩形微带贴片天线工作原理

(a)矩形微带贴片天线示意图;(b)天线辐射的 S_{11} 特性图。

1. 天线谐振频率的分析模型及其对测量物的灵敏度

矩形贴片天线的计算公式为

$$f_{mn}=\frac{C}{2\pi\sqrt{\varepsilon_{\text{reff}}}}\sqrt{\left(\frac{m\pi}{L_e}\right)^2+\left(\frac{n\pi}{W_e}\right)^2} \tag{65.1}$$

式中：c 为光速；$\varepsilon_{\text{reff}}$ 为有效介电常数；电长度 L_e 和电宽度 W_e 可以由辐射贴片的尺寸加上边缘的扩展计算，即

$$\begin{cases}L_e=L+\Delta L\\W_e=W+\Delta W\end{cases} \tag{65.2}$$

式中：m、n 为谐振模数，对于有矩形辐射贴片的天线来说，基本模为(1,0)模式。如果是 TM_{10} 模式，则电流沿长度方向流动，如果是 TM_{01} 模式，则电流沿宽度方向流动。由于式(65.1)对于 TM_{10} 和 TM_{01} 模是基本相同的，接下来的叙述主要是关注 TM_{10} 模，TM_{10} 模的谐振频率可由式(65.1)简化为

$$f_{mn}=\frac{C}{2\sqrt{\varepsilon_{\text{reff}}}}\sqrt{\frac{1}{L_e}} \tag{65.3}$$

当基板厚度 h 远小于辐射贴片的尺寸时，长度的增加 ΔL 可以忽略，因此式(65.3)可以再次简化为

$$f_{mn}=\frac{C}{2L\sqrt{\varepsilon_{\text{reff}}}} \tag{65.4}$$

天线的频率变化量 δf_{10} 与 $\varepsilon_{\text{reff}}$ 和 L 的关系可由对式(65.4)全微分得到，即

$$\delta f_{10}=\frac{\partial f_{10}}{\partial\varepsilon_{\text{reff}}}\delta\varepsilon_{\text{reff}}+\frac{\partial f_{10}}{\partial L}\delta L \tag{65.5}$$

其中：

$$\frac{\partial f_{10}}{\partial\varepsilon_{\text{reff}}}=\left(-\frac{1}{2\varepsilon_{\text{reff}}}\right)\frac{C}{2L\sqrt{\varepsilon_{\text{reff}}}}=\left(-\frac{1}{2\,\varepsilon_{\text{reff}}}\right)f_{10}\ \text{及}\ \frac{\partial f_{10}}{\partial L}$$
$$=\left(-\frac{1}{L}\right)\frac{C}{2L\sqrt{\varepsilon_{\text{reff}}}}=\left(-\frac{1}{L}\right)f_{10} \tag{65.6}$$

δf_{10} 关于 f_{10} 归一化，得到

$$\frac{\delta f_{10}}{f_{10}}=-\frac{1}{2}\frac{\delta\varepsilon_{\text{reff}}}{\varepsilon_{\text{reff}}}+\frac{\delta L}{L} \tag{65.7}$$

式(65.7)即为天线传感器的理论基础,等号右侧第一项代表天线谐振频率随天线有效介电常数变化的灵敏度,可以检测环境的变化(如温度、湿度、气体等)和生物传感;第二项代表天线谐振频率随辐射贴片的尺寸变化的灵敏度,可以用于应力、裂缝和温度传感。

2. 介质传感

天线介质传感器可以是图 65.8(a)所示的带有暴露在外的辐射贴片的矩形贴片天线,或者有介质覆盖的贴片天线,如图 65.9 所示,辐射贴片上覆盖了一层介质材料。在后一种情况下,天线传感器的有效介电常数由基板和上层覆盖的介质共同决定,贴片天线的有效介电常数可以通过引入两个填充因子 q_1 和 q_2 (Bogosanovich,2000)来计算,即

$$\varepsilon_{\text{reff}} = q_1 \varepsilon_1 + q_2 \varepsilon_2 + (1 - q_1 - q_2) \tag{65.8}$$

式中:ε_1 和 ε_2 分别为基板和上层覆盖膜的介电常数,等号右侧第三项取决于上层膜上的介质,一般假定为空气。上层膜的材料可以是常规材料,如用于湿度传感的纸或者用于气体传感具有特殊功能的材料如碳纳米管(CNT)。有效介电常数和被测物理量之间的关系通常由实测进行校准。假设被测量为 μ ,则有效介电常数为关于 μ 的函数, $\varepsilon_{\text{reff}} = f_\mu(\mu)$,归一化的频率变化量和被测量之间的关系可由式(65.7)得到,即

$$\frac{\delta f_{10}}{f_{10}} = -\frac{1}{2\varepsilon_{\text{reff}}}\frac{\partial f_\mu}{\partial \mu}\delta\mu - \frac{\partial L}{L} \tag{65.9}$$

可化简为

$$\frac{\delta f_{10}}{f_{10}} = -\frac{1}{2f_\mu(\mu)}\frac{\partial f_\mu}{\partial \mu}\delta\mu \tag{65.10}$$

假定贴片天线的长度为一个常量。

图 65.9　天线介质传感器(其辐射贴片由介质膜覆盖。该介质膜可以是具有特定传感功能的材料)

3. 应变传感

应变作为对材料形变的直接测量,是需要传感的最重要力学特性之一。由于应变与承载结构的应力、外部载荷、振动和边界条件密切相关,其经常被用于评估工程结构件的结构完整性。应变分为两种。正应变被定义为相对于原来的90°的角度变化。因此,正应变随辐射贴片的长度方向的变化定义为

$$\varepsilon_L = \frac{\delta L}{L} \tag{65.11}$$

假设正应变与有效介电常数无关,即 $\delta\varepsilon_{\text{reff}} / \varepsilon_{\text{reff}} = 0$,温度保持不变,式(65.7)可化简为

$$\frac{\delta f_{10}}{f_{10}} = -\frac{\delta L}{L} = -\varepsilon L \tag{65.12}$$

式(65.12)表示施加的应力和归一化频率变化是线性关系。在结构双向受力的情况下,辐射贴片的长度和宽度方向上的应变可以由 TM_{10} 和 TM_{01} 模的归一化频率变化得到

$$\begin{cases} \dfrac{\delta f_{10}}{f_{10}} = -\dfrac{\delta L}{L} = -(\varepsilon_L - \nu\varepsilon_W) \\ \dfrac{\delta f_{01}}{f_{01}} = -\dfrac{\delta W}{W} = -(\varepsilon_W - \nu\varepsilon_L) \end{cases} \Rightarrow \begin{cases} \varepsilon_L = -\dfrac{1}{1-\nu^2}\left(\dfrac{\delta f_{10}}{f_{10}} + \nu\dfrac{\delta f_{01}}{f_{01}}\right) \\ \varepsilon_W = -\dfrac{1}{1-\nu^2}\left(\nu\dfrac{\delta f_{10}}{f_{10}} + \dfrac{\delta f_{01}}{f_{01}}\right) \end{cases} \tag{65.13}$$

式中:ν 为结构材料的泊松系数。基于应变变换原理,任意方向上的正应变和切应变可由两个正交原理方向上的正应变计算。因此,将矩形贴片天线的辐射贴片沿主应力方向对准,可以测量结构的应变状态。

基于式(65.12)和式(65.13),利用单位应力的频率变化量($\delta f_{mn}/\varepsilon$)测量的天线传感器对应变的灵敏度,与对应的天线谐振频率是线性关系。因此,具有越高的谐振频率的天线对于应力的变化就越敏感。此外,为了使其具有更加优良的空间分辨率,应变传感器的尺寸越小越好。基于以上两个方面考虑,用于应变传感的天线传感器应该工作在加工精度、通信距离以及调制和读取电路的成本的约束下的最高谐振频率。

4. 温度传感

温度在制造流程控制、环境监测、食品生产、人与动物的健康监测等多个应用领域中都是需要测量的重要参量。为了实现温度传感的目的,天线温度传感

器的有效介电常数必须与温度变化 ΔT 成线性关系，即

$$\frac{\delta\varepsilon_{\text{reff}}}{\varepsilon_{\text{reff}}}=\alpha_{\varepsilon}\Delta T \tag{65.14}$$

式中：α_{ε} 为基板材料的介电常数的温度系数（TCD_k）（Carver and Mink，1981）。由于热膨胀效应，辐射贴片的尺寸对温度变化同样敏感。设天线传感器的热胀系数（CTE）为 α_T，则温度引入的长度变化为

$$\frac{\delta L}{L}=\alpha_T\Delta T \tag{65.15}$$

将式（65.14）、式（65.15）代入式（65.7）得到

$$\frac{\delta f_{10}}{f_{10}}=-\left(\frac{1}{2}\alpha_{\varepsilon}+\alpha_T\right)\Delta T=k_T\Delta T \tag{65.16}$$

式中：k_T 为天线传感器的温度灵敏度。由于 TCD_k 和 CTE 都是材料特性，假设基板材料为各向同性材料，TM_{01} 模的频率变化 $\delta f_{10}/f_{10}$ 应该具有相同的温度灵敏度值 k_T。

天线谐振频率与应变灵敏度和温度灵敏度的关系分别推导出同样的结果。与其他应变传感器相似，应变力和温度对天线谐振频率的影响有所关联。如果天线传感器只受到单向的应力，这两种影响可以通过两个正交天线辐射模式来解耦。在受到长度方向的应力 ε_L 以及温度变化 ΔT 影响的情况下，TM_{10} 和 TM_{01} 模的归一化频率变化可以表示为

$$\begin{cases}\dfrac{\delta f_{10}}{f_{10}}=k_T\Delta T-\varepsilon_L\\[2ex]\dfrac{\delta f_{01}}{f_{01}}=k_T\Delta T-\nu\varepsilon_L\end{cases}\Rightarrow\begin{cases}\varepsilon_L=-\dfrac{1}{\nu-1}\left(\dfrac{\delta f_{10}}{f_{10}}-\dfrac{\delta f_{01}}{f_{01}}\right)\\[2ex]\Delta T=-\dfrac{1}{k_T}\left(\dfrac{\delta f_{10}}{f_{10}}+\varepsilon_L\right)\end{cases} \tag{65.17}$$

如果天线传感器同时承受两个方向的应力和温度变化，则必须使用邻近的两个天线传感器来提取这 3 个参数。

5. 裂缝传感

裂缝的存在是结构损坏的直接表现。如果不加以关注，某些裂缝可能会导致灾难性的结构故障。从断裂力学的角度，为了准确预测裂缝对于结构完整性的影响，必须了解裂缝的位置、长度和方向。天线传感器能够提供详细的裂缝信息。由式（65.7）可以推断出，贴片天线的辐射贴片和地平面

都是完整的连续平面,也就是说,其中不存在槽、切口和裂纹。如果辐射贴片和地平面有裂缝存在,那么这个裂缝将会影响辐射贴片的电流分布。如图65.10(a)所示,辐射贴片上与长度方向平行的裂缝会使得宽度方向上的电流绕其流动,从而导致辐射贴片的电宽度增大。类似地,宽度方向上的裂缝会导致电长度的增大。而既不与长度方向也不与宽度方向平行的倾斜裂缝会使得辐射贴片的所有电尺寸都增大,天线谐振频率随之降低。但是并不存在一个可以很方便地计算裂缝对于天线谐振频率影响的分析模型。为了找到裂缝长度与天线谐振频率的关系,需要用到电磁仿真或者试验校准。图65.10(b)所示为在长度方向上存在裂缝的天线传感器的谐振频率随裂缝长度的变化图。天线传感器对裂缝的灵敏度定义为单位裂缝长度增大的频率变化量,即 $\delta f_{mn}/\mathrm{d}a$, $\mathrm{d}a$ 为缝隙的增长量。当裂缝刚好到达辐射贴片的边缘时,对缝隙的传感灵敏度相对较低。当缝隙向辐射贴片深处增加时,灵敏度增大。当裂缝的尖端超过辐射贴片长度的一半时,频率变化和裂纹增长的关系基本是线性的。

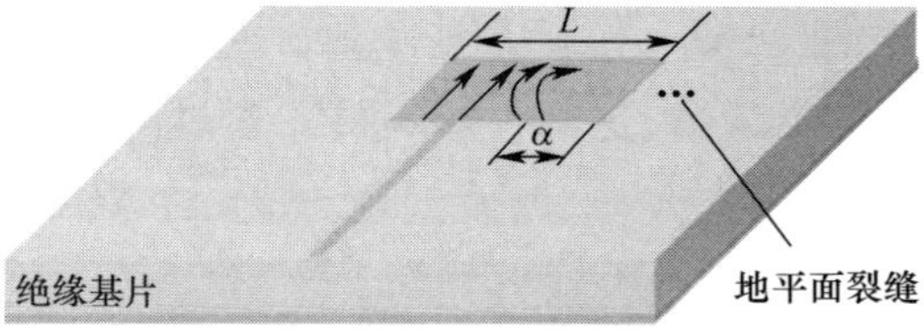

(a)

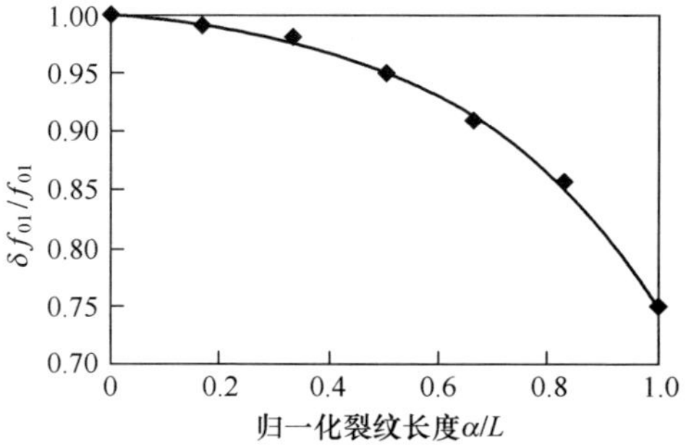

(b)

图65.10 裂缝传感原理

(a)裂缝对辐射贴片电流分布的影响;(b)天线的谐振频率随裂缝扩展的减小。

65.3　无线访问方案

1. 历史回顾

无源天线可以作为电磁谐振器通过近场或者远场通信进行无线访问。当读取天线放在天线传感器的近场时,这两个天线是电感耦合。因此,天线传感器的阻抗和散射参数(S 参数)可以直接由读取天线的 S_{11} 测得(Potyrailo et al.,2011;Jang and Kim,2012;Dalir et al.,2012)。但是,近场通信的读取范围与直接电感耦合的传感器是基本相同的。本节主要关注远场访问,因为天线传感器的远场访问具有更大的读取范围。由于无源的天线传感器没有发射源,无线访问是由天线传感器的信号反射,即天线的后向散射决定的。天线后向散射的理论可以追溯到 King(1949)和 Harrington(1963)发表的论文。Newman 和 Forrai(1987)发表了第一篇在暗室中无线测试天线后向散射的论文,用于验证计算矩形微带天线平面波散射的积分公式和矩量法(MOM)解法。Pozar(1987)使用频域格林函数仿真了一个微带贴片天线的负载阻抗对后向散射的影响。不久后,Aberle 等(1991)将此方法用于计算探针馈电的微带贴片天线输入阻抗和后向散射。其他数值仿真方法,如有限时域法(FDTD),可以在很大的带宽范围内计算天线的后向散射(Reineix et al.,1993)。这些理论性的工作奠定了射频识别系统发展的基础。Penttila 等(2006)出于优化系统的目的分析了无源射频识别标签的 RCS,并测量了 4 种不同负载的标签天线的散射模式。Nikitin 等分析并用试验验证了射频识别标签的不同 RCS。

Sidén 等(2007)于暗室外第一次演示了对天线传感器的无线访问。该试验将矩形射频识别标签的开启功率作为传感参数测量了相对湿度。由于开启功率与天线效率,读取标签的距离和传输损耗都有关系,必须要在与射频识别读取器距离相同的地方放置一个没有传感物的参考射频识别标签。相对湿度即可以由这两个射频识别标签的开启功率之差得到。虽然后向信号散射功率是由 Bhattacharyya 等(2009)和 Marrocco 等(2009)作为使用射频识别工作的天线传感器的附加传感参数提出的,但是该参数与开启功率受到相同的限制,只能作为测量的参考。Tata 等(2009)以及 Deshmukh 和 Huang(2010)实现了位于暗室之外的天线谐振频率的无线测量。该试验利用延迟时域反射(TDR)和归一化 TDR 验证了天线谐振频率变化与所施加应变力之间的线性关系。Yi 等(2011)、Qiao 等(2013)和 Hasani 等(2013)实现了使用射频识别标签对天线谐振频率的无线测量。要测量射频识别标签天线的谐振频率,必须去掉无线访问信号对其频率和功率电平的影响。由于射频识别从访问信号的频率/功率中获得足够的能量需要一定的时间,因此测量射频识别标签天线的谐振频率需要很长一段时间。近年来,Yao 等(2014)基于幅度调制和调频连续波(FMCW)雷达的理论提出了对无线贴片天线传感器的谐波访问。

表 65.5 列出了所有发表的有关天线传感器的无线访问的工作。同样地,表 65.5 所列不一定全面,但包含了作者所找到的所有相关文献。

表 65.5　已发表的无源无线天线传感器的无线询问的原理

参考文献	测量物	天线传感器		传感参量	无线询问		
		类型	频率		技术	参数	距离/m
(McGrath et al., 2004)	气体	圆形贴片	5.5GHz	频率变化	提出直接无线询问的概念,无实验		
(Sidén et al., 2007)	相对湿度	RFID 标签	865MHz	功率不同	RFID	开启功率	1.47
(Tata et al., 2007)	应变	贴片	20.5GHz	频率变化	延迟 TDR	信号功率	0.8
(Bhattacharyya et al., 2009)	位移量	RFID 标签	915MHz	开启和信号功率	RFID	开启和信号功率	
(Marrocco et al., 2009)	塑料瓶液位	RFID 标签		开启和信号功率	RFID	开启和信号功率	0.5
(Deshmukh et al., 2010)		贴片天线	6.3 和 7.4GHz	谐振频率	归一化 TDR	信号功率	1.34
(Bhattacharyya et al., 2010)	温度阈值	RFID 标签	915MHz	信号功率	RFID		0.5~1.5
(Merilampi et al., 2010)	应变	折叠贴片	915MHz	信号功率	RFID	信号功率	0.5
(Merilampi et al., 2011)	巨大位移	折叠贴片	866MHz	开启和信号功率	RFID	开启和信号功率	1.5
(Occhiuzzi et al., 2011)	应变	弯折线	900MHz	信号功率	RFID	信号功率	0.6
(Bhattacharyya et al., 2011)	温度阈值	RFID 标签	915MHz	频率影响	RFID	开启和信号功率	

（续）

参考文献	测量物	天线传感器		传感参量	无线询问		
		类型	频率		技术	参数	距离/m
(Yi et al. ,2009)	应变	折叠贴片	921MHz	频率变化	RFID	开启功率	0. 3~0. 6
(Xu and Huang, 2012a)	应变	贴片	5. 46GHz	频率变化	调幅	信号功率	0. 84
(Caizzone et al. , 2012)	表面形变	RFID 网格	870MHz	开启和信号功率	RFID	开启和信号功率	0. 1
(Jiang and Kim, 2012)	应变	平面偶极子	8~12GHz	频率变化	矢网 S_{11}	S_{11}	0. 15
(Daliri et al. , 2012)	应变	圆形贴片	1. 5GHz	频率变化	矢网 S_{11}	S_{11}	0. 05
(Yi et al. ,2013)	表面和裂缝	折叠贴片	915MHz	频率变化	RFID	开启功率	0. 3
(Qiao et al. , 2013)	温度	开槽贴片	915MHz	频率变化	RFID	开启功率	0. 5
(Hasani et al. , 2013)	应变	刺绣贴片	915MHz	频率变化	RFID 和矢网	开启功率	0. 4、0. 2
(Yi et al. ,2014)	应变	开槽贴片	910MHz	频率变化	RFID	开启功率	0. 91
(Yao et al. , 2014)	动态应变	贴片	5. 38GHz	频率变化	调幅	信号功率	0. 9

2. 理论基础

天线是可以接收和辐射电磁信号的无线传输元件。图 65. 11 所示为读取天线和天线传感器之间的能量传输情况。假设读取天线的发射功率为 P_{tx}，读取天线和传感天线之间的距离，由 Friis 传输定理可得传感天线的接收功率为

$$P_{rx} = P_{tx} G_r G_S \ |\rho_r \rho_S|^2 \left(\frac{\lambda}{4\pi r}\right) \tag{65.18}$$

式中：λ 为波长；G_r 和 G_S 为读取天线和传感天线的增益；ρ_r 和 ρ_S 分别为两个天线的极化损耗因子。由于天线传感器通过一根微带馈线连接到负载，因此接收信号会经过馈线传播到负载。如果负载阻抗与天线阻抗未完全匹配，则有部分能量被反射。反射的能量可由天线与负载之间的阻抗失配得到

$$P_\Gamma = |\Gamma|^2 P_{rx}, \Gamma = \frac{Z_L - Z_a}{Z_L + Z_a} \tag{65.19}$$

式中：Z_L 为负载阻抗；Z_a 为天线阻抗。该反射的功率沿馈线返回并由天线传感器再次辐射。读取天线接收的后向散射信号的功率可以再次由 Friss 方程计算，即

$$P_{BS} = P_r G_r G_S |\rho_r \rho_S|^2 \left(\frac{\lambda}{4\pi R}\right)^2 = \left|\frac{Z_L - Z_a}{Z_L + Z_a}\right|^2 P_{tx} G_r^2 G_S^2 |\rho_r \rho_S|^4 \left(\frac{\lambda}{4\pi r}\right)^4 \tag{65.20}$$

天线阻抗 Z_a 与天线的 S_{11} 和特征阻抗 Z_0 的关系为

$$Z_a = \frac{1 + S_{11}}{1 - S_{11}} Z_0 \tag{65.21}$$

由于 S_{11} 是工作频率的函数，天线后向散射的功率也与频率有关。对于带有不匹配负载的天线传感器，天线谐振频率可以认为是天线后向散射具有最高功率的频率，如图 65.11(b)所示。

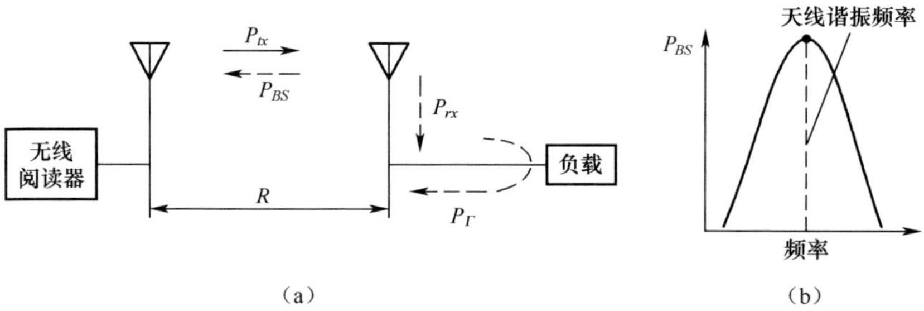

(a) (b)

图 65.11 基于天线后向散射的无线传输

(a)功率传输；(b)天线后向散射功率和频率的关系。

从理论上来讲，天线谐振频率可以从天线后向散射通过无线询问测量。但实际中天线传感器通常被反射电磁波的其他结构包围，所以很难实现。因此，读取天线接收的信号包括天线后向散射和结构后向散射(也称为背景杂波)两部分。在大多数情况下，结构后向散射非常强，可能会完全干扰天线后向散射，产生"自干扰"问题。为了将天线后向散射与结构后向散射分离，必须在天线传感器上集成调制器。根据天线传感器中使用的调制方案，读取天线必须配备相应

的解调电路，以便从接收信号中提取天线后向散射。以下部分讲述了几种常见的调制方案。

3. 时间门控时域反射法

1）带有延迟线的时间门控时域反射法

如图 65.12(a)所示，实现天线传感器无线询问最简单的方法是直接将一段很长的传输线连接在天线传感器和负载之间。由于信号需要通过一段很长的传输线才能反射，因此向天线后向散射和结构后向散射之间引入了一段很长的延时。为了提高这两种散射之间的隔离度，通常需要加载一段曲折的微带线。这种天线传感器的无线询问的试验框图如图 65.12(b)所示。假设无线读取器是由矢量网络分析仪(VNA)和读取天线组成，则矢网测量的 S_{11} 会通过逆快速傅里叶变换(IFFT)的方法变换到时域。短时快速傅里叶变换(STFFT)可以应用于计算后向散射信号的频谱图。一旦从频谱图中识别出天线后向散射的开始时间和结束时间，就将这段信号在时间上截取出来，用于提取天线后向散射。最后，再通过快速傅里叶变换(FFT)计算的这段截取的时间门控信号的频谱，从而确定天线的谐振频率。

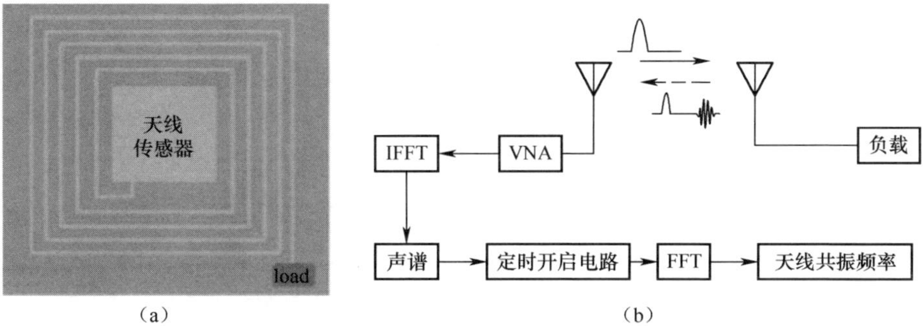

图 65.12　加载延迟线的无源无线传感天线

(a)传感器示意图；(b)无线询问和数据处理原理框图。

2）通过阻抗变换实现的归一化时域反射法

通过引入一段很长的传输线来延迟天线后向散射的方法比较简单，但是增加了天线传感器的整体尺寸。另一种方法如图 65.13(a)所示，将阻抗开关作为天线传感器的负载。天线传感器的负载在两个负载状态之间切换，如短路负载和开路负载。短路负载使得接收信号的反射具有180°相移;开路负载使得接收信号的反射没有相移。而对于结构后向散射来说,无论天线负载阻抗开关的状态如何,结构后向散射都是相同的。将两个开关状态下获得的接收信号相减,即消除了结构后向散射,同时使天线后向散射加倍。图65.13(b)所示为这种无线询问方案的数据处理过程。首先用VNA测量两种状态下读取天线的S_{11}参数;然后将两个测量结果都使用逆快速傅里叶变换,将其转换为时域信号。将这两个时域信号相减,去除结构后向散射,再应用上述的时间门控的处理过程来提取天线的谐振频率。

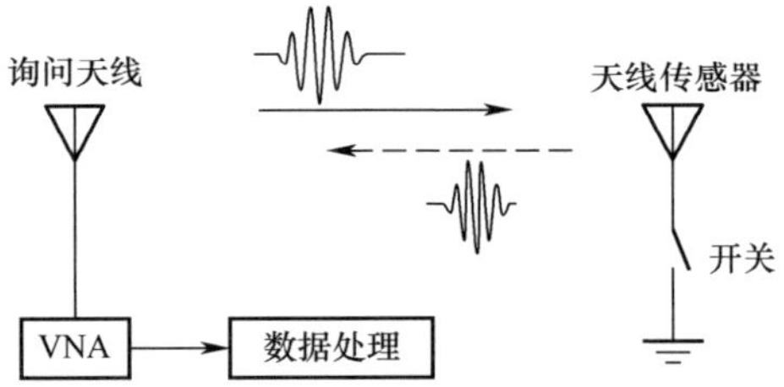

(a)

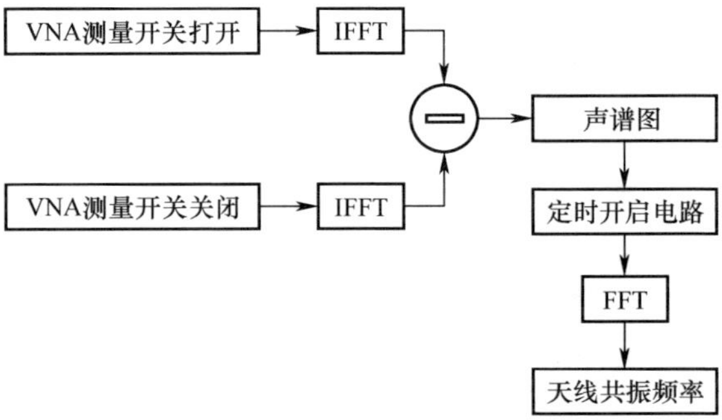

(b)

图65.13 带有阻抗开关的天线传感器

(a)无线通信组合;(b)数据加工过程。

对于几千兆赫兹(GHz)具有共振的天线传感器来说,时间限制的TDR是FFT的频率分辨率操作通常仅限于20MHz的频率。此外,上面所描述的两种使用VNA作为无线阅读器的方法。尽管这对实验室测试来说很方便,但是VNA对于实际的传感器应用来说太昂贵太笨重了。基于上述原则的低成本无线阅读器已经被开发。可参阅“基于频率步进和延迟开关的门控 TDR”部分内容以及“基于 FMCW 雷达的门控 TDR”,以获得更多细节。

(1) 射频识别芯片的无线通信。

当天线传感器装有射频识别芯片时,天线反向散射可以使用两个参数来测量。激活的能量是需要激活的射频识别芯片和不同的反向散射信号在射频识别芯片上的这两个状态。正如在介绍部分中所讨论的,实现射频识别芯片的功能有两个方法:一是从询问信号中获取能量;二是改变标签天线的阻抗。根据式(65.18)和式(65.19),射频识别芯片接收到的功率可以计算为

$$P_{\text{chip}} = (1 - |\Gamma|^2) P_{tx} G_r G_S |\rho_r \rho_S|^2 \left(\frac{\lambda}{2\pi R}\right)^2 \tag{65.22}$$

这也是询讯频率的函数。因为射频识别芯片需要很小的功率电平来激活,天线传感器接收到功率,然后可以通过改变传输的能量 P_{tx} 来测量并跟踪功率级射频识别芯片被打开。通过扫描询问频率,当接通功率是最小值时,天线谐振频率可以被确定。这种方法需要改变传输的信息功率级和询问频率。因此,来确定天线谐振频率所需要的时间是相当可观的。微分背散射信号功率方法测量射频识别读取器接收到的两个 ID 数字的功率差异,也就是数字“1”或“0”。假设当天线连接到阻抗 1 时数字“1”生成,当天线连接到阻抗 2 时数字“0”产生,射频识别读取器接收到的能量这两个状态可以计算为

$$P^{(1)} = |\Gamma_1|^2 P_{tx} G_r^2 G_S^2 |\rho_r \rho_S|^4 \left(\frac{\lambda}{4\pi R}\right)^4 + P_{\text{structure}} \tag{65.23}$$

和

$$P^{(0)} = |\Gamma_2|^2 P_{tx} G_r^2 G_S^2 |\rho_r \rho_S|^4 + P_{\text{structure}} \tag{65.24}$$

这两个状态之间的能量差是

$$\Delta P = P^{(1)} - P^{(0)} = (|\Gamma_1|^2 - |\Gamma_2|^2) P_{tx} G_r^2 G_S^2 |\rho_r \rho_S|^4 \left(\frac{\lambda}{4\pi R}\right)^4 \tag{65.25}$$

同样,ΔP 是询问频率的函数,ΔP 为最大时天线共振频率被确定。

支持射频识别的方法允许使用商业上可用的射频识别芯片和读取器使传感器的制造更加容易和成本低。此外,由于每个天线传感器都由唯一的代码标识,代码分区传感器多路复用可以很容易实现。这样的一个限制方法是天线传感器的操作频率受到射频识别的限制频率。大多数已发布的射频识别传感器的工作

频率为960 MHz或更低频率。因此,天线传感器的尺寸相对较大。射频识别支持的天线传感器的另一个限制是它们的低询问速度。因为射频识别芯片必须获得足够的能量才能被激活,它可能需要很长一段时间才会发送数据,特别是当有很大差异时在询问频率和天线共振频率之间。因此,支持射频识别的天线传感器不适合动态传感,如需要快速传感器响应的振动测量。

(2) 动态无线询问的调幅。

无线天线传感器的动态询问可以在调幅和FMCW雷达的原理基础上实现。图65.14所示询问信号是使用一个由锯齿波发生器和电压控制振荡器(VCO)组成的FMCW合成器产生的。因此,FMCW合成器产生一个啁啾信号,其频率是随着时间的推移而线性变化的。通过将天线传感器的负载使用方波切换到打开直至50Ω之间的负载,反向散射天线信号是一个振幅调制信号,它的包络线是方波。包络线的振幅是由询问频率决定的;当询讯频率和天线共振频率相差不大时,它的振幅包络是巨大的。相反,当询讯频率和天线谐振频率差异很大时,包络线的振幅很小。调幅信号的包络线可以在无线中使用模拟组件进行解调。收到的后向散射信号是用微波包络检波器提取的。通过带通滤波器产生具有时变的正弦信号振幅的信号来传输包络。最后,可以使用低频振幅检测器来检测解调信号的时振关系。

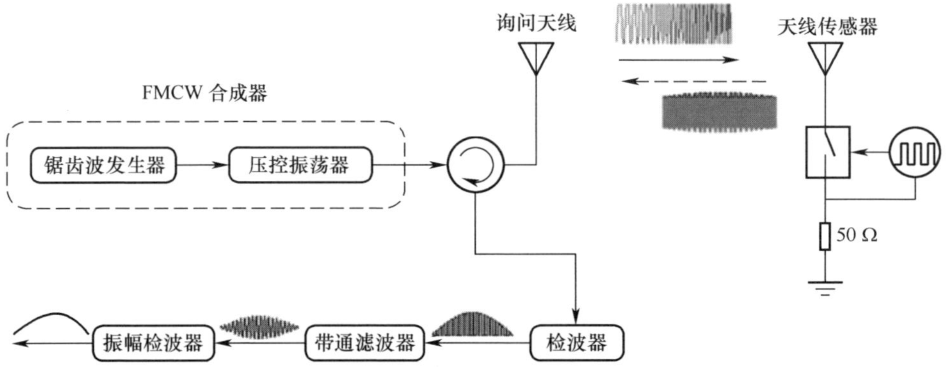

图65.14 基于调幅和FMCW雷达的无线天线应变传感器的动态询问

通过将频率振幅关系与短促声波信号的时间频率关系联系起来,天线谐振频率可以由过滤后的包络线信号决定。因为 FMCW 合成器可以把询问频率扫到一个高达几 MHz 的速率和用模拟的形式解调,实现了无线天线传感器的动态询问。

(3) 其他无线通信方案。

还有其他的无线通信方案被应用到 EM 谐振器传感器,但还没有直接用于无线天线传感器。因为天线本质上是一个 EM 谐振器,这些无线通信技术可以很容易地适用于天线传感器。因此,在这里简要讨论。在本节最后对不同的无线通信方案进行了比较。

① 基于频率步进和延迟开关的门控 TDR。为 EM 腔传感器开发一个可用的无线阅读器,Thomson 等(2009)使用频率步进射频源和延时开关实现了时间限制的 TDR。腔体传感器有一个高达 1000 的品质因数(Q 因数),通过同轴电缆连接到天线上。由于腔体传感器具有很高的品质因数,它可以在输入信号被关闭后以衰减的射频信号的形式重新辐射能量。高品质因数腔体传感的无线通信方案如图 65.15 所示。无线阅读器有两个操作模式,即传输模式和接收模式。在传输模式下,使用频率步进射频源和广播信号经由读取器天线生成询问信号。它的特点是空腔传感器需要大约 400ns 才能达到平衡。

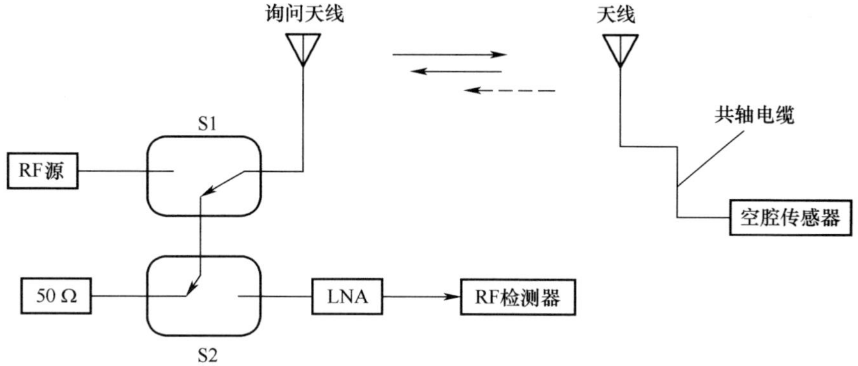

图 65.15　EM 腔传感器进行无线询问的时域门控方法(Thomson et al.,2009)

当空腔传感器达到平衡即 500ns 后,无线阅读器将通过使用两个开关 S1 和 S2 读取器天线与 50Ω 负载连接起来切换到接收模式。在短暂的延迟后,S2 的位置发生了变化,使得读取器天线是连接到低噪声放大器(LNA)。由于时间延迟,结构上的反向散射在很大程度上已经消失,因此,LNA 放大的信号是由空腔传感器信号控制。探测放大信号的功率在不同的频率下使用射频检测器可以检测共振空腔传感器的频率。

② 基于 FMCW 雷达的门控 TDR。天线反向散射和结构反向散射也可以根据 FMCW 雷达的原理分离,只要这两者之间的延迟反向散射是足够大的(Jatlaoui et al.,2010)。如图 65.16(a)所示,询问信号是使用 FMCW 合成器生成的短促声波信号,在被功率放大器放大后,短促声波信号被广播到无线传感器上。反向散射传感信号与结构之间产生时间延迟,反向散射是通过将 EM 压力传感器连接到使用同轴电缆的天线引入的。由于时间延迟和线性变化询问频率,无线读取器在给定时间接收到的反向散射信号具有不同的频率,如图 65.16(b)所示。一个同步检波接收器用不同的频率可以在无线读取器中实现信号分离。假设结构反向散射的频率和反向散射传感信号辨分别是 f_2 和 f_3,混合了这

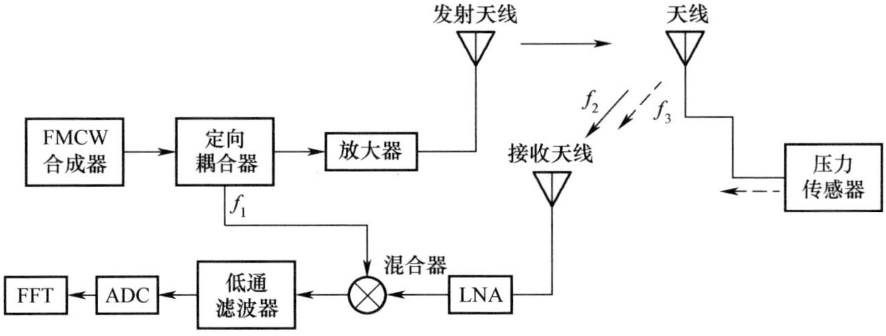

(a)

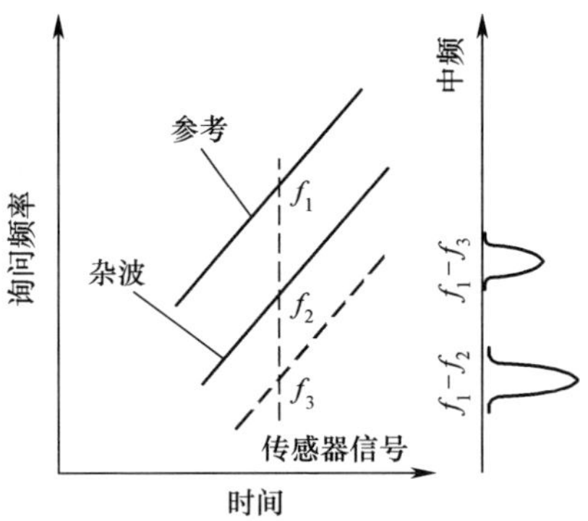

(b)

图 65.16 基于 FMCW 雷达的门控 TDR

(a)基于 FMCW 雷达的被动 EM 压力传感器的无线通信(Jatlaoui et al.,2010);

(b)不同信号的时间频率关系。

些信号 f_1 有一个参考信号，f_1 产生两个低频信号 f_1-f_2 和 f_1-f_3。使用低通滤波器对混合机输出进行过滤，并使用 ADC 来获取信号，获得信号的频谱是用 FFT 计算的，基于此可以确定反散射传感信号的功率。另外，EM 压力传感器的共振频率是通过询问频率信号功率的关系来测量的。

③ 基于正交反向散射的被动无线通信。天线辐射模式的极化也可以被利用来解决自干扰问题（Mandel et al.，2011；Kubina et al.，2012；Girbau et al.，2012）。如图 65.17 所示，EM 传感器连接到两个带有正交的天线偏振。询问信号是第一个沿着偏振方向传送到天线传感器上的。接收到的信号输入 EM 中传感器。通过使用第二个天线传输传感器输出，有 90 个差异在反散射传感信号的极化和事件信号中创建。另外，结构反向散射随着事件信号也会有相应的偏振。由于这种极化不匹配，结构上的反向散射将被接收读取器天线拒绝。因此，无线读取器接收到的信号由反向散射传感主导信号。

④ 基于谐波雷达的被动无线通信。谐波雷达标签在频率接收到询问信号并传送雷达信号的频率是这个频率的 2 倍（Charvat et al.，2003；Weller and Davidova，2013；Presas et al.，2007）。因为背景杂波仍然在通信频率中，雷达接收器能够区分标签从杂波中返回频域。这个原则可以扩展到无线询问被动电磁传感器中。如图 65.18 所示，带有频率的询问信号 f 首先由无线读取器传输到无线传感器。在与 EM 传感器交互后，传感信号输入被动频率的倍频器中。它输出一个频率为 $2f$ 的信号。这个频率加倍的信号由第二个天线传送。因此，配备了中心频率 $2f$ 的带通滤波器的无线读取器将滤除背景杂波，只接收被动式无线传感器返回的信号。

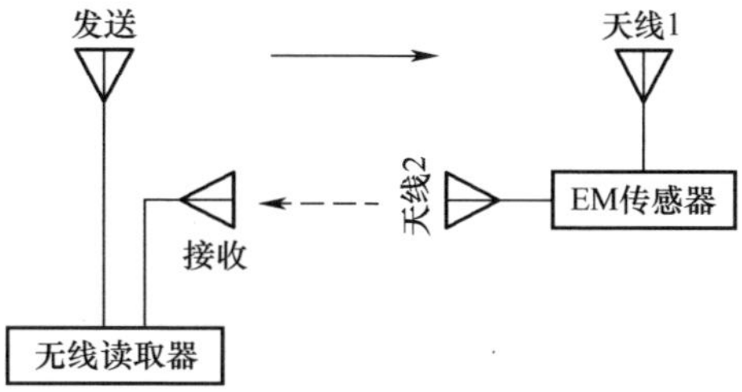

图 65.17　基于正交后向散射方案的无线通信被动传感器

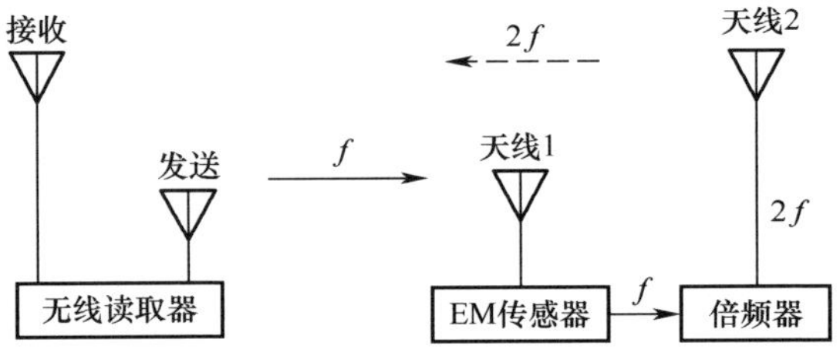

图 65.18　基于谐波雷达的无线通信被动 EM 传感器

(4) 无线通信方案的比较。

上面讨论的无线通信方案的比较如表 65.6 所列。由于差异巨大,在已发布的无线传感系统的配置、原理和操作频率上很难提供数量比较。因此,无线通信方案只是在相对的概念上作一比较。基于同样的考虑,一个重要的优点就是无线传感器和读取器之间的距离可以忽略。为了比较不同无线传感系统的询问距离,无线传感系统应该在相同的频率上进行测试并以一种受控的方式制造,如果没有综合的比较测试方法,就无法实现。

表 65.6　对被动 EM 共振传感器无线通信方案的比较

技术	参考文献	传感器尺寸	无线读取器		频率分辨率	采集速度
			花费	可用性		
带延迟线的门控 TDR-VNA	(Ramos et al., 2011)	大	高	可用	粗	中等
规范化 TDR -VNA	(Deshmukh and Huang,2010)	小	高	可用	粗	中等
带延迟线的门控 TDR 开关	(Thomson et al., 2009)	大	低	定制	精	中等
门控 TDR 与 FMCW	(Jatlaoui et al., 2010)	大	低	定制	粗	中等
RFID 开启	(Sidén et al., 2007)	中等	低	可用	小	慢
幅度调制	(Yao et al.,2014)	小	低	定制	小	快

（续）

技术	参考文献	传感器尺寸	无线读取器		频率分辨率	采集速度
			花费	可用性		
正交极化	(Mandel et al., 2011)	大	低	定制	小	快
谐波雷达	(Charvat et al., 2003)	大	低	定制	小	快

65.4　应用实例

1. 基于射频识别芯片的湿度传感器

使用一对常规的矩形射频识别标签无线湿度感应系统的配置显示在图 65.19(a)中(Siden et al., 2007)。传感器标签是通过将两个无源的 865~868MHz 第二代标签放置在高密度聚乙烯(HDPE)上。这两个标签天线之间的中心距离是 206mm。用 10 张吸墨纸作为吸水性材料,堆放在射频识别标签的前面和后面。另一种射频识别标签作为参考。SAMsys 的射频识别阅读器放在距离传感器标签 1.47m 距离的地方,与两个射频识别标签距离相同。试验是在温度固定在 23℃的房间进行的,相对湿度从 50%上升到 90%。吸墨纸样本在室内被保留了 24h 测量。图 65.19(b)显示了这两个射频识别标签在不同湿度环境下的转换能力。测试了 3 个传感器标签:第 1 个传感器标签有两个打开的标签,它作为基本参照;第 2 个传感器标签有一个半开的标签,只在标签前面放置一张纸;第 3 个传感器标签使用一个完全嵌入的标签,也就是在标签前面和后面都有纸。发现在相对湿度为 50%、温度为 23℃的环境下两个标签转变的能力大约有 16dBm。随着相对湿度的增加,第 3 个传感器标签增加了,而第 1 个传感器的功率差标签仍然是零。作者提出吸水材料应该尽可能厚。此外,他们还指出了这篇论文显示了一些迟滞行为,这可能会导致不正确的读数。

2. 基于调幅和 FMCW 的动态应变传感器雷达

图 65.20(a)介绍了动态天线应变传感系统(Yao, et al., 2014)。天线传感器是 5.4GHz 放置在高频介质基板(Rogers Corporation, RT/Duroid 5880)上的微带天线。介质基板介电常数是 2.2, 辐射贴片的长度和宽度是分别是 18.0mm

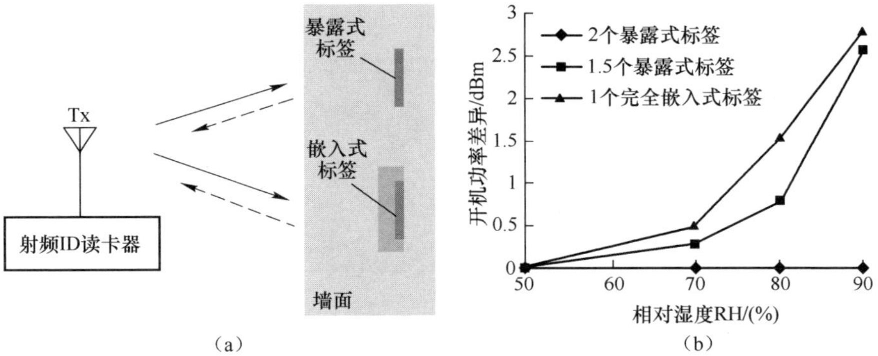

图 65.19 RFID 使能的相对湿度传感器进行无线访问

(引自 Sidé et al.,2007)

(a)系统配置;(b)测量结果。

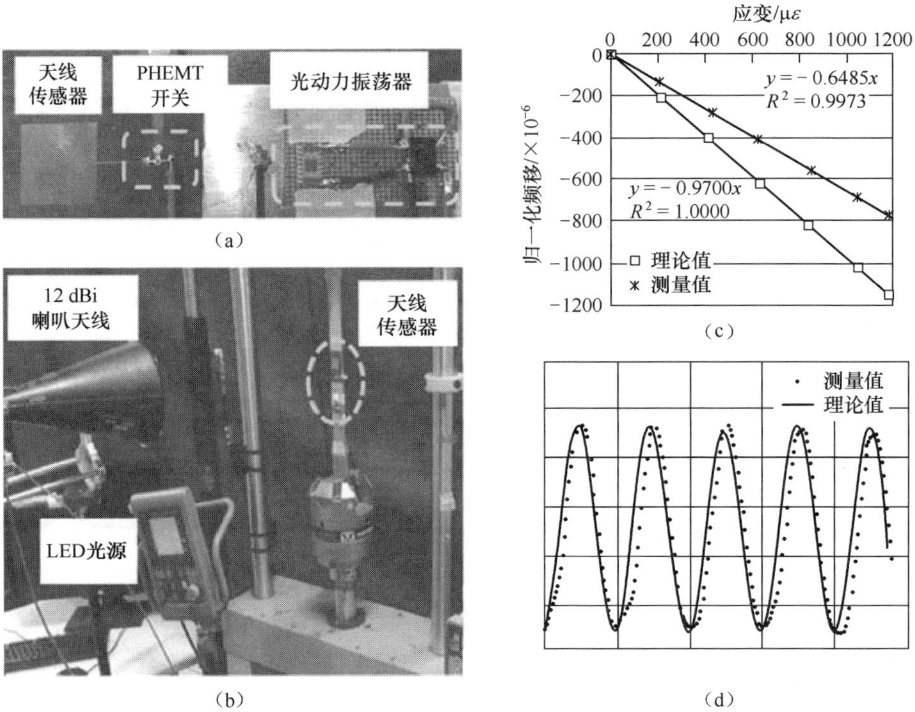

图 65.20 无源无线天线应变传感器的动态询问

(a)传感器配置;(b)试验设置;(c)静态拉伸试验结果;(d)2Hz 频率的装载动态测试结果。

和 21.6mm。该贴片天线与高电子迁移率晶体管(pHEMT)连接在一起,终端端接一个 50Ω 的负载。pHEMT 的门终端是连接在一个产生 32.78kHz 平方波的低功率振荡器上(Epson 电子,SG-3040)。振荡器输出使 pHEMT 门电压在 0~1V 之间变化。因此,贴片天线的终端是一个开路 50Ω 负载的开关。当它被发光二极管(LED)照亮时,太阳能电池(Clare,1832)提供能量。

图 65.14 中描述的是用经济可获得的离散组件组装的无线阅读器。对于 FMCW 合成器,周期性锯齿波是使用信号发生器(Agilent 33250A)生成的,并提供给 VCO(Mini-circuits, ZX95-3100-S+)一个控制电压。VCO 的输出频率使用频率放大器(Mini-circuits ZX90-36-S+)加倍,所以频率扫描范围覆盖了天线谐振频率。频率放大器的输出用微波放大倍(Mini-circuits ZVE-8G+)放大,在它传输到用于广播的询问天线之前达到 25dBm 功率。模拟解调是使用射频包络检波器(Analog Devices, ADL5511)和中心频率为 33kHz 的带通滤波器(Krohn-Hite Model 3944)实现的。因为带通滤波器的低频输出频率为 32.78kHz,该信号直接使用示波器(LeCroy, Wavepro 760zi)获得。获得的信号是由实时数据处理算法处理,以提取天线共振频率。

动态应变传感器的力学测试见图 65.20(b)。天线传感器在拉伸试样上,并装有机械测试装置。12dBi 喇叭天线和 134lm LED 光源(Luxeon Star, MR-H2070-20S)放置在距离天线传感器 90m 远的地方。FMCW 合成器设置为频率为 5325~5430MHz 并以 500Hz 的频率步进。示波器的采样率被设定为 1MHz。天线传感器静态拉伸试验首先对天线应变传感器的应变灵敏度进行校准。如图 65.20(c)所示,应变灵敏度是 $0.661\times10^{-6}/\mu\varepsilon$。而这个值是理论应变灵敏度的 68%,天线传感器显示出良好的线性。因此,在传感器测量中应用了 1/68% = 1.47 的增益系数来解释这种差异。天线应变的动态测试结果传感器显示在图 65.20(d)中。应用负载的频率为 2Hz。研究发现,测量结果很好地追踪了理论应变。因此,动态无线通信系统的性能是良好的。

3. 基于射频识别的温度传感器

使用放置在 HDPE-BST 基板上的 900MHz 的贴片天线演示了基于射频识别的温度传感器(乔等,2013)。如图 65.21(a)所示,44.5mm 长的辐射贴片在其中心有一个 30mm 长和 4mm 宽的槽。这个槽被引入来减少辐射贴片的大小。辐射贴片是用 10mm 宽的微带传输线馈电,端接 3 个射频识别芯片。射频识别芯片是用另一个微带传输线接地。HDPEBST 衬底材料通常是通过挤压方式合成的。HDPEBST 材料的介电常数和正切损失在 900MHz 不同温度下用 Agilent E4991A 射频阻抗分析仪描绘。研究发现,随着温度从 20℃ 增加到 80℃, HD-PEBST 材料的介电常数从 7.10 减少到 6.66,而切线损失从 0.0022 增加到 0.0034。对介电常数的温度系数大约是 $1033\times10^{-6}/℃$,比传统的基板材料要高得多。天线共振频率的无线测量是在消声室。标记性能的无线读取器放置在距离天线传感器 50m 距离的地方。射频识别芯片的启动功率在不同的温度下频率为 880~960MHz 进行测量的。射频识别传感器的最大读取范围是由以下启动功率计算,即

$$d_{\max}=\frac{\lambda}{4\pi}\sqrt{\frac{\text{EIRP}}{P_{\text{turn-on}}}} \tag{65.26}$$

射频识别读取器的等效各向同性辐射功率(EIRP)是 3.28W。在不同的温度下,天线传感器的共振频率变化可以用频读范围图来测量。如图 65.21(b)所示,天线谐振频率显示了从 15℃ 到 65℃ 相对线性变化的温度特性,天线传感器的温度灵敏度大约为 800kHz/℃。

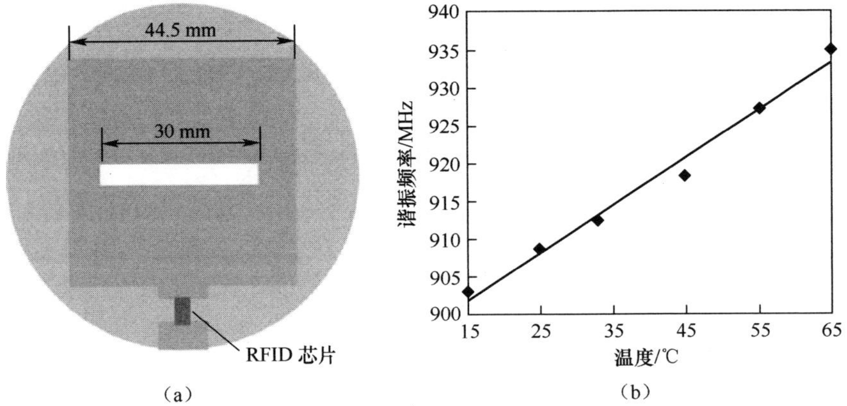

图 65.21 基于射频识别的天线温度传感器(乔等.,2013)

(a)传感器结构;(b)天线温度和频率的关系。

4. 基于频分多路复用的天线裂纹传感器阵列

天线裂纹传感器的设计是一种介于裂纹敏感性和传感器的有效范围之间的权衡(Xu and Huang,2012b)。一般来说,高频天线对微小的裂纹更敏感。另外,

天线传感器的覆盖范围局限于辐射贴片的物理尺寸。因为天线传感器的谐振频率与辐射贴片的大小成反比,频率很高,天线传感器提供高敏感度,但尺寸比较小。解决这个难题的一个方案是使用基于此的天线阵列频分多路复用(Xu and Huang,2012b)或射频识别码分多路复用(Yi et al. ,2013)原理。频分多路复用天线阵列的图片显示在图 65. 22(a)中。四元天线阵由两对贴片天线组成。每对都有两个不同大小的天线,大的工作在 8. 4GHz,小的则工作在 12GHz。因为每个天线共振获得一个狭窄的带宽,这个频分复用方案允许对这两个天线用同一频率扫描进行访问。每一对都由太阳能电池连接到阻抗开关,如图 65. 22(a)所示。类似于动态天线机械传感器,阻抗开关是使用 pHEMT 实现的 560kΩ 的电阻器和光电管。天线结构是用激光加工薄铜和卡普顿薄膜结合制造的,然后被粘在一起,放在铝合金样品上,也可以作为地面飞机天线传感器。对样品天线传感器阵列进行了耐久性测试,如图 65. 22(b)所示。喇叭天线和手电筒放置在距离天线传感器 0. 84m 远的地方。喇叭天线 S_{11} 参数是在当灯被打开和被关闭两个状态下获得的。用图 65. 13(b)获取的 S_{11} 参数提取天线的传感器的共振频率。这是用两个凹槽制作的,开始在疲劳载荷作用下相互传播。在裂纹扩展到两个大型天线传感器后,当共振频率大约为 8. 4GHz 时检测到裂纹扩展。读者能够测量大天线传感器的共振频率,直到裂缝到达辐射贴片的最后 1mm。总共花了 5000 个周期达到小型天线传感器的裂缝；从裂纹扩展共振的位移检测到频率为 12GHz。小型天线在 19000 个周期之后,传感器仍在运转。标准的大、小型天线传感器谐振频率显示在图 65. 22(c)、图 65. 22(d)中。正如预期的那样,小型天线比大型天线显示出更高的裂纹敏感性。结果表明,天线传感器的制造可以通过控制来实现重复的性能。

5. 未来的方向和开放的问题

无源无线天线传感器消耗的能量比有源无线传感器要少,可以从中等范围距离进行询问,这些技术很有希望会对无处不在的驱动传感产生深远的影响。与有源无线传感器不同,无源无线天线传感器仍然处于起步阶段。尽管基本的操作原则已经被验证,各种各样的实际应用也已经被证明,更基本的研究和开发工作需要充分发挥这些无源无线传感器潜力。下面列出了一些需要进一步解决的开放问题。

(1) 传感器小型化。无源无线天线传感器只有两个传感器组件,即天线和

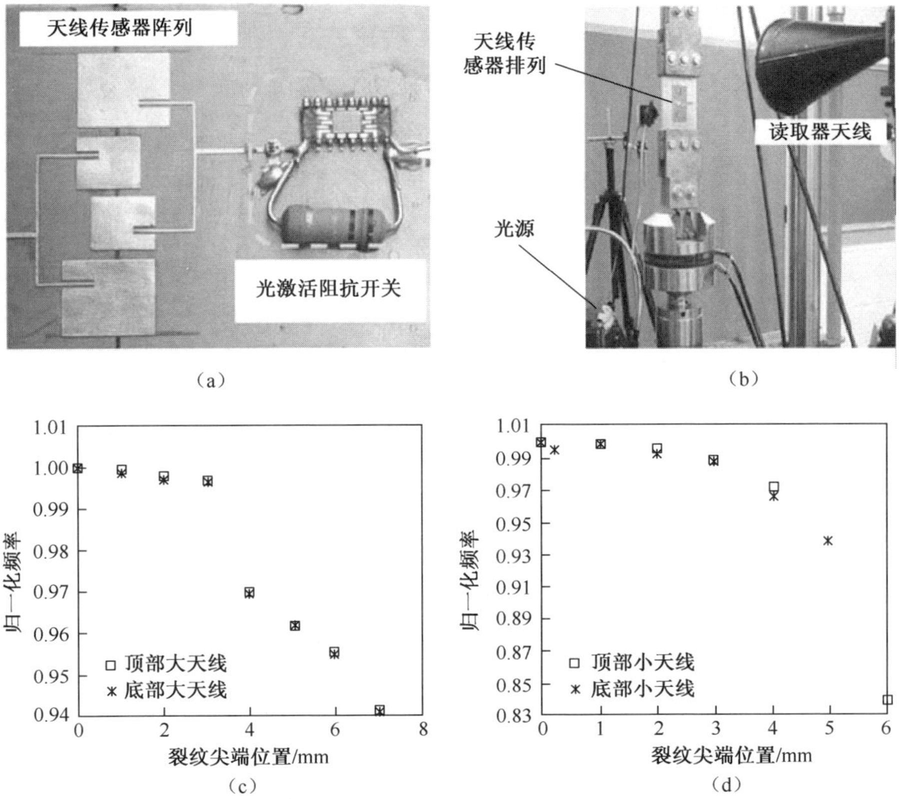

图 65.22　覆盖大区域高裂纹敏感的天线传感器阵列(Xu and huang,2012b)

(a)使用光敏阻抗开关实现天线传感器阵列;(b)在耐久性试验中对天线传感器阵列的无线询问;(c)大型天线的频移-裂纹扩展关系;(d)小型天线的频移-裂纹扩展关系。

调制器。天线的大小很容易通过增加工作频率来减少。例如,Tata 等于 2009 年展示只有 5.3mm 长、4mm 宽的应变传感器,也就是与传统的锡箔应变仪的尺寸相当。然而,调制器必须使用离散电子元件来实现,这就增加了传感器的体积和成本。使用射频识别芯片是一个很有吸引力的选择,因为它可以把电子元件集成到一个集成电路芯片中。但大多数商业可用的射频识别芯片在 900MHz 左右工作,这就决定了天线的尺寸。尽管在这一频段有不同的方法来减少天线的尺寸,最终的天线对于大多数现实的传感器应用来说仍然太大。希望无源无线天线传感器的成熟能激发 IC 行业为满足天线传感器的需要设计射频识别芯片,特别是在高频率和快速通信方面。

（2）多通道传感和数据处理。天线传感器可以对多个物理测量值同时进行传感，包括应变、温度、湿度、压力等。这一特点可能是一把双刃剑。一方面，天线传感器可以用来测量多个变量；另一方面，不同效果的耦合可能使解释测量结果极其困难的。因此，开发分离这些效果并单独提取物理测量的数据分析技术是可取的。不能只用一个传感参数来实现，如共振频率移动，还需增加额外的传感参数，如共振带宽。理想情况下，系统识别算法可以被开发成识别与模拟天线辐射曲线匹配的物理测量数与测量。然而，这种方法需要开发灵活和高效的天线模拟模型，目前还不能实现。

（3）传感器识别和多路复用。为了实现无源高效的无线天线传感器，无线天线传感器需要在一个分布式传感器网络中进行排列，有集中的无线读取器与每个单独的传感器进行通信。这种安排要求传感器具备开发识别和多路复用策略。频率和空间划分多路复用方案被开发并选择性地对 4 个天线进行通信传感器演示（Xu and huang，2012b）。然而，传感器被询问的数量受频率带宽限制。其他传感器多路复用技术是为了查询数十或数百个无线天线传感器。基于射频识别的天线传感器可以解决这个问题，但是射频识别天线的大小必须减小到规定尺寸才行。

交叉参考：

▶第 45 章　天线测量装置概论

▶第 3 章　天线传真算法及商用设计软件

▶第 75 章　阻抗匹配与巴伦

▶第 18 章　微带贴片天线

▶第 40 章　毫米波天线与阵列

▶第 50 章　毫米波亚毫米波天线测量

▶第 4 章　天线工程中的数值建模

▶第 2 章　蜂窝通信中无线电波传播的物理与数学原理

▶第 73 章　传输线

参考文献

Aberle JT, Pozar DM, Birtcher CR (1991) Evaluation of input impedance and radar cross section of probe-fed microstrip patch elements using an accurate feed model. IEEE Trans Antennas Propag 39(12):1691-1696. Available at: http://ieeexplore.ieee.org/lpdocs/epic03/wrapper.htm? arnumber=121589

Bhattacharyya R, Floerkemeier C, Sarma S (2009) Towards tag antenna based sensing-an RFID displacement sensor. In: 2009 I. E. international conference on RFID, Orlando, FL. pp 95-102. Available at: http://ieeexplore.ieee.org/lpdocs/epic03/wrapper.htm? arnumber=4911195

Bhattacharyya R, Floerkemeier C, Sarma S (2010a) Low-cost ubiquitous RFID tag antenna based sensing. Proc IEEE 98(9):1593-1600

Bhattacharyya R, Floerkemeier C, Sarma S (2010b) RFID tag antenna based temperature sensing. In: 2010 I. E. international conference on RFID (IEEE RFID 2010), Orlando, FL. pp 8-15. Available at: http://ieeexplore.ieee.org/lpdocs/epic03/wrapper.htm? arnumber=5467239

Bhattacharyya R et al (2011) RFID tagantenna based temperature sensing in the frequency domain. In: 2011 I. E. international conference on RFID, Orlando, FL. pp 70-77. Available at: http://ieeexplore.ieee.org/lpdocs/epic03/wrapper.htm? arnumber=5764639

Bogosanovich M (2000) Microstrip patch sensor for measurement of the permittivity of homogeneous dielectric materials. IEEE Trans Instrum Meas 49(5):1144-1148. Available at: http://ieeexplore.ieee.org/lpdocs/epic03/wrapper.htm? arnumber=872944

Caizzone S, Marrocco G, Member I (2012) RFID-Grids for deformation sensing. In: 2012 I. E. international conference on RFID, Orlando, FL. pp 130-134

Carver KR, Mink JW (1981) Microstrip antenna technology. IEEE Trans AntennasPropag 29(1): 2-24

Chang K et al (2006) Patch antenna using synthesized polyimide for RFID sensing. In: Proceedings of the 9th European conference on wireless technology, Manchester, UK. pp 83-86

Charvat GL et al (2003) Harmonic radar tag measurement and characterization. In: IEEE antennas and propagation society international symposium, Columbus, OH, USA. pp 696-699

Daliri A et al (2010) Circular microstrip patch antenna strain sensor for wireless structural health monitoring. In: Proceedings of the World congress on engineering, London, UK. pp 1-6

Daliri A et al (2012) Wireless strain measurement using circular microstrip patch antennas. Sens

Actuators A Phys 184: 86 – 92. Available at: http://linkinghub.elsevier.com/retrieve/pii/S0924424712004268. Accessed 16 June 2014

Denoth A (1997) The monopole-antenna: a practical snow and soil wetness sensor. IEEE Trans Geosci Remote Sens 35(5):1371–1375

Deshmukh S, Huang H (2010) Wireless interrogation of passive antenna sensors. Meas Sci Technol 21(3):035201

Deshmukh S et al (2011) Antenna sensor skin for fatigue crack detection and monitoring. Smart Struct Syst 8(1):93–105

Erdmann J, Huang H (2011) Microstrip antenna sensor for fatigue damage monitoring under lap-joints. In: Electromagnetic nondestructive evaluation, XIV, Szczecin, Poland. pp 456–465

Gagnadre I, Gagnadre C, Fenelon JP (1995) Circular patch antenna sensor for moisture content measurement on dielectric material. Electron Lett 31(14):1167–1168

Girbau D et al (2012) Passive wireless temperature sensor based on time-coded UWB chipless RFID tags. IEEE Trans Microw Theory Tech 60(11):3623–3632

Harrington RF (1963) Electromagnetic scattering by antennas. IEEE Trans AntennasPropag 11 (5): 595–596

Hasani M et al (2013) Implementation of a dual interrogation mode embroidered RFID-enabled strain sensor. IEEE Antennas Propag Lett 12:1272–1275

Jang S, Kim J (2012a) Passive wireless structural health monitoring sensor made with a flexible planar dipole antenna. Smart Mater Struct 21:027001 (6 pp)

Jang S-D, Kim J (2012b) Passive wireless structural health monitoring sensor made with a flexible planar dipole antenna. Smart Mater Struct 21(2):027001. Available at: http://stacks.iop.org/0964 - 1726/21/i = 2/a = 027001? key = crossref.acd264e6f077f238e3b2c3e8b0a1f4cd. Accessed 8 July 2014

Jatlaoui MM et al (2010) Original identification technique of passive EM sensors using loaded transmission delay lines. In: Proceedings of the 40th European microwave conference, Paris, France. pp 1106–1109

Jiang H et al (2014) Patchantenna based temperature sensor. In: Proceedings of SPIE, vol 9063, San Diego, p 90631P–1

Kalansuriya P, Bhattacharyya R, Sarma S (2013) RFID tag antenna-based sensing for pervasive surface crack detection. IEEE Sens J 13(5):1564–1570

King DD (1949) The measurement and interpretation of antenna scattering. Proc IRE 37(7):770–

777. Available at: http://ieeexplore.ieee.org/lpdocs/epic03/wrapper.htm? arnumber= 1698079

Kubina B et al (2012) A wirelesschipless temperature sensor utilizing an orthogonal polarized backscatter scheme. In: 42nd European microwave conference (EuMA), Amsterdam, Nether-land. pp 61-64

Mandel C et al (2011) Passivechipless wireless sensor for two-dimensional displacement measurement. In: Proceedings of the 41st European microwave conference, Manchester, UK. pp 79-82

Marrocco G, Amato F, Politecnico V (2009) Self-sensing passive RFID: from theory to tag design and experimentation. In: Proceedings of the 39th European microwave conference, Rome, Italy. pp 1-4

Matsuzaki R, Melnykowycz M, Todoroki A (2009) Antenna/sensor multifunctional composites for the wireless detection of damage. Compos Sci Technol 69(15-16):2507-2513. Available at: http://linkinghub.elsevier.com/retrieve/pii/S0266353809002589. Accessed 3 Sept 2014

McGrath MP, Sabouni RN, Pham A-VH (2004) Development of nano-based resonator gas sensors for wireless sensing systems. In: Islam MS, Dutta AK (eds) SPIE proceedings, Philadelphia, USA. vol 5593, pp 62-72. Available at: http://proceedings.spiedigitallibrary.org/proceeding.aspx? articleid=852132. Accessed 3 Aug 2014

Merilampi S et al (2010) Printed passive UHF RFID tags as wearable strain sensors. In: 2010 3rd international symposium on applied sciences in biomedical and communication technologies (ISABEL), Rome, Italy. pp 8-12

Merilampi S et al (2011) Embedded wireless strain sensors based on printed RFID tag. Sens Rev 31 (1):32-40. Available at: http://www.emeraldinsight.com/10.1108/02602281111099062. Accessed 8 July 2014

Mohammad I, Huang H (2010) Monitoring fatigue crack growth and opening using antenna sensors. Smart Mater Struct 19(5):055023. Available at: http://stacks.iop.org/0964-1726/19/i = 5/a = 055023? key = crossref.eef9836e5bd3b36c41f5b51988993867. Accessed 4 Jan 2013

Mohammad I, Huang H (2012a) Pressure and shear sensing based on microstrip antennas. In: Tomizuka M, Yun C-B, Lynch JP (eds) SPIE, San Diego, USA. vol 8345, p 83451D 1-8. Available at: http://proceedings.spiedigitallibrary.org/proceeding.aspx? articleid = 1314025. Accessed 24 Apr 2013

Mohammad I, Huang H (2012b) Shear sensing based on a microstrip patch antenna. Meas Sci Technol 23(10):105705

Mohammad I et al (2012) Detecting crack orientation using patch antenna sensors. Meas Sci Technol 23(1):015102. Available at: http://stacks. iop. org/0957-0233/23/i=1/a=015102? key= crossref. 5a003d7092eecaa6dac2f762b76f6610. Accessed 4 Jan 2013

Newman EH, Forrai D (1987) Scattering from a microstrip patch. IEEE Trans Antennas Propag AP-35(3):235-251

Nikitin PV, Rao KVS, Martinez RD (2007) Differential RCS of RFID tag. Electron Lett 43(8): 431. Available at: http://digital-library. theiet. org/content/journals/10. 1049/el_20070253

Occhiuzzi C, Paggi C, Marrocco G (2011) Passive RFID strain-sensor based on meander-lineantennas. IEEE Trans Antennas Propag 59 (12): 4836 - 4840. Available at: http:// ieeexplore. ieee. org/lpdocs/epic03/wrapper. htm? arnumber=5993515

Penttila K et al (2006) Radar cross-section analysis for passive RFID systems. IEE Proc Microw Antennas Propag 153(1):103-109

Potyrailo RA et al (2011) RFID sensors as the common sensing platform for single-use biophar-maceutical manufacturing. Meas Sci Technol 22(8):082001. Available at:http://stacks. iop. org/0957-0233/22/i = 8/a = 082001? key = crossref. 827350ab642ad91ac4715b68974eb987. Accessed 3 Aug 2014

Pozar DM (1987) Radiation and scattering from a microstrip patch on a uniaxial substrate. IEEE Trans Antennas Propag AP-35(6):613-621

Presas SM et al. (2007) High efficiency diode doubler with conjugate-matched antennas. In: Proceedings of the 37th European microwave conference, Munich, Germany. pp 250-253

Qiao Q et al (2013) Reconfigurable sensing antenna with novel HDPE-BST material for temperature monitoring. IEEE Antennas Wirel Propag 12:1420-1423

Ramos A et al (2011) Time-domain measurement of time-coded UWBchipless RFID tags. Prog Electromagn Res 116:313-331

Reineix A, Paillol J, Jecko B (1993) FDTD method applied to the study of RCS of microstrip patch-antennas. Antenna Telecommun 48(11-12):589-593

Salmani Z et al (2011) Application of antenna in strain measurement. In: 2011 international workshop on antenna technology (iWAT), vol 1, pp 336-339. Available at: http://ieeexplore. ieee. org/lpdocs/epic03/wrapper. htm? arnumber=5752311

Sidén J et al (2007) Remote moisture sensing utilizing ordinary RFID tags. In: 2007 I. E. sensorsconference, Atlanta, USA. pp 308-311

Tata U et al (2009a) Bio-inspired sensor skins for structural health monitoring. Smart Mater Struct

18(10):104026. Available at: http://stacks.iop.org/0964-1726/18/i=10/a=104026? key=crossref.732fe0903b517012ae34d3f1fd9ef5e7. Accessed 4 Jan 2013

Tata U et al (2009b) Exploiting a patch antenna for strain measurements. Meas Sci Technol 20(1):015201

Thomson DJ, Card D, Bridges GE (2009) RF cavity passive wireless sensors with time-domain gating-based interrogation for SHM of civil structures. IEEE Sens J 9(11):1430-1438

Verma R et al (2013) Carbon nanotube-based microstrip antenna gas sensor. In: 2013I.E. 56th international midwest symposium on circuits and systems (MWSCAS), Columbus, USA. pp 724-727. Available at: http://ieeexplore.ieee.org/lpdocs/epic03/wrapper.htm? arnumber = 6674751

Weller T, Davidova R (2013) High-sensitivity, AM-modulated harmonic transceiver for wireless-sensing. Electron Lett 49(8):566-567. Available at: http://digital-library.theiet.org/content/journals/10.1049/el.2012.3388. Accessed 27 Aug 2014

Wiwatwithaya S et al (2011) Real-time monitoring glucose by used microwave antenna apply to biosensor. In: 2011 international conference on biomedical engineering and technology, Chiang Mai, Thailand. pp 100-104

Xu X, Huang H (2012a) Battery-less wireless interrogation of microstrip patch antenna for strain sensing. Smart Mater Struct 21(12):125007

Xu X, Huang H (2012b) Multiplexing passive wireless antenna sensors for multi-site crack detection and monitoring. Smart Mater Struct 21(1):015004

Yang F et al (2012) Reconfigurable sensing antenna: a slotted patch design with temperaturesensation. IEEE Antennas Wirel Propag Lett 11:632-635

Yao J et al (2014) Dynamic interrogation of passive wireless antenna sensor. In: Proceedings of SPIE, vol 9061, San Diego, p 9061X-7

Yi X et al (2011) Passive wireless smart-skin sensor using RFID-based folded patch antennas. Int J Smart Nano Mater 2(1): 22 - 38. Available at: http://www.tandfonline.com/doi/abs/10.1080/19475411.2010.545450. Accessed 4 June 2014

Yi X et al (2013) Passive wireless antenna sensor for strain and crack sensing-electromagnetic modeling, simulation, and testing. Smart Mater Struct 22(8):085009. Available at: http://stacks.iop.org/0964-1726/22/i=8/a=085009? key=crossref.c95e7f98c482b667224abae5a02d47c1. Accessed 8 July 2014

Yi X et al (2014) A slotted patch antenna for wireless strain sensing. In: 2014 structures congress, Boston, USA. pp 2734 - 2743. Available at: http://ascelibrary.org/doi/abs/10.1061/9780784413357.239

You KY et al (2010) A rectangular patch antenna technique for the determination of moisturecontent in soil. In: PIERS proceedings, Cambridge, USA. pp 850-854

第 66 章

磁共振成像天线

Sven Junge

摘要

核磁共振(NMR)和磁共振成像(MRI)技术作为一种无创检测方法已经得到了广泛应用。射频(RF)线圈是磁共振成像系统中最先激励和接收磁共振(MR)信号的部件,其设计问题对该领域科学家和临床医生取得最佳临床、临床前和试验结果非常关键。本章首先详细介绍 MRI 系统中射频线圈的概念(其中既包括本章作者的研究成果,也包含许多他人的文章、著作和研究成果),然后介绍 MRI 射频线圈的最新技术和物理背景。本章共分为 3 节:66.1 节简要介绍 MRI 技术,以便读者掌握 MRI 系统中射频信号检测涉及的磁共振物理原理,即射频工程师在开发 MRI 射频线圈时必须熟知的基本原理;66.2 节涉及基本类型的射频线圈,包括立体线圈及其设计准则、局部线圈和由此构成的射频线圈阵列以及低温冷却线圈;66.3 节将介绍 MRI 射频线圈的未来发展方向和当下存在的挑战,并简要介绍了给定体积内射频场的有源赋形技术及其面临的挑战。本章仅对 MRI 射频线圈的发展进行简要的回顾,感兴趣的读者可以结合参考文献进行深入的研究。

S. Junge(✉)
德国 Bruker BioSpin MRI 股份有限公司,德国
e-mail:sven. Junge@ bruker-biospin. de

关键词

磁共振成像;射频线圈;鸟笼;阵列

66.1　引言

磁共振成像

核磁共振(NMR)技术能够以无创的方式检测物质和材料,在医疗和临床前治疗中发挥着至关重要的作用。NMR 技术基于原子核在外部磁场 $B_0 = |\boldsymbol{B}_0|$ 内的核磁共振,Bloch(1946)和 Purcell(1946)两位学者正是由于这一发现而在 1952 年获得了诺贝尔物理学奖。通过引入额外的瞬态磁场梯度,Lauterbur(1973)、Mansfield(1996)和 Damadian(1981)等学者对核磁共振信号进行傅里叶变换,生成了第一批空间图像。从那时起这种无创方法在临床诊断、材料研究和临床前成像中得到广泛应用。

MRI 系统可根据磁场强度(T)分为 4 类。

① 低场系统:0~0.5T。

② 中场系统:0~1.5T。

③ 高场系统:0~7.0T。

④ 超高场系统:0~21T。

低场系统一般配备了隐形磁体或永磁体,质子谐振频率在 8.5~17MHz 范围内,通常应用于介入式手术系统一类的开放式 MRI 系统。目前依托高性能计算机的处理能力或低温冷却射频天线可以对低信号强度和较差的原始图像质量进行补偿。中场系统的质子谐振频率在 42~63MHz 范围内,能够提供较高的图像质量,已经成为临床治疗中的标准 MRI 系统。高场系统的质子谐振频率在 125~300MHz 范围内,能够提供更高的信噪比(SNR)、对比噪声比和光谱分辨率,在某些应用中能够提供更佳质量的图像。21 世纪初研制的 3T、7T 临床 MRI 系统为医学诊断打开了新的大门。超高场系统通常限于研究目的,能够在某些条件下提供更好的信噪比。磁场强度高达 21T(950MHz)的 MRI 系统通常工作在200~600MHz的频段内,一般用于临床前成像。研究界一直在不懈地推动射频技术的发展,以获得更高的信噪比和更均匀的图像对比度。

射频线圈是最先激励和接收磁共振信号的部件,在MRI系统中起着至关重要的作用。射频线圈的设计对于该领域科学家和临床医生取得最佳临床、临床前和实验结果非常关键。

在介绍MRI射频线圈的细节之前,有必要了解NMR和MRI信号接收与激励的基本概念。射频线圈并非独立的部件,而是复杂成像系统的组成部分。由于教科书中已经介绍了MRI射频线圈的设计方法(Vaughan and Griffiths,2012;Msipelter et al.,2006;Jin,1999),本章仅简要介绍其设计方法和工作原理(图66.1)。

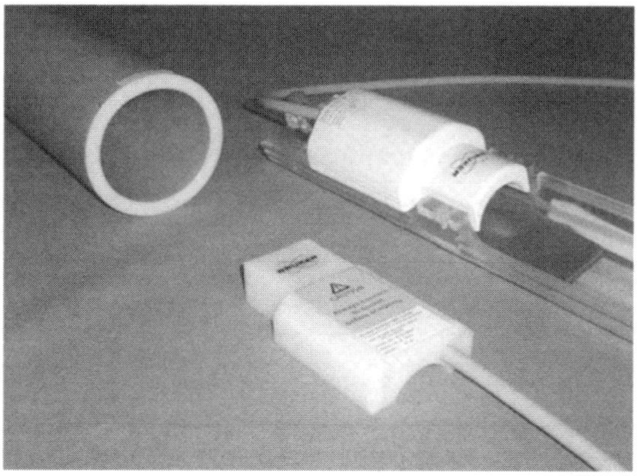

图66.1　用于小目标临床前成像的射频线圈组件
(包括一个用于射频传输的立体线圈和两个检测MRI信号的局部线圈)

66.2　核磁共振和磁共振成像系统对天线的技术要求

1. 核磁共振和磁共振成像工作原理

设计MRI射频线圈需要理解NMR和MRI技术的基本工作原理。量子力学法可以预测电磁场内部的自旋系综,而半经典预测方法可以分析NMR和MRI系统中射频线圈的性能。详细的求解方法可以参考Lawrence等的研究成果(Lawrence,1996;Haacke et al.,1996)。可以通过非零原子核的自旋 $\boldsymbol{I}$ 和角动量

$\boldsymbol{m}$ 来表征 NMR 和 MRI 系统中原子核的基本特征,即

$$\boldsymbol{m} = \gamma \cdot \boldsymbol{I}$$

每种原子核的回旋磁比是确定的。表 66.1 中列出了 NMR 和 MRI 系统中 $\nu_0 = \frac{2\pi}{r}$ 的若干重要数值。

表 66.1　MRI 和 NMR 中最常用的原子核(研究结果表明由于人类或动物等待研究活体中含有大量水分,^{1}H 质子非常重要)

参数	^{1}H	^{31}P	^{13}C	^{19}F	^{3}He
$\nu_0 = \frac{2\pi}{r} / $(MHz/T)	42,57	17,23	10,71	40,05	32,43
自旋量子总数	1/2	1/2	1/2	1/2	1/2

根据塞曼效应(Zeeman,1882),外部磁场 $\boldsymbol{B}_0$内原子核自旋 $\boldsymbol{I}$ 将分为 $2I+1$ 个离散能级。根据惯例 B_0场将指向 z 方向,即 $\boldsymbol{B}_0 = (0,0,B_0)$。表 66.1 中的原子核可以采用 1/2 和−1/2 两种自旋态之一。这些自旋态对应于磁通量 $\boldsymbol{m}$ 平行于或反平行于 $\boldsymbol{B}_0$的方向,其角定向约为 $\Omega_0 = 54.7°$,可以通过磁通量 μ 及其在 z 方向的分量计算得出(图 66.2)。

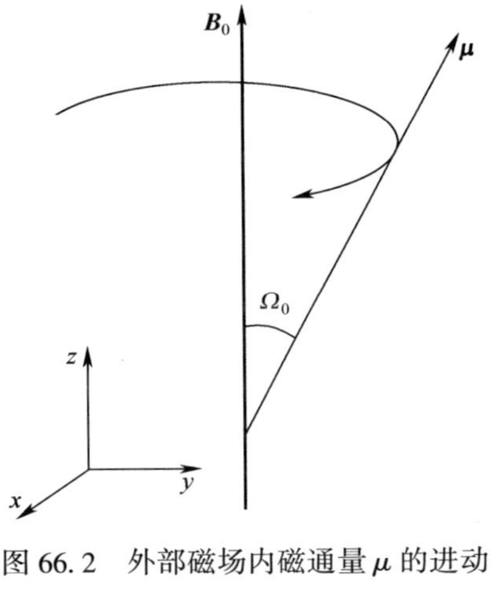

图 66.2　外部磁场内磁通量 μ 的进动

两个相邻能级的能差为

$$\mathrm{d}E = \gamma h \cdot B_0 \tag{66.1}$$

式中:h 为普朗克常数。原子核可以通过吸收或辐射质子(如发射或接收电磁

波)实现邻近能级间的转换,如位于高能级的原子核可以通过辐射电磁波进入低能级状态。质子的能量为 $E=h*\nu$,与两个能级间的能差匹配,即

$$\mathrm{d}E = h\nu_0 = h\omega_0 \tag{66.2}$$

式中:ν_0为质子的频率;ω_0为角频率。通过式(66.1)和式(66.2)可以得到拉莫尔频率,即

$$\omega_0 = 2 \cdot \pi \cdot \nu_0 = \gamma \cdot B_0 \tag{66.3}$$

在 MRI 系统中,质子(^{1}H)的频率通常在 42~900MHz 的范围(外部磁场强度为 1~21T),这也是 NMR 和 MRI 射频线圈的工作频段。

待测物体试样一般由许多核自旋构成,玻尔兹曼统计决定了核自旋的能级。不同能级自旋数量的概率取决于玻尔兹曼因子。平衡态下低能级核自旋比高能级(反平行)更密,能级间的微小差别导致了磁共振的低灵敏度。增大外部磁场强度可以提高灵敏度性能(见式(66.1)),而这正是 MRI 系统中磁场强度不断提高的主要原因。待测体积内磁自旋的总数即为磁化,有

$$\boldsymbol{M} = (M_x, M_y, M_z) = \frac{1}{V}\sum \mu_i \tag{66.4}$$

当样品被置于沿 z 方向分布的均匀磁场 $\boldsymbol{B}_0=(0,0,B_0)$ 内时,会产生沿相同方向的净磁化。例如,对磁化施加 $M\times B_0$ 的作用力,磁化的运动可以通过以下微分方程来表示,即

$$\frac{\mathrm{d}}{\mathrm{d}t}\boldsymbol{M}(t) = \gamma \boldsymbol{M}(t) \times \boldsymbol{B}_0 \tag{66.5}$$

磁化的运动称为进动,在与外部磁场 $\boldsymbol{B}_0$方向一致的扭矩作用下随拉莫尔频率 ω_0运动。

引入了与外部磁场 $\boldsymbol{B}_0$方向一致的旋转坐标系(实验室坐标系)。根据惯例磁化矢量是固定的。实验室旋转坐标系的基本向量为 $\boldsymbol{e}_x$、$\boldsymbol{e}_y$和 $\boldsymbol{e}_z$;磁化将以拉莫尔频率 $\omega_0 = \gamma \cdot B_0$ 沿自旋系统的相同方向旋转。不失一般性,引入第二个磁场(图 66.3(a))可以产生有效磁场 $\boldsymbol{B}_{\mathrm{eff}} = \boldsymbol{B} - \dfrac{\omega_0}{\gamma}\boldsymbol{e}_z$。在旋转坐标系下的运动为 $\dfrac{\mathrm{d}'}{\mathrm{d}t}\boldsymbol{M}(t) = \gamma \boldsymbol{M}(t) \times \boldsymbol{B}_{\mathrm{eff}}$。

沿 x 方向线极化振荡的射频磁场 $\boldsymbol{B}_1$ 可以分解为 xy 平面内的两个时变分

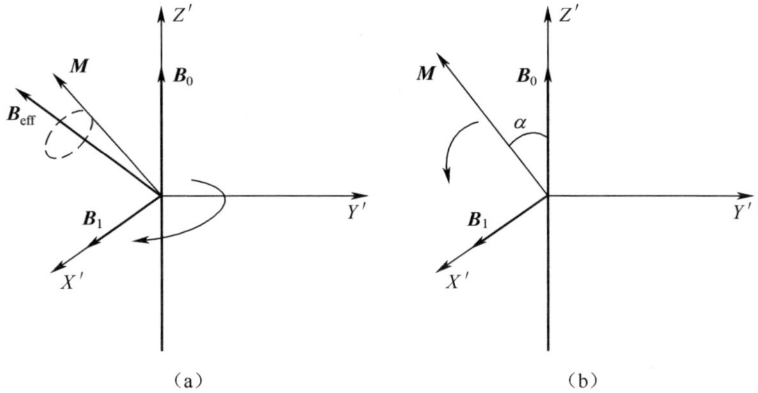

图66.3　引入旋转坐标系

(a)在旋转坐标系下净磁化矢量以拉莫尔频率 $\omega_0 = \gamma \cdot B_0$ 沿 $\boldsymbol{B}_0$ 方向旋转；(b)通过施加横向磁场使磁化偏转 α 角度。

量，即

$$\boldsymbol{B}_1 = A \cdot \boldsymbol{e}_x \cos\omega t = \boldsymbol{B}_{\mathrm{cw}} + \boldsymbol{B}_{\mathrm{ccw}}$$

式中：$\boldsymbol{B}_{\mathrm{cw}} = \frac{1}{2}A(\boldsymbol{e}_x \cdot \cos\omega t - \boldsymbol{e}_y \cdot \sin\omega t)$；$\boldsymbol{B}_{\mathrm{ccw}} = \frac{1}{2}A(\boldsymbol{e}_x \cdot \cos\omega t + \boldsymbol{e}_y \cdot \sin\omega t)$。二者均为旋转磁场，$\boldsymbol{B}_{\mathrm{cw}}$沿顺时针方向旋转，$\boldsymbol{B}_{\mathrm{ccw}}$沿逆时针方向旋转。

当 $\boldsymbol{B}_1$ 场谐振于 $\omega = \omega_0$时，圆极化场的两个分量为

$$\begin{cases} \boldsymbol{B}_{\mathrm{cw}} = \dfrac{1}{2}A\boldsymbol{e}_x \\ \boldsymbol{B}_{\mathrm{ccw}} = \dfrac{1}{2}A(\boldsymbol{e}_x \cdot \cos 2\omega_0 t + \boldsymbol{e}_y \cdot \sin\omega_0 t) \end{cases} \tag{66.6}$$

通过施加 $\boldsymbol{B}_1$ 场，旋转坐标系下的有效磁场 $\boldsymbol{B}_{\mathrm{eff}}$为

$$\boldsymbol{B}_{\mathrm{eff}} = \left(B_0 - \frac{\omega_0}{\gamma}\right)\boldsymbol{e}_z + \frac{1}{2}A \cdot \boldsymbol{e}_{x'} \tag{66.7}$$

由于在实验室坐标系下发生了 $\omega = \omega_0$的旋转（系统发生谐振），外部磁场 $\boldsymbol{B}_0$ 不会对运动产生影响。z 分量将消失，磁化将沿扭矩与 $\boldsymbol{B}_{\mathrm{eff}} = \frac{1}{2}A \cdot \boldsymbol{e}_{x'}$ 一致的方向进动，而产生的旋转具有角频率 $\omega_0 = \gamma \cdot \boldsymbol{B}_{\mathrm{eff}} = \gamma \cdot \boldsymbol{B}_1$。需要注意的是，当与静场 $\boldsymbol{B}_0$正交的磁场 $\boldsymbol{B}_1$谐振在 $\omega = \omega_0$的角频率时，磁化矢量将沿其平衡位置发生任

意角度 α 的旋转(图66.3(b))。在实践中采用射频线圈施加了 $\boldsymbol{B}_1$ 场,射频脉冲的频率为 $\nu_0=\frac{2\pi}{\gamma}$。最终的角度与射频脉冲的持续时间 τ 和施加的切向 $\boldsymbol{B}_1$ 场幅度相关,可以通过对射频脉冲包络进行积分求解得出

$$\alpha=\int_0^{\tau}\gamma\cdot\boldsymbol{B}_1(t)\,\mathrm{d}t \tag{66.8}$$

2. 正交检测与接收

逆时针旋转分量 $\boldsymbol{B}_{\mathrm{ccw}}$ 与磁化矢量 $\boldsymbol{M}$ 无关。当实验室坐标系沿逆时针方向旋转时,有效磁场为

$$\boldsymbol{B}_{\mathrm{eff}}=\left(\boldsymbol{B}_0+\frac{\omega_0}{\gamma}\right)\boldsymbol{e}_z+\frac{1}{2}A\cdot\boldsymbol{e}_{x'}=2B_0\boldsymbol{e}_z+\frac{1}{2}A\cdot\boldsymbol{e}_{x'} \tag{66.9}$$

由于 $\boldsymbol{B}_0$ 的幅度(几个T)远大于 $\boldsymbol{B}_1$ 的幅度(几个μT),可以忽略逆时针分量的效应,只有切向射频场的 $\boldsymbol{B}_1$ 右旋圆极化分量会显著影响磁化矢量。而对于线极化射频场而言,只有一半的能量用于反转磁化矢量。

为了将切向射频场分量的全部能量用于向磁化矢量 $\boldsymbol{M}$ 馈电,可以采用 $\boldsymbol{B}_1$ 场的顺时针旋转分量 $\boldsymbol{B}_1^{\mathrm{CW}}=A(\boldsymbol{e}_x\cdot\cos\omega t+\boldsymbol{e}_y\cdot\sin\omega t)$。与线极化射频场相比,其有效 $\boldsymbol{B}_{\mathrm{eff}}=A\cdot\boldsymbol{e}_x$ 的幅度将加倍,从而可将双倍的能量馈入自旋系统中以使磁化偏转 α 角度。

MRI系统中 $\boldsymbol{B}_1$ 场 $\boldsymbol{B}_1=\boldsymbol{B}_1^{\mathrm{cw}}+\boldsymbol{B}_1^{\mathrm{ccw}}=\boldsymbol{B}_1^{(+)}+\boldsymbol{B}_1^{(-)}$ 的左旋圆极化和右旋圆极化分量可以用复数分别表示为

$$\begin{cases}\boldsymbol{B}_1^{(+)}=B_{1x}^{(+)}+\mathrm{i}B_{1y}^{(+)}=\dfrac{B_{1x}+\mathrm{i}B_{1y}}{2}\\[2ex]\boldsymbol{B}_1^{(-)}=B_{1x}^{(-)}+\mathrm{i}B_{1y}^{(-)}=\dfrac{(B_{1x}-\mathrm{i}B_{1y})^*}{2}\end{cases} \tag{66.10}$$

由于右旋圆极化分量导致磁化矢量在旋转坐标系中发生偏转,接收到的信号(Hould,2000)与左旋圆极化分量成正比(参见“布洛赫方程与互易性”章节)。在实践中可以用两路正交且相位差为90°的 $\boldsymbol{B}_1$ 射频场来合成圆极化射频场。

可采用分支线定向耦合器或环形耦合器(3dB耦合器)对射频信号进行正交分路或合成(图66.4)。在传输过程中输入信号将被分配为相位差为90°的两路信号;而在接收过程中线圈产生的射频信号与反相相移分量相结合以检测样

品发出左旋极化信号。来自合成器/分路器的两路信号被合成以产生圆极化 $\boldsymbol{B}_1$ 场。这样全部的输入功率都将用于激励原子核自旋，待测物体的全部能量也都能被系统接收到。遵循信号原理准则，当正交检测射频信号中的两路相位相关信号被合成时，信号强度将加倍且相应地噪声电压只会提高 $\sqrt{2}$ 倍，由此与线极化射频场相比，圆极化射频场的信噪比将提高 $\sqrt{2}$ 倍。两个正交通道间的隔离度应大于 20dB。

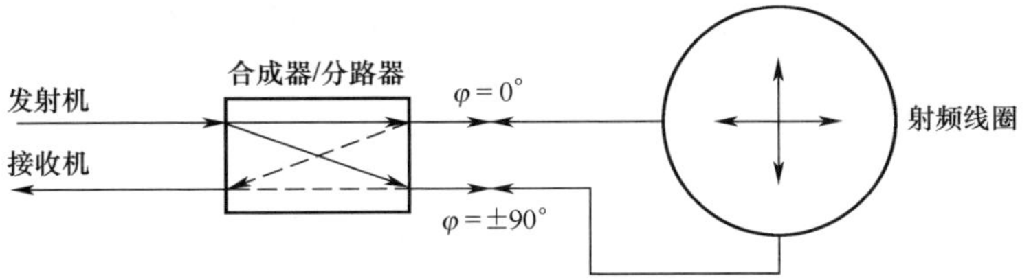

图 66.4　合成器/分路器(分路器将传输信号分配至两个通道并产生 90°的相位差，从而形成圆极化 $\boldsymbol{B}_1$ 射频场。在接收过程中合成器将在两路信号间引入-90°的相位差)

3. 布洛赫方程与互易性

当 $\boldsymbol{B}_1$ 射频脉冲作用于核自旋系统时，磁化矢量将在 xy 平面进动。由于存在损耗，磁化不会无限地进动，最终将回到与 $\boldsymbol{B}_1$ 方向一致的均衡态。这一被称为“弛豫”的过程可以用 T_1 和 T_2 两个时间常数来表征。T_1 表征纵向弛豫，即自旋与晶格作用的结果；T_2 为横向弛豫，表征自旋发生时的能量转移以及自旋损失时磁化矢量的相位相干运动。这些时间常数与材料(样品)和磁场强度密切相关。

相干磁化的损耗 M_z 被称为自由感应衰减(FID，图 66.5(a))。布洛赫方程实质上是一种唯象模型，能够为射频脉冲激励的核自旋系统提供最简单的模型。实验室坐标系下的布洛赫方程为

$$\frac{\mathrm{d}M_{x,y}}{\mathrm{d}t}=\gamma(\boldsymbol{M}\times\boldsymbol{B})_{x,y}-\frac{M_{x,y}}{T_2} \tag{66.11}$$

$$\frac{\mathrm{d}M_z}{\mathrm{d}t}=\gamma(\boldsymbol{M}\times\boldsymbol{B})_{x,y}-\frac{M_z-M_0}{T_1} \tag{66.12}$$

在旋转坐标系下 $\Delta\omega=0$ 的谐振条件下，矢积将产生一频率为 ω_0 的时变信号。自由感应衰减指数包络中的时间常数 T_1 和 T_2 分别源于失相和纵向弛豫(图 66.5

(b)),有

$$
\begin{cases}M_z(t)=M_0(1-e^{t/T_1})+M_z(0)\ e^{-t/T_1}\\ M_{x/y}(t)=M_{x/y}(0)\ e^{-t/T_2}\end{cases}
\tag{66.13}
$$

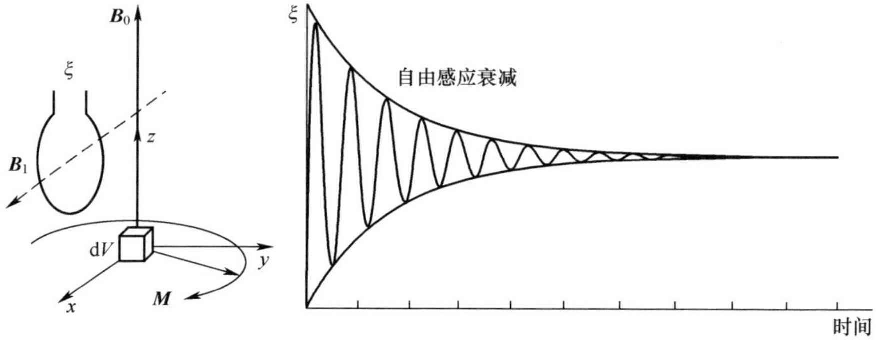

(a) (b)

图 66.5 自由感应衰减及纵向弛豫

(a)用于 NMR 检测的线圈;(b)与时间相关的 MRI 信号(即所谓的自由感应衰减(FID))。

考虑式(66.11)中 B_1场作用于 x 方向的情况。穿过射频线圈的直流电流被定义为单位电流(图 66.5(a))。在时间小于横向弛豫时间 T_2的条件下,两个布洛赫方程可以用右旋分量 $\frac{dM_x^+}{dt}\approx\gamma B_{1y}^+M_z$ 和 $\frac{dM_y^+}{dt}\approx-\gamma B_{1y}^+M_z$ 来表示(Hould,2000)。在翻转角较小的情况下(小于 10°)可以近似认为脉冲时长较短,由此 $M_z=M_0$。当采用持续时间为 τ 的短脉冲时,磁化应遵循 $M_x^+\approx\gamma\tau M_0B_{1y}^+$ 和 $M_y^+\approx\gamma\tau M_0B_{1x}^+$,或是在负旋转坐标系下为复数,即

$$
M^+=M_x^++\mathrm{i}M_y^+\approx\gamma\tau M_0B_1^+ \tag{66.14}
$$

这种关系称为互易性,它明确了射频脉冲的(复)横向磁化与 B_1场强的右旋分量成正比。根据互易原理,在负旋转坐标系下,体素 dV 的磁化在接收线圈(图 66.5(a))上感应到的接收信号为

$$
\xi=2\omega M^+B_1^-*=\omega M^+(B_{1x}-\mathrm{i}B_{1y}) \tag{66.15}
$$

在发射/接收情况下需要注意的是,当发射/接收 $\boldsymbol{B}_1$ 场的相位与位置无关时,在偏转角较小且外部磁场强度 B_0较低的情况下发射/接收信号只与 $\boldsymbol{B}_1$ 场强的平方成正比。

如果样品的介电常数和/或电导率导致 $\boldsymbol{B}_1$ 场为复数且位置与相位变化相关

(如在高场应用中),应计入 $\boldsymbol{B}_1$ 场右旋和左旋的复数分量。互易性不仅意味着良好的发射线圈,也是有效的接收线圈!

4. 效率、损耗与信噪比

检测到的 NMR/MRI 信号的体素尺寸通常是与小信号关联的。在图 66.6 所示的 RLC 电路中,由基尔霍夫定律可以得到

$$V = R_{\mathrm{eq}} I + \frac{i}{\omega C} I - i\omega L \tag{66.16}$$

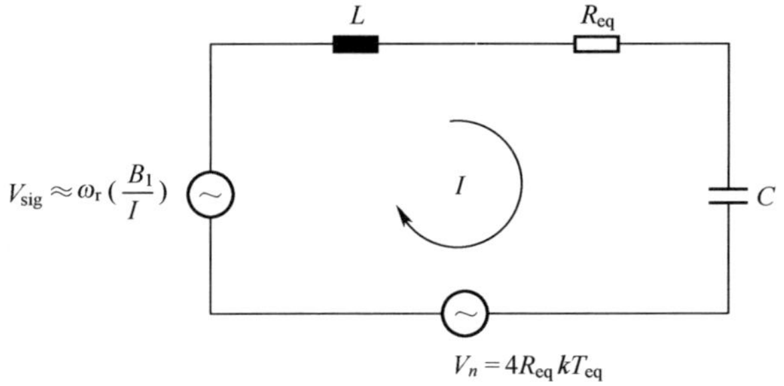

图 66.6　MRI 线圈的等效电路(包含噪声源 V_n)

式中:ω 为角频率。在 $R=0$ 的情况下,$I = V\left[\frac{L}{i\omega}\left(\omega^2 - \frac{1}{LC}\right)\right]^{-1}$;在 $I \to \infty$ 的情况下,$\omega = \omega_r = \frac{1}{\sqrt{LC}}$,其中 ω_r 是射频线圈的谐振频率。事实上,电阻 R 不可能为零,而 I 的幅度也不可能无限大,但不管怎样,电流 I 在谐振频率 ω_r 处将达到最大值。由于电阻 R 不可能为零,总有一些能量会耗散在 RLC 电路中并导致效率下降,为此定义了品质因数 $Q = 2\pi \frac{\text{最大储存能量}}{\text{每个时间周期内耗散的能量}}$ 这一概念。RLC 电路的品质因数可以定义为

$$Q = \frac{1}{R_{\mathrm{eq}}} \sqrt{\frac{L}{C}} \tag{66.17}$$

确定 R、L 和 C 的数值较为困难,一般会通过下式求解出 Q 值,即

$$Q = \frac{\omega}{\Delta\omega} \tag{66.18}$$

式中:$\Delta\omega$ 为系统带宽。需要强调的是,基于比较的原因需要考虑射频线圈是否

匹配至50Ω,这等效于3dB或6dB带宽,会导致Q值提高了1倍。

$SNR^2 = V_{sig}^2 / V_n^2$ 定义了功率信噪比。通过引入约翰逊噪声可得信噪比的一般表达式(忽略测量的带宽)(Darrasse and Ginefri,2003)为

$$\mathrm{SNR} \approx \sqrt{F}\,\frac{\omega_0\left(\dfrac{B_1}{I}\right)}{\sqrt{4k_B\,T_{\mathrm{eq}}\,R_{\mathrm{eq}}}}\Delta V M_T\sqrt{\frac{t_0}{t_R}}\sqrt{t_{\mathrm{SCAN}}} \tag{66.19}$$

假定可以忽略包括噪声系数F、横向磁化M_T、总扫描时间t_{SCAN}、重复时间t_{R}、采样窗口持续时间t_0和单元编码容积ΔV在内的与射频线圈灵敏度没有密切关系的参量以及测量的带宽,同时为简单起见,将线圈电流I设为单元电流,则式(66.19)可以简化为

$$\mathrm{SNR} \approx \frac{\omega_0 B_1}{\sqrt{4k_B T_{\mathrm{eq}} R_{\mathrm{eq}}}} \tag{66.20}$$

通过提高样品中单位电流内的有效场强B_1或降低噪声源$R_{\mathrm{eq}}T_{\mathrm{eq}}$(损耗机理)的方式也可以提高信噪比。与射频线圈相作用的噪声源包括以下4个主要分量,即

$$R_{\mathrm{eq}} = (R_M + R_E) + R_C + R_\Omega = R_S + R_C + R_\Omega \tag{66.21}$$

式中:R_M为磁场感应电流在样品中的磁损耗;R_E为样品和射频线圈间杂散容性耦合引起的电损耗;R_C为射频线圈的电阻性损耗;R_Ω为系统的辐射损耗。磁损耗R_M和电损耗R_E合称为样品损耗R_S。将4类损耗机制简化为两类与温度相关的损耗后,信噪比可以表示为

$$\mathrm{SNR} \approx \frac{\omega_0 B_1}{\sqrt{R_S T_S + R_C T_C}} \tag{66.22}$$

5. 磁共振成像的基础

NMR技术百科全书(Lawrence,1996)和相关教科书(Canet,1996;Haacke et al.,1999)已经介绍了磁共振成像的基础知识。当存在额外场梯度时,可以通过空间相关的拉莫尔频率$\omega_L = \gamma \cdot |\boldsymbol{B}_0|$获得磁共振成像(体层摄影术)所需的空间分辨信号。

采用与沿z轴分布的外部磁场方向一致的恒定场梯度,有

$$
\boldsymbol{G}=\begin{bmatrix}\frac{\partial B_x}{\partial x} & \frac{\partial B_x}{\partial y} & \frac{\partial B_x}{\partial z}\\ \frac{\partial B_y}{\partial x} & \frac{\partial B_y}{\partial y} & \frac{\partial B_y}{\partial z}\\ \frac{\partial B_z}{\partial x} & \frac{\partial B_z}{\partial y} & \frac{\partial B_z}{\partial z}\end{bmatrix}=\{g_{ik}\}
$$

在 $B_0 \gg \|\boldsymbol{G}\| a$ 的假定条件下只需考虑 $\boldsymbol{G}$ 矩阵的第三行，其中 a 为成像区域的长度。场梯度 $\boldsymbol{G}$ 可以设为矢量 $\boldsymbol{g}=\left(\frac{\partial B_z}{\partial x},\frac{\partial B_z}{\partial y},\frac{\partial B_z}{\partial z}\right)=(g_x,g_y,g_z)$。将其与外部静磁场结合，可以得到 x 的位置分布。在这一位置上体素 dV 的拉莫尔频率为 $\omega_{\mathrm{L}}=\gamma\cdot(B_0+\boldsymbol{g}\cdot\boldsymbol{r})$。在矢量 $\boldsymbol{g}$ 只有一个分量的情况下无法得到频率和位置的分布，需要测量许多场梯度 $\boldsymbol{g}$ 的 ω_L，从而在三维空间中分配位置。下面将介绍 MRI 系统中采用的一种简单方法——自旋扭曲梯度回波法。

首先在场梯度 $\boldsymbol{g}=(0,0,g_z)$ 的条件下采用载波频率为 f_c、带宽为 df 的射频脉冲进行层面选择激励（图 66.7）。原子核只在 $z=z_f=$ 常数的切面上自旋，这对应于载波频率 $f_c=\frac{\gamma}{2\pi}\cdot(B_0+g_z\cdot z_f)$，激励方式参见“2.1NMR 和 MRI 工作原理”部分内容。层面厚度 Δz 取决于带宽 df，对应于 $\mathrm{d}f=\frac{\gamma}{2\pi}\cdot g_z\cdot\Delta z$，且可以在可实现的范围内自由选取。

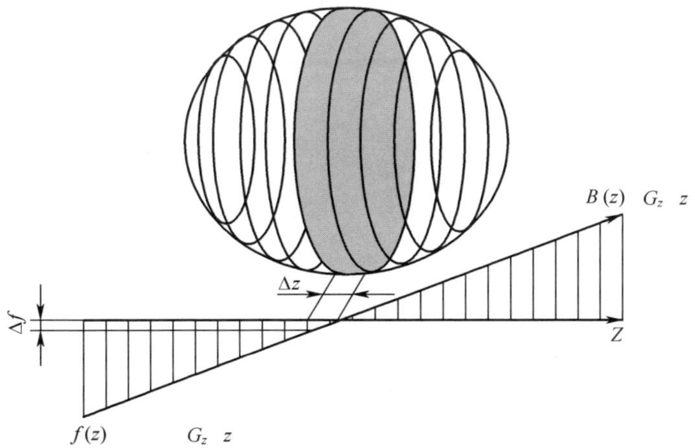

图 66.7　磁共振成像层面选择激励的原理

接收机从 $\boldsymbol{r}=(x,y,z_f)$ 位置的体素上接收到的信号 $\boldsymbol{S}(t)$（忽略所有弛豫效应）是自旋密度为 $\rho(\boldsymbol{r})$ 的层面上所有自旋的总和,即

$$\boldsymbol{S}(t) \propto \int \rho(\boldsymbol{r}) \cdot \mathrm{e}^{\mathrm{i}\int_0^t \omega(r,t')\mathrm{d}t'} \mathrm{d}^3 r = \mathrm{e}^{\mathrm{i}\omega_0 t} \int \rho(\boldsymbol{r}) \mathrm{e}^{\mathrm{i}\gamma\int_0^t \boldsymbol{g}(t')\mathrm{d}t' r} \mathrm{d}^3 \boldsymbol{r} \quad (66.23)$$

用 $\boldsymbol{k}=\gamma\int_0^t \boldsymbol{g}(t'\mathrm{d}t')$ 替换式(66.23)中的指数(其中 t 为梯度的作用时间),并忽略空间不相关的频率 ω_L ,可得

$$\boldsymbol{S}(\boldsymbol{k}) \propto \int \rho(\boldsymbol{r}) \cdot \mathrm{e}^{\mathrm{i}\boldsymbol{kr}} \mathrm{d}^3 \boldsymbol{r} \quad (66.24)$$

式中:信号 $\boldsymbol{S}(t)$ 可视为自旋密度 $\rho(\boldsymbol{r})$ 的傅里叶逆变换,自旋密度可由接收机信号的傅里叶逆变换得到

$$\rho(\boldsymbol{r}) \propto \int \rho(\boldsymbol{r}) \cdot \mathrm{e}^{-\mathrm{i}\boldsymbol{kr}} \mathrm{d}^3 \boldsymbol{r} \quad (66.25)$$

倒易空间矢量 $\boldsymbol{k}=(k_x,k_y,k_z)$ 定义了所谓的 $\boldsymbol{k}$ 空间。通过层面选择激励在二维平面上进行了编码,对空间频率调制信号施加某一方向的恒定梯度场,实现了空间维度的编码。在 N_x 个离散点上,以时间间隔 $\mathrm{d}t_x$ 对接收到的一维信号进行采样,有

$$\boldsymbol{S}(k_x)=\int \rho(\boldsymbol{r}) \cdot \mathrm{e}^{\mathrm{i}k_x x} \mathrm{d}^3 \boldsymbol{r}, k_x=\gamma G_x \cdot t_x \quad (66.26)$$

通过信号相位对第二空间维度进行编码(所谓的“相位编码”),而这是在层面选择激励和持续时间为 t_y 的梯度 g_y 信号获取过程之间进行的。梯度 g_y 与 x 方向的梯度 g_x 正交。这种自旋相位的调制会在信号的读出过程中持续,最终产生空间相关的相位 $\varphi(y)=\gamma g_y t_y y$ 。需要在改变梯度场强 g_y 的条件下多次重复这一相位编码过程以覆盖整个二维 $\boldsymbol{k}$ 空间。

在 $k_y=\gamma G_y \cdot t_y$ 的条件下,选定层面发出的信号为

$$\boldsymbol{S}(k_x,k_y)=\mathrm{d}z \cdot \int \rho(x,y) \cdot \mathrm{e}^{\mathrm{i}(k_x x+k_y y)} \mathrm{d}x\mathrm{d}y \quad (66.27)$$

图 66.8 所示为在简单的梯度回波实验中获取的相位编码自旋扭曲轨迹。①在场梯度 g_z 恒定的条件下对层面选择施加射频脉冲;②采用负梯度 g_x 使 $\boldsymbol{k}$ 空间中的轨迹移至 $-k_x^{\max}$,同时施加相位编码梯度 g_y 以使 $\boldsymbol{k}$ 空间中的轨迹移动至 k_y 位置,为了校正自旋系统的相位,还引入了层面选择梯度 g_z 的重定相波瓣;③开启读出梯度 g_x,相当于将 $\boldsymbol{k}$ 空间中 k_y 的位置从 $-k_x^{\max}$ 移至 $k_x^{\max}$ 。为了在 y

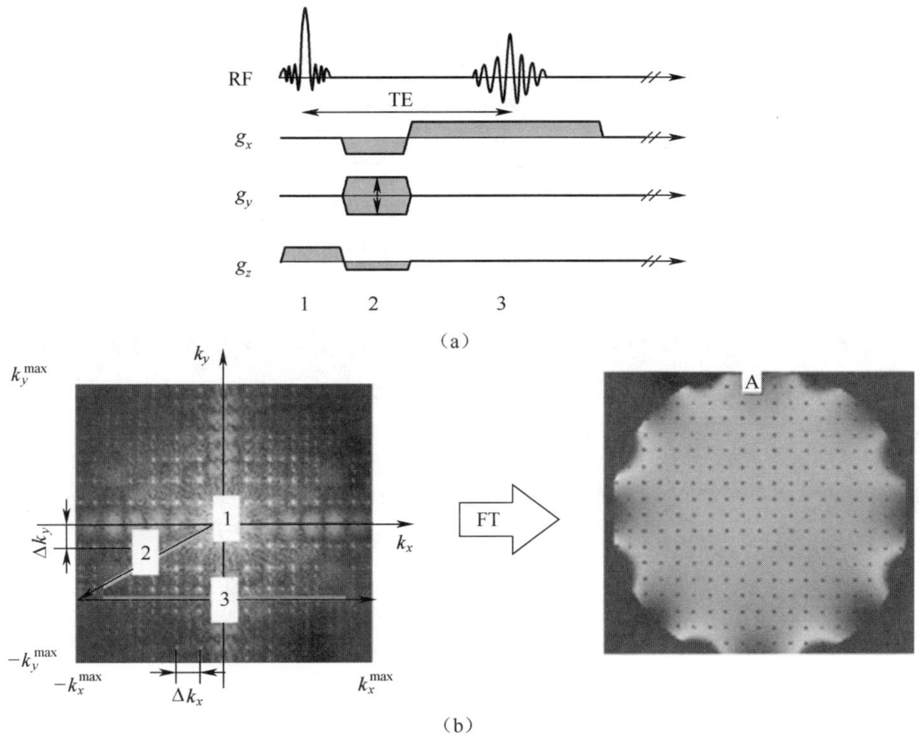

图 66.8　MRI 中的空间编码

(a)典型的自旋扭曲梯度回波序列原理图;(b)用于空间编码的傅里叶空间中的 ***k*** 空间轨迹以及对采样数据进行傅里叶变换生成的最终图像。

方向覆盖整个 ***k*** 空间,必须采用 $-g_y^{max}$ 到 g_y^{max} 范围内的多个相位编码梯度,使这一过程重复 N_y 次。

成像速度也是 MRI 系统的关键指标之一。获取一幅图像的总时间 T_{tot} 由射频激励时间 N_z 、相位编码步数 N_y 、重复次数 N_{rep} 和重复时间 T_R 决定。重复时间 T_R 为射频激励之间的时间间隔,是成像速度和灵敏度的限制因素;而灵敏度主要由不同生物组织的弛豫时间引起。MRI 扫描的总时间为 $T_{tot} = N_z N_y N_{rep} \cdot T_R$。

研究者开发出的包括 FLASH(快速小角度激发成像)技术在内的多种采用较短重复时间的成像策略能缩短成像时间,而 EPI(平面回波成像)和 TSE(快速自旋回波)等单激发和多激发序列可以在一个重复时间内进行多次相位编码。然而,如果引入并行成像技术,就可以在不提高梯度性能的情况下有效缩短成像时间。

并行成像的原理是部分替代场梯度空间编码所消耗的时间。采用阵列中线圈单元的空间灵敏度信息(参见“低温冷却线圈,双调谐线圈”部分章节)仅需获取部分相位编码步骤,从而直接加速了图像获取进程。

主流的并行成像方法包括基于 ***k*** 空间重建的 GRAPPA 方法(Griswold et al.,2002)和基于图像域的 SENSE 方法(Pruessmann et al.,1999)(图 66.9)。在并行成像中 ***k*** 空间采样的相位编码步数应低于奈奎斯特准则,如在 $R=2$ 的欠采样情况下对场梯度进行相位编码时仅需获得一半的 ***k*** 空间行信息。可以通过直接在 ***k*** 空间求解丢失掉的 ***k*** 空间列来重建并行图像,为此 ***k*** 空间中心的每一行都需要获得自动校正行(ACS 行)。对每个线圈单元采用这些自动校正行可以重建出欠采样图像中丢失的 ***k*** 空间行,并最终根据傅里叶逆变换得到重建的图像。对于采用 SENSE 算法的并行成像技术,通过傅里叶逆变换重建出了欠采样图像,从而形成每个线圈单元的混叠图像。这些视场缩减的图像包含来自所需的整个采样图像中多个等间距分布像素的信息。对阵列中的独立线圈单元采用复灵敏度,可以针对一幅全分辨率图像展开所叠加的像素(参见“用于并行成像的阵列接收线圈”部分内容)。

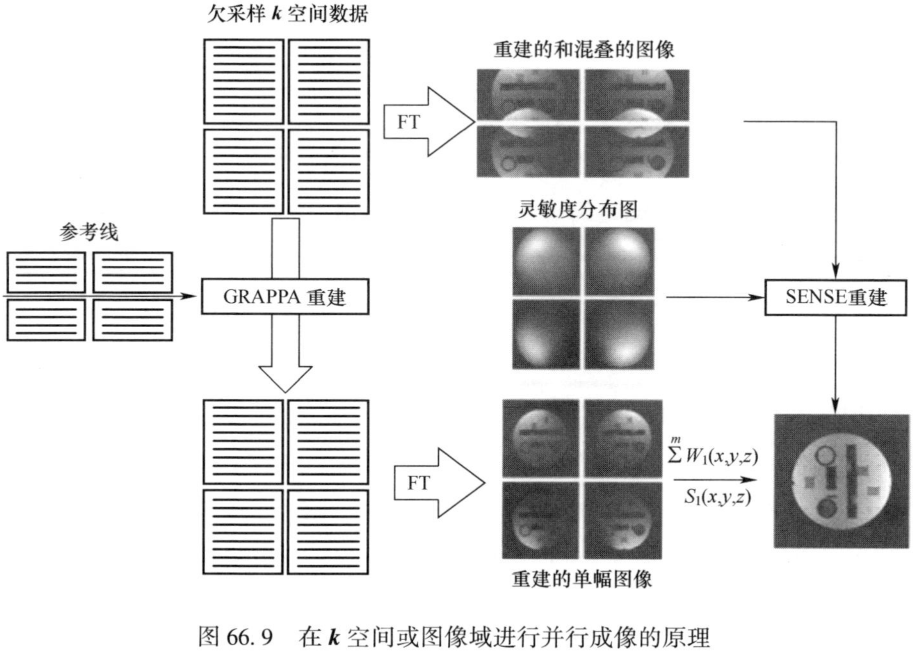

图 66.9　在 ***k*** 空间或图像域进行并行成像的原理

6. 磁共振成像(MRI)系统的硬件组成

这里将简要介绍磁共振断层摄影术的硬件组成,其中的射频线圈作为磁共振成像系统中发射/接收链的组成部分,发挥着至关重要的作用。

图 66.10 所示为 MRI 系统组成。其中磁场线圈是尺寸最大且往往最昂贵的部件。由于更高的磁场强度可以提供更好的信噪比,从而提高空间或时间分辨率,在高场和超高场系统中通常会采用超导磁体。需要强调的是这些硬件的成本应当合理可行。

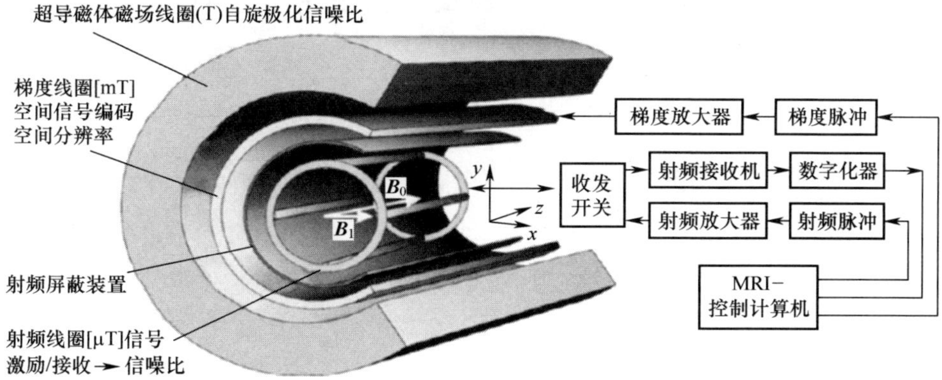

图 66.10 磁共振成像系统的硬件组成

主磁体产生的外部磁场 $\boldsymbol{B}_0=(0,0,B_0)$ 将在感兴趣容积(VOI)内实现尽可能均匀的自旋极化。根据 MRI 系统临床成像应用的要求,直径为 50~80cm 的球体内磁场均匀性应该达到若干个 10^{-6} 量级。对于高分辨率光谱法,在直径为几厘米的球体内,磁场均匀性应该达到十亿分之一。因此,通常会将匀场线圈用于梯度系统或主磁体中以调整 VOI 内局部主磁场 $\boldsymbol{B}_0$ 的均匀性。

梯度线圈可以灵活地切换线性独立梯度场 $\boldsymbol{g}=(g_x,g_y,g_z)$,而这些场可以叠加成主磁场 $\boldsymbol{B}_0$,从而通过其频率或相位对信号空间分布进行编码。梯度性能往往决定了成像速度。

在梯度线圈的内壁或射频线圈的外部一般会安装射频屏蔽装置。该装置能够使 MRI 系统的内部空间与外部隔离,防止噪声进入接收信号,从而避免射频线圈与梯度系统发生射频耦合。

为了将 $\boldsymbol{B}_1$ 射频场作用于样品并接收来自样品的电磁场,通常会采用射频谐

振器或射频探头。这一射频线圈工作在 $\nu_0 = \frac{\omega_0}{2 \cdot \pi}$ 的谐振频率,可以由所需的拉莫尔频率求解得到,且对应于主磁场 $B_0 = |\boldsymbol{B}_0|$(参见“NMR 和 MRI 工作原理”部分内容)。

射频系统中的线圈可以分为 3 类。

① 用于激励和接收(Tx/Rx)$\boldsymbol{B}_1$ 电磁场的射频系统;往往会采用立体谐振器、局部线圈和阵列射频线圈。

② 仅用于激励(Tx)$\boldsymbol{B}_1$ 电磁场的射频系统;一般采用立体谐振器和专用的阵列发射线圈。

③ 用于接收(Rx)$\boldsymbol{B}_1$ 电磁场的射频系统;通常采用局部线圈和阵列射频线圈。

在发射/接收应用中一般采用立体线圈,这是因为它们能够在给定的 VOI 内生成均匀射频场 $\boldsymbol{B}_1$。这些立体线圈一般用于全身成像或是 VOI 内部的深层结构成像,而在 MRI 系统中 $\boldsymbol{B}_1$ 射频场的波长远大于待测目标的尺寸。可以在导线和导电结构上通过产生适当的电流分布来激励 $\boldsymbol{B}_1$ 射频场(参见“基于静磁原理的具有均匀射频场的立体天线基本原理”部分内容)。在大多数情况下,射频线圈都装备了屏蔽装置。考虑到射频线圈的效率,导线与射频屏蔽装置的间距成为重要的设计参数(参见“鸟笼线圈的屏蔽”部分内容)。随着磁场强度 $\boldsymbol{B}_0$ 的快速提高,射频场的波长已经与待测目标的尺寸相当。新的成像技术推动了阵列发射/接收线圈的发展,这些线圈由多个独立的小型射频结构(表面线圈)组成,并分布在 VOI 周围,通过其自身的射频链进行独立驱动(参见“并行成像中的阵列接收线圈”部分内容)。小型环形发射/接收表面线圈从磁共振成像技术的早期就得到了应用,目前常用于 VOI 尺寸小、可容忍非均匀射频场和信噪比要求高的场景。例如,在双谐振光谱法中射频线圈工作在两个不同的频率,可以同时检测 $^{1}H/^{13}C$、$^{1}H/^{31}P$ 等多个原子核。

在仅发射情况下通常将被称为“人体线圈”的立体线圈用于临床 MRI 系统。关键在于这些线圈仅用于在预定义的 VOI 区域内激励起均匀的 $\boldsymbol{B}_1$ 射频场。在优化过程中这些射频线圈应在受限区域内部尽可能具有较大的直径,因而往往射频效率较低。这些线圈还配备了有源去耦电路,用于主动且暂时将有源射频单元切换偏离谐振频率 ω_0。在检测磁共振信号时会采用另一套射频系统——

仅用于接收的射频线圈。

仅接收的线圈可以分为 3 类，即立体线圈、表面线圈和阵列线圈，其射频电路均通过有源或无源的方式与发射线圈隔离，从而使发射和接收系统在拉莫尔频率 ω_0 上互相关闭，以减小发射和接收系统间的射频耦合。这种去耦方式可以防止发射或接收过程中谐振模式的分裂。仅用于接收的立体线圈和仅用于发射的线圈工作原理一致，但在优化过程中要实现尽可能高的效率。在线圈的设计过程中往往不考虑射频屏蔽装置，其内部结构应尽可能贴近待测目标。这些线圈的几何参数往往是射频效率、射频场均匀性、可用性和用户操作性等要素折衷的结果。与仅用于发射的立体线圈不同，仅用于接收的表面线圈将提供非均匀的电磁场且通常用于 VOI 限定于一小区域的成像场景中。由于射频场聚集于局部区域且在射频结构中引入了额外的预先放大器，这些线圈能够实现远高于立体线圈的信噪比性能。

阵列射频线圈即为多个表面线圈在 VOI 周围组合成一套独立的天线（参见“阵列接收线圈”和“发射感应/射频匀场”部分内容）。在采用阵列线圈进行成像时，每个单元都具有其独立的射频接收链，多个独立的射频阵列单元将检测到磁共振信号，再通过软件对其合成（参见“阵列接收线圈”部分内容）。与立体线圈相比，这种方法得到的图像均匀性差，但通过对磁共振信号进行预先放大，可以得到很高的信噪比，且阵列线圈单元与 VOI 非常贴近。

66.3　磁共振成像线圈的设计

1. 磁共振成像立体天线的设计准则

1）基于静磁理论的均匀射频场立体天线通用准则

立体线圈的工作原理基于静磁理论，可以通过球坐标系下无波源区磁场的一般求解等方法得出。由于电流密度 $\boldsymbol{j}$ 在球体表面之外为零，球坐标系下 $\boldsymbol{j}$ 在半径 $r=R$ 的表面上可以定义为（图 66.11）

$$\boldsymbol{j}(r,\vartheta,\varphi)=(j_r,j_\vartheta,j_\varphi)=(0,0,j_0\cdot\sin\vartheta) \tag{66.28}$$

根据高斯定律和安培定律，无波源区应满足以下条件，即

$$\nabla\cdot\boldsymbol{B}=0 \tag{66.29}$$

$$\nabla\times\boldsymbol{B}=0 \tag{66.30}$$

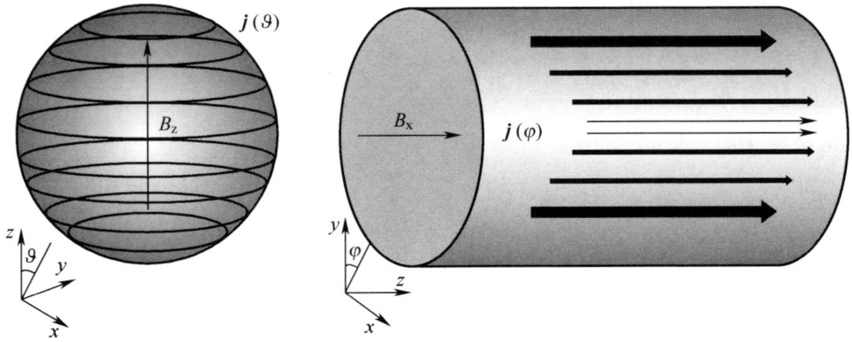

图 66.11　能够产生均匀横向磁场的正弦表面电流分布

球体内外的标量磁势 $\Phi^i(r,\vartheta,\varphi)$ 和 $\Phi^a(r,\vartheta,\varphi)$ 可以定义为 $\boldsymbol{B}^{ia}=-\nabla\Phi^{ia}$,结合式(66.29)可以得到著名的拉普拉斯方程 $-\nabla\Phi^{ia}=0$。球坐标系下的通解为

$$\Phi(r,\vartheta,\varphi)=\sum_{l=0}^{\infty}\sum_{m=-l}^{l}(C_{l,m}\cdot r^l+D_{l,m}\cdot r^{-(l+1)})\,Y_{l,m}(\vartheta,\varphi) \quad (66.31)$$

球体赤道处的电流密度为 $j_0=\dfrac{I}{2R}$。由于 j 与 φ 无关,只需考虑式(66.31)中 $m=0$ 的情况,即

$$\Phi(r,\vartheta)=\sum_{l=0}^{\infty}(C_{l,0}\cdot r^l+D_{l,0}\cdot r^{-(l+1)})\,Y_{l,0}(\vartheta) \quad (66.32)$$

由于 $C_{l,0}\cdot r^l$ 在 $r=0$ 处为正规数且在 $r=\infty$ 处为无穷大, $D_{l,0}\cdot r^{-(l+1)}$ 在 $r=0$ 处未进行定义,球体内外的标量势为

$$\Phi^i(r,\vartheta)=\sum_{l=0}^{\infty}C_{l,0}\cdot r^l\cdot Y_{l,0}(\vartheta) \quad (66.33)$$

$$\Phi^a(r,\vartheta)=\sum_{l=0}^{\infty}D_{l,0}\cdot r^{-(l+1)}\cdot Y_{l,0}(\vartheta) \quad (66.34)$$

由于 $\nabla\cdot\boldsymbol{B}=0$,在 $r=R$ 处 $\boldsymbol{B}$ 的垂直分量必须连续,由此得

$$\left(\frac{\partial\Phi^a}{\partial r}-\frac{\partial\Phi^i}{\partial r}\right)\bigg|_{r=R}=0 \quad (66.35)$$

$$\sum_{l=0}^{\infty}(l\cdot C_{l,0}\cdot R^{l-1}+(l+1)\cdot D_{l,0}\cdot R^{-l-2})\cdot Y_{l,0}(\vartheta)=0 \quad (66.36)$$

由于式(66.36)对每个 ϑ 角度都有效,l 上每个单元之和必须为零,由此

$$D_{l,0} = -\frac{l}{l+1} R^{2l+1} \cdot C_{l,0} \tag{66.37}$$

球体表面的有限表面电流 $\boldsymbol{j}$ 会导致 $\boldsymbol{B}$ 场横向分量不连续，这可以通过球面的法向矢量 $\boldsymbol{n}$ 来表达，即

$$(\boldsymbol{B}^a - \boldsymbol{B}^i) \times \boldsymbol{n} = \mu_0 \cdot \boldsymbol{j} \tag{66.38}$$

根据式(66.28)的定义，仅 φ 分量的电流密度具有非零分量，这一不连续性仅对 ϑ 分量成立。

在 $r=R$ 处，

$$(\boldsymbol{B}_\vartheta^a - \boldsymbol{B}_\vartheta^a) = \mu_0 \cdot j_0 \cdot \sin\vartheta \tag{66.39}$$

这会导致

$$\boldsymbol{B}_\vartheta^a(R,\vartheta) = -\frac{1}{R}\frac{\partial \boldsymbol{\Phi}^a}{\partial \vartheta}\bigg|_{r=R} = \sum_{l=0}^{\infty}\left(\frac{l}{l+1} \cdot C_{l,0} \cdot R^{l-1}\right) \cdot \frac{\partial Y_{l,0}(\vartheta)}{\partial \vartheta} \tag{66.40}$$

$$\boldsymbol{B}_\vartheta^i(R,\vartheta) = -\frac{1}{R}\frac{\partial \boldsymbol{\Phi}^i(r,\theta)}{\partial \vartheta}\bigg|_{r=R} = -\sum_{l=0}^{\infty}(C_{l,0} \cdot R^{l-1}) \cdot \frac{\partial Y_{l,0}(\vartheta)}{\partial \vartheta} \tag{66.41}$$

将式(66.40)和式(66.41)代入式(66.39)，可得

$$\sum_{l=0}^{\infty} C_{l,0} \cdot \left(\frac{2l+1}{l+1}\right) \cdot R^{l-1} \cdot \frac{\partial Y_{l,0}(\vartheta)}{\partial \vartheta} = \mu_0 \cdot j_0 \cdot \sin\vartheta \tag{66.42}$$

唯一与 $\sin\vartheta$ 成正比的有效导数为 $Y_{l,0}(\vartheta)$。采用式(66.42)和下式，即

$$\frac{\partial Y_{l,0}(\vartheta)}{\partial \vartheta} = -\sqrt{\frac{3}{4\pi}}\sin\vartheta \tag{66.43}$$

可以发现，在 $l \neq 1$ 的情况下所有的 $C_{l,0}=0$，$C_{1,0} = -\frac{2}{3}\sqrt{\frac{4\pi}{3}}\mu_0 \cdot j_0$。这样球体内部的标量势为 $\boldsymbol{\Phi}^i(\vartheta,\varphi) = -\frac{2}{3}\mu_0 j_0 \cdot r \cdot \cos\theta = -\frac{2}{3}\mu_0 j_0 \cdot z$。

结论：当施加正弦电流分布 $j(\vartheta,\varphi) = j(0,0,j_0 \cdot \sin\vartheta)$ 时，球体内部在 z 方向会产生恒定 $\boldsymbol{B}$ 场 $B(0,0,\frac{2}{3}\mu_0 j_0)$。在 $j_0 = \frac{I}{2R}$、$\mu_0 = 4\pi \cdot 10^{-7}\frac{V_s}{Am}$ 的情况下，球体内部会产生沿 z 方向分布的 $\boldsymbol{B}$ 磁场 $B_z = \frac{4\pi}{30}\frac{I}{R}(\mu\text{T})$，其中电流 I 的单位为 A，

半径 R 的单位为 m。

这种正弦电流密度调制方法是在线圈内产生均匀横向 $\boldsymbol{B}$ 场的基本方法。从以往经验来看,这种方法只对静电流和场分布有效。然而只要电磁波的波长远大于待测物体的尺寸,这种静电流分布方法依然有效。

当需要进入谐振器容积内时球体方法会失效,这时一般采用圆柱结构来替代。在圆柱表面施加正弦电流分布将在无限长的圆柱体中间产生均匀 $\boldsymbol{B}$ 场,但这也要求对有限长圆柱体正面的电流分布进行预定义。

采用均匀磁化且有限长度的圆柱体。材料方程表示了 $\boldsymbol{B}$ 场、$\boldsymbol{H}$ 场和磁化强度 $\boldsymbol{M}$ 之间的关系,即

$$\boldsymbol{B}(x)=\mu(x)\,\mu_0\boldsymbol{H}(x)+\boldsymbol{M}(x) \tag{66.44}$$

圆柱表面内外部区域的电流密度 $\boldsymbol{J}(\boldsymbol{x})$ 为零,根据麦克斯韦方程组的第一方程,可将式(66.41)表示为

$$0=\nabla\times\boldsymbol{H}(\boldsymbol{x})=\nabla\times\frac{1}{(\mu(x)\,\mu_0(\boldsymbol{B}(x)-\boldsymbol{M}(x)))} \tag{66.45}$$

圆柱体内部的介电常数恒定,与 x 的位置无关。由 $\boldsymbol{B}=\nabla\times\boldsymbol{A}$ 引入矢量势 $\boldsymbol{A}$ 之后,通过式(66.45)可以得到泊松方程 $-\nabla^2\boldsymbol{A}=\nabla\times\boldsymbol{M}$ 。在磁化强度在有限容积内不等于零且介电常数恒定的情况下,对这一公式进行体积分可得(Kohlrausch,1956)

$$\boldsymbol{A}(x)=\frac{1}{4\pi}\int\frac{\nabla'\times\boldsymbol{M}(\boldsymbol{x}')}{|x-x'|}\mathrm{d}V' \tag{66.46}$$

在有限容积内,当磁化强度 $\boldsymbol{M}$ 在圆柱体表面切换为零时,采用表面单元 $\mathrm{d}\boldsymbol{f}'=\boldsymbol{n}'\cdot\mathrm{d}f'$ 可将式(66.46)表达为(Beeker,1973)

$$\boldsymbol{A}(x)=\frac{1}{4\pi}\int\frac{\nabla'\times\boldsymbol{M}(\boldsymbol{x}')}{|x-x'|}\mathrm{d}V'+\frac{1}{4\pi}\int\frac{\boldsymbol{M}(\boldsymbol{x}')\times\boldsymbol{n}'}{|x-x'|}\mathrm{d}f' \tag{66.47}$$

矢量 $\boldsymbol{A}$ 与电流密度 $\boldsymbol{J}$ 的关系为

$$\boldsymbol{A}(\boldsymbol{x})=\frac{1}{4\pi}\int\frac{\boldsymbol{J}(x')}{|x-x'|}\mathrm{d}V' \tag{66.48}$$

一方面,圆柱体的磁化强度为常数,而从式(66.45)可知 $\boldsymbol{B}$ 场也为常数;另一方面,从式(66.47)可知,在这种情况下体积分分量会消失。

结论:表面电流密度在表面法向 $\boldsymbol{n}$ 方向没有分量,由此用表面电流密度 $\boldsymbol{j}$ 可将式(66.48)表达为

$$\boldsymbol{A}(\boldsymbol{x})=\frac{\mu_0}{4\pi}\int\frac{\boldsymbol{j}(x')}{|x-x'|}\mathrm{d}f' \tag{66.49}$$

当式(66.47)中的体积分分量消失时,式(66.47)和式(66.49)必须相等,这样表面电流密度为

$$\boldsymbol{j}(\boldsymbol{x}')=\frac{1}{\mu_0}\boldsymbol{M}(\boldsymbol{x})\times\boldsymbol{n}' \tag{66.50}$$

这意味着如果在表面法向为 $\boldsymbol{n}'$ 的 S' 表面定义恒定磁场强度 $\boldsymbol{M}(\boldsymbol{x})$,表面电流密度 $\boldsymbol{J}(\boldsymbol{x})$ 将产生恒定 $\boldsymbol{B}$ 场。由式(66.50)可以得到表面电流密度为

$$\boldsymbol{j}(\boldsymbol{x}')=\frac{1}{\mu_0}\boldsymbol{M}_0\cdot\cos\boldsymbol{\varphi}\cdot\boldsymbol{n}_z \tag{66.51}$$

这就是预期的电流密度:一种余弦或正弦表面电流分布。当圆柱体长度有限时,要实现均匀磁场就得考虑圆柱体正面的表面电流分布。圆柱两侧的表面方向为 $\boldsymbol{n}'=(0,0,\pm1)$,采用式(66.50)可以得到两侧的恒定表面电流 $\boldsymbol{j}(\boldsymbol{x}')=\pm\frac{1}{\mu_0}\boldsymbol{M}_0\cdot\boldsymbol{n}_y$。当待测物体需要进入圆柱内部时,只能在圆柱的一侧实现这种电流分布。这种一侧封闭的线圈称为斗篷线圈。

2）鞍形和鸟笼线圈——一种理想电流分布的近似

连续的正弦或余弦电流分布只是一种理论模型,在实践中这种电流分布可以用两种基本原理来近似(图 66.12):①电流分布由具有非等间距的导线来近似,导线上具有恒定电流 I_0;②电流分布由在圆柱表面具有径向等间距位置的导线来近似,导线上的电流 I_0 进行了正弦或余弦调制。

最简单的一个案例是在圆柱表面的相对位置采用电流 I_0 和 $-I_0$ 来近似余弦分布(图 66.12(a))。这种方法的一个特例是“Alderman-Grant”谐振器或“开槽管”谐振器(Aldermann and Grant,1979;Schneider and Dullenkopf,1977),其电流分布由两个长方形传导面来近似。这些在早期开发出的谐振器至今依然在电子顺磁谐振(EPR)等领域发挥着重要的作用。

在 4 个馈电点上进行电流近似,构成了鞍形线圈(Hould,1979)(图 66.12(b))。这种线圈由两个旋转 120°的鞍形结构组成,每个鞍形结构包括两根导线,鞍形结构上的电流相互旋转了 60°。余弦函数积分的最优等分将这一角度限制在 0°~90°的范围内。这种线圈广泛应用于低场磁共振系统,其直径小于射

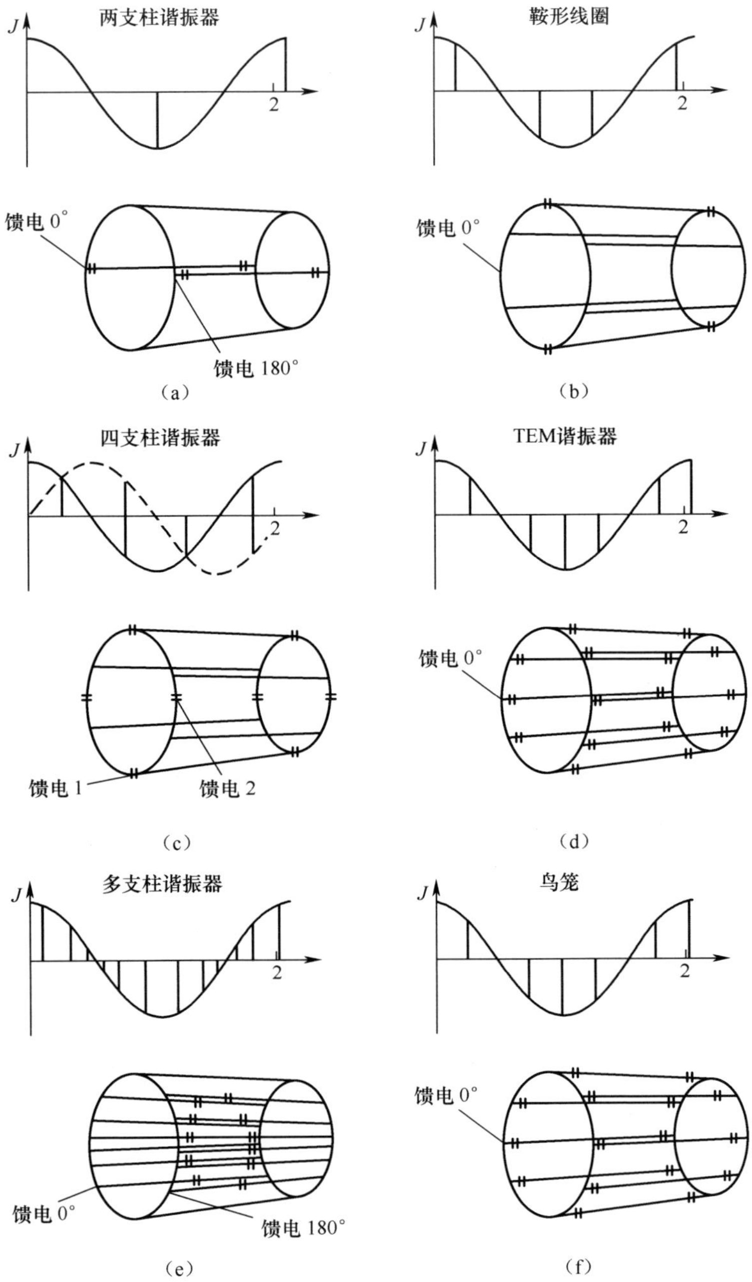

图 66.12 射频线圈上理想电流分布的近似(Link,1992)(蒙施普林格出版社许可)

频场的波长。其缺陷是线圈导线的感应率会提高,线圈结构的自谐振将限制其应用。在低于这一频率的情况下,可以引入电容将其调谐至所需的工作频率,并采用对称安装在线圈结构上的多个电容来优化其性能。鞍形线圈的另一个缺陷是难以用于正交场景中(参见“正交检测与接收”部分内容)。随着时间的推移,磁共振系统的拉莫尔频率和直径逐渐提高,鞍形线圈已被鸟笼线圈取代。由于鸟笼线圈径向对称,具有良好的射频场均匀性且能够实现正交激励/接收,已经成为 MRI 立体线圈的“黄金标准”。

鸟笼线圈基于多个等间距点上理想电流分布的近似,其原理结构是以多个导线相连的两个导电端环所构成圆柱表面(图 66. 13)。

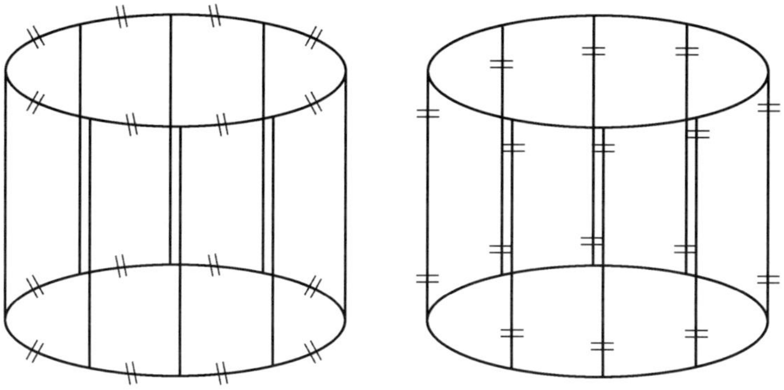

(a)　　(b)

图 66. 13　高通和低通鸟笼线圈的工作原理

(a)高通;(b)低通。

鸟笼线圈分为低通和高通两种基本类型,其命名源于级联网络的结构(图 66. 14)。两类线圈基于低通或高通滤波器的工作原理,电容 C_1 位于端环,电容 C_2 位于支柱上。圆柱结构中低通和高通鸟笼结构的 C_1 和 C_2 电容值相同,当二者被合并应用于同一结构时就构成了所谓的带通或混合鸟笼线圈。

可以采用基于基尔霍夫定律的节点法或网格法分析鸟笼级联网络,但严格来说只有在每个导电单元的最大长度小于波长的 1/20 且为平面结构的前提下这些规则才有效。在实践中,基于级联网络的矩阵处理方法(Leifer,1997)和基尔霍夫定律(Tropp,1989、1997)已成功应用于鸟笼结构本征模的分析(Chin et al.,2002a)。

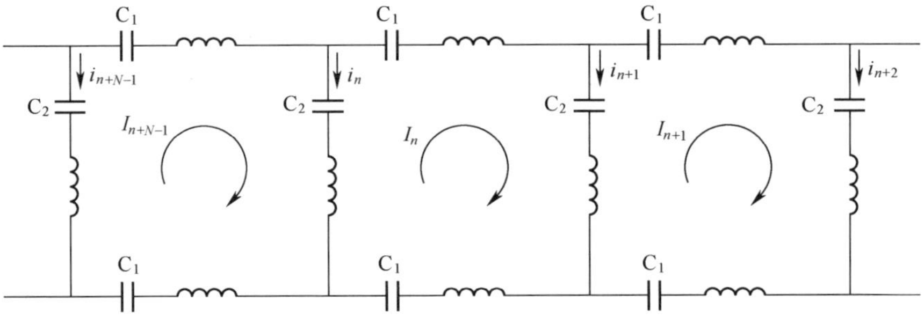

图 66.14　鸟笼射频线圈的电抗和电流的级联网络

首先分析了具有 N 个支柱和网格的低通鸟笼线圈。根据基尔霍夫电压定律,网格上的电压之和为零。在第 n 个网格上(图 66.14) C_2 电压的左侧为 $\frac{I_n}{\mathrm{j}\omega C_2}-\frac{I_{n-1}}{\mathrm{j}\omega C_2}$,右侧为 $\frac{I_n}{\mathrm{j}\omega C_2}-\frac{I_{n+1}}{\mathrm{j}\omega C_2}$。网格的自感电压为 $j\omega L_n \cdot I_n$;在考虑互感效应 $M_{mn}(m \neq n)$ 之后进行相加可以得到 $j\omega \sum_{m\neq n} M_{mn} \cdot I_m$。将这些参数乘以 $j\omega$ 可以得到

$$-\omega^2 \sum_{m\neq n}^{N-1}(M_{mn}\cdot I_m + L_n \cdot I_n) + \frac{1}{C_2}(2I_n - I_{n+1} - I_{n-1}) = 0 \quad (66.52)$$

假定所有的网格相等且具有相同的自感 $L_n = L = M_0$,该公式对鸟笼结构中的所有网格 $n = 1,2,\cdots,N$ 都成立。由于具有 n 个支柱的线圈具有圆柱对称性,第 $n=N+1$ 个网格对应于第 $n=1$ 个网格,第 $n=0$ 个网格对应于第 $n=N$ 个网格。对于所有的网格 $n = 1,2,\cdots,N$,式(66.52)可以重新表达为

$$-\omega^2 \sum_{m=0}^{N-1} M_m \cdot I_{m+n} + \frac{1}{C_2}(2I_n - I_{n+1} - I_{n-1}) = 0 \quad (66.53)$$

根据以上公式以及自阻抗、互阻抗 (M_0, M_m) 和电容 C_2,可以得到线性方程组(Leifer,1997),即

$$\widetilde{\boldsymbol{E}}\boldsymbol{I} - \omega^2 \cdot \widetilde{\boldsymbol{M}}\boldsymbol{I} = 0 \quad (66.54)$$

其中

$$\widetilde{\boldsymbol{M}}=\begin{pmatrix} M_0 & M_1 & \cdots & M_{N-1} \\ M_{N-1} & M_0 & \cdots & M_{N-2} \\ \vdots & \vdots & \vdots & \vdots \\ M_1 & M_2 & \cdots & M_0 \end{pmatrix} \widetilde{\boldsymbol{E}}=\begin{pmatrix} -\frac{2}{C_2} & \frac{1}{C_2} & 0 & \cdots & \frac{1}{C_2} \\ \frac{1}{C_2} & -\frac{2}{C_2} & \frac{1}{C_2} & \cdots & 0 \\ \vdots & \vdots & \vdots & \vdots & \vdots \\ \frac{1}{C_2} & \cdots & 0 & \frac{1}{C_2} & -\frac{2}{C_2} \end{pmatrix}$$

以及列向量 $\boldsymbol{I}=\begin{bmatrix} I_0 \\ \vdots \\ I_{\mathrm{N}} \end{bmatrix}$。

式(66.54)只对 ω 的离散值有效,可以重新表述为本征值函数,即

$$\widetilde{\boldsymbol{M}}^{-1}\widetilde{\boldsymbol{E}}\boldsymbol{I}=\lambda\boldsymbol{I} \tag{66.55}$$

本征频率由本征值 $\lambda=(i\omega)^2$ 决定,可以根据电流矩阵的周期性函数得到。本征频率为

低通鸟笼线圈

$$\omega_k=-\sqrt{\lambda}=\sqrt{\frac{\widetilde{\boldsymbol{E}}}{\widetilde{\boldsymbol{M}}}}=\sqrt{\frac{2}{\widetilde{M_k}}\left[\frac{1}{C_2}\cdot\left(1-\cos\frac{2\pi k}{N}\right)\right]} \tag{66.56}$$

对于高通和带通鸟笼线圈,采用同样的方法可以得到

高通鸟笼线圈

$$\omega_k=\sqrt{\frac{2}{\widetilde{\boldsymbol{M}}}\cdot C_1} \tag{66.57}$$

带通鸟笼线圈

$$\omega_k=-\sqrt{\lambda}=\sqrt{\frac{\widetilde{\boldsymbol{E}}}{\widetilde{\boldsymbol{M}}}}=\sqrt{\frac{2}{\widetilde{M_k}}\left[\frac{1}{C_1}+\frac{1}{C_2}\cdot\left(1-\cos\frac{2\pi k}{N}\right)\right]} \tag{66.58}$$

其中,

$$\widetilde{M_k}=\sum_{n=0}^{N-1}M_n\cdot\mathrm{e}^{-\mathrm{i}2\pi kn/N} \tag{66.59}$$

基于 $\widetilde{\boldsymbol{M}}$ 和 $\widetilde{\boldsymbol{E}}$ 矩阵的对称性及其周期性函数,简并本征模对的数量被限定为 $N/2-1$。

采用这种方法可以根据给定的电感值和电容值求解所有的本征模及其电流分布。高通和低通鸟笼线圈会由于端环耦合而新增同向旋转和反向旋转的两种模式。同向旋转模式的频率可通过式(66.57)和式(66.58)得出,其中 $k=0$。通过网格单元数量、环电容 C_1 、端环自感 L_r 及其磁耦合,可以求解出同向旋转模式的频率(Leifer,1997)为

$$M_{\text{ring}}:\omega_{\text{cro}} = \sqrt{\frac{N}{C_1(L_r - M_{\text{ring}})}} \tag{66.60}$$

两种模式的 $\boldsymbol{B}$ 磁场方向与圆柱轴向(z 轴)一致,这两个模式是本征模频谱中的两个最高频。由于外部 $\boldsymbol{B}$ 场 $\boldsymbol{B}_0$ 指向相同方向,MRI 系统一般不关注这两个模式。对于具有 N 个支柱的鸟笼线圈所存在的 $N/2-1$ 个简并本征模对,只有一个本征模能够满足式(66.28)的要求。除了环形模外,高通和低通鸟笼结构的本征频率分别对应于本征模频谱中的最高频($k=1$)和最低频(图66.15)。

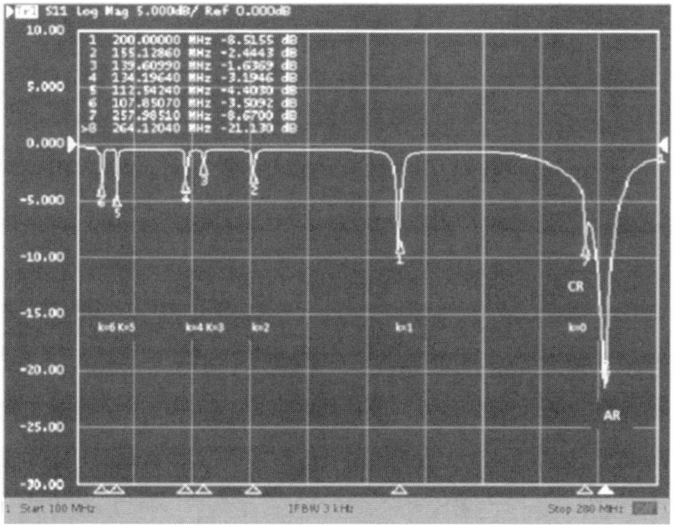

图66.15 工作在200MHz、具有12个支柱的MRI高通鸟笼线圈的本征模频谱测量结果(波数 k 表示不同的模式,AR 和 CR 表示反向旋转和同向旋转环形模。高通鸟笼线圈的工作模式为 $k=1$ 的次高模)

一般而言,线圈的结构、尺寸和工作频率 ω_0 已经预先进行了定义,而谐振电

容 C_1 和 C_2 的数值是未知的。在自感和互感已知的情况下，需求解出这些电容值以得到频率 ω_0 的本征模和鸟笼结构支柱上所需的正弦电流分布。可通过对自感和互感进行近似求解得到所需的电容值(Grover,1946;Chin et al.,2002b)。

在大多数情况下，特别是在对应于 ω_0 的波长远大于线圈尺寸时，这种方法可用于识别本征模频率中的所需频率。通过对电容值 C_1 和 C_2 分别进行精细调整，可实现谐振频率 ω_0 的最终调谐(图 66.14)。

通过基于矩量法(如德国汉堡工业大学的 Concept Ⅱ软件、Altair 公司的 FEKO 软件)、时域有限差分法或有限元法(如 CST 公司的 MicroWave Studio 软件、SPEAG 公司的 Semcad 软件、ANSYS 公司的 Ansoft 软件、RemCom 公司的 XFdtd 软件)的商业电磁仿真软件可以计算出更精确的电容值，并掌握 $\boldsymbol{B}$ 场和 $\boldsymbol{E}$ 场的完整分布，还可采用软件中的参数扫描功能优化线圈结构。

根据支柱上的正弦电流分布或谐振电容位置上的余弦电压分布(彩图 66.16)，可以在谐振电容的位置施加相应的电压源或电流源以对线圈结构的场分布开展数值分析。电容值 C_n 可由多源输入阻抗 $Z_{C_n}=\frac{1}{\mathrm{i}\omega C_n}=\frac{U_n}{\hat{I}_n}$ 的虚部中得到，其中 $\hat{I}_n$ 是电容位置处的复电流。

根据“正交检测与接收”部分内容，在 MRI 相关场的计算过程中必须考虑圆极化射频场。顺时针旋转分量 $\boldsymbol{B}_1^+$ 用于激励，而逆时针旋转分量 $\boldsymbol{B}_1^-$ 为接收到的射频场分量。为了评估 MRI 射频线圈的性能，需要根据其工作模式(既是单发射/接收线圈也是发射/接收线圈)来考虑不同的 $\boldsymbol{B}_1$ 场分布。图 66.17 所示为典型的高通鸟笼线圈的横向 $\boldsymbol{B}_1$ 场分布;该线圈有 12 根支柱，近似所需的正弦电流分布。在射频谐振器周边较大范围内射频场为线极化且幅相分布均匀。

3) 鸟笼线圈的馈电与调谐

鸟笼线圈馈电的工作原理与高频电路一致，所有已知的馈电网络均可将射频线圈的阻抗匹配至 50Ω。电容耦合馈电是除感应耦合外 MRI 系统中最常用的连接射频线圈与射频链路的方法。下面以高通鸟笼线圈为例来简单介绍这些基本原理。

采用准静态理论分析了平衡(对称)馈电情况下端环上的理论电流和电压分布。在非平衡(非对称)馈电情况下，本征模和相应的横向 $\boldsymbol{B}_1$ 场与馈电方向相同，而电压和电流也将改变其分布特性。

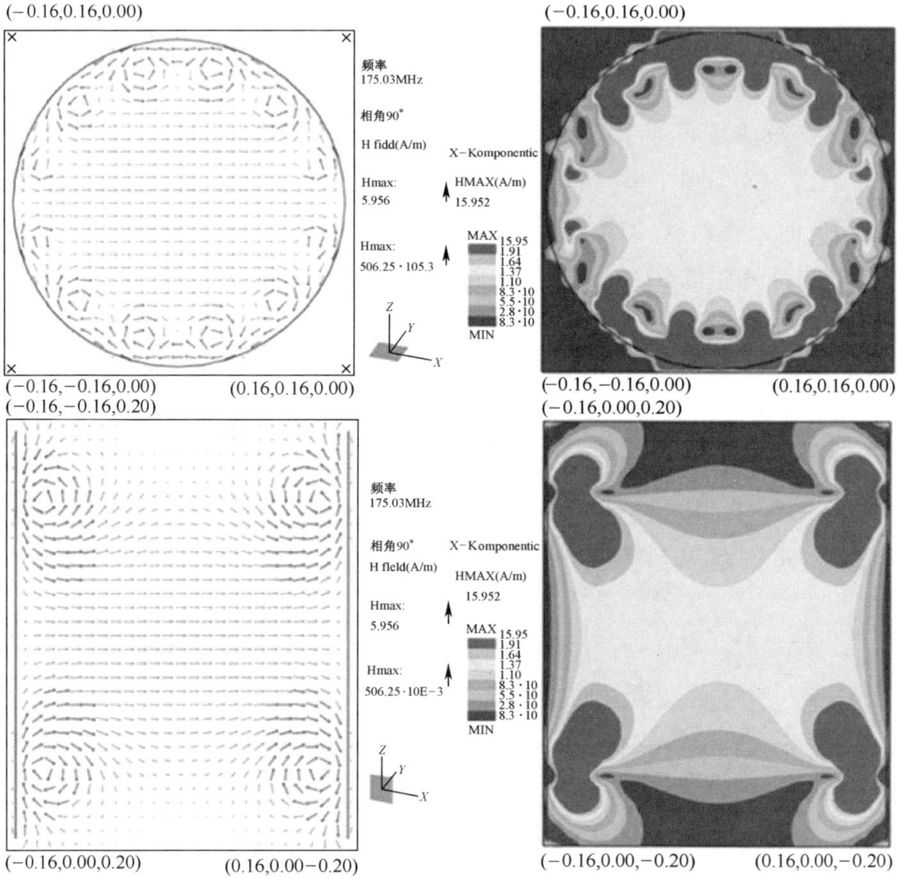

图 66.16　能容纳人头、工作在 175MHz 的高通鸟笼结构 $\boldsymbol{B}_1$ 场分布仿真结果

(采用了德国汉堡工业大学开发的 Concept Ⅱ 仿真软件)(横向 $\boldsymbol{B}_1$ 场在射频线圈直径 2/3 以上的范围内是均匀的。鸟笼线圈的长度限制了在具体工作频率下的轴向均匀性,彩图见书末)

基于鸟笼结构的对称性和电流的正弦或余弦分布,在支柱的位置上直接馈电并不是最优方案。这是因为位于 90°位置的支柱上电流为零,对线圈的 $\boldsymbol{B}_1$ 场没有贡献。一般会在鸟笼结构网格单元几何中心的端环上通过谐振电容进行对称或非对称式馈电。在非对称的馈电方式中可以采用任意形式的巴伦。鸟笼线圈正交馈电的最简单方式是对称馈电,这种方法采用两个容值为 $C_3 = 2C_1$ 的电容以生成正交模所需的虚拟接地。当屏蔽装置与射频结构非常接近时,它也发

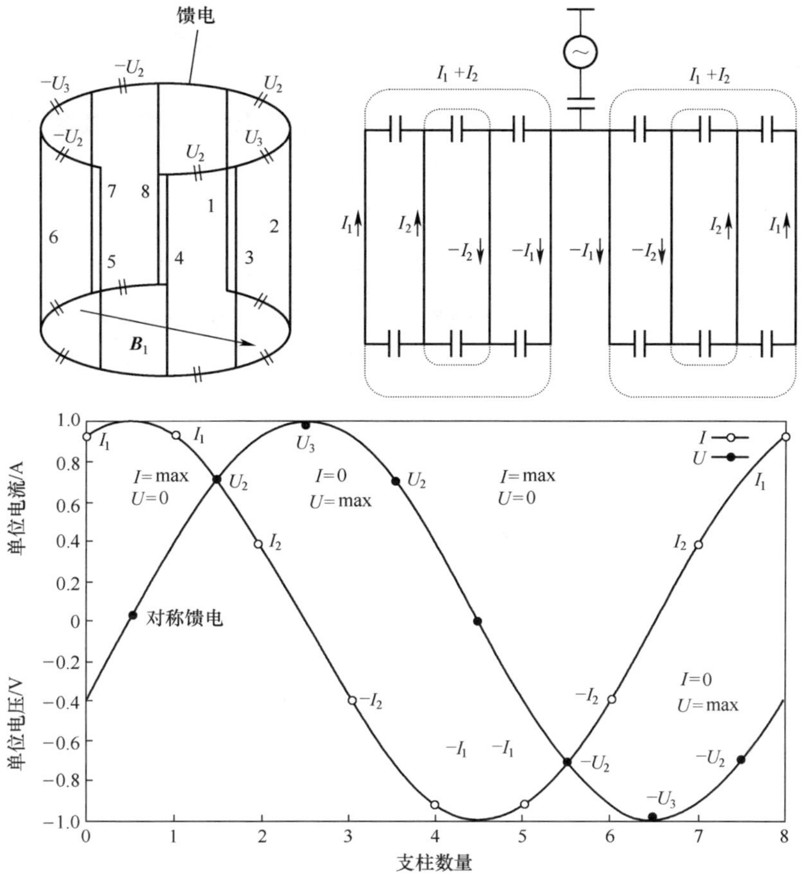

图 66.17　线性激励情况下鸟笼线圈的电压和电流分布(在馈电点的正交方向上产生了驻波,而这会在结构内部激励起横向 $\boldsymbol{B}_1$ 场)

挥着射频电路公共地面的功能。鸟笼结构本征模的对称性取决于馈电方式,会随其内部横向 $\boldsymbol{B}_1$ 场的方向改变。平衡(对称)馈电方式将在正交于馈电点的方向产生驻波,生成正交于该方向的横向 $\boldsymbol{B}_1$ 场。非平衡(非对称)的馈电方式将在馈电方向产生驻波,生成与此方向一致的横向 $\boldsymbol{B}_1$ 场。

当馈电点引入串联电容 C_m 后,只要射频线圈的输入阻抗总是大于 50Ω,该线圈即与阻抗为 50Ω 的源匹配。当射频线圈加载不同的物体时,会引入额外的损耗和杂散电容(参见"效率、损耗与信噪比"部分内容);与空线圈相比,这一方面会降低输入阻抗,另一方面杂散电容会降低谐振频率,为此需要采用可变电容对线圈进行匹配与调谐。根据“正交检测与接收”部分内容中的正交激励原则,应在两个相距90°的端口上对线圈馈电。

可以通过改变每个网格电容的电容值来影响线圈的本征模频率,但应在具有最大压降的电容处调谐每个本征模的最优位置(图66.17)。将虚拟接地用于线圈的对称馈电时(图66.18),最优的调谐电容 C_4+C_1 沿馈电端口 V_1 旋转了90°,即处于 V_2 端口(鸟笼结构正交馈电的第二通道)的对面。由于余弦或正弦电压分布的旋转对称性,该电容对第二通道的影响最小(第二通道中的最小压降),这确保了两个正交通道可以独立进行调谐与匹配。

根据“鞍形和鸟笼线圈——一种理想电流分布的近似”部分内容中的原理,在具有理想圆柱对称性的条件下网格单元的谐振电容 C_1 和 C_2 数值相同(图66.14)。用于调谐的电容 $C_4+C_{T1/2}$ 大约在 C_1 值处最优(图66.18)。要在鸟笼结构内部实现理想的均匀射频场,需要理想的余弦或正弦电流分布,为此需要谨慎选取这一电容值以确保结构的旋转对称性。然而实际中无法实现理想的旋转对称结构,横向场总会存在一定程度的不均匀性,但可以通过将线圈加工得尽可能对称来降低这一效应。不同的负载将在线圈结构中引入杂散电容之类的损耗,为此调谐电容必须能够覆盖包括未加载和重加载情况在内的多种工作状态。

当非对称性导致电容 $C_4+C_{T1/2}$ 的数值与谐振电容 C_1 的理想值差异很大时,可以采用某些平衡馈电方法(参见“鸟笼线圈的平衡”部分内容)。在正交工作时两个通道的本征模必须互相垂直,可以通过重新调整(C_5+C_b)电容值来消除任何非对称性所导致的模式耦合。在这些点上,通过实现两个正交射频通道功率传输系数 S_{12} 或 S_{21} 的最小化,可以使两个工作在相同状态的本征模在相对馈电端口上电压零点略微偏移。

电容值的选取受限于射频场均匀性和正交模独立性等要素,而可变电容的数值范围需要满足不同加载条件下对每种均匀本征模谐振频率偏移的能力。当鸟笼结构用作单接收线圈(人体线圈)时,只需要对其结构进行一次调整以适应最大负载情况下的最优功率匹配,而该匹配不会随着不同的加载条件变化。在轻加载条件下,反射功率将被虚拟负载(如分支线耦合器的某一端口)吸收。然而在大多数情况下,需要根据高信噪比和低功耗的要求将线圈调谐并匹配至最优工作状态。

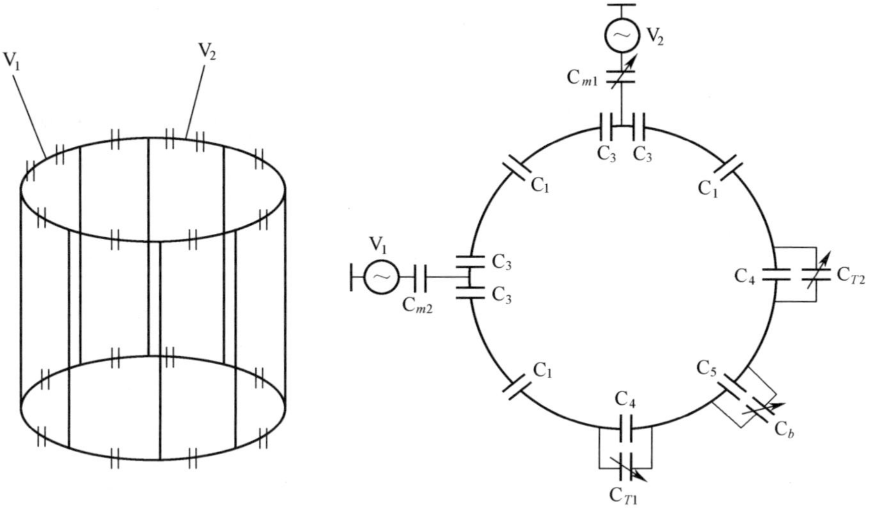

图 66.18　采用对称馈电的高通鸟笼结构以及采用匹配、调谐和平衡电容的端环结构

4）鸟笼线圈的屏蔽

在鸟笼结构用作发射/接收线圈时，其外层一般会设置射频屏蔽装置。当射频线圈结构接近梯度线圈时，这一装置尤为重要。在射频线圈和梯度线圈之间空间受限时，可采用粘贴或模压技术将屏蔽装置安装在梯度线圈的内表面。屏蔽装置的主要功能包括以下几个。

① 避免射频磁场与梯度线圈绕组发生耦合，使射频功耗最小化。

② 抑制梯度线圈和匀场线圈辐射残留射频噪声。

③ 为射频线圈建立良好的工作环境，以产生均匀射频场。

为了实现以上功能，射频屏蔽装置相当于一个低通滤波器：工作在音频（几十 kHz）的磁场可以通过梯度线圈，而射频线圈的 $\boldsymbol{B}_1$ 磁场无法通过。射频屏蔽装置一般为厚度约几个集肤深度（远小于梯度线圈在音频的集肤深度）的封闭导电圆柱形设备，其封闭结构将使梯度磁场感应生成涡电流，从而产生成像伪影并导致均匀 $\boldsymbol{B}_0$ 场发生畸变。

尽管与音频的集肤深度相比屏蔽装置较薄，开关梯度场的高频分量无法全部通过。这会对高频响应产生干扰，导致梯度波前发生畸变。

可以采用镜像法定量分析圆柱形导电屏蔽装置的性能（Smythe，1968），每个被导电圆柱所环绕的电流单元将在导电圆柱体外部的相反方向生成一个镜像电流。与未采用屏蔽装置的线圈相比,直径为 D 且采用了屏蔽装置的线圈中心位置的射频场将缩小 $B_1^{\text{shielded}} = B_1^{\text{unshielded}}\left[1 - \left(\frac{d}{d_s}\right)^2\right]$ 倍(Mispelter et al. ,2006),且屏蔽装置还会影响射频场的横向均匀性。这些效应在紧贴的屏蔽装置中非常显著;在 MR 系统的总体几何尺寸允许的情况下,屏蔽装置的尺寸与线圈直径的比值是一个可优化参数。线性激励情况下鸟笼结构的电流分布如图 66.19 所示。屏蔽装置上的电流源于鸟笼结构上电流的镜像,最终形成鞍形环(图 66.19)。线性激励鸟笼结构时,屏蔽装置上的鞍形电流分布是静止的;而若采用正交馈电

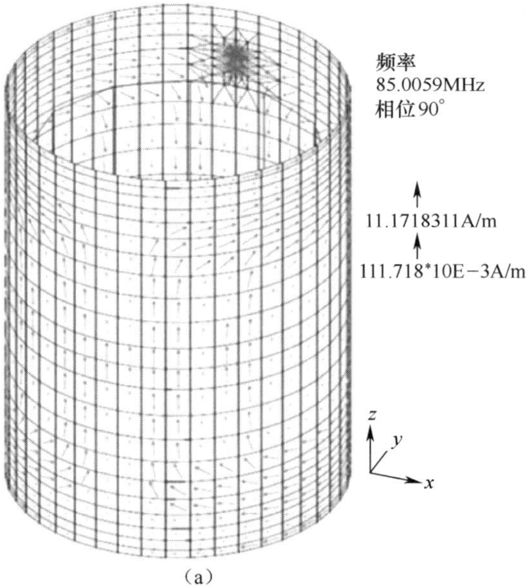

(a)

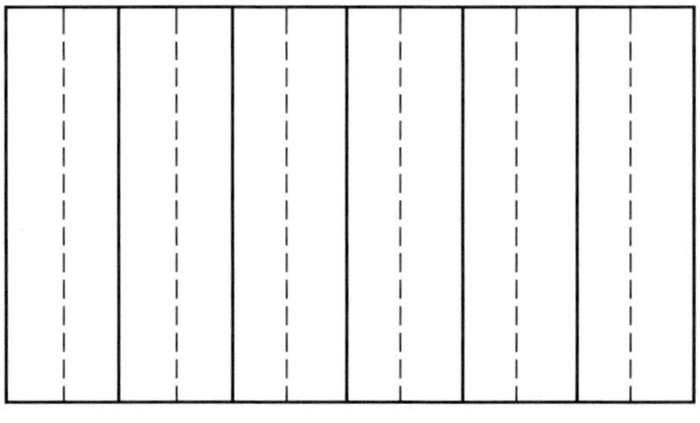

(b)

图 66.19 鸟笼结构电流分布

(a)线性激励鸟笼线圈情况下射频屏蔽装置的电流分布(Concept Ⅱ仿真软件)仿真结果(这一结构适应了人体头部的尺寸);(b)由双层铜板构成的射频屏蔽装置。

方式,这一电流分布会随着谐振频率旋转。

为了防止屏蔽装置上产生涡电流并满足封闭结构的要求,通常采用基于薄介质层(如 FR4 玻璃纤维或聚酰亚胺电路板材料)的双面覆铜板(Jin,1999)。

在一般的设计方法中,每层覆铜板是由刻蚀或切割窄缝隙加工而形成的多个长方形单元(图 66.19(b))。另一侧采用了同样的图案,但图案位置偏移了半个单元宽度。由介质层分隔的交叠单元相当于电容器,而屏蔽装置自身可视为多个串联电容。电容值与交叠区域成正比,与介质层的厚度成反比。屏蔽装置的阻抗与频率和电容值成反比。

介质板一侧由缝隙分隔的导电单元将与另一侧的单元发生容性耦合,因此在交叠区域面积足够大的情况下导电层被电短路。对于高频 $\boldsymbol{B}_1$ 场而言,屏蔽装置相当于一个连续导体。如果长方形单元足够小,梯度线圈产生的涡电流将被抑制。单元间的缝隙将阻断梯度场感应出的涡电流路径。例如,在 64MHz 屏蔽装置的阻抗为 1Ω,而在 10kHz 其阻抗为 6.4kΩ,这意味着射频信号无法通过屏蔽装置,而低频梯度场可以通过。每种射频线圈/梯度线圈的单元宽度、单元长度和缝隙数量均不相同,需要根据射频线圈的最优性能进行优化,如可以在高电流密度区域引入额外的分布式电容。

5）鸟笼线圈的平衡

理论上,鸟笼线圈的诸多参数均可优化,但实际中其可优化的自由度是有限的。最小线圈长度由应用中所需的均匀性给出,而最大线圈长度由梯度场线性度限制。由于射频线圈的信噪比会随着其容积的增大而下降,理想情况下射频线圈应尽可能短。

可以根据横向场的均匀性以及网格电容引入的线圈损耗来优化支柱的数量,而这一优化问题又受到了“千足虫线圈”中支柱数量的限制(Wong,2001)。内、外直径一般受限于梯度线圈的内直径和待测物体的尺寸。可以通过分布电容参数和尽可能远离负载的位置参数来优化电场分布,即由局部电容引起的寄生高电场。

除上述优化问题外,线圈优化过程中最具挑战性的问题是平衡问题,即在所有加载条件下鸟笼线圈横向 $\boldsymbol{B}_1$ 场的均匀性问题。当调谐电容的数值与最优值差距太远导致无法产生理想的电流分布时,“鸟笼射频线圈的馈电与调谐”部分内容中介绍的调谐方法作用有限。电流与理想值的误差一般应小于 10%,误差过大会产生彩图66.20所示的非均匀 $\boldsymbol{B}_1$ 场分布。在过去几十年中,研究者提出了很多巧妙的方法改进鸟笼结构的调谐范围以保持其对称性。

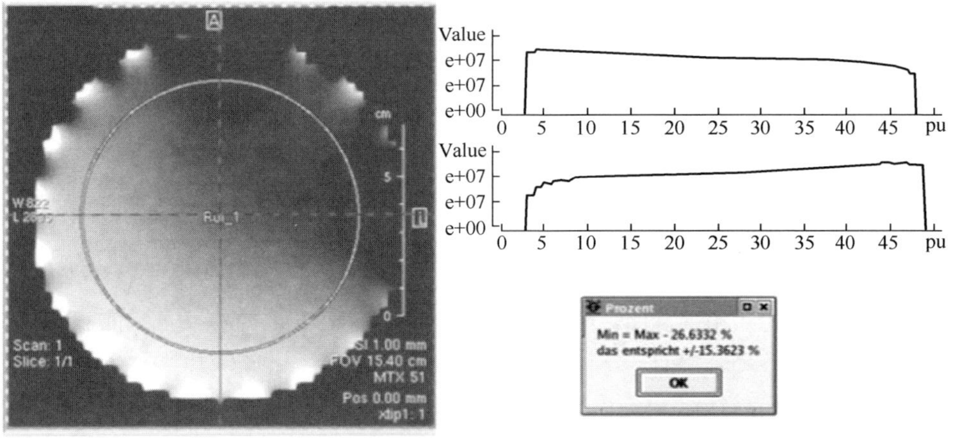

(a)　　　　　　　　　　(b)

图66.20　在鸟笼谐振器采用导电有耗负载时将其频偏和阻抗调谐至50Ω情况下的横向场非均匀性(彩图见书末)

(a)射频线圈中心轴上的灵敏度分布;

(b)未优化的射频线圈;线圈在调谐以及实现从未加载状态到加载状态阻抗匹配引起的非均匀性。

后续章节中将介绍对鸟笼线圈采用多端口激励以在不同加载条件下的宽调谐范围内保持结构对称性的方法。采用调谐环对鸟笼线圈的网格进行平衡也是一种技术途径,其原理是将调谐环直径方向上两个位置相对点容性连接到鸟笼结构上(图66.21)。为了抑制涡电流,调谐环应容性短路并分别通过一个调谐电容和短路连接或两个调谐电容的方式与鸟笼结构的端环连接。馈电端口的电流将等功分至两个调谐环,而与调谐环的容性耦合将使所需均匀模式的谐振频率发生偏移且不会影响鸟笼线圈网格单元的电容值 C_1。这一原理可以进一步拓展至对两侧的端环采用调谐环(Mispelter et al.,2006),其应用受到了以相等和对称的方式对调谐电容进行机械驱动的限制。

6)高场和超高场MRI应用中的立体线圈——传输线线圈

在电磁场的波长与射频线圈的尺寸相当时,低通和高通鸟笼线圈的应用受限。谐振频率和电感与端环的尺寸相关且受其内直径的限制。传输线(TEM)谐振器是理想的改进高磁场强度 $\boldsymbol{B}_0$ 中线圈效率的解决方案。Pound 和 Purcell

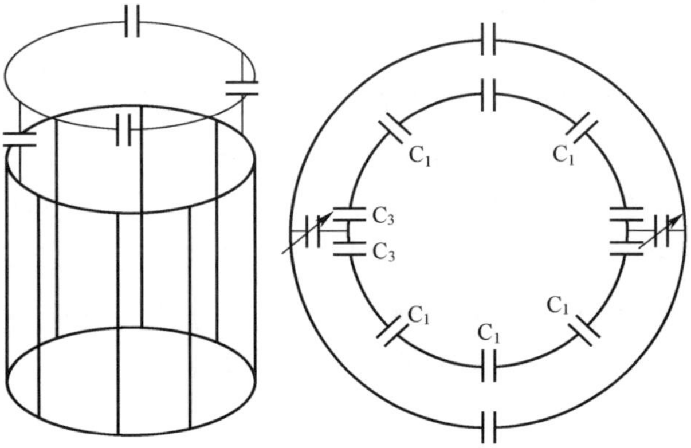

(a)

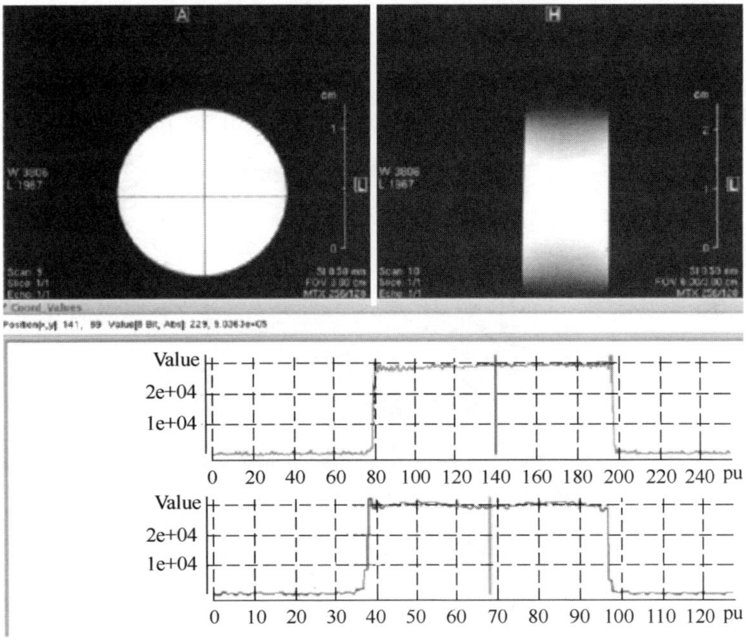

(b)

图 66.21　用调谐环对鸟笼线圈网格进行平衡

(a) 通过导向环平衡鸟笼结构内部的均匀 $\boldsymbol{B}_1$ 场从而实现不同加载条件下的调谐；
(b) 优化后的鸟笼结构——在重加载条件下横向射频场表现出了“准”理想的均匀性。

(1946)在 NMR 同轴腔体谐振器中首次提出了 TEM 谐振器的概念,Roeschmann(1995)和 Vaughan(1994)等则推动了这一技术的发展。

低通谐振器的“浮动”端环与接地屏蔽装置的连接形成了传输线谐振器(TEM 线圈)(图 66.22)。TEM 线圈支柱的电流回路为射频屏蔽装置,而非端环。横向均匀性与传输线的数量相关,大体上在射频线圈的中心位置能够产生与具有同样数量支柱和同样尺寸的标准低通和高通鸟笼线圈相同的横向均匀性。在没有端环时,这种线圈易于改造为开口线圈以适应内部体积受限的场景。除了屏蔽装置外,鸟笼线圈的端环也需要导电连接。因此,与鸟笼线圈相比,TEM 线圈只需要将屏蔽装置分成两部分即可,相对而言更易实现。

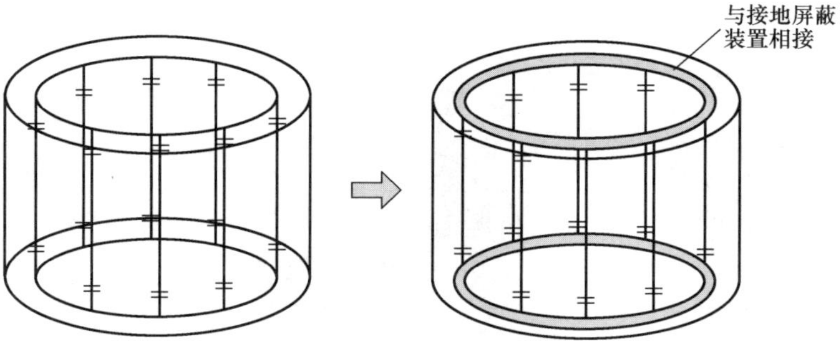

(a)

(b)

图 66.22　传输线谐振器

(a) 传输线谐振器的原理(在连接端环和公共接地屏蔽装置时会形成一组传输线,这些传输线能够产生横向均匀射频场所需的正弦电流分布);(b) 用于人体头部的磁场强度为 3T 的 16 元 TEM 线圈(其中的传输线单元通过电容与开槽接地屏蔽装置相接)。

由于没有端环电流的影响,这种线圈的纵向均匀性异于鸟笼线圈。在实现相同轴向均匀性的情况下,TEM 线圈的 z 向长度比鸟笼线圈短。图 66.23 所示为两种线圈(相同尺寸)的归一化横向场幅度;视场为±30cm 的 TEM 线圈场分布更均匀,比鸟笼线圈的横向场高 3dB。与标准鸟笼线圈相比,这种效应能够在 TEM 线圈中实现更高的效率。但是这种均匀 TEM 线圈的加工难度较大,特别是在重加载情况下,如果仅在一个馈电端口对射频线圈进行激励,会产生非均匀的横向射频场。我们无法采用低通和高通鸟笼结构中的调谐环平衡法,只能用集总元件电路或功分器/合成器的方式实现环结构的多端口激励(图 66.24)。

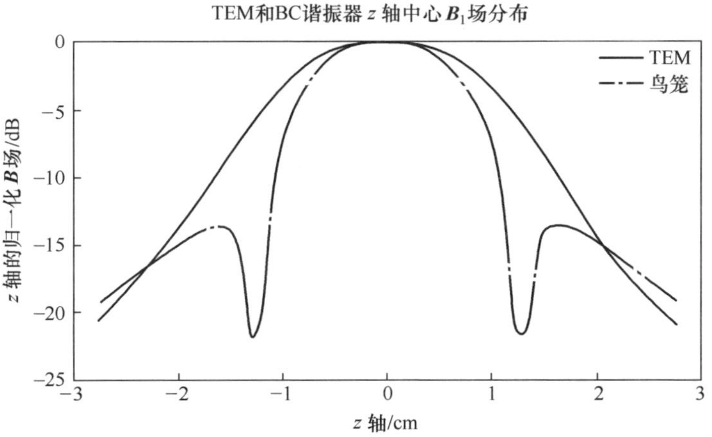

图 66.23　沿中心轴的归一化仿真 $\boldsymbol{B}_1$ 场的幅度(当磁场强度为 11.7T 时该中心轴与鸟笼和TEM 线圈的 z 方向一致;当用于小动物时鸟笼线圈单元与 TEM 谐振器的间距为 5cm)

附加功分器/合成器的多端口激励法常用于驱动 TEM 线圈(Vaughan and Griffiths,2012)。图 66.24(a)所示为发射/接收 TEM 线圈的正交驱动馈电方式。第一个发射/接收开关将使来波功率与 MR 系统接收链路中的射频线圈隔离,功分器/合成器将输入功率分配为具有 180°相位差的两路信号。经过两个分支线耦合器的进一步分配,可以得到幅度相等而相位分别相差 0°、90°、180°、270°的 4 路信号。接收信号时,在相反方向对接收信号进行了合成。采用电缆巴伦和半波长巴伦一类的电缆网络替代了离散的功分器/合成器。在 TEM 线圈驱动中采用的多端口激励方式可以扩展到所有的 TEM 支柱(Vaughan and Griffiths,2012),这就形成了近年来高场系统中较为常用的 TEM 阵列。为此相邻传输线单元采用了电容性解耦技术,每个TEM单元都匹配至50Ω且独立驱动。接收阵列通常采用局部表面射频线圈。

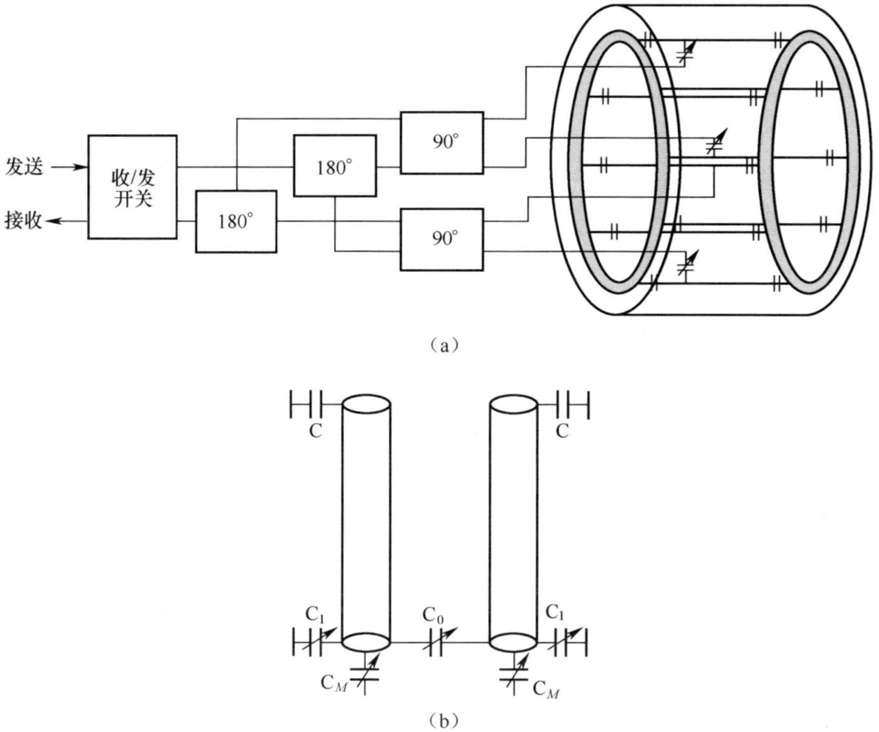

图66.24　环结构的多端口激励原理

(a) 用于激励射频线圈的4端口驱动装置(通过4个端口对射频线圈进行馈电,4个端口在圆周上的间距为90°。各端口上的输入功率等幅且相位分别相差0°、90°、180°和270°);(b)通过C_D对相邻单元进行电容式解耦(分别采用C_T和C_M对单元进行调谐和匹配,电容C和C_T用于接地屏蔽)。

2. 局部线圈

局部线圈在增强MRI系统的空间分辨率等高灵敏度应用场景中一直发挥着重要作用。这些线圈包括单环射频线圈和不同形状的多环线圈(图66.27),其尺寸一般远小于立体线圈,它仅接收附近的噪声,因此具有更高的信噪比。这些经过精心设计的线圈可以实现更高的灵敏度。通常会针对信噪比指标在某一感兴趣容积(VOI)内优化线圈,但这种线圈灵敏度的均匀性通常不及立体鸟笼线圈。局部射频线圈可用作某些MRI和磁共振波谱(MRS)应用中的收发线圈,

在与能够产生均匀 $\boldsymbol{B}_1$ 场的立体发射线圈相配合时也可用作单接收用途。

单环线圈可以组成大型线圈阵列（参见“阵列接收线圈”部分内容）实现对磁共振信号的并行接收（参见“用于并行成像的阵列接收线圈”部分内容）。在特定的 MRI 应用中可以采用 $\boldsymbol{k}$ 空间欠采样技术加速图像获取进程（参见“用于并行成像的阵列接收线圈”部分内容），而这种成像技术需要提前获取每个阵列单元的灵敏度信息。当局部表面线圈用作收/发阵列线圈或单发射阵列线圈时，可以将这些线圈用于并行激励以实现 $\boldsymbol{B}_1$ 发射场的波束赋形（参见“阵列发射线圈”部分内容）。

平面环线圈是最常用且最简单的表面线圈，在其设计过程中应确保在给定的 VOI 内实现最高信噪比。下面考虑平面环线圈被置于与 zx 平面方向一致的半无限大导电负载上的准静磁条件，中心轴上的磁场为（Mispelter et al.，2006）

$$B_1 = \frac{\mu_0}{2} I \cdot \frac{R^2}{(y^2 + R^2)^{\frac{2}{3}}} \tag{66.61}$$

式中：R 为环半径；y 为线圈轴与样本的距离。如果线圈的电阻小于样本的损耗（样本损耗起主导作用），可以忽略线圈的损耗。在样本半无限大的边界条件下，忽略标量势梯度并仅考虑矢量势 $\boldsymbol{A}$，可以将样本的电阻 R_s 近似为（Vaughan and Griffiths，2012）

$$R_s \approx \frac{1}{3} \mu_0^2 \sigma \omega^2 R^3 \tag{66.62}$$

式中：R 为线圈的平均半径；σ 为生物组织的电导率。最终将线圈电流进行归一化（单位电流）以得到 SNR 的计算方法，即

$$\mathrm{SNR} \approx \frac{\omega_0 B_1}{\sqrt{R_s T_s}} \propto \sqrt{\frac{R}{(y^2 + R^2)^3}} \tag{66.63}$$

对式（66.63）中的 R 进行微分，可得在预定深度 y 处实现最大信噪比所需的线圈半径 R_0，即

$$R_0 = \frac{y}{\sqrt{5}} \tag{66.64}$$

这是平面环线圈的基本设计准则。半径小于 R_0 的环线圈无法在预定深度实现足够的灵敏度，而半径大于 R_0 的环线圈则对样本噪声过于灵敏。这一近似计算过程只考虑了样本噪声且射频信号的波长比样本和线圈的尺寸大，因此是

一种粗略的估计。尽管如此,这些工作依然为后续的优化过程(如电磁场数值仿真)奠定了良好的基础。

局部线圈在单接收工作模式中需与有源解耦立体线圈配合使用。在接收线圈的优化过程中,应在给定 VOI 内满足高信噪比要求。为此射频电路应包括以下组成部分(图 66.25)。

① 线圈:对其尺寸进行优化以在需要的 VOI(MRI 线圈)内部实现最高的信噪比。

② 有源解耦/解谐电路:抑制发射线圈的感应电流。

③ 射频线圈的调谐和匹配网络:将射频线圈的阻抗匹配至 50Ω。

④ 阻抗变换网络:使前置放大器的噪声最小化。

⑤ 低输入阻抗或高输入阻抗的低噪声前置放大器:实现预先放大器的解耦。

⑥ 射频电缆屏蔽。

⑦ 巴伦或电缆陷阱:使射频电缆上的屏蔽电流最小,从而抑制电缆上的辐射效应。

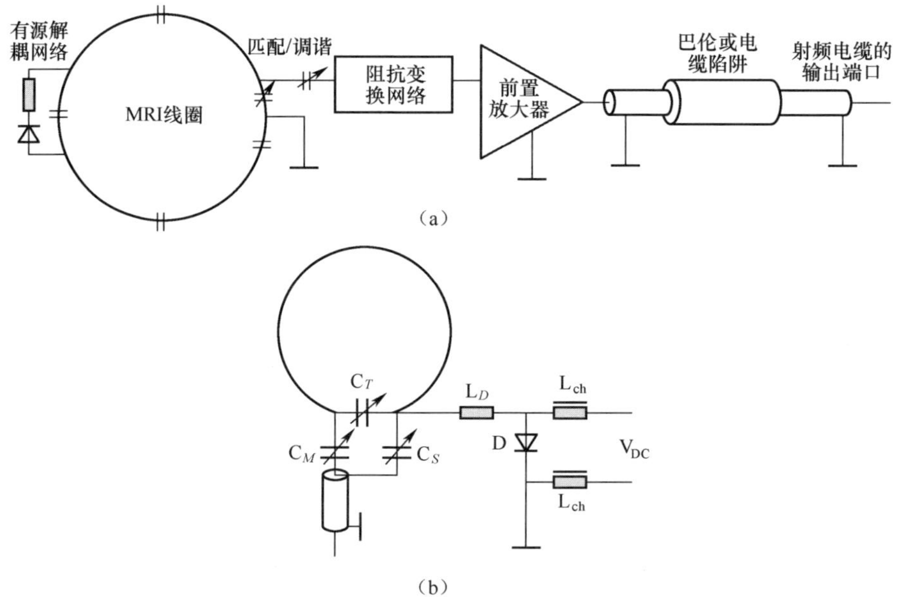

图 66.25 射频线圈的组成及其馈电和解耦电路

(a)接收的局部线圈系统组成;(b)接收线圈中对称的馈电和解耦电路。

在发射射频功率时,单接收线圈必须与周边的射频线圈解耦,发射的射频功率不得进入接收链。在射频功率发射过程中,接收线圈产生的感应电流将在发射线圈上形成额外的磁场,并影响其场分布的均匀性,因此为保持发射场的均匀性,应抑制接收线圈中的感应电流。大多数解耦电路都基于 PIN 二极管的有源切换,通过引入外加的电路实现高阻抗。常用的方法是彩图 66.26 所示的极点电路,在发射状态下二极管正向偏压,依靠谐振电容或对称匹配电容 C_s 结合外加电感 L_D 形成阻断谐振电路。

在接收状态下二极管反向偏压,因而谐振结构不再构成阻断电路。二极管的直流连接一般是由扼流电感——一种在谐振频率 ω_0 上具有高阻抗值的电感产生的,这种电感会阻断射频信号进入直流通路,并使射频线圈与来自直流连接的外部噪声隔离。其他用于单接收线圈和发射线圈的解耦技术还包括以下几个。

① 传输线——1/4 波长电缆;

② 采用交叉二极管的无源解耦电路;

③ 射频线圈电路中的二极管。

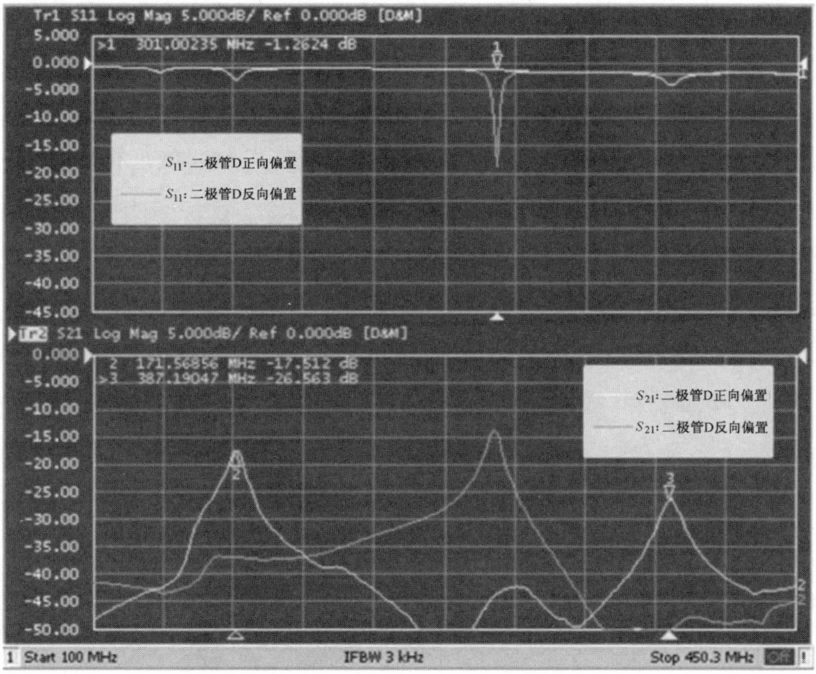

(a)

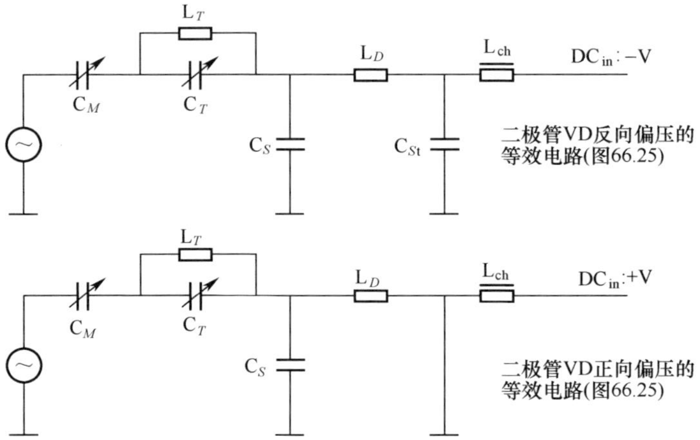

(b)

图 66.26　用于单接收线圈有源解耦的极点插入法

(a)反射系数 S_{11} 的测量值(通常采用经匹配和调谐的探针在所需频点上(f_0 = 301MHz)实现最小值,棕色和蓝色曲线对应于采用小型接收线圈情况下传输系数 S_{12} 的测量值);(b)反向偏压二极管等效电路(反向偏压二极管相当于一个小电容 C_{ST},在大多数情况下可以忽略。当二极管偏压时电感 L_D 与 C_s 并联,这会导致系统分裂为两个分别高于和低于谐振频率 ω_0 的谐振模式(红线),射频线圈接近非谐振工作状态(黄线))。

为优化信噪比性能,应尽量将前置放大器接近射频线圈的馈电端口。当前置放大器匹配至 R_{opt} = 50Ω 时,系统的噪声性能最优,这样线圈应调谐和匹配至 R_{opt}。但在反方向前置放大器的输入阻抗 Z_{in} 会远大于或小于 R_{opt}。通过阻抗变换电路(如 Γ 变换)可以将前置放大器的阻抗 Z_{in} 与射频线圈的馈电端口相匹配(图 66.25(a)),这一过程即为前置放大器解耦(Roemer et al,1990;Reykowski et al.,2002)。即使射频线圈接收到 MRI 信号,该电路也能阻断电流。但假如只有少量电流进入射频线圈,噪声或信号不会耦合到其他线圈中。这一技术常用于传统的电感式或电容式解耦技术无法解决的射频结构解耦问题,如射频线圈不相邻且相距很远的情况。

电感式解耦的基本原理是减小相邻线圈之间的互感。在相同的频率 ω_0 下,一对相同的谐振环的自感为 L_1。如果这些环极为接近,谐振将会分裂为两个频率(一个高于 ω_0,另一个低于 ω_0)并导致 ω_0 频点上的灵敏度下降。可以通过耦

合系数来表征射频线圈的这种耦合机理(Mispelter et al. ,2006),即

$$k = \frac{L_{12}}{L_1 \cdot L_2} \tag{66.65}$$

由此可得到两个谐振频率,即

$$\begin{aligned} f_{\text{upper}} &= f_0(1 + k) \\ f_{\text{lower}} &= f_0(1 - k) \end{aligned} \tag{66.66}$$

由于电路的谐振会偏离原始谐振频率 ω_0,线圈系统的效率会显著降低。此外,信号和噪声会通过互感 L_{12} 从一个线圈传递到另一个线圈。减小这种耦合效应的最简单方法是交叠相邻线圈,从而使互感为零(图 66.27)。两个圆环线圈的最佳间距为圆环直径的 0.78 倍,而两个矩形环线圈的最佳间距为线圈尺寸的 0.86 倍。在蝶形线圈与单环线圈相结合的案例中(图 66.27 中的右下方),线圈中心精确交叠即可实现最佳解耦。

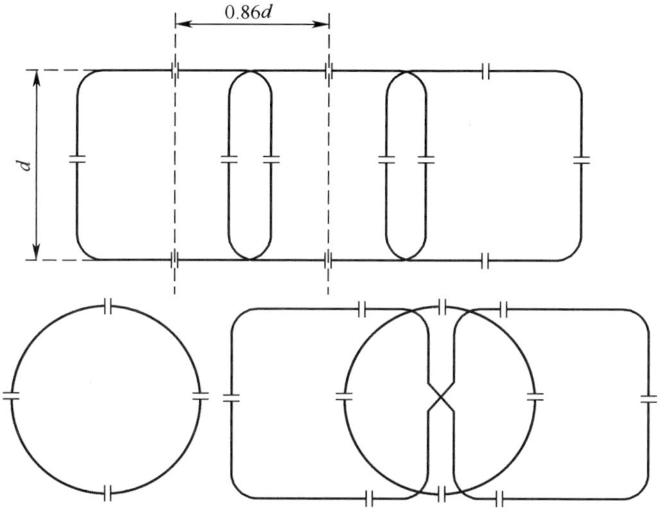

图 66.27　表面线圈示意图

(下方左侧:单环表面线圈;由 3 个环线圈构成的表面线圈组合,这一结构既可用作阵列线圈中的单元,也可以结合固定移相装置作为正交表面线圈。相邻线圈相互交叠使其互感为零,从而避免最邻近线圈的模式分裂。在这种情况下矩形线圈中心的间距应为单元线圈直径的 0.86 倍。)

下面是其他常见的解耦方法。

(1) 将两个小型感应线圈作为变换器的电感式解耦,每个相邻线圈都连接

到射频线圈上,从而二者的互耦可以忽略掉两个射频线圈的互耦效应。这种方法在非邻近线圈无法通过交叠方式解耦时有效。在某些线圈交叠技术不适用的情况下(如并行成像),变换器就成为理想的选择。

(2) 在相邻线圈间采用电容的电容式解耦,所谓的共享电容取代了两个射频线圈中的电感式解耦。

(3) 将电容式解耦拓展到多个表面线圈(如阵列线圈),将得到外部级联网络(开路电压法)。在计算过程中,解耦所需的电容性或电感性单元是 $2n$ 端口电路网络的一部分;这一网络连接了 n 端口接收通道和 n 端口发射通道。理论上,可以通过级联网络经由阻抗矩阵 $\boldsymbol{Z}$ 将 n 端口系统转换到解耦系统中。

3. 阵列接收线圈

将多个表面线圈进行组合可以克服局部射频线圈视场(FOV)受限的缺点。阵列单元检测到的信号将被馈入单独的接收机通道,而最终的信号将在经独立处理的图像基础上进行逐像素合成(Roemer et al.,1990)。这种方法不但保持了每个线圈单元的高信噪比,还能使阵列具有更大的视场(图66.28、图66.32)。

阵列线圈的性能与最小线圈耦合度,即阵列单元的信号分布和噪声相关性密切相关。可以采用“局部射频线圈”部分内容中的电感性/电容性方法对相邻阵列单元进行解耦。不相邻单元之间的互耦通常较低,可以采用前置放大器解耦的方式来减小这一效应。

在同时获取了射频信号后对 MR 数据进行重建,这样由 N 个阵列单元可得 N 幅独立的图像。单个线圈的性能并非主要设计目标;阵列线圈的整体性能既取决于线圈单元的灵敏度分布,也取决于单元间的耦合。为了实现最优信噪比,采用复加权系数 $W_i(x,y,z)$ 对每幅重建图像中的像素信号 $S_i(x,y,z)$ 进行加权,进而叠加得到合成信号(Roemer et al.,1990;Reykowski et al.,1995),即

$$S_{\mathrm{C}}(x,y,z)=\sum_{i=0}^{N}W_i^*(x,y,z)\cdot S_i(x,y,z)=\boldsymbol{W}^{\mathrm{H}}\boldsymbol{S} \tag{66.67}$$

式中:$\boldsymbol{W}^{\mathrm{H}}$ 为包含所有加权系数 W_i 的列向量 $\boldsymbol{W}$ 的共轭转置;$\boldsymbol{S}$ 为包括所有信号 S_i 的向量。线圈单元之间的噪声相关性可用噪声相关性矩阵来表示,即

$$\boldsymbol{\Psi}=\begin{bmatrix} n_{11} & n_{21} & n_{j1} \\ \vdots & \ddots & \vdots \\ n_{1j} & n_{2j} & n_{jj} \end{bmatrix}$$

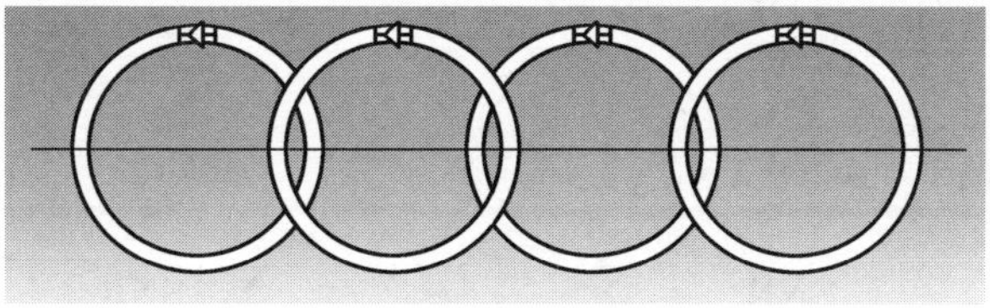

四环线圈阵列的 $\boldsymbol{B}_1$ 场分布

（a）

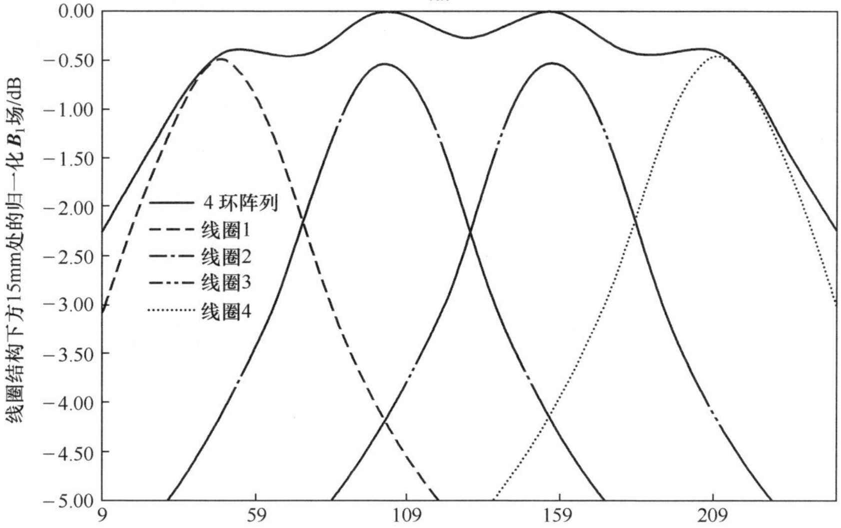

（b）

图 66.28　阵列线圈

（a）4 通道环线圈阵列视场中的 $\boldsymbol{B}_1$ 场分布仿真结果（采用了 CST 公司的 MWS 软件）；

（b）内径为 30mm 的单个环线圈在未加载情况下的场分布。

式中：n_{ij}为线圈 i 在线圈 j 上产生的噪声功率，对角元素 n_{ii}是在忽略其他线圈情况下单个线圈本身的噪声功率。信噪比的平方可以表示为

$$\mathrm{SNR}^2 = \frac{(\boldsymbol{W}^{\mathrm{H}}\boldsymbol{S})^2}{\boldsymbol{W}^{\mathrm{H}}\boldsymbol{\Psi}\boldsymbol{W}} \tag{66.68}$$

对式（66.68）进行微分，并将结果设为零，可得一组最优权值，即

$$\boldsymbol{W}^{\mathrm{opt}} = C\boldsymbol{\Psi}^{-1}\boldsymbol{S} \tag{66.69}$$

该公式包含归一化因数 C。信噪比的最优解既与线圈单元的信号相关，也与单元间的噪声相关性有关，即

$$\mathrm{SNR}_{\mathrm{opt}}^2 = \boldsymbol{S}^{\mathrm{H}}\boldsymbol{\Psi}^{-1}\boldsymbol{S} \tag{66.70}$$

在求解合成图像最优信噪比时,需要掌握噪声相关性信息。如果线圈单元间的噪声相关性足够低,噪声相关性矩阵 $\boldsymbol{\Psi}$ 可以简化为一个非对角单元为零的对角矩阵,而信噪比的平方为

$$\mathrm{SNR}_{\mathrm{opt}}^2 = \sum_i \frac{S_i^2(x,y,z)}{n_{ii}} = \sum_i \mathrm{SNR}_i^2 \tag{66.71}$$

平方和是用于阵列线圈单元图像合成的最简单方法,其信噪比将不小于单独的线圈单元。有效实现单元间解耦是利用这一方法得到理想结果的前提条件。

由一组局部线圈组成的阵列线圈的场分布和灵敏度在其VOI内是非均匀的。线圈阵列的优化与具体应用环境密切相关,因此目前还没有适合所有类型阵列线圈的通用设计准则。图66.29所示的线圈单元的直径和长度均为60mm,可以覆盖整个圆柱形视场;在单元数量增加的情况下,可以观察到局部灵敏度的变化。初始情况下采用了4个矩形线圈环(55mm×60mm)来围绕直径为60mm的圆柱体。从式(66.64)(由 $y=30$mm 得到 $R_0=13$mm)可知,由于线圈单元对样本噪声过于敏感,在加载条件下这些大型表面线圈的性能较差。随着阵列单元的增加,线圈的径向尺寸也分别降低至37mm、28mm和23mm。为了覆盖整个视场,线圈单元在 z 向的长度始终为60mm。灵敏度整体得以提高,但在VOI的中部达到极限。增加阵列线圈的数量仅有益于提高阵列线圈表面边缘附近的灵敏度。这说明,如果主要的应用场景要求在整个区域内,而非仅仅在视场边缘具有足够高的信噪比,将线圈数量增加至10个以上是毫无意义的。随着线圈单元的增多,阵列单元特别是相对单元的解耦难度也会提高。可采用前置放大器或外部级联网络对这些相对单元进行解耦。图66.30所示为8元阵列线圈的噪声相关性分布。

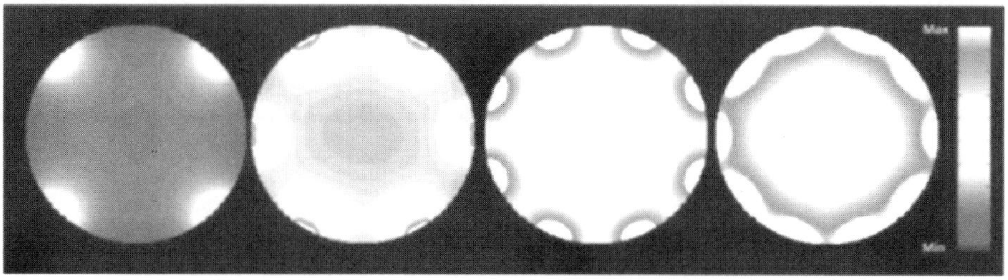

图66.29　阵列线圈 $\boldsymbol{B}_1^+$ 场分布仿真结果

(线圈的内直径为60mm,工作在300MHz(7T),阵列分别由4个、6个、8个和10个处于加载状态的单元组成。仿真过程中忽略了阵列中的单元间耦合)

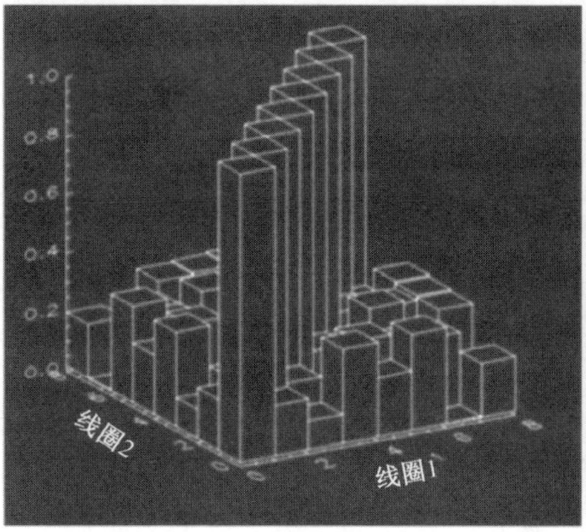

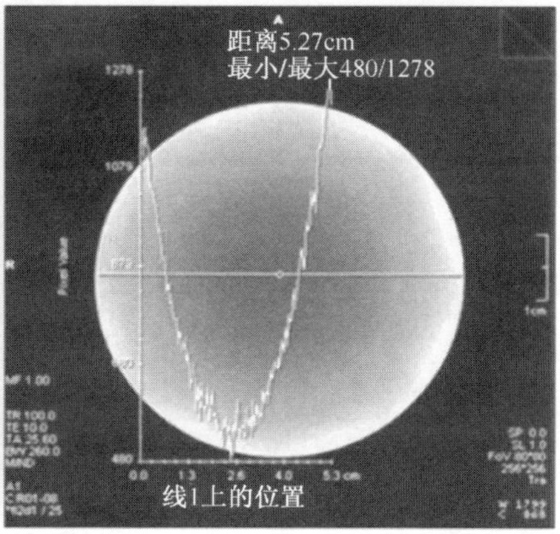

（a）　　　　（b）

图 66.30　8 元阵列线圈的噪声相关性分布

（a）8 通道环形线圈的噪声相关性（仅采用前置放大器解耦时相对单元的噪声相关性提高了 25%~30%；（b）8 元阵列线圈中心的信噪比分布测量值（加载阵列线圈表面到中心的信噪比变化了 2.5 倍）。

当仅采用前置放大器解耦时，这些数值在零到 25%~30%的范围内变化。采用交叠和前置放大器解耦两种方式对次邻近单元进行解耦；更次邻近单元的解耦则应用了变换器（电感式解耦）。总地来说，当两种线圈中有源单元的尺寸与直径相当时，位于 VOI 中心且尺寸相当的正交立体线圈的信噪比问题会导致阵列线圈的设计颇具挑战。在大多数情况下，阵列线圈的信噪比仅在偏离中心位置处高于标准立体线圈。

图 66.31 对比了正交表面线圈（2 元）和 4 元阵列线圈的信噪比分布。这种阵列线圈应用于目标视场接近射频线圈表面的场景。正交线圈由两个位于弯曲柱面上的单元组成，线圈覆盖了 25mm×25mm 的区域，通过共用电容或重叠的方式对线圈单元进行解耦。2×2 阵列线圈由 4 个尺寸为 13mm×13mm 的独立单元组成，所有线圈单元的解耦度都大于 20dB。在阵列线圈表面边缘处信噪比最多提高了 2 倍，而远离阵列单元的情况下信噪比会快速下降。与正交表面线圈相比，阵列线圈的信噪比均值较高。

4. 用于并行成像的阵列接收线圈

在过去几十年中，并行成像技术的快速发展推动了阵列技术的进步，SENSE、GRAPPA 和 SMASH 成为常用的并行成像方法。由于学者们已经对并行

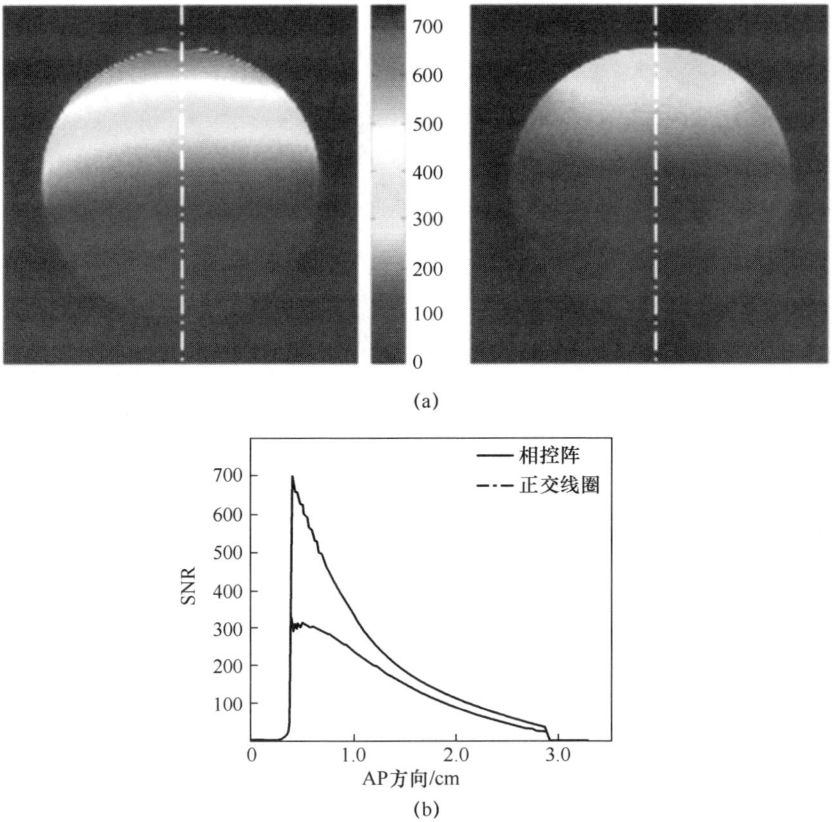

图 66.31　对比了正交表面线圈(2 元)和 4 元阵列线圈的信噪比分布

(a) 正交线圈和 2×2 阵列线圈信噪比分布测量值的对比

(表面线圈覆盖了负载(直径 30mm)上方 25mm×25mm 的面积);

(b) 从顶部到底部的信噪比曲线(线圈被置入水体模中,以模拟待测物体的实际加载条件)。

MR 图像重建技术进行了深入的研究(Pruessmann et al., 1999; Sodickson and Manning, 1997),本节只对其进行简要的回顾。这些技术在 20 世纪 90 年代后期推动了射频线圈技术的快速发展。在对图像时序进行加速以获得期望的信噪比性能过程中,阵列线圈发挥了重要的作用(参见“磁共振成像的基础”部分内容)。

并行 MRI 技术可以加速图像获取进程,其原理是从阵列线圈单元的灵敏度方向图中提取空间信息,并用这些信息生成通常由连续施加的场梯度 $\boldsymbol{g} = (g_x, g_y, g_z)$ 获取的数据。

在设计用于空间编码阵列线圈单元时,还需要满足其他设计要求,因此需要更多的接收机通道和线圈单元。由此具有 32 个通道甚至更多通道的商用 MRI 系统已经成为临床中的标准设备,而具有 128 个通道乃至更多通道的原型系统正在开发过程中。

线圈单元在 $\boldsymbol{k}$ 空间中 k_m 位置接收到的 MR 信号一般可以表示为(Vaughan and Griffins,2012)

$$S_l(k_m) = \sum\nolimits_{\mathrm{voxel}j} C_l(r_j) M(r_j) \mathrm{e}^{\mathrm{j}k_m r_j} + n_l(k_m) \tag{66.72}$$

式中:n_l 为噪声;$C_l(r_j)$ 为单元 l 的空间灵敏度;$M(r_j)$ 为横向磁化的进动(参见"NMR 和 MRI 工作原理"部分内容)。当信号、噪声和磁化可以表示为列向量时,该方程可以表达为 $\boldsymbol{S} = \boldsymbol{EM} + n$,其中的编码矩阵为

$$\boldsymbol{E}_{(lm),j} = C_{l(r_j)} \mathrm{e}^{\mathrm{j}k_m r_j} \tag{66.73}$$

矩阵 $\boldsymbol{E}$ 为一矩形矩阵,而在并行成像的形式体系中需要找到能够使 $\boldsymbol{EF}$ 等于单位矩阵的 $\boldsymbol{F}$ 矩阵。研究结果证明,在图像重建过程中具有最小噪声的极小范数解为(Pruessmann et al. ,1999)

$$F_{\mathrm{minnorm}} = (\boldsymbol{E}^{\mathrm{H}} \boldsymbol{\Psi}^{-1} \boldsymbol{E})^{-1} \boldsymbol{E}^{\mathrm{H}} \boldsymbol{\Psi}^{-1} \tag{66.74}$$

对并行成像而言,编码函数(式(66.73))一般不是空间正交,因此重建矩阵(式(66.74))一般也不是酉矩阵,这会导致随空间变化的噪声提高。式(66.74)中采用的图像重建为线性变换。通过编码矩阵可以计算出噪声功率,即

$$(\sigma_j)^2 \propto [(\boldsymbol{E}^{\mathrm{H}} \boldsymbol{\Psi}^{-1} \boldsymbol{E})^{-1}]_{j,j} \tag{66.75}$$

由加速并行成像导致的信噪比变化一般可表示为

$$\left(\frac{\mathrm{SNR}_j^{\mathrm{R}}}{\mathrm{SNR}_j^{\mathrm{Full}}}\right)^2 = \left(\frac{\sigma_j^{\mathrm{R}}}{\sigma_j^{\mathrm{Full}}}\right)^2 = \frac{[(\boldsymbol{E}_{\mathrm{Full}}^{\mathrm{H}} \boldsymbol{\Psi}^{-1} E_{\mathrm{Full}})^{-1}]_{j,j}}{[(\boldsymbol{E}_R^{\mathrm{H}} \boldsymbol{\Psi}^{-1} E_R)^{-1}]_{j,j}} \tag{66.76}$$

在笛卡儿采样的特殊情况下,式(66.76)可以表示为

$$\mathrm{SNR}^R = \frac{\mathrm{SNR}^{\mathrm{Full}}}{\sqrt{R[(\boldsymbol{E}_R^{\mathrm{H}} \boldsymbol{\Psi}^{-1} \boldsymbol{E}_R)^{-1}]_{j,j} [(\boldsymbol{E}_R^{\mathrm{H}} \boldsymbol{\Psi}^{-1} \boldsymbol{E}_R)^{-1}]_{j,j}}} = \frac{\mathrm{SNR}^{\mathrm{Full}}}{\sqrt{R}\boldsymbol{g}} \tag{66.77}$$

引入几何因数概念后,有

$$g_j = \sqrt{[(\boldsymbol{E}_R^{\mathrm{H}} \boldsymbol{\Psi}^{-1} \boldsymbol{E}_R)^{-1}]_{j,j} [(\boldsymbol{E}_R^{\mathrm{H}} \boldsymbol{\Psi}^{-1} \boldsymbol{E}_R)^{-1}]_{j,j}} \tag{66.78}$$

由于欠采样图像中获取了较少的 $\boldsymbol{k}$ 空间点并造成了信噪比损耗,式(66.77)的分母中出现了 $\sqrt{R}$ 因子。几何因子 $\boldsymbol{g}$ 总是不小于 1,它可以量化空间

缩减信噪比的相对损耗,即由线圈单元灵敏度编码函数的非正交性引起的损耗。$\boldsymbol{g}$ 因子在量化并行成像阵列线圈的性能中非常重要。

$\boldsymbol{G}$ 因数是线圈灵敏度和 $\boldsymbol{k}$ 空间行模式的函数。在欠采样因子、相位编码方向和待测物体存在差异时,模式也会有区别。线圈尺寸和样本负载的变化会导致 $\boldsymbol{g}$ 因子发生变化并影响并行成像性能。当成像得以加速时,信噪比将至少降低 $\sqrt{R}$ 倍。当 $\boldsymbol{g}$ 因子大于1时,这一因子将更大。与采用相同成像序列参数的未加速图像相比,成像速度的加倍会导致信噪比至少降低40%。

噪声相关性的剧烈变化也会影响阵列的 $\boldsymbol{g}$ 因子。基于互易定理,复空间灵敏度方程 $C_l(r_j)$ 可以表征为线圈单元 $\boldsymbol{B}_1$ 场的两个横向分量(Vaughan and Griffiths,2012),即

$$C_l(\boldsymbol{r}) = [\widehat{B}_x(\boldsymbol{r})]_l - \mathrm{i}\,[\widehat{B}_y(\boldsymbol{r})]_l \tag{66.79}$$

通过单个线圈单元上的电场可得噪声相关性矩阵单元,这些电场归一化于流过传导路径的单位电流,有

$$\Psi_{l,l} = 4kT\Delta f\int\sigma(r)\,\widehat{\boldsymbol{E}}_l(\boldsymbol{r})\cdot\widehat{\boldsymbol{E}}_{l'}^{*}(\boldsymbol{r})\,\mathrm{d}^3\boldsymbol{r} \tag{66.80}$$

式中:k 为玻尔兹曼常数;Δf 为接收机带宽;T 为温度;σ 为样本的电导率。根据这些公式可以分析任意阵列线圈的性能。图66.32所示为一种典型的 $\boldsymbol{g}$ 因子分布,其中左右方向的欠采样减缩系数分别为2、3和4。为了分析这一8通道阵列线圈的性能,采用CST Microwave Studio软件建立了包括集总元件、馈电端口和圆柱形体模加载物在内的所有传导型线圈单元的模型,并采用该模型求解得到灵敏度函数。在加速因子 R 分别为2、3和4的欠采样情况下,$\boldsymbol{g}$ 因子将视场减小了2倍、3倍和4倍。图66.32中的曲线展示了多个等间距分布的数据点(参见"磁共振成像系统的基础"部分内容)。

图66.32中的 $\boldsymbol{g}$ 因子分布分别归一化于各个缩减因子 $g=1.04$、1.50、3.38中的最大值;由式(66.77)可知,与未加速的图像相比,最大空间噪声分别提高了2.08、2.6和7.66倍,其中还包括加速图像采集中噪声的 $\sqrt{R}$ 倍增长。从 $\boldsymbol{g}$ 因子分布模式中可见该线圈的噪声性能将加速3倍(参见本章"66.4 未来发展方向和存在的问题"一节)。由于线圈和负载结构在 xy 平面具有旋转对称性,左-右和上-下读出方向上 $\boldsymbol{g}$ 因子分布相同且互相垂直。线圈或负载中存在的任何非对称性将导致在两个读出方向上产生不同的 $\boldsymbol{g}$ 因子分布。

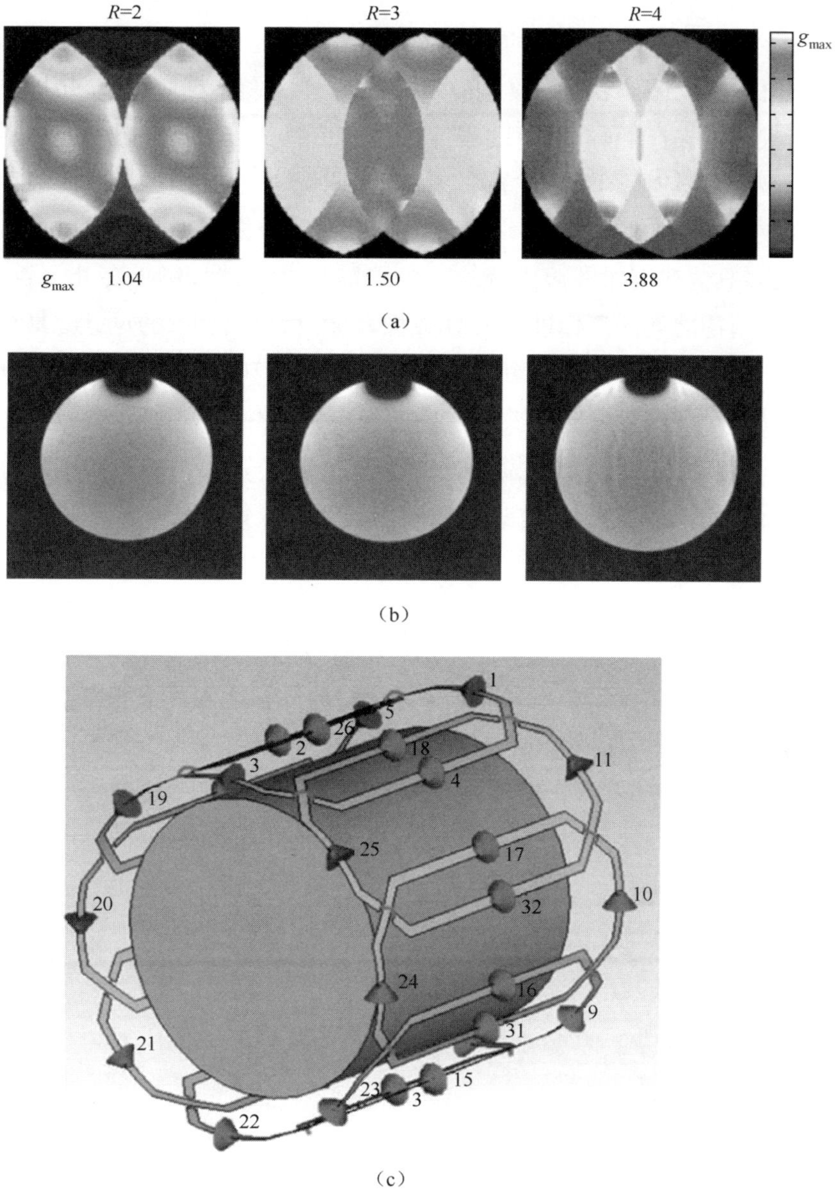

图 66.32　一种 $\boldsymbol{g}$ 典型的因子分布

(a) 8 元环形阵列线圈的 $\boldsymbol{g}$ 因子分布图(在左右加速方向进行了数值分析);(b) 采用 FLASH 方法对圆柱形体模进行了加速 MR 成像(可以在不需限制成像伪影的条件下在一个方向实现图像获取进程加速 3 倍);(c) 采用 CST Microwave Studio 仿真软件建立了 8 通道阵列线圈仿真模型

(线圈模型由交叠的环形线圈单元、集总元件和圆柱形有耗体模组成)。

5. 低温冷却线圈

取得高空间或时间分辨率的前提是实现高信噪比。小动物的空间分辨率比人体高10倍左右,因此其灵敏度相应将降低约1000倍。

可以仅通过提高静磁场 $\boldsymbol{B}_0$ 的强度来提高信噪比。如今磁场强度高达21T的MRI设备已经实现了商业化,降低MR系统中不同接收链的样本噪声和噪声分布已经成为常用的低成本方案。理论和实际因素往往限制了室温(RT)线圈的优化,大多数情况下对线圈的优化设计能够将灵敏度指标提高几个百分点。在对诸如小动物之类的目标进行MRI成像时,生物组织容积的尺寸使得样本的噪声分布相当于或小于MRI系统接收链中射频线圈和相关部件的热噪声分布,因此降低样本噪声即可提高信噪比。样本噪声属于热噪声,其中既包括载流子的热运动,也包括射频场电流引起的介质损耗。

一般难以降低活体样本的温度,但减小射频接收链中的热噪声和电阻损耗可以显著提高信噪比(式(66.22)),即

$$\mathrm{SNR} \approx \frac{\omega_0 B_1}{\sqrt{R_s T_s + R_C T_C}}$$

由式(66.22)中的分母可知损耗(噪声)与温度和频率的关系。可以分为两种情况:在第一种情况下样本损耗起主要作用($R_s T_s \gg R_C T_C$),可认为信噪比与电阻损耗 R_s 及其温度 T_s 无关;在第二种情况下线圈损耗起主要作用($R_s T_s \ll R_C T_C$),采用传导性更好的线圈或降低线圈的温度即可提高信噪比。

在设计冷却线圈时需要掌握两个域的边界条件与线圈尺寸和频率之间的关系。图66.33列出了不同尺寸低温冷却线圈的粗略计算结果。在这一过程中计算得到了单环铜线圈在半无限大样本边界条件下的样本阻抗 R_s 和线圈阻抗 R_L。当线圈半径为2.5~0.9cm时,室温铜线圈的两个域将在100~800MHz范围内交叠。

在大于以上直径时,样本损耗起主导作用。工作在77K(液氮)的冷却铜线圈的半径可以减半,而这将影响其 $\boldsymbol{B}_1$ 场分布、灵敏度降幅和穿透深度。在低温下(如30K),冷却铜线圈或应用高温超导材料仍然能够提高灵敏度。在100~800MHz频带内,铜线圈的半径将减小到1.2~0.45cm。深入掌握不同半径低温冷却线圈在不同频率的信噪比增益非常关键。可以通过室温(RT)和低温(LT)下的信噪比来计算低温冷却线圈的信噪比增益,即

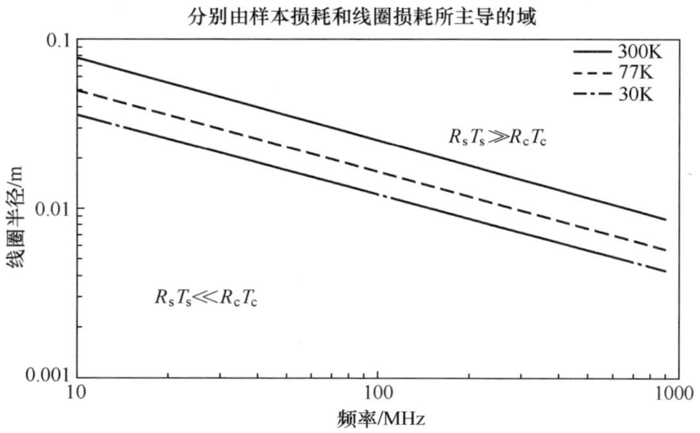

图 66.33　在频率和线圈尺寸坐标系下分别由样本损耗和线圈损耗所主导的域

（室温下生物组织电导率的平均值为 0.66S/m(Darrasse and Ginefri,2003),电阻率为 5.81×10^7S/m）

$$\mathrm{SNR}_{\mathrm{gain}} = \frac{\mathrm{SNR}_{\mathrm{LT}}}{\mathrm{SNR}_{\mathrm{RT}}} = \frac{\sqrt{R_s T_s + R_{c,\mathrm{RT}} T_{c,\mathrm{RT}}}}{\sqrt{R_s T_s + R_{c,\mathrm{LT}} T_{c,\mathrm{LT}}}} \tag{66.81}$$

在依据可测参数量化圆环线圈的信噪比增益时,可以采用品质因数 $Q = \omega L/R$,计入了线圈的电感 L;在其他表达式中采用了式(66.81)中的电阻来定义等效 Q 值。当 ωL 抵消时,式(66.81)为

$$\mathrm{SNR}_{\mathrm{gain}} = \frac{\mathrm{SNR}_{\mathrm{LT}}}{\mathrm{SNR}_{\mathrm{RT}}} = \sqrt{\frac{T_{\mathrm{RT}} \cdot Q_{\mathrm{UL,RT}}^{-1} + T_{\mathrm{RT}} \cdot Q_{\mathrm{sample,RT}}^{-1}}{T_{\mathrm{LT}} \cdot Q_{\mathrm{UL,LT}}^{-1} + T_{\mathrm{RT}} \cdot Q_{\mathrm{sample,LT}}^{-1}}} \quad Q_{\mathrm{sample}}^{-1} = Q_L^{-1} - Q_{\mathrm{UL}}^{-1} \tag{66.82}$$

式中,样本品质因数(Q_{sample})的倒数为线圈在加载(Q_L)和未加载(Q_{UL})情况下品质因数倒数的差值。在 $T_{\mathrm{LT}} \to 0$ 的极限边界条件下,可以采用较为粗略的方式计算冷却射频线圈的信噪比增益,在这种情况下可以只考虑室温下的参数,由此式(66.82)可表达为

$$\mathrm{SNR}_{\mathrm{gain}} = \frac{\mathrm{SNR}_{\mathrm{LT}}}{\mathrm{SNR}_{\mathrm{RT}}} = \sqrt{\frac{1}{1 - \dfrac{Q_{L,\mathrm{RT}}}{Q_{\mathrm{UL,RT}}}}} \tag{66.83}$$

室温表面线圈常采用分立元件构成 RLC 谐振电路。除了电容的性能易受温度环境影响外,低温下由分立元件组成的谐振电路的焊接工作也存在着困难。

自谐振高 Q 值结构一般采用由铜或高温超导材料加工的传输线谐振器(TLR:图 66.34(a))、双 U 形谐振器(Gonord and Kan,1994)或多匝传输线谐振器(MTLR:图 66.34(b))(Vaughan and Griffiths,2012;Darrasse and Ginefri,2003)。传输线谐振器由一对印制在基片两侧的平面环组成,两个环的开口在直径上对置。由多个不同直径的同心环串联而成的多匝传输线谐振器的原理与之类似;与传输线谐振器相比,多匝传输线谐振器的电感较高,可用频带较窄因而较适用于低频段。

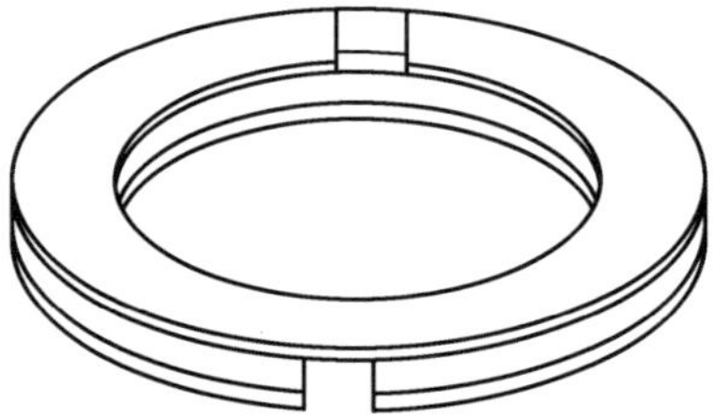

(a)

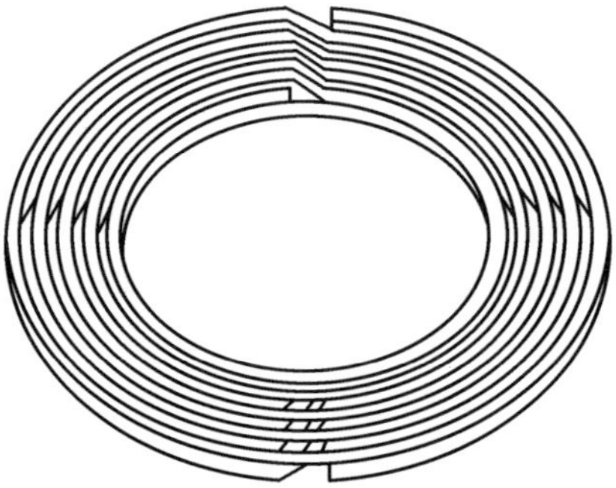

(b)

图 66.34　电铜或高温超导材料加工的传输线

(a) 传输线谐振器(两个开口环分别位于介质基片两侧,环的缺口在直径上对置);

(b)多传输线谐振器(两个平面多匝开口环分别位于介质基片两侧,环的缺口在直径上对置)。

在温度低至 30K 的情况下,铜(在 20℃ 的电导率为 $\sigma = 58\times10^6$S/m)的电阻率 $\rho = 1/\sigma$ 与温度呈现近乎线性的关系。在 77K 可将热噪声降低约 20%,而在更低的频率下降幅可能更大(Ginefri et al.,2007)。将高温超导材料冷却至临界温度以下,可以得到具有更高缩减因子的热噪声。根据线圈尺寸、温度、频率和静磁场的不同,可实现 1000~500000 范围内的高 Q 值,但在某些场强和磁场方向条件下高温超导材料会失去超导特性。不管怎样,MRI 系统中 HTS 射频线圈的 Q 值下降问题是无法避免的。

可以采用多种方式对超导线圈降温,如最简单的方式是将线圈直接浸入液氮(LN2)一类的低温液体中。由于冷却剂沸腾会引起机械振动,需要在所有冷却剂消耗完后再进行磁共振测量。最常用的方法是闭合循环冷却装置,即将冷头放置在射频线圈附近或距离低温探头一定距离处,并以冷指对射频线圈降温。

图 66.35 所示为低温探头的组成原理(Haueisen et al. ,2006)。射频线圈 1 安装在冷指 2 上并被陶瓷杜瓦外壳 3 环绕。最有效的隔离方法是采用真空保护待测物体 5。待测物体的温度等于或略高于室温,需要与低温射频线圈(20～30K)隔离。真空度约为 10^{-6}mbar(1mbar = 100Pa)的杜瓦外壳将降低热传导和热对流这两个主要的热传输过程。传统的镜面材料涂层在磁共振成像中无法进一步减少辐射,为此将通过热辐射方式冷却杜瓦壁,而这会对待测物体(特别是活体)造成无法预测的结果。为了保护待测物体,将杜瓦隔板用于加热,并采用相应的温控手段(Haueisen et al. ,2007)。加热器 4 一般位于杜瓦结构后端。

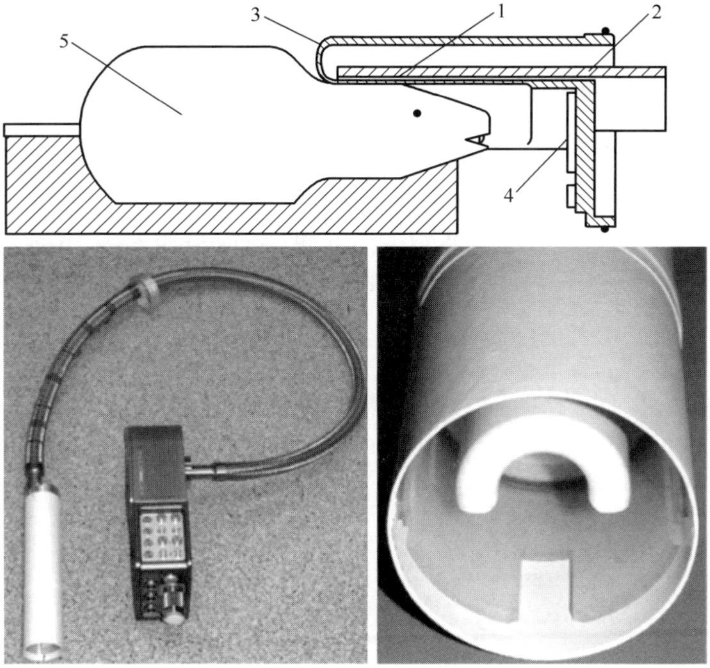

图 66.35　低温探头的组成原理

MRI 低温线圈原理组成(1—射频线圈;2—冷指;3—陶瓷杜瓦外壳;4—加热器;5—待测物体);

低温线圈探头(下方右侧)通过一根柔性中空线缆与冷却前置放大器相接

(这根线缆支撑了采用低温氦的冷却探头、射频传输线和直流传输线)。

6. 双调谐线圈

MRI 与 MRS 技术的结合已经成为疾病诊治中不可或缺的手段。生物系统的研究工作对 NMR 光谱学的需求不断提高,而这对磁共振系统和设备提出了独特的需求。大多数情况下 MRI 技术将与 MRS 技术结合使用;MRI 技术用于实现匀场(使外部 **B** 场尽可能均匀),MRS 技术用于定位目标区域。MR 光谱学可以通过获取^{31}P、^{23}Na、^{13}C 和^{19}F 等“X 核”光谱信息得到相应的代谢信息,而这需要射频线圈能够工作于多个频率。

在某些情况下,当同时激励两个相互作用的核自旋系统时,自旋系统接收到的共振信号将由于质子(^{1}H)去耦效应(Luyten et al. ,1989)或奥氏(Overhauser)效应的影响得以增强或减弱。为此射频线圈需要能够在发射和接收这两个独立的频率下同时工作。在低频(X 核)针对质子解耦施加了激励脉冲,而在接收 X 核信号时对^{1}H 通道同时施加了射频功率。图 66.36 所示为实现这一功能的硬件组成,在每个发射/接收路径上都引入了双谐振线圈。在高频段(^{1}H)采用带通滤波器,在 X 核通道中采用低通滤波器以抑制带外噪声。这是因为一方面源自 X 核的 NMR 信号往往非常微弱(如^{13}C 的逆 NMR 光谱学),^{1}H 发射通道的噪声将会使其过饱和;另一方面如果两个通道中的滤波和解耦不足,^{1}H 发射机的宽带噪声电平容易使 X 通道前置放大器饱和。在某些 MRS 应用场景中,两个通道在发射/接收链路中任意点上的解耦度应超过 100dB。可以采用双谐振表面线圈、立体线圈或二者的结合来满足此类多频应用需求。下面简要回顾前人提出的设计方案。

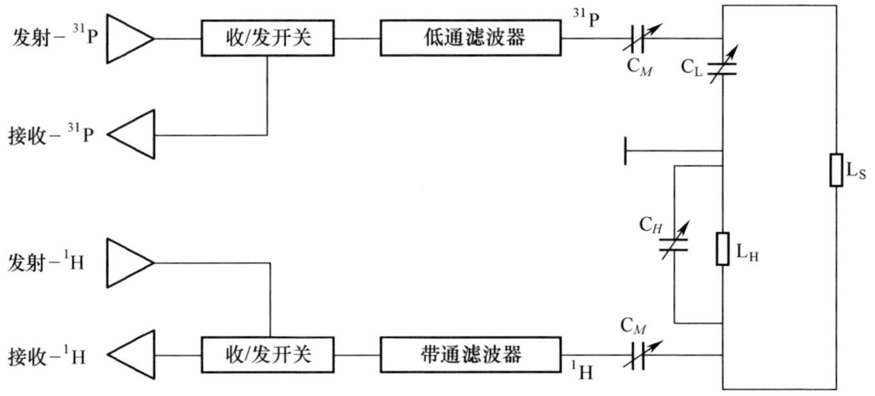

图 66.36 采用多极电路的双谐振射频线圈原理

(表面射频线圈通过发射/接收开关以及低通滤波器或带通滤波器与磁共振系统相接。采用 C_M 对多个通道进行阻抗匹配,利用 C_L 和 C_H 将通道调谐至低频和高频模式。)

最常用的双调谐电路基于多极电路和变压器耦合电路。在“用于并行成像的阵列接收线圈”部分内容中已经介绍了多极电路，它能实现表面线圈的主动解耦，而谐振频率 ω_0 将分裂为两个频率。

多极电路将在双谐振线圈中引入分立并联谐振电路以在电抗曲线上产生一个极点，这会产生第二电容性电抗，并在第二频点与电感 L_S 谐振。通过串联电容 C_L 将电路调谐至第一频率（低频）。当第二电路被引入射频线圈时，需要特别关注其是否会在射频电路中引入可测的电阻性损耗。在采用加载射频线圈且电感线圈的阻抗与电感成正比的边界条件下，双谐振线圈在高频和低频的效率为（Schnall et al.，1985）

$$E_L = \sqrt{\frac{L_S}{L_H + L_S}} \tag{66.84}$$

$$E_H = \sqrt{\frac{L_H}{L_H + L_S}} \tag{66.85}$$

在电感 $L_H<L_S$ 时，低频的效率 E_L 最佳；反之亦然。在实践中，可将 L_S/L_H 的初值设置在 4~5 的范围内，从而在低频和高频分别实现 90%左右和 45%左右的效率。双谐振线圈的设计往往聚焦于低频（X 核）通道的性能，在 ^{1}H 通道中为实现更高的效率而导致的损耗是可以接受的。需要强调的是，双谐振线圈在两个频点的性能无法与经过精心设计的单谐振线圈相提并论，在具体选择射频线圈时必须考虑这一问题。

本章“局部射频线圈”部分内容中已经介绍了基于调谐线圈互耦的变换器耦合电路工作原理。式（66.65）和式（66.66）给出了耦合常数和频率的计算方法，而双调谐线圈需要较大的耦合常数 k。如图 66.37 所示，双谐振线圈工作在过耦合状态（与间距 D 相关），其电流在两个频率下的分裂状态不同。由此在低频生成了同向旋转模式，在高频生成了反向旋转模式。形成的射频场在低频累加，而在高频有所减损。因此，低频的射频效率等于或略高于单个线圈，而高频的效率则降低了 50%左右。

在设计多频鸟笼线圈的过程中，需要确保在收、发两个频率下圆柱体结构上保持正弦/余弦电流分布。如同双谐振表面线圈，在高频通道和低频通道中分别采用带通和低通滤波器进行馈电。可以将多极电路工作原理应用于鸟笼线圈一类的立体线圈，而这也是双谐振立体线圈中最早采用的方法之一。如图

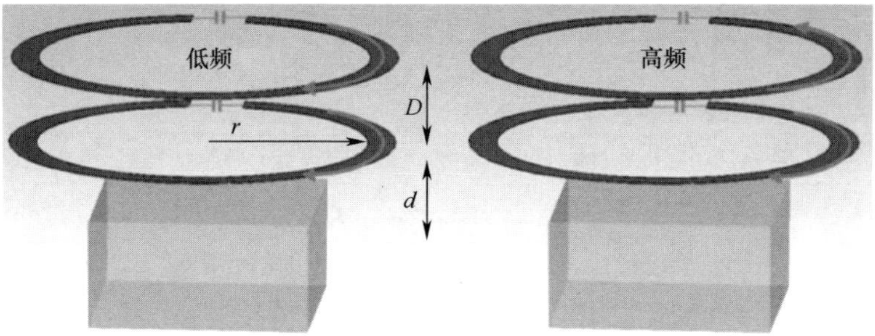

图 66.37　由两个相同圆环线圈组成的双谐振线圈

(这两个线圈采用感应耦合和调谐。最终的谐振器具有两种模式:在低频具有同相电流,而在高频具有反相电流。可以根据线圈间距 D、线圈与样本的距离 d 和线圈的半径 r 等参数进一步优化其性能。)

66.38(a)所示,可以在高通鸟笼线圈端环或低通鸟笼线圈支柱的谐振电容处引入多极电路。

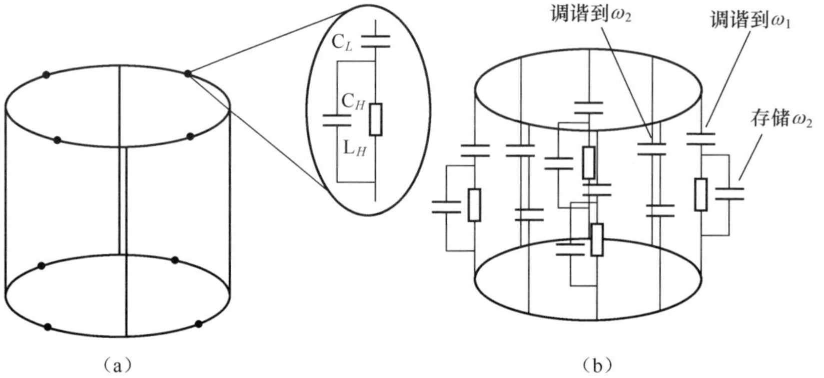

图 66.38　多频鸟笼线圈的设计

(a) 低通双谐振鸟笼线圈的原理图(在谐振电容器的位置引入多极电路);

(b)在双谐振鸟笼线圈上采用交替支柱可以将其调谐到高频 ω_1 或低频 ω_2(用于低频的并联谐振电路将被调制到高频 ω_1,其作用相当于陷波结构,能阻止高阶模式电流破坏低阶模式的电流分布)。

同理,在低频段采用了串联电容 C_L(图 66.38),比串联电容数值小的并联电容 C_H 用于调整高频。为了确保线圈的对称性,必须非常谨慎地在每个位置上对电路进行调整,因此这一过程非常耗时。如图 66.38(b)所示,双谐振鸟笼线圈交替采用了不同的支柱,因此这种方案易于实现。为了保持线圈在高频的对称性，在^{1}H 支柱处设置了低频陷波结构以阻止低阶模式电流破坏高阶模式的电流分布。在^{1}H 支柱上采用的相对较小的调谐电容在低频呈高阻，因此低频模式没有受到高频模式的影响。这种方法需要精心调整每个位置上的陷波电路。基于鸟笼结构固有的对称性，可以采用正交驱动方式。

TEM 线圈是一种最简易的双谐振立体线圈，为此需要在低频和高频交替地对支柱进行调谐。调谐过程大致与单个 TEM 线圈相同。可以用正交的方式驱动两种模式，并通过与鸟笼线圈类似的方式对低通滤波器和带通滤波器进行馈电。

采用多个不同直径的鸟笼结构也可以组成双谐振立体线圈（Fitzsimmons et al.，1993），这些线圈通常由低通线圈和高通线圈组成（图 66.39（a））。通常会将高通或低通鸟笼结构与鞍形线圈相结合来实现多频立体线圈，在这种结构中直径较小的线圈用于低频，而直径较大的线圈用于高频（^{1}H）。设计中必须考虑线圈结构间强烈的感应耦合。要实现二者间的最优方向，必须特别关注端环的临近效应。通过线圈之间的略微旋转可以使两个射频结构的模式耦合最小。此外，由于一个线圈比另一个长，难以实现正交驱动。根据工作频率和尺寸要求，一个线圈通常为高通鸟笼线圈，而另一个为低通鸟笼线圈。系统的损耗在很大程度上取决于两个独立射频结构之间的模式耦合，而在设计过程中必须考虑这一问题。在某些情况下考虑到设计和成本之间的关系，由于通过调整两个互相垂直的模式可以减小本征耦合，采用线性激励/接收的方案要比采用正交驱动更优。在逆光谱学等应用场景中更好的方式是将内部结构用于高频（^{1}H），而将外部结构用于低频（Lanz，2000）。这是一种特殊情况，由于高频鸟笼结构在低频段具有高阻抗，生成线性射频场的低频模式不会在高频感应出较大的电流。两种线圈结构的灵敏度都将得到提高，但这种谐振器无法实现正交驱动。

四环鸟笼结构可以更好地解决射频模式间的隔离和耦合问题（Murphy-Boesch et al.，1994）。这一结构由一个基本鸟笼线圈和两个附加鸟笼线圈组成，这些线圈在径向上共用了端环（图 66.39（b））。其内部为一个低通鸟笼结构；外部既可以是低通鸟笼结构，也可以是高通鸟笼结构。基于外部结构中电流分布的同向和反向旋转，通过两个相同外部结构与内部结构的感应耦合可以产生一对正交模。其中一种模式将产生均匀的横向射频场并工作在高频（^{1}H）。内部结构将被调谐至低频。即使多频电流能够在不同结构中充分流动，不同频率之间的电路互作用相对较小,这使得四环鸟笼线圈的加工和调谐相对容易。

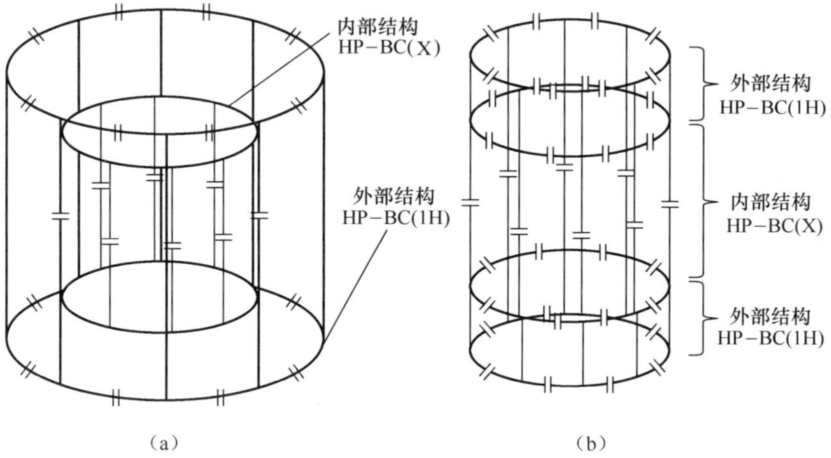

图 66.39　四环鸟笼结构

(a)由双叠瓦状鸟笼结构组成的双谐振线圈(其内部为工作在低频(X 通道)的低通鸟笼结构(LP-BC),外部为工作在高频(^{1}H)的高通鸟笼结构(HP-BC));(b)四环双谐振鸟笼线圈(内部结构工作在低频,而两个外部结构将在高频产生横模。同向旋转模式的感应耦合将在高频(^{1}H)生成均匀横模)。

66.4　未来发展方向和存在的问题

研究者在磁共振成像技术的早期开发出的许多射频线圈直到今天仍然被广泛应用,如鸟笼线圈和局部表面线圈依然是标准 MRI 系统中最常用的部件。过去 20 年来,并行成像技术推动了阵列线圈的发展。许多研究工作利用“极限”信噪比概念检验了阵列线圈灵敏度的上限(Lattanzi and Dodickson, 2012; Wiesinger et al. ,2004;Ohliger et al. ,2003),通过一组满足麦克斯韦方程组的基函数求解出球形样本外部任意形状线圈的灵敏度分布。研究者还得到了可以在样本中多个位置使信噪比最大化的线性组合(Ocali and Atalar,1998;Wiesinger et al. ,2005)。基于对加速成像极限信噪比的分析,用于临床治疗的磁共振线圈体模中心处 32 阵元的数值与理论极限最为接近(Wiggins et al. ,2005;Wiesinger et al. ,2004)。阵列线圈圆周附近的区域主要受阵列单元数量增加的影响,因此仍有改进余地。96 单元阵列线圈分布在贴近头部的头盔型支架上,单个圆形表面线圈的设计结合了足球中六边形和五边形的对称性。受限于接收机通道的经济可行性和商业化水平，目前阵列单元的数量已经达到了极限。

由理论分析可知(Wiesinger et al. ,2004)，加速成像中的灵敏度增益与阵列单元的数量呈函数关系，且在高场强处数值会提高。在波长与待测目标尺寸相当时，传统鸟笼线圈或 TEM 立体线圈无法实现均匀激励，因此阵列技术成为当前的发展趋势。采用该技术可以根据应用需求调整横向 $\boldsymbol{B}_1$ 场分布，如可采用射频匀场技术更均匀地激励待测目标。磁共振成像技术的另一发展趋势是采用更高的磁场强度。以上既为射频线圈的设计和概念研究创造了新机遇，也提出了新挑战。

并行接收成像技术的基本原理是同时采用多个接收线圈，将这一原理进行改进就可以并行传输空间选择性射频脉冲。多维射频脉冲在 $\boldsymbol{k}$ 空间的轨迹与数据采集类似，缩短轨迹也会缩短脉冲持续时间。采用多个发射通道时，每个通道都有其独立的时变波形，多个单元的空间灵敏度分布将补偿 $\boldsymbol{k}$ 空间的缺失部分。除了缩短脉冲持续时间外，近来研究者还成功采用 Transmit SENSE 方法通过调整射频脉冲提高了 $\boldsymbol{B}_1$ 场的均匀性(Katscher et al. ,2003;Ullmann et al. ,2005)。

阵列接收线圈的设计原理可以拓展至单发射线圈和收/发线圈，而常用的线圈单元间感应解耦或电容解耦方法均可采用。当采用常规电压源对多个阵列单元馈电时，匹配网络的阻抗成为每个射频单元电流幅度和相位的函数。为了精确控制每个射频单元电流的幅度和相位，需要准确掌握单元间的互耦关系。

研究者针对互耦问题(Butler et al. ,1963;Alagappan et al. ,2008)开发出定义相位和幅度的多端口网络(巴特勒矩阵)，即由定向耦合器、移相器和交叉结构组成的无源微波网络，可通过 $n \times n$ 阻抗网络修正 n 端口界面的共阻抗。连接放大器的端口上共阻抗几乎为零，可以进行独立驱动。由于线圈端口上的阻抗会随着不同的加载变化，对具有多个通道的系统而言，调整巴特勒矩阵尽管原理可行但挑战性颇大。笛卡儿反馈技术是一种良好的解决方案(Hoult et al. ,2004a、2004b)，在混频前后输出信号被反馈进输入端口。另外，还可以在电流源中采用功率 MOSFETS 管减小互耦。采用低阻抗或高阻抗放大器也可以减小互耦效应(参见“用于并行成像的阵列接收线圈”部分内容)(Kurpad et al. ,2006)。

图 66.40 所示为多个独立发射通道组成的多发射 MRI 系统。该系统基于标准的 MRI 平台，具有 6 个频率控制器，每个控制器通过 LVDS(低压差分信号，

即一种高速串联通信方式)接口驱动一个信号产生单元(SGU)。SGU能够利用频率控制器发出的数字化频率、幅度和相位信息生成模拟射频信号,工作在独立频点的模拟信号将被馈入能够形成高功率射频脉冲的高功率射频放大器(RFA)。将并行激发多工器组件(PEXMUX)与6个发射通道相结合,可以在Transmit SENSE之类的并行激发(PEX)应用中将发射通道数量提高到48个。采用这种硬件架构,可以利用标准脉冲程序将常用的射频脉冲替代为多波形脉冲。每个发射通道的波形都是独特的且是同时产生的。

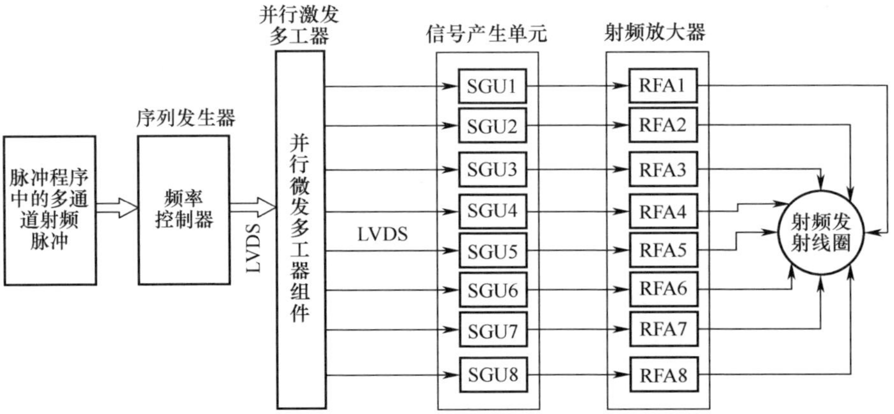

图66.40 基于AVIII光谱仪

(德国,赖因斯特腾,Bruker BioSpin公司)的并行发射系统原理框图

在并行激发(PEX)中横向磁化性能$M(x)$可以表示为单元磁化性能$M_n(x)$的线性灵敏度加权组合(Ullman et al.,2005;Katscher et al.,2003),有

$$M_x = \sum_n S_n(x) M_n(x)$$

其中,

$$M_n(x) = i\gamma M_0 \int_0^T B_{1,n}(t) \mathrm{e}^{-\mathrm{j}x\cdot k(t)} \mathrm{d}t \tag{66.86}$$

式中:S_n为第n个阵列单元的灵敏度;$B_{1,n}$包含了射频波形信息;$k(t)$为射频发射过程中(缩减)$\boldsymbol{k}$空间的轨迹。对式(66.86)进行时空离散,可以求解出激励给定性能$M(x)$所需的射频波形$B_{1,n}$,由此得到以下线性系统(u、v分别为空间索引和时间索引),即

$$\boldsymbol{m}=\boldsymbol{A}\boldsymbol{b}$$

其中，

$$A_{u,(n,v)} = \mathrm{i}\gamma M_0 S_n(x_u) B_{1,n}(t_\nu)\,\mathrm{e}^{-\mathrm{i}x_u\cdot k(t_\nu)}\Delta t \tag{66.87}$$

对于给定的磁化矢量 $\boldsymbol{m}$，可以通过求解式(66.87)的最小值得到波形 $\boldsymbol{b}$。图 66.41 所示为 PEX 试验的案例。求解得到了所有 8 个线圈的发射灵敏度，并将其转化为整个线圈阵列的灵敏度分布。通过这一信息可以独立驱动阵列中的独立发射通道，从而以类鸟笼激励模式生成均匀的射频发射场。

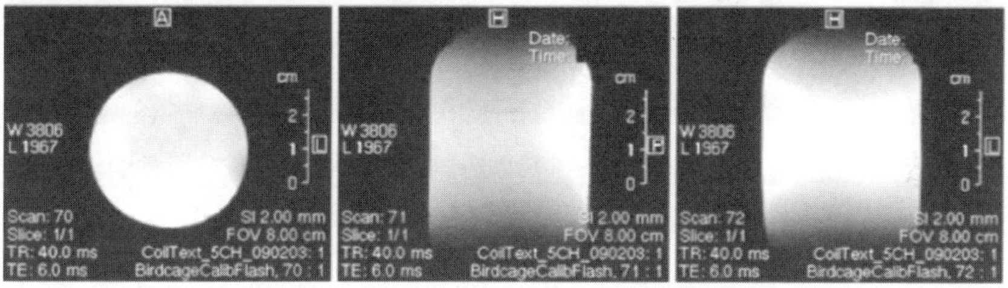

(a)

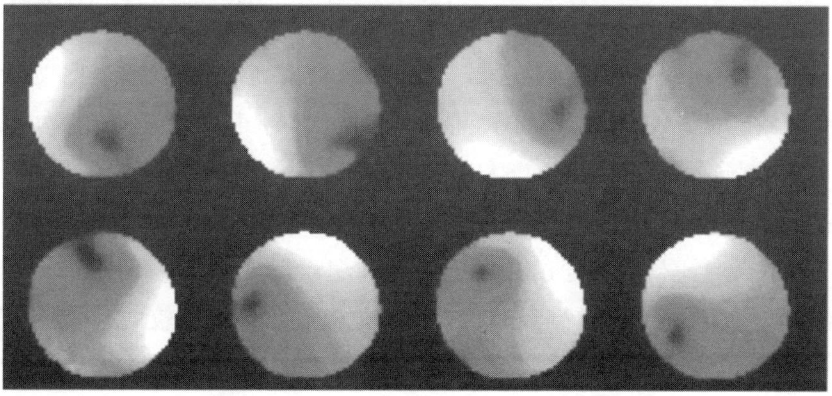

(b)

图 66.41　PEX 试验案例(彩图见书末)

(a)在 8 通道线圈中采用类鸟笼激励模式得到的图像；

(b) 8 通道发射线圈的发射灵敏度(射频线圈加载了水体模以模拟待测物体的加载条件)。

射频匀场的灵活性不但能避免待测物体中产生驻波现象，还能实现任意的激励模式(图 66.42)。在这一试验中首先进行了整体扫描，进而选定了激励区域(脑域)。采用并行激励(Ullmann et al.，2005)方式以完整视场和缩减视场扫描了这一区域。

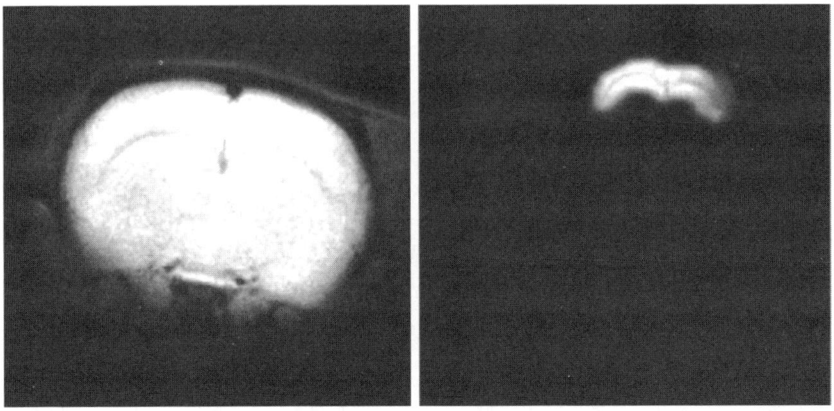

图66.42 采用PEX方法在死亡老鼠的大脑上开展了局部激励
(从右侧可见,老鼠的大脑只有一小部分得以激励)

引入局部发射阵列可以在控制 **B** 场和 **E** 场时得到额外的自由度,如高场MRI设备中的比吸收率(SAR)分布。由于高场和超高场中的翻转角和层数问题,比吸收率将限制可用的成像手段。另外,传统立体线圈的非均匀激励会导致在局部区域出现SAR数值超标的“热区”。采用多通道发射激励技术更易于控制 **E** 场和 **B** 场分布。但目前在SAR的控制和监管方面还存在一些实际问题,有待进一步探究。

在过去几年里研究者通过在高场强度和超高场强度条件下引入多发射/接收阵列,推动了新型表面阵列线圈单元的发展。在磁场强度较低的情况下,研究者通常只对线圈的近场感兴趣。射频结构上的电流产生的 $\boldsymbol{B}_1$ 场一般远高于同时产生的电场,只有小部分 **B** 场会成为传输波。业界已将磁场强度不小于7T的MR系统应用于人体,在临床前应用中使用的磁场强度更是已达到21T。因此,MRI射频线圈的设计中越来越关注远场,当然这也取决于目标区域与天线的距离。行波成像技术仍然处于开发过程中。在天线和待测物体间距可能为数米的情况下,波导模式可用于激励待测物体所需的MRI信号。

由于业界一直致力于提高MRI磁体的磁场强度、拓展MR线圈的谐振频率,研究MRI射频线圈作为天线的功能变得日益重要。天线技术中的一些常用概念(如通信)未来有可能会对磁共振成像天线的设计产生深远影响。

交叉参考：

▶第 62 章　医学诊治系统中的天线与电磁问题

▶第 23 章　圆极化天线

▶第 3 章　天线仿真算法及商用设计软件

▶第 75 章　阻抗匹配与巴伦

▶第 17 章　环天线

▶第 48 章　近场天线测量技术

▶第 24 章　相控阵天线

▶第 73 章　传输线

参考文献

Alagappan V et al. ,(2008) A simplified 16-channel buttler matrix for parallel excitation with the birdcage modes at 7T. In: 16th annual meeting of ISMRM, Toronto

Alderman DW, Grant DM (1979) Efficient decoupler coil design which reduces heating in conductive samples in superconducting spectrometers. J Mag Reson 36:447-451

Becker/Sauter Theorie der Elektrizit€atslehre Bd. 1, Teubner, Stuttgart 1973

Bloch F (1946) Nuclear induction. Phys Rev 70:460-474

Butler J et al. , (1963) Beamforming matrix simplifies design of electronically scanned antennas. Electron Design 9:170-173

Canet D (1996) Nuclear magnetic resonance: concepts and methods. Wiley, New York

Chin C-L, Collins CM et al (2002a) Birdcage builder: design of specified-geometry birdcage coils with desired current pattern and resonant frequency. ConceptsMagnReson 15(2):156-163

Chin C-L, Collins CM, Li S, Dardzinski BJ, Smith MB (2002b) Birdcage builder: design of specified-geometry birdcage coils with desired current pattern and resonant frequency. Magn Reson Eng 15(2):156-163

Damadian R (1981) NMR in medicine, NMR basic principles and progress, vol 19. Springer, New York

Darrasse L, Ginefri JC (2003) Perspectives with cryogenic RF probes in biomedical MRI. Biochimie 85:915-937

Fitzsimmons JR, Beck B, Brooker HR (1993) Double resonant quadrature birdcage. Magn Reson

Med 30:107-114

Ginefri JC, Quinot MP, Girard O, Darrasse L (2007) Technical aspects: development, manufacture and installation of a cryo-cooled HTS coil system for high resolution in-vivo imaging of the mouse at 1.5T. Methods 43:54-67

Gonord P, Kan S (1994) Twin horseshoe resonator. Rev Sci Instr 65:509-510

Griswold MA et al.,(2002) Generalized autocalibrating partially parallel acquisitions (GRAPPA). MagnReson Med 47(6):1202-1210

Grover FW (1946) Inductance calculation. Van Nostrand, New York

Haacke EM et al.,(1996) Magnetic resonance imaging. Wiley, New York, 3ff

Haacke EM, Brown RW, Thompson MR, Venkatesan R (1999) Magnetic resonance imaging, physical principles and sequence design. Wiley, New York

Haueisen R, Marek D, Sacher M, Kong F, Ugurbil K, Junge S (2006) Flexible Cryoprobe-setup for mice brain imaging and spectroscopy at 9.4T. Magma 19(suppl 1):78

Haueisen et al. ,US Patent 2007/0139046

Hayes CE, Edelstein WA, Schenk JF, Mueller OM,Eash M (1985) An efficient, highly homogenouse radiofrequency coil for whole body NMR Imaging at 1.5T. J MagNReson 63:622-628

Hould DI (2000) The principle of reciprocity in signal strength calculations - a mathematical guide. Concepts MagnReson 12(4):173-187

Hoult DI (1979) Sensitivity optimization. In: Levy GC (ed) Experimental techniques in 13C spectroscopy, vol 3. Wiley, New York

Hoult DI,Kolansky G, Kripiakevich D (2004a) A 'Hi-Fi' Cartesian feedback spectrometer for precise quantitation and superior performance. J MagnReson 171(1):57-63

Hoult DI,Kolansky G, Kripiakevich D, King SB (2004b) The NMR multi-transmit phased array: a Cartesian feedback approach. J MagnReson 171(1):64-70

Jin J (1999) Electromagnetic analysis and design. CRC Press, Boca Raton

Katscher U, Börnert P, Leussler C, van den Brink JS (2003) Transmit SENSE. MagnReson Med 49:144-150

Kohlrausch F (1956) PraktischePhysikBd 2, Teubner Verlagsgesellschaft

Kurpad K et al (2006) RF current element design for independent control of current amplitude and phase in transmit phased arrays. Concepts MagnReson B 29B(2):75-83

Lanz T (2000) The double tuned 1H23Na Crosscage resonator for high field NMR spectroscopy. In: Proc. 8th ISMRM, p 1390

Lattanzi R, Sodickson DK (2012) Ideal current patterns yielding optimal signal-to-noise ratio and specific absorption rate in magnetic resonance imaging: computationalmethods and physical insights. MagnReson Med 68(1):286-304

Lauterbur PC (1973) Image formation by induced local interactions: examples employing nuclear magnetic resonance. Nature 242:190-191

Lawrence EC (1996) Image formation methods. In: Harris RK (ed) Encylopedia of Nuclear Magnetic Resonance, Wiley, Chichester, pp 2439-1350

Lee RF et al., (2002) Coupling and decoupling theory and its application to the MRI phased array. MRM 48:203-213

Leifer MC (1997) Resonant modes of the birdcage coil. JMagnReson 124:51-60

Link J (1992) The design of resonator probes. NMR Basic PrincipleProgr 26:5-31

Luyten RP et al., (1989) Broadband proton decoupling in human 31P NMR spectroscopy. NMR Biomed 1:177

Mansfield P (1996) Encyclopedia of nuclear magnetic resonance. Bd. 3, Wiley, New York, 183ff

Mispelter J et al., (2006) NMR probeheads for biophysical and biomedical experiments. Imperial Colledge Press, Hackensack

Murphy-Boesch J, Srinivasan R, Caravajal L, Brown TR (1994) Two configurations of a four-ring coil for 1H human imaging and 1H-decoupled 31P spectroscopy of the human head. J Magn Res 103B:103-104

Ocali O, Atalar E (1998) Ultimate intrinsic signal-to noise ratio in MRI. MagnReson Med 39(3): 462-473

Ohliger MA, Grant AK, Sodickson DK (2003) Ultimate intrinsic signal-to-noise ratio for parallel MRI: electromagnetic field considerations. MagnReson Med 50(5):1018-1030

Pruessmann KP et al., (1999) SENSE: sensitivity encoding for fast MRI. MRM 42:952-962

Purcell EM, Torrey HC, Pound RH (1946) Resonance absorption by nuclear magnetic moments in a solid. Phys Rev 69:37-38

Reykowski A et al., (1995) Calculation of the signal-to-noise ratio for simple surface coils and arrays of coils. IEEE Trans Biomed Eng 42(9):908-917

Reykowski A et al., (2002) Design of matching networks for low noise preamplifiers. Magn Reson Med 33(6):848-852

Roemer PB et al., (1990) The NMR phased array. MRM 16:192-225

Röschmann P (1995) Analysis of mode spectra in cylindrical N-conductor transmission line resonators with expansion to low-, high- and bandpass birdcage structures. In: Proceedings 3rd annual meeting ISMRM, Nice, France, p 1000

Schnall MD, Subramaniam VH, Leight JS, Chance B (1985) A new double-tuned probe for concurrent 1H and31P NMR. J Magn Reson 85:122-129

Schneider H-J,Dullenkopf P (1977) Slotted tube resonator: a new NMR probe head at high observing frequencies. Rev Sci Instrum 48(1):68-73

Smythe WR (1968) Static and dynamic electricity', 3rdedn. McGraw-Hill, New York Sodickson DK, Manning WJ (1997) Simultaneous acquisition of spatial harmonics (SMASH): fast imaging with radiofrequency coil arrays. Magn Reson Med 38(4):591-603

Tropp J (1989) Theory of birdcage resonator. J Magn Res 82:51-62

Tropp J (1997) Mutual inductence in the birdcage resonator. J Magn Res 126:9-17

Ullmann P,Junge S, Wick M, Seifert F, Ruhm W, Hennig J (2005) Experimental analysis of parallel excitation using dedicated coil setups and simultaneous RF transmission on multiple channels. Magn Reson Med 54:994-1001

Vaughan JT, Griffiths JR (2012) RF coils for MRI. Wiley, Chichester

Vaughan JT, Hetherington HP,Otu JO, Pan JW, Pohost GM (1994) High frequency volume coils forclinical NMR imaging and spectroscopy. MagnReson Med 32:206-218

Wiesinger F, Boesiger P, Pruessmann KP (2004) Electrodynamics and ultimate SNR in parallel MRimaging. Magn Reson Med 2(2):376-390

Wiesinger F, DeZanche N, Pruessmann KP (2005) Approaching ultimate SNR with finite coilarrays. In: Proceedings of the ISMRM, 2005. Miami, FL

Wiggins G et al. ,(2005) A 96-channel MRI System with 23- and 90-channel Phase Array Head Coils at 1. 5 Tesla. In: Proceedings of the International Society for Magnetic Resonance in Medicine, vol 13

Wong WH (2001) US Patent 6,285,189

Zeeman P (1882) UebereinenEinfluss der Magnetisirung auf die Natur des von einerSubstanz emittiertenLichtes, Verhandlungen der Physikalischen Gesellschaft zu Berlin, S. 127

第 67 章
航天器天线及太赫兹天线

Ramon Gonzalo Garcia, Iñigo Ederra, Juan-Carlos Iriarte, Jorge Teniente

摘要

本章包括了几种专门用于太赫兹的空间天线分析，尤其是喇叭天线以及波纹型天线在数据下行和上行链路通信和测控的应用中得到了发展。更多新型天线的设计基于电磁带隙(EBG)的使用，或者包含超材料结构(MTM)。这些结构在测控和导航领域的应用中显示了非常具有前景的性能。最后，由于对工作在太赫兹频率下的科学任务日益增长的兴趣，给出了一款应用于空间成像使用超材料技术实现的太赫兹波段天线。

关键词

喇叭天线；波纹喇叭；测控；空间天线；电磁带隙技术(EBG)；超材料；太赫兹天线

R. G. Garcia (✉) · I. Ederra. J. -C. Iriarte. J. Teniente
西班牙潘普洛纳瓦拉公立大学电气和电子工程系，西班牙

67.1 引言

根据电气与电子工程师协会(IEEE)的标准定义,天线是发送或接收系统中的用于辐射或接收电磁波的一部分。在卫星通信中,为了保证卫星的工作或者为了能够运行不同的应用如电视广播、数据传输等,天线的使用是最基本的配置。

每个卫星都需要不同种类的天线,它们的要求都非常依赖于应用,包括科学、商业、民用等。一般来说,卫星平台搭载的天线可以被分为3类,即应用于遥感勘测、导航追踪和控制卫星工作的测控(TT&C)天线,主要负责通信的大容量传输天线,以及最后应用于卫星中不同仪器安装的与任务相关的天线。

对于上述每个类别,都应用了不同的天线技术,以更符合天线的预期性能。在文献中,从平面天线到喇叭天线,包括阵列或者反射阵,都可以找到对应的天线技术。本章将会聚焦于两种天线的发展:第一种是喇叭天线,包括基于光壁的喇叭天线和波纹剖面的喇叭天线;第二种致力于更新颖的天线,它们的实现应用了超材料的概念。

喇叭天线,众所周知,可以显示出非常好的辐射性能,这使它多年来能够满足大多数卫星辐射方向图的需求。它显示出了非常好的方向图对称性、非常低的交叉极化电平、非常低的副瓣电平以及宽的带宽响应。虽然在过去的几年中,新类型天线不断涌现,但它通过降低总尺寸(长度),仍具有竞争性。本章主要介绍一种新型波纹喇叭天线的性能,即高斯分布型喇叭天线(GPHA),在过去几年中已经应用于很多具有苛刻辐射性能要求的不同航天任务或者通信系统中。应用于测控、大容量或者空间仪器的不同GPHA天线的性能也将会在此展示。

另外,基于超材料的天线在最近出现成为一种新方法。特别关注的是太空领域,有不同的方法使用超材料可以改善天线性能。本章将讨论如何使用卫星天线的超表面用于测控和GPS应用。这种创新概念是传统技术发展的趋势,这一技术被应用于实际可改进天线的整体性能,包括质量和成本方面。

本章专门设一节以讨论太赫兹空间天线,在这一节中主要集中讨论工作在这个频率范围内的用于太空任务的MTM天线的进展。

67.2　星载通信中数据下行和上行链路馈电的喇叭天线

1. 引言

在当今的卫星通信系统中,数据馈电天线有很多不同的类型。对于所有类型的星载通信任务,不可能给出涵盖所有馈源喇叭天线的解决方案,但是以下部分提供了目前用于地球同步通信卫星的最常见设计方案。

自从这一竞争激烈的商业领域出于安全保护以防商业秘密被泄露以来,从实际卫星项目中已经难以发现有用信息了。然而,从作者的经验中可以得到很多有价值的信息,包括一些实例,并对每种天线类型介绍了主要的约束条件。

数据馈源喇叭天线的星载通信需求总是在演变,因为下一代系统需要更高的容量和灵活性,这使得馈源喇叭的设计日益复杂化。

地球同步卫星提供固定卫星服务(FSS)和广播卫星服务(BSS),通常用于电视节目网络和地方电视台的电视广播。它们也可以用于视频会议、宽带互联网和一般商业电讯通信。在实际商业地球同步卫星通信中使用的最常见频率是 12~18GHz 的 Ku 波段,以及 18~40GHz 的 K 和 Ka 波段(通常简称为 Ka 波段)。通常,Ku 波段使用的频率对于下行链路(来自卫星的发射)是 10.7~12.7GHz,对于上行链路(从卫星的角度来看是接收)是 12.8~14.5GHz。注意到,在某些情况下,上行链路会偏移到 17.3~18.2GHz 的范围。另外,Ka 波段通常应用于 18.3~20.2GHz 范围的下行链路(发射)以及 27.2~31.2GHz 范围的上行链路(接收)。对于 FSS/BSS 卫星来说,携带大量工作在不同频率波段的馈源喇叭天线是很常见的。

金属馈源喇叭是大多数星载通信的首选馈元,因为它们的尺寸相当小,并且具有优异的大功率容量性能。此外,喇叭设计技术已发展到具有极好的极化纯度,模式对称、增益性能、反射面孔径照度控制以及频率带宽都很容易通过喇叭内壁形状的综合来实现。有几种喇叭类型被广泛用于这种天线,但是现今最广泛使用的是高性能的波纹喇叭和高性能的光壁曲线形状馈源喇叭。采用相当复杂的喇叭壁形状的先进综合技术能够优化一些特定选择频率上的性能,因此可显著拓展频率带宽,并且在覆盖发射频段和接收频段的范围上实现了非常好的双通带性能。

2. 星载反射面技术

用于星载通信任务的馈源喇叭天线通常使用反射器,在地球同步轨道上形成赋形波束。主要有以下两种从地球同步卫星上覆盖地球表面的方法。

(1) 一个赋形反射面主要在于把来自单馈元(通常是高性能的波纹馈源喇叭)辐射产生的能量塑型为赋形波束,以形成期望的覆盖区域遍布地球的表面(Viskum and Sorensen,1994)。塑型是通过适当的反射面优化完成的。

(2) 多波束反射面天线在地球上的覆盖范围被分成很多覆盖地球表面的波束单元。这种技术使用几个反射表面(3个或更多),通常是偏馈抛物面反射器和单波束单馈喇叭(通常是高性能的光壁曲线形状馈源喇叭)来覆盖地球(Rao,1999)。所以,所有的波束都必须被馈源喇叭阵列所覆盖。

赋形反射器的问题之一是每个反射器剖面只能产生一束波束,这与多馈电抛物面反射器相反。对于更高速率的通信以及为了允许更多的频率复用和更多的可重构,多点波束和赋形波束实际上都是首选的解决方案。

这些系统可能决定发射和接收或收发共用天线使用何种天线。质量和成本节约越来越多地将设计引入收发共用天线方案中。在这种情况下,为了在两个宽的频带上覆盖地面上的相同点,设计出天线的最佳性能成为挑战。设计已经不断发展以应对这一挑战。很明显,只设计发射天线或者只设计接收天线通常要简单得多,并且通常会在覆盖区域获得稍好的性能。然而,质量和成本的代价是相当高的。

3. 星载天线的射频性能参数考虑

射频性能参数包括增益(覆盖区域内除了峰值增益外的最小增益)、隔离(在预定义的地上的隔离区域的增益电平)和交叉极化差值(XPD,即以dB为单位的共极化增益减去交叉极化增益值)。

覆盖区域的最小增益必须通过合适的反射器和馈源喇叭设计进行优化。馈源喇叭共极辐射方向图在这一优化中起着关键作用,因为它不但要在整个频带上尽可能地减少向外辐射,还要在反射器边缘保持模式的衰减,以改善地面不同区域之间的隔离。

另外,交叉极化差值也很重要,因为它必须使用可选极化将传输间的串扰降到最低。星载天线的交叉极化产生主要来自4个方面,即馈源喇叭固有的交叉极化、反射面曲率、馈源喇叭离焦点的位置以及馈源喇叭相对于抛物面主轴的倾斜角度。其他对交叉极化有潜在贡献的是散射效应,它来自支撑架、馈线、喇叭主模的反射、邻近的结构包括邻近的航天器面板造成的反射器近场辐射。由于这些影响也可能会显著地降低性能,所以它们可以被量化、分析和测试。

4. 高性能波纹馈源喇叭

星载通信通常需要使用波纹喇叭天线给赋形反射面提供馈电,以产生能照射期望覆盖地面区域的赋形波束。使用波纹喇叭天线而不是其他类型馈元的原因是这种类型的天线能够在相当宽的带宽上改善性能,除了良好的高斯型辐射方向图外,还有低交叉极化电平、低副瓣电平及高回波损耗。因此,波纹喇叭的性能通常在发射和接收频段上都能保持高性能。

波纹喇叭的缺点是它们通常在差不多的增益下比光壁喇叭有更大孔径,且比光壁喇叭更重、更贵。基本的波纹喇叭剖面图是由线性的波纹展开角,形成的长长的波纹馈源喇叭,如图 67.1 所示。

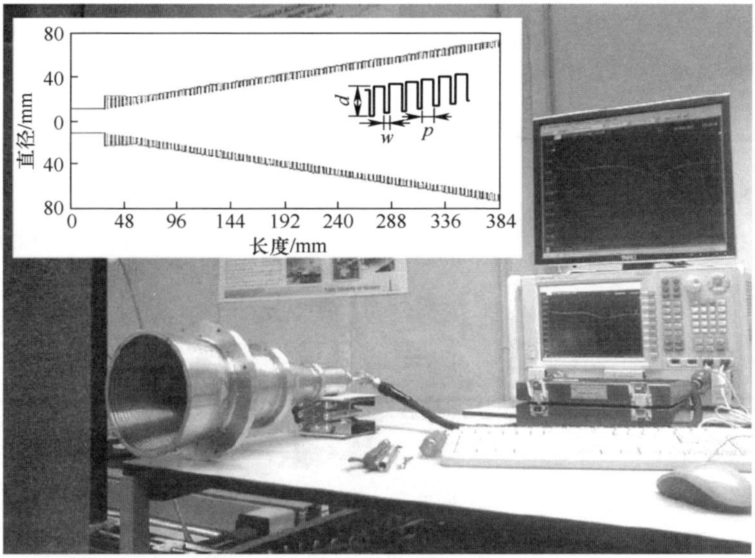

图 67.1　圆锥波纹喇叭天线

有各种各样的波纹喇叭剖面曲线类型(Rudge et al. ,1982;Olver et al. ,1994;Teniente et al. ,1999;Granet et al. ,2000;Maffei et al. ,2000;Hay et al. ,2001;Teniente et al. ,2002a;Granet and James,2005),其中有线性的、正弦的、正弦平方的、指数的、高斯的、双曲线的、多项式的等。然而,现在可以使用新的软

件工具来帮助和提高波纹喇叭剖面优化的有效性,使得设计这种类型的喇叭以满足更广泛的性能要求成为可能。现代商业软件包,使用高效的全波分析技术,如模式匹配,通常用于喇叭的设计上(http://www.mician.com),使预测与测量结果的一致性变得很好,以至于喇叭的原型设计通常不再是必需的。其他分析技术,如有限元方法和矩量法也偶尔使用,但它们在计算效率方面上不像模式匹配法分析那样高效。

在简单的圆锥波纹剖面之后,又出现了不同的剖面波纹,见彩图 67.2。这种新设计更短,随着形状的改变优化的可能性也增加了。

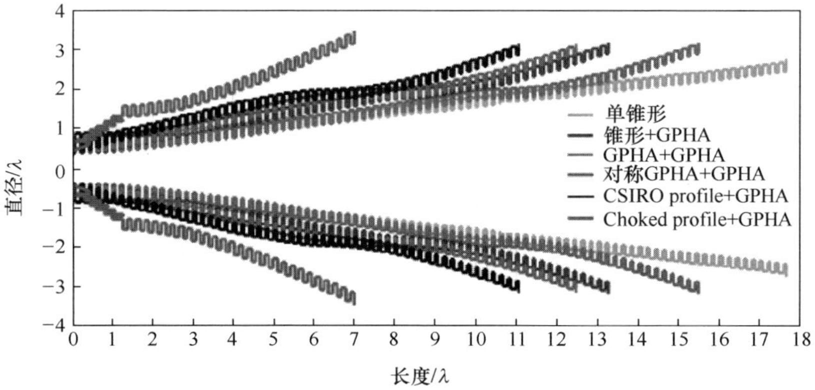

图 67.2 方向性相同情况下不同形状波纹喇叭天线(Teniente,2003)的长度比较(彩图见书末)

现今,由于软件工具出现和计算机速度的提高,用于星载通信的波纹馈源喇叭的设计通常不是任何形式的样条函数。事实上,在优化过程中,真正的天线设计师会留下每个波纹的深度和步进,最终得到简单样条公式的有用曲线。

最短的波纹喇叭曲线确实非常适合星载通信,因为它具有较小的质量和体积,它结合了喉咙区域的水平波纹喇叭(也称为轴向波纹喇叭(Bird,2008)或者扼流式喇叭(Milligan,2005))和活动区域的垂直波纹(也称为径向波纹喇叭)的喇叭天线,见图 67.2。除了其他的应用(Gonzalo et al.,2002;Teniente et al.,2005、2006;Teniente et al.,2009),这些喇叭天线设计已经被用于现代通信卫星的馈源。

与传统的垂直波纹的波纹喇叭相比,这种类型的喇叭天线在轴向长度、宽带内的回波损耗、计算复杂度和制造复杂性方面上都有显著的改善。唯一的缺点就是它取决于设计,制造可能需要把喇叭分成两部分,一部分是水平的波纹成形,另一部分是垂直的波纹成形。这两部分必须用螺钉固定在一起,严丝合缝地排列,以准确贴合确保紧密接触,以防止出现窄辐射槽(Granet et al. ,2008)。

星载通信中 Ku 波段的给赋形反射器馈电的波纹喇叭的示例:在这里给出了 Ku 波段通信卫星馈源喇叭,它的规格在表 67.1 中给出。这种馈源喇叭分别具有超过 50.2%的带宽,发射相对带宽为 22.2%,以及接收相对带宽为 4.9%。可以观察到,总体要求是非常苛刻的,因为回波损耗值需大于 32dB,同时要求全频段内交叉极化电平低于-45dB。注意到,对于波纹喇叭天线而言,这种类型的曲线非常短。

表 67.1　Ku 波段星载波纹馈源规格的例子

参　数	值
电气特性	
频带	Tx:$f_{\min 1}$ ~ 1.25 $f_{\min 1}$ GHz
	Rx:1.62 $f_{\min 1}$ ~ 1.67 $f_{\min 1}$ GHz
最大交叉极化电平	<-45dB in a range of +/- 22°
回波损耗	>32dB 在整个频带
锥角 20°	~ -9.5 to -16dB at Tx
	~ -19dB at Rx
最大副瓣水平	<23dB for angles above +/-20°
机械规范	
总长度	<10 · $\lambda(f_{\min 1}$(GHz))mm
最大外径	<3.55 · $\lambda(f_{\min 1}$(GHz))mm

需要指出,重要的是每个卫星都有自己的频率规划,这通常决定了馈源喇叭的设计。然而,所有为赋形反射器提供馈电的星载通信喇叭天线,通常需要模拟交叉极化最大电平低于-45dB,同时共极辐射方向图沿着频带有确知的变化,以确保从卫星到地球的辐射方向图足迹与频率无关,见表 67.1。

符合表 67.1 中给出条件的最佳结果之一是,一个有 3 个轴向波纹和 44 个垂直波纹的剖面,见图 67.3。结果的长度比指定最大值要短 20%(8 · $\lambda(f_{\min 1}$(GHz))mm),所以质量的减少是非常显著的。

其余规范满足情况见图 67.4。优化过程分别选择所有的波纹参数(除厚度

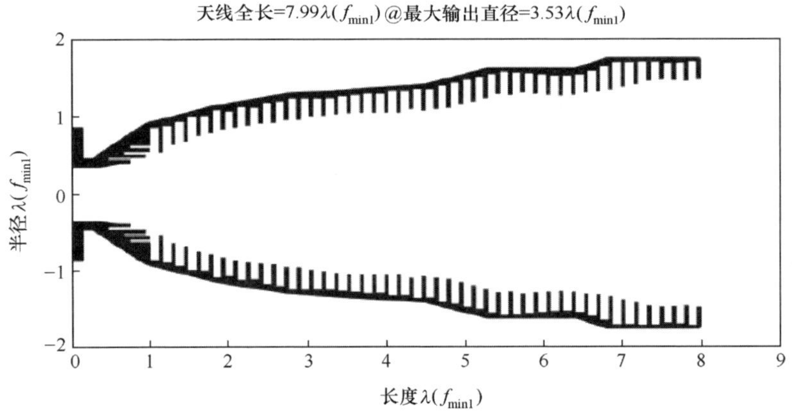

图 67.3　Ku 波段的最优波纹馈源喇叭

外)以及喉咙区域的初始线性渐变段的长度和角度。针对最终设计,对 97 个变量进行了优化。最后的结果显示在图 67.4 和图 67.5 中。结果与规范基本一致。

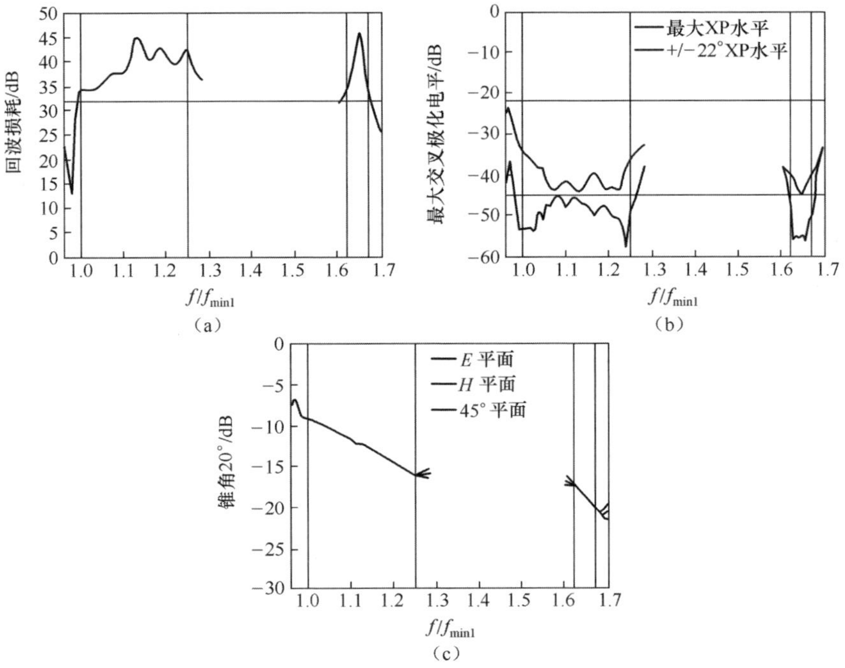

图 67.4　最优的波纹喇叭剖面的结果

(a)回波损耗;(b)交叉极化电平;(c) 20°的渐变段。

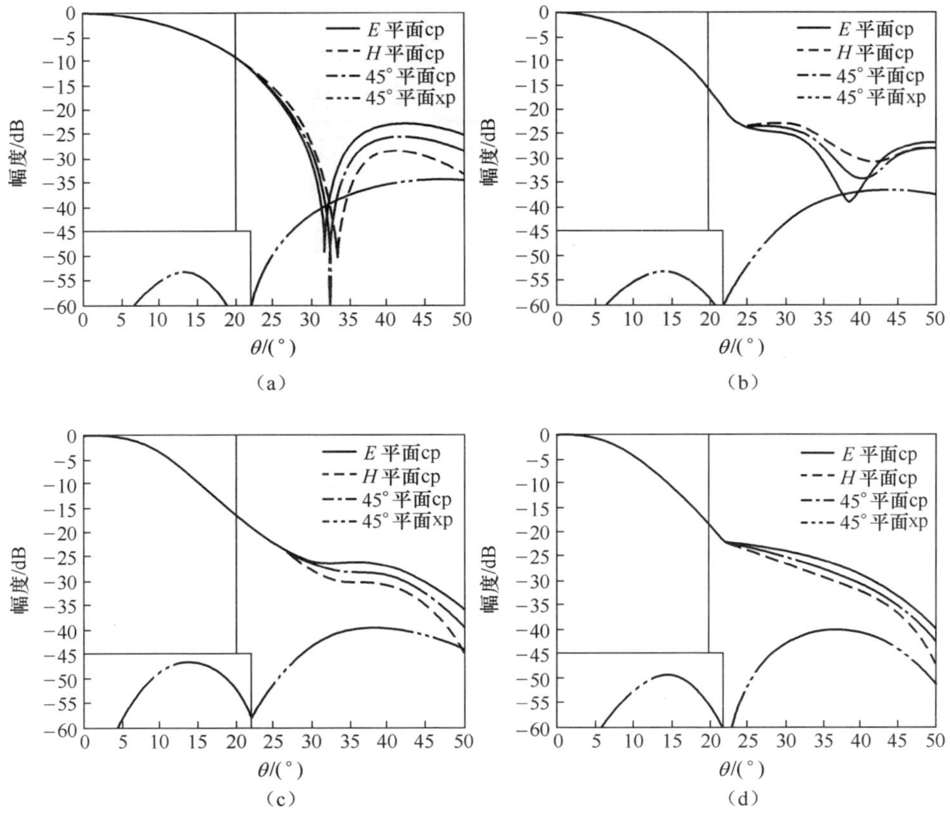

图 67.5　最优波纹馈源喇叭剖面的远场辐射方向图

(a)在 $f_{\min 1}$ 处;(b)在 1.25$f_{\min 1}$ 处;(c)在 1.62$f_{\min 1}$ 处;(d)在 1.67$f_{\min 1}$ 处。

由此产生的辐射方向图可以在图 67.5 中看到。给出的结果来自模式匹配仿真,但是,正如前面所说的,这种方法是如此精确,如果正确制造进给角,测量是极其相似的。这个喇叭天线是用单个物件制造的,见图 67.6,并且已成功地在地球同步卫星上运行了。

5. 高性能光壁型馈源喇叭

应用需要更高数据速率,如面向消费者和小型企业的高速互联网服务,要求更高的天线增益和更宽频率带宽。高天线增益与地面上小范围的覆盖以及巨大的天线孔径直径电尺寸有关。随着工作频率的增加,实现更宽的带宽变得越来越容易,因为从那时起带宽相对中心频率的百分比仍然相对较小。由于这些原

图67.6　制造出的波纹馈源喇叭例子(ANTERAL公司允许复制)

因,这种类型的服务通常工作在K/Ka波段(Rao,1999)的多点波束天线(带有小的圆形覆盖点)。覆盖点通常被安置在地球上紧密的六角形网格,这些区域要么所有的都有相同的直径,要么有不同的直径用于处理不同预期的通信密度情况。

这些系统可能决定发射和接收或者收发共用使用何种天线。出于质量和成本节约的考虑,越来越多的设计采用收发共用天线方案,通常光壁是首选的方案,它可大幅减少馈源喇叭阵列的质量,因为有很多喇叭必须放在一起。

对于这些被称为点波束的系统来说,需要高效率的天线口径以确保更好的覆盖范围增益(Amyotte and Martins-Camelo,2012;Bhattacharyya and Goyette,2013)。这个层面上也导致光壁馈源喇叭的使用,因为在相同的现代曲线剖面下,发射和接收频段的口径效率能够同时满足近90%的要求。另外,如果波纹馈源喇叭选择好了,则很难达到70%的口径效率(口径效率是喇叭天线口径的有效面积与物理面积的关系)。

现在,对于这种类型的应用,点波束的最佳解决方案是使用光壁样条曲线剖面馈源喇叭(Granet et al.,2004)。样条曲线剖面馈源喇叭比波纹喇叭要长,它关于交叉极化电平和带宽方面的性能更差,但它们重量小(用于星载通信的阵列质量适当减少),口径效率低。

在发射和接收频段的交叉极化电平可以同时达到-30dB,对于这种反射器没有赋形的多点波束，确保必要的交叉极化隔离或差值（XPI 或 XPD）十分必要。

然而，仿真光壁喇叭并不像波纹喇叭那样容易。波纹喇叭是离散的，其曲线是由步进直接定义的，所以要分析的步进数量是波纹的数量乘以 2。然而，必须对光滑壁喇叭进行离散化分析，这样的离散化必须保证良好的性能。这个问题导致在普通喇叭里有超过 500 个步进，比波纹喇叭要多得多。在这种情况下，设计师必须依靠某种确定公式来定义曲线。到目前为止，最好的方法是使用样条曲线。可以在 6 个半径（Granet et al. ，2004），或者更高数量的情况下在 Zeng 等（2010）的文献中可以找到一些结果。

星载通信中 Ka 波段光壁曲线剖面馈源喇叭馈电的多波束反射面天线的示例：

作为一个例子，开发了 Ka 波段通信卫星的馈源喇叭，其规格在表 67. 2 中给出。这样的馈源喇叭分别有超过 42. 3% 的带宽，对于发射频段相对带宽为 3. 5%，接收频段为 2. 4%。对于光壁喇叭而言，它对应于非常苛刻的要求，因为回波损耗要求大于 40dB，而全频带的交叉极化电平要求低于 −26dB。此外，还期望它有更短的长度。

表 67. 2　Ka 波段星载光壁曲线剖面馈源喇叭规格的例子

参　　数	值
电气特性	
频带	Tx：$f_{\min 1}$ ~ 1. 04 $f_{\min 1}$ GHz
	Rx：1. 5 $f_{\min 1}$ ~ 1. 54 $f_{\min 1}$ GHz
最大交叉极化电平	<−26dB 在 ±15° 之间
回波损耗	>40dB 在整个频带
锥角 13°	溢出 Tx<0. 5dB
	孔径效率 Rx>0. 85
机械规范	
长度	<14λ（$f_{\min 1}$（GHz））mm
最大外径	<4. 8λ（$f_{\min 1}$（GHz））mm

该设计采用 40 个半径来定义剖面曲线，见图 67. 7。对于光壁喇叭而言，结

果是相当弯曲的内部光滑壁喇叭,但这种轮廓可以满足要求,见图67.8和图67.9。

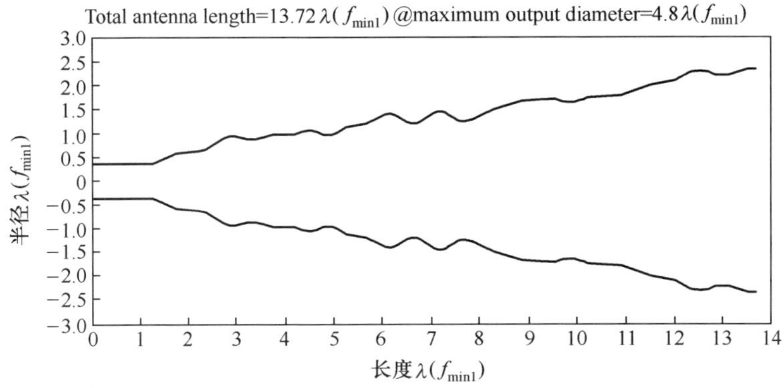

图67.7 最优的光壁曲线剖面馈源喇叭

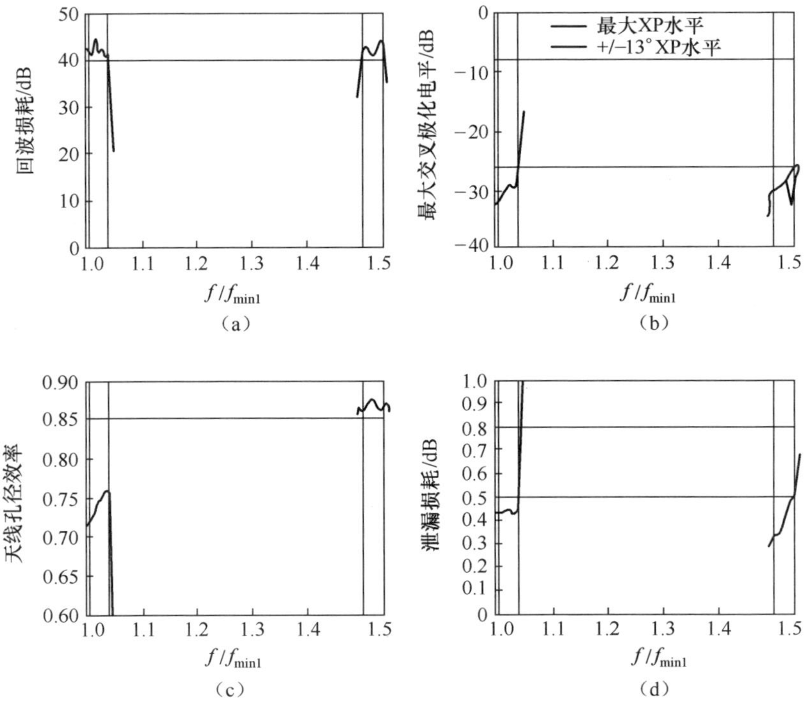

图67.8 最优的光壁曲线剖面馈源喇叭的结果

(a)回波损耗;(b)交叉极化电平;(c)口径效率;(d) 13°时的泄漏损耗。

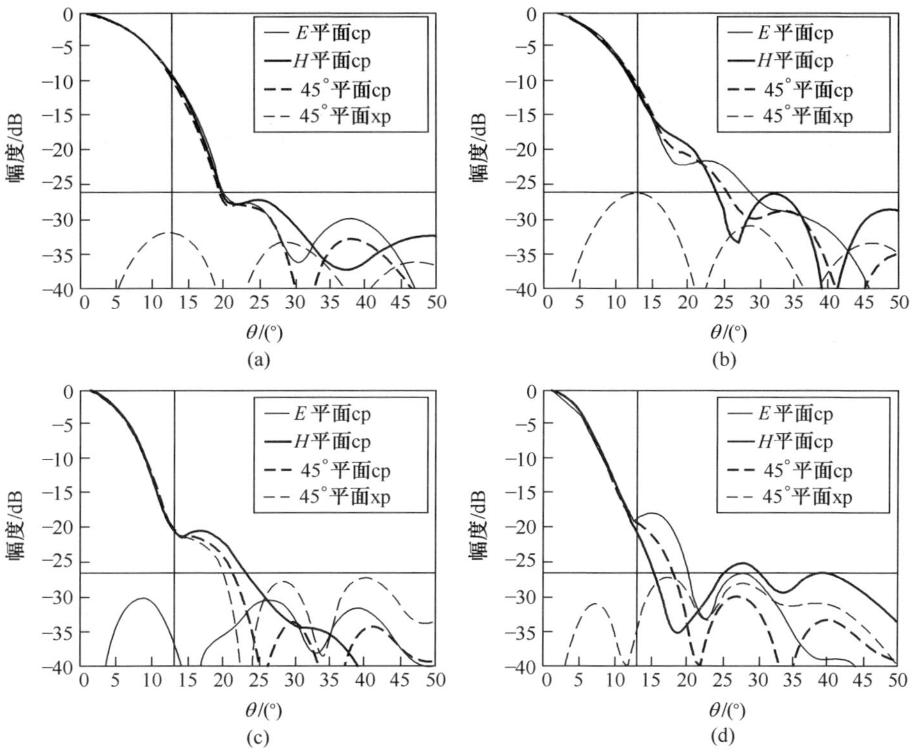

图 67.9　最优的光壁曲线剖面馈源喇叭的远场辐射方向图

(a)在 f_{min1} 处;(b)在 $1.04f_{min1}$ 处;(c)在 $1.5f_{min1}$ 处;(d)在 $1.54f_{min1}$ 处。

由此产生的辐射方向图绘于图 67.9 中。这种喇叭天线它制造出来,它成功地在地球同步卫星上工作,并组成了用于点波束通信的馈电喇叭阵列的一部分。

67.3　导航天线

导航系统现今被普遍使用。它们为用户提供了全球覆盖的地理空间位置。有不同的导航系统,如美国的 GPS、俄国的格洛纳斯、中国的北斗以及欧盟的伽利略导航系统。它们的运行频段包括两个波段,即 1150~1300MHz 和 1559~1611MHz。1300~1560MHz 的频带是为其他无线电用户保留的,如军事、遥测、无线电天文学、地空发射和卫星互联网服务。系统之间存在频率重叠,在它们之间创建兼容性,并允许用户在同一时间使用多个系统获取其位置。每个系统的工作频率可以在表67.3中看到。

这些系统的准确性有待提高。地球同步卫星导航天线(GSNA)用于提供GPS/GALILEO/GLONASS信号校正,以提高定位精度,并验证信号的完整性。通过使用互补系统,如美国的广域增强系统(WAAS)、欧洲的EGNOS和日本的MSAS,提高导航系统的准确性。

表67.3 GPS、GALILEO、GLONASS以及北斗频率波段

系统	Coding	频段/MHz	国家
		B1:1559.052~1591.788	
北斗	CDMA	B2:1162.220~1217.370	中国
		B3:1250.618~1286.423	
		E1:1575.420	
伽利略	CDMA	E6:1278.750	欧盟
		E5b:1207.140	
		E5a:1176.450	
		L1:1602和1575.420	
		L2:1246和1242	
格洛纳斯	CDMA/FDMA	L3:1202.025	俄罗斯
		L5:1176.450	
		L1:1575.420	
GPS	CDMA	L2:1227.6	美国
		L5:1176.450	

本节广域增强系统(WAAS)被作为GSNA参考应用。WAAS是一个非常精确的导航系统,用来补充全球定位系统(GPS)。该系统的一个重要组成部分是由地球静止卫星提供全球地球覆盖的发射L波段导航天线。这些星载天线工作在圆极化模式下,轴比(AR)值低于1.5dB,并在代表天线场(FoV)的锥形覆盖区域的整个18°波束宽度上提供大约17dBi的增益值。设想的导航天线应用还需要在FoV和工作频率带宽上实现精确、稳定的天线相位中心位置(小于20mm),以达到最大的总体系统定位精度。在L波段上,要求的WAAS信道相

对带宽相对较小,约占定位系统 L1 通道中心频率的 1.5%。从天线的角度来看,主要要求如表 67.4 所列。

表 67.4　WAAS 规格

参　　数	值
中心频率	1575.42MHz
带宽	24MHz
4GHz 带宽	80MHz
增益覆盖范围	>16.9dB
覆盖区边缘	8.9°
偏振	循环 RHCP
覆盖轴比	<1.5dB
中心相搭配	<20mm
3 个标准差	
FoV 和频带	
直径	<570mm
高	<350mm

传统技术提供了不同的解决方案,以符合 GSNA 的规范。具有 9~19 个阵元大小的阵列分布对于在覆盖率区域获得所需的增益值是必需的。给出了一些不同的解决方案,如使用贴片天线或螺旋天线阵元来布阵。阵列中的阵元数量并不是一个关键的参数。这些结构的主要问题是波束形成网络(BFN)的设计、成本和质量。螺旋天线的制造过程也不是一件容易的事。

1. 电磁带隙 GSNA 结构

电磁带隙(EBG)技术为传统技术的设计提供了新的替代方案。EBG 设计可以获得类似甚至更好的辐射性能(符合所有的辐射规范),而成本、尺寸和制造的复杂度都最小化。通过使用由一个覆盖物 EBG 结构提供的增益增强机制来减少阵列结构中辐射元的数量,可以简化 BFN。EBG 技术可以应用于这些应用程序,因为所需的带宽减少(≈1.5%)。

这里提出了一种基于 EBG 技术的传统技术的替代方案。EBG 的覆盖物结构符合射频要求,同时降低了成本和高度,大大简化了 BFN。预测和测量之间的比较结果将会展现出来。

EBG 增益增强现象的理论在 Von Trentini(1956)的开创性工作中有其基础,即空腔天线的增益增强特性。它由一个离地平面 $\lambda/4$ 的部分反射表面(PRS)组成。这个结构形成了 Fabry-Perot 腔。在被捕获波的每次反弹中,能量都被反射和传输(辐射)。当能量辐射与部分反射面同相时,就会导致方向性的增加。在这种情况下,辐射孔径增加了。在谐振腔中,谐振腔被辐射出相位,在远场产生破坏性的干扰。这种增益增强现象也可以用漏波天线理论来解释(Lovat et al.,2006a、b)。

Jackson 和 Alexopoulos(1985)以及 Jackson 和 Oliner(1988)进行了更多的研究,其中反射面被 $\lambda/4$ 的电介质取代。更高的方向性值可以通过几个介质层来实现(Jackson et al.,1993;Thevenot et al.,1999a;Feresidis and Vardaxoglou,2001)。

与此不同的技术也已经被应用于创造部分反射表面。频率选择表面(FSS)或带有周期性缺陷结构的 EBG,可用于产生增益增强现象(Biswas et al.,2001;Fehrembach et al.,2001;Cheype et al.,2002;Lee et al.,2005)。在堆叠结构中引入缺陷结构会导致窄通带的出现,在这种情况下,波对结构的入射会立刻在有缺陷的晶体中传播。缺陷晶体的品质因数可以通过调整板的介电常数来调整,随着介电常数的减小,品质因数也随之降低。这一品质因数将限制天线结构的最大可实现增益和工作带宽(Diblanc et al.,2005)。Q 因数越高,结构的相对工作带宽就越小。

这种技术本质上局限于相对窄带的应用,其中相对工作频率带宽限制为几个百分点。当频率从最优的工作频率增加时,达到天线峰值增益时,方向性就会减弱,模式就会被扭曲。另外,当频率低于最佳增益频率时,大部分射线反射回来。因此,在地面平面和反射板之间捕获源的射频能量,如图 67.10 所示。

EBG 理论为理解增益增强现象提供了一个新的、强大的框架,并在部分反射表面的天线设计方面取得了重大进展。增益增强现象现在被描述为一维有缺陷的 EBGs 的波传播,并且已经证明增益增强因子和带宽是紧密相关的,并且本质上是由有缺陷的一维晶体共振的品质因数决定的(Iriarte et al.,2006)。通过调整部分反射面的反射率,可以调整缺陷一维晶体谐振的品质因数,并在表面反射率增加时,一般会增加。薄金属表面和薄电介质板上的孔或蚀刻的金属图案

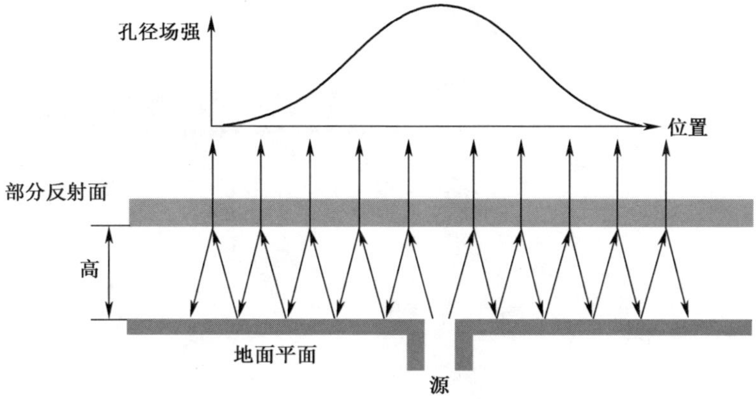

图 67.10　空间滤波概念的描述

可用于制造空间天线应用的轻型一维缺陷的 EBGs。

EBG 技术可以给导航天线带来的主要优势之一是通过将辐射元的数量减少到仅仅几个甚至一个,从而减少天线的复杂性。在 Thevenot 等(1999b)的文献中已经显示,具有高品质因数和单阵元源的一维缺陷晶体可以满足 WAAS 应用的方向性和轴比要求。然而发现,拥有这种大增益增强结构,相位中心的稳定性显著降低。因此,似乎相位中心的稳定性需要与缺陷的一维晶体的品质因数和源照射 EBG 天线的固有方向性共同决定。为了满足 WAAS 天线应用的期望增益和相位中心稳定性要求,提出了一种品质因数约为 50 的 2×2 单元阵列,使天线一维缺陷晶体结构成为一个很好的折衷方案。

一种频率扩展到 C 波段的 EBG 设计如图 67.11 所示。由于测量设施在这个频率范围内,该模型已被扩展。其结果是完全可伸缩的。它由 2×2 的圆极化的双端口贴片组成,在一个薄的绝缘板上由一个蚀刻的金属图案组成。圆形的孔被放置在一个普通的方阵上。辐射元依次旋转 90°步进,以改善天线场的轴比(Iriarte et al. ,2009)。

在地面平面的边缘,4 个电介质螺纹杆为 EBG 层提供了支撑,并允许对辐射元件和天线地面平面上方的层高度进行调整。在一个薄的 50m 厚的 Kapton 基板上蚀刻出了 EBG 的覆盖结构,并在玻璃纤维增强的环氧树脂框架上进行了拉伸。Johannson 屏蔽被用来在地面上设置 EBG 层高度,精度高于 50μm。地面上的 EBG 层的高度大约是 $0.45\lambda_0$。

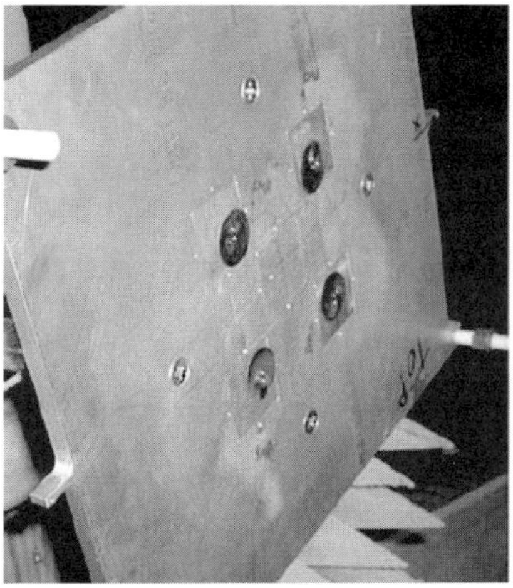
(a)

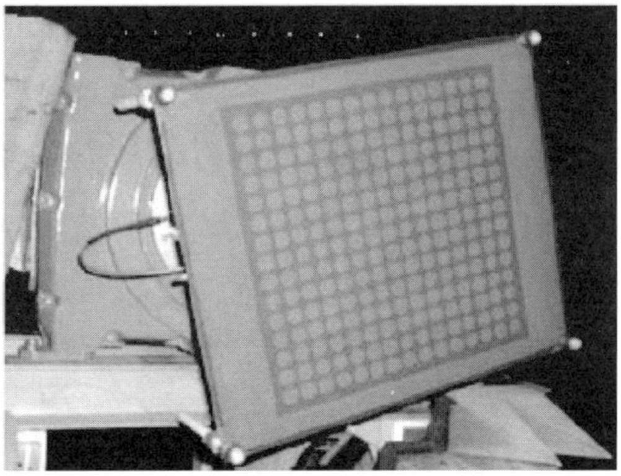
(b)

图 67.11　频率扩展到 C 波段的 EBG 设计

(a)贴片天线结构;(b)EBG 增益增强型 WAAS 导航天线。

2. 射频性能

该频率的最优工作频率范围为 3700~3780MHz。图 67.12 中给出了 RHCP 在 3740MHz 的方向性提升效果,即 $\theta=0°$、45°、90°和 135°,而轴比则在图 67.13 中提供了相同的角度变化。

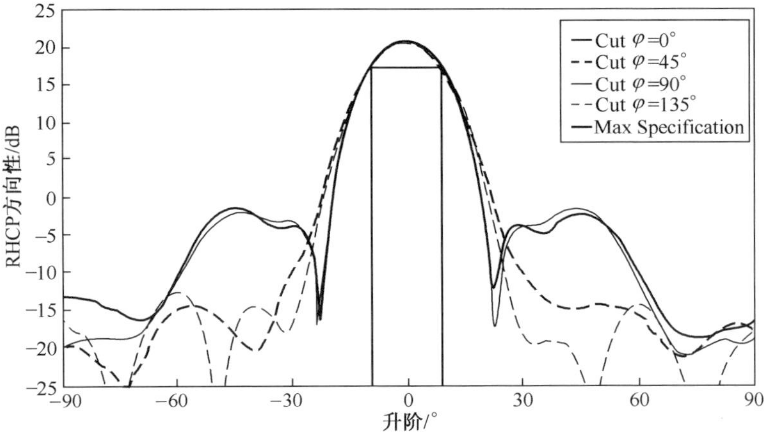

图 67.12　GSNA EBG 天线在 3.74GHz 时

RCHP 方向性值降低对应于 $\theta=0°$、45°、90°和 135°的变化

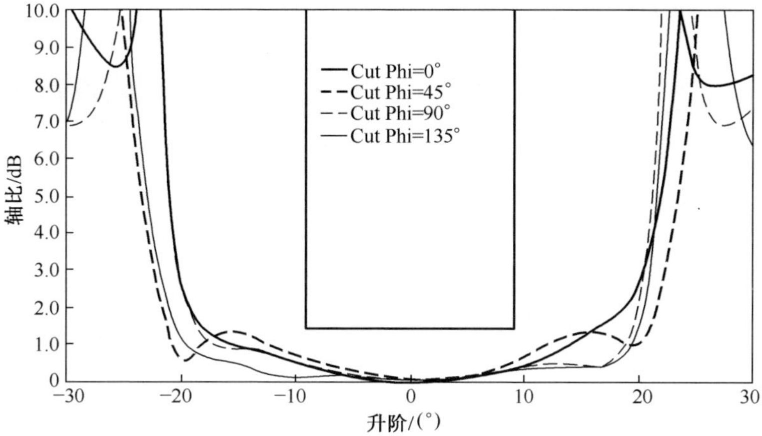

图 67.13 GSNA EBG 天线在 3.74GHz 时轴比值降低对应于 $\theta=0°$、45°、90°和 135°的变化

表 67.5 提供了 GSNA 配置的辐射方向图性能总结。天线峰值 RHCP 的方向性范围为 20.5~21.2dBi。对 FoV 的方向性最坏的 RHCP 是 17.9~18.3dBi。

表 67.5 GSNA EBG 天线的结果汇总

频率/MHz	RHCP 峰方向性/dBi	最差的 RHCP FoV 方向性/dBi	最差的 FoV 轴比/dB
3700	20.51	17.86	1.11
3710	20.67	17.00	0.96
3720	20.80	18.11	0.84
3730	20.92	18.20	0.79
3740	21.01	18.26	0.69
3750	21.08	18.31	0.60
3760	21.14	18.33	0.58
3770	21.18	18.33	0.64
3780	21.21	18.32	0.60
平均信道带宽			
3740	20.95	18.19	0.76
最差的信道带宽			
3740	20.51	17.86	1.11

估计设计中有 0.47dB 的损耗。包含 0.47dB 的损耗后，在天线的工作带宽

上,RHCP 的最小值是 17.39。对 FoV 而言轴比优于 1.2dB,因此符合目标 1.5dB 的值。

不同的相位中心计算方法可用于估计天线参数的值。在这种情况下,标准的 3σ 峰峰值方法被用于计算。在表 67.6 中给出了 GSNA EBG 天线的最佳相位中心配置特性,在表 67.4 中提供了使用这两种方法所示的目标规格。

表 67.6 总相位中心在天线场和 GSNA EBG 天线的频率带宽上的变化

信道相位中心数据(扩展到 L1)/mm	
径向变异 3σ 设备	17.55
径向变异峰峰值	19.83

3. 飞行实现的考虑

为了向全空间确认的导航天线产品迈进,还必须解决与空间应用相关的机械和电气环境相关的几个问题。在本节中,重点将放在热机械畸变对天线频率的影响上,以及对可获得的裕度系数的评价。

1) 热机扭曲的影响

当天线平台与航天器地球平台没有辐射耦合时,低功率的顶层天线的典型热环境(热毯和太阳防护罩)是苛刻的。在这种热状态下,天线可以面对-130~+120℃的温度,并且必须照常工作。

天线最关键的是地面平面与覆盖物之间的分离距离。尺寸的任何偏移误差都会改变天线的工作带宽。事实上,相对频率偏移与尺寸部分变化成正比。假设制造出错可以通过在环境温度(20℃)调整天线结构来达到设计的水平,那么由于热变形,天线仍然会受到一些频率变化的影响。虽然低的热膨胀系数(CTE)天线的材料可用于制造覆盖物结构,如 Kevlar(CTE~4×10^{-6}/℃)或 Invar(CTE~2×10^{-6}/℃),天线所见证的相当大的温度变化会导致一些尺寸变化以及变化的有效介电常数的介电材料。

地平面与覆盖物之间分离的合适距离取值为 $L=\lambda_0/2$,并且温度变化会导致地平面与覆盖物之间电长度的变化。相对频率偏移 Δf 以及电长度变化量 ΔL_e 由下式给出,即

$$\Delta f \approx \Delta L_e \approx \Delta L_p + \Delta k_{\text{eff}}$$

式中:ΔL_p = CET ΔT 为地平面与覆盖物之间物理间隔的部分变化量;Δk_{eff}为有效

传播常数的部分变化量。

Kevlar 介电常数在 −130 ~ +120℃ 的温度范围内变化了大约 6%。为了获得轻的低介电常数夹层结构来支持 EBG 层，低密度 Kevlar 蜂窝结构被用于加强结构强度。Kevlar 腔体填充系数的保守估计大概是 5%，对比于平均低密度夹层结构，相对等效介电常数 $\varepsilon_{\text{eff}} \approx 1.1$。这也可以导出传播常数的部分变化量为

$$\Delta k_{\text{eff}} = \sqrt{\Delta \varepsilon_{\text{eff}}}$$

因此，天线设计所需的相对带宽由下式给出，即

$$\frac{\text{BW}}{f_0} = \Delta f + \frac{24}{1575.42} \cong \Delta f + 1.53\%$$

这导致要求的设计带宽在 L1 是 29.6MHz，对应于 C 波段（4GHz）下的 80MHz 带宽仿真和测量。

2）高速微波功率开关的考虑

这种类型天线在太空环境中最需要考虑的功率容量能力取决于形成的场，此场与一维缺陷光学晶体谐振频率上的品质因数有关。因此高速微波功率开关分析可以在 EBG 增益增强天线结构上实施，以便得到结构的功率容量能力。

天线工作频带上的热力失真影响的估计显示了提出的方案能够通过使用低 CTE 材料制造天线的关键尺寸部分来实现。另外，初步的高速微波功率开关分析显示了 100W 范围的射频功率能够加到太空环境这种类型的天线上使用。

67.4　遥测和电信天线

遥测、跟踪和控制（TT&C）是所有卫星成功运行的重要功能，因为它们引领了航天器管理。例如，TT&C 系统的主要任务是监测所有卫星子系统的性能，并将监测数据传输到卫星控制中心以进行日常操作和故障诊断。此外，它必须代表对地球站的跟踪平台，完成轨道参数的确定，以便在指定的轨道槽中维持卫星运行，并向网络中的地球站提供观测角度信息，同时，系统接收来自控制中心的命令以执行卫星的各种功能，如电源开/关子系统、改变子系统操作模式、部署臂架、天线、太阳能电池阵列等。通常，与 T&C 卫星的上行链路（UL）和下行链路（DL）通信在 S 波段（UL：1.6 ~ 2.2GHz；DL：2.2 ~ 2.3GHz）进行，如 Inmarsat 或 Galileo（伽利略系统要求 2002）、C 频带（UL：5.9 ~ 6.5GHz；DL：3.7 ~ 4.2GHz）和

Ku 频带(UP:14~14.5GHz;DL:11.7~12.2GHz)。

为了与已建立的接收机进行稳定的通信,位于卫星上的 TT&C 天线必须提供适当的接地覆盖范围,并与右旋(RHCP)和左旋圆极化(LHCP)同时工作。特别是工作在 C 波段的系统中,关于天线性能的最严格的射频(RF)要求之一是必要的增益;覆盖边缘(EOC)的典型值为 16.5dBi,即±9°通常情况下,TT&C 应用实现了高体积喇叭天线(对于低 C 频段高达 4kg)和高 C 频段高达 2kg。这种天线的质量和尺寸的减小成为空间工业主要关心的问题,特别是当载波卫星较小时。基于这个事实,竞争和替代天线技术的发展符合传统天线的整体射频要求,但同时提供轻巧和紧凑的优势,这是一个有吸引力的研究领域。表 67.7 列出了 TT&C 板载天线的要求。

表 67.7　TT&C 天线参数

参　数	值
中心频率	3.7GHz
带宽	80MHz(目标 120MHz)
增益覆盖范围	>16.5dB
覆盖区边缘	9°
偏振	循环(RHCP/LHCP)
交叉极化干扰	<-25dB(1dB AR)
(CP/CX)	
回波损耗	<-18dB
隔离度	>25dB
功率容量	10W
质量等级	<800g
包层	最小化(高度<2.5λ)

正如 GSNA EBG 天线所显示的那样,在不同的新兴通信框架中采用基于 EBG 技术的结构将它们整合为适用于不同应用的可行解决方案,如无线和卫星产业(Galileo,2002; Rodes et al.,2006; Brand,2009; Hajj et al.,2009; Iriarte et al.,2009; Oses et al.,2009; Kanso et al.,2011)。TT&C 板载天线的应用要求可以通过使用 EBG 增益配置天线来实现。

下面将介绍符合所选 TT&C 应用要求的 EBG 模型。这些低质量 EBG 覆盖层天线能够满足给定的 C 波段系统要求,如分析了这种卫星系统所要求的覆盖增益、双圆极化、回波损耗、隔离度和质量等级。所得结果证实了所提出的用于机载 TT&C 天线配置的基于 EBG 的天线的可行性。

对于 Ku 波段,因为更高的频率减小了尺寸和质量,所以可以将 TTE 天线用于 TT&C。之后介绍 TT&C 非常紧凑的喇叭天线。这种喇叭天线能够同时覆盖下行链路和上行链路频率,并可连接到非常紧凑的隔膜偏振器上,以产生所需的圆极化,端口之间具有足够的隔离度。

1. EBG TT&C 天线

正如在 GSNA 导航天线的情况下,增益可以通过谐振腔中形成的谐振来实现,在本例中,谐振是在金属地平面和作为部分反射表面的 EBG 覆盖层之间形成的。后者由具有正方形钻孔孔格的金属片组成,参见图 67. 14。

EBG 覆盖层改善了天线的操作频率和最终方向性。孔的半径决定了其反射系数的大小和相位。同时,相位决定了共振频率,其大小与覆盖面上的场分布有关,因此决定了照明,从而确定了方向性。

辐射系统由一个 2×2 贴片阵列构成,馈送地平面和 EBG 覆盖层之间产生的谐振腔(图 67. 14(a))。贴片之间的距离被优化以获得具有低副瓣电平的改进的对称图案。两个馈送端口垂直地位于每个辐射贴片处,馈送 90°的相位差。另外,2×2 阵列的每个片相对于其相邻的辐射器顺序旋转。因此,不仅确保每个贴片处的圆偏振,而且可进一步改善完整馈电系统的圆偏振。

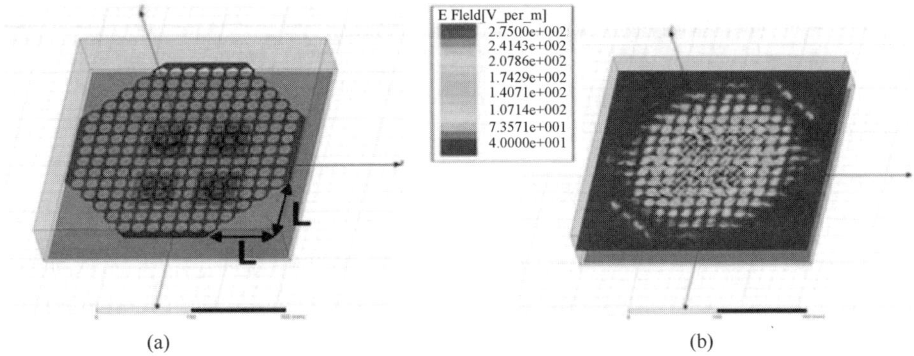

图 67. 14　最终截断的 EBG 覆盖层配置

(a)等轴视图;(b)场限制在空腔的中心。

由于质量在此应用中至关重要,因此覆盖层的总尺寸也是设计过程中的关键参数。它必须足够大以符合表67.7中规定的最大方向性要求,但同时它必须尽可能轻。在建议配置的初步结构中,顶层的尺寸设置为365mm×365mm。由于这个区域导致整体系统重量显著增加,因此采取了一种解决这个问题的策略,即截断顶层的角落(图67.14(a))。由于电磁场大部分被限制在空腔的中心(图67.14(b)),所以该解决方案不会产生天线特性的任何降级。在试图保持天线的辐射性能不变的优化过程后,从角落的切口被规定为$L=110$mm,所以总面积为109.025mm^2。

EBG层在工作频率时应在地平面以上的0.45λ_0处放置。

散热器和BFN的损耗分别被认为是0.15dB和0.16dB,以及匹配和连接器损耗(0.04dB和0.05dB)。包含0.10dB热效应的实现余量已被添加,因此最终系统中的总损耗预计为0.5dB。因此,建议配置的增益应在所需工作带宽内高于16.66dBi(图67.15)。

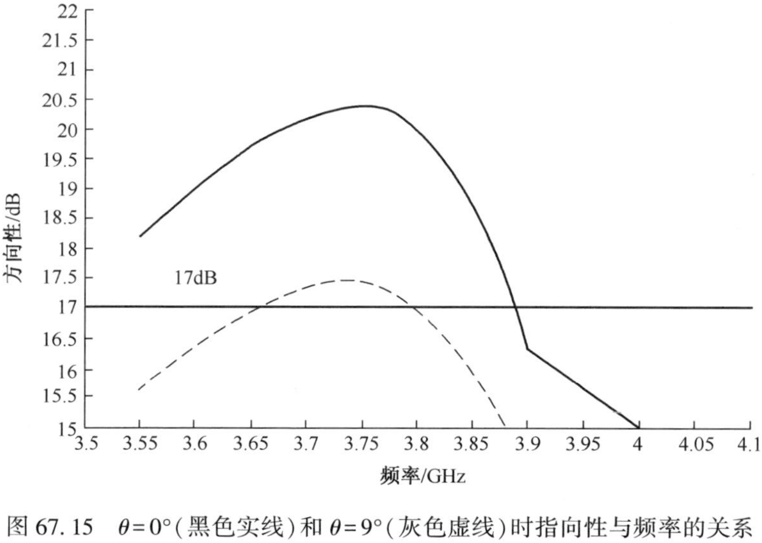

图67.15 $\theta=0°$(黑色实线)和$\theta=9°$(灰色虚线)时指向性与频率的关系

图67.16给出了0°、45°和90°的RHCP和LHCP辐射图。φ在基于EBG天线的3.66GHz、3.73GHz和3.79GHz处切割。请注意,嵌入黑色矩形框的低部分决定了25dB所需的交叉极化电平。很明显,设计的EBG天线符合这种射频性能。类似的,在图67.17中,描绘了轴比参数。对于所有φ切割,AR值在3.74GHz

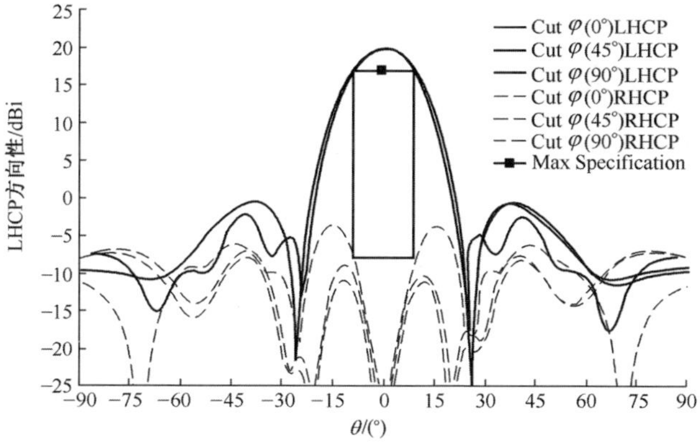

(a)

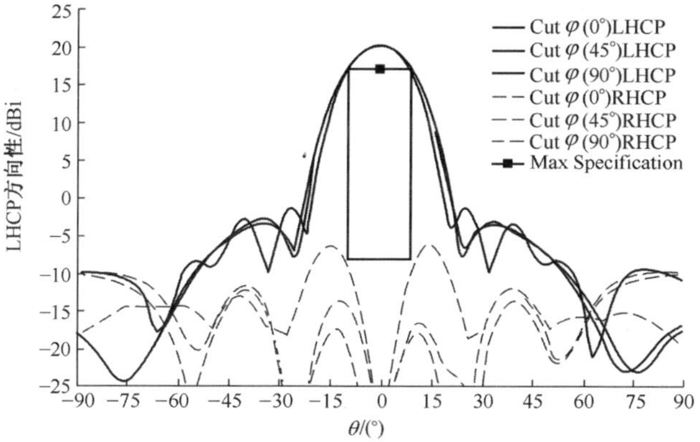

(b)

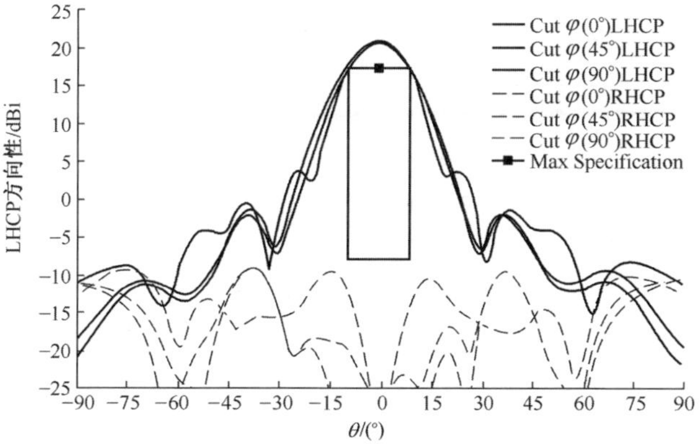

(c)

图 67.16　在 $\theta(0°)$、$\theta(45°)$ 和 $\theta(90°)$ 处的 RHCP 和 LHCP 辐射图

(a) 66GHz；(b) 3.73GHz；(c) 3.79GHz。

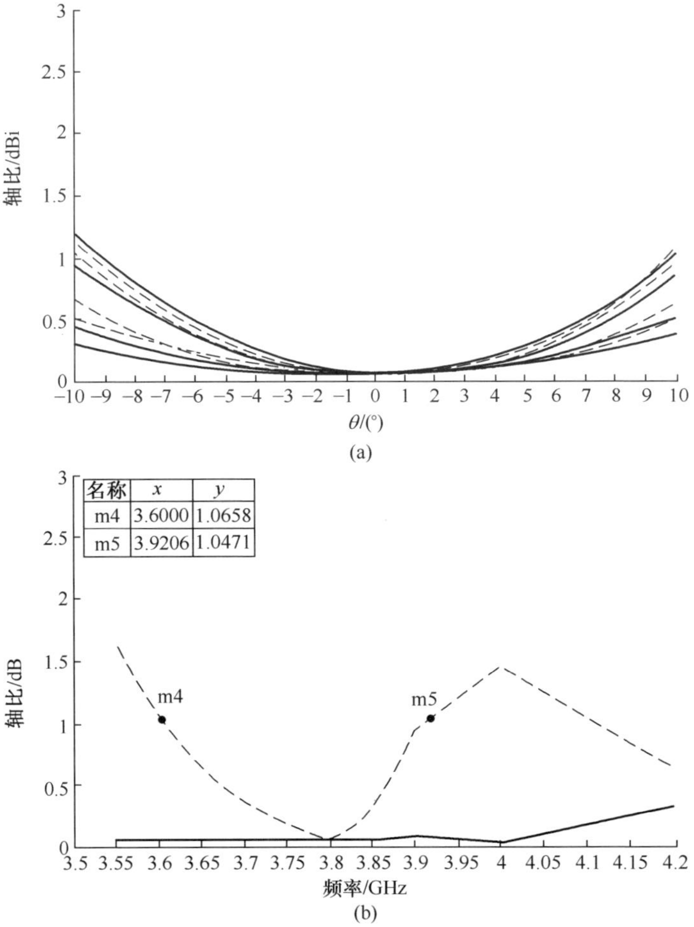

图 67.17　轴向比

(a)在 3.74GHz 0°~180°φ 以每个 15°为一格;(b) EOC 中最差的 φ 切割(灰色虚线)的 AR。

下低于 1dB。同时,在 EOC 中最差的 phi 截止的 AR 在图 67.17(b)中用灰色的虚线绘出。分析这一结果,AR 运行带宽为 3.61~3.92GHz,满足规范中规定的 80MHz 或 120MHz 带宽要求。表 67.8 总结了 TT&C EBG 截断覆盖天线的方向性和 AR。关于端口之间的隔离,BFN 的适当设计是关键问题。它必须为阵列元素提供优化的振幅和相位系数。在这种情况下,必须对振幅和相位均匀地进行激励。BFN 由 1:2T 分频器组成,每个端口提供的振幅和相位保证 RHCP。

表 67.8 TT&C EBG 天线的指向性和轴比率汇总

带宽 80MHz				带宽 120MHz			
频率/GHz	峰方向性/dBi	最差方向性/dBi	CP/XP(FoV)最坏情况	频率/GHz	峰方向性/dBi	最差方向性/dBi	CP/XP(FoV)最坏情况
3.69	20.13	17.31	25.35	3.67	19.93	17.16	25.12
3.74	20.40	17.47	27.13	3.74	20.40	17.47	27.13
3.77	20.34	17.36	28.44	3.79	20.17	17.16	29.34

满足方向性、轴向比和要求。在工作带宽内满足小于 18dB 的输入匹配，端口间小于 25dB 的隔离等级。已经计算出所提出的 EBG 天线系统的总质量，其中考虑了所有构成天线部件，如用于构建支架、支架、螺栓和螺母的材料以及每个部件的一定余量。将覆盖层放置在凯夫拉尔层上以确保其稳定性，其质量估计为 222g。总体质量的总结果导致估计 870g。70g 的超重几乎可以忽略不计。

EBG 覆盖层天线能够满足工作在 C 波段(3.7GHz)的全球对地静止通信系统的 TT&C 要求。由于该设计具有完全可扩展性，因此其他频段也可以使用该技术。利用所提出的结构可以实现工作带宽中所需的性能，如覆盖范围内的增益、双圆极化、回波损耗和隔离值。虽然质量的配置不在规定的阈值以下，但超重几乎可以忽略不计，最终质量远低于典型的喇叭天线设计。另外，使用基于 EBG 的技术天线可以通过减少辐射元件的数量来获得增益；在这种情况下只有 2×2 个补丁阵列。

类似于 GSNA 应用的情况，通过减少天线复杂度、质量和成本，基于 EBG 的系统可以替代传统的喇叭天线和具有在 3.7GHz 下工作的用于 TT&C 应用的复杂 BFN 的阵列。

2. 双波段 EBG 天线配置

C 频段的 TT&C 频段要求通常同时覆盖 3.7GHz 和 4.2GHz 频段。常规技术中使用两种不同的天线来覆盖这些工作频段，或者使用大量宽带模块阵列来符合频率范围的规范。双频天线阵列也正在通过在配置中包含另一个 EBG 模块的方式进行设计,该配置符合双频带 TT&C 和单个 EBG 天线的要求。

针对单频时呈现的特性,可以用于包含另一个 EBG 层的双频带。第二层是基于频率选择性表面(FSS)金属环与十字机构(图 67.18)的组合,放置在金属板中圆形孔的 EBG 层下面 1mm 处。

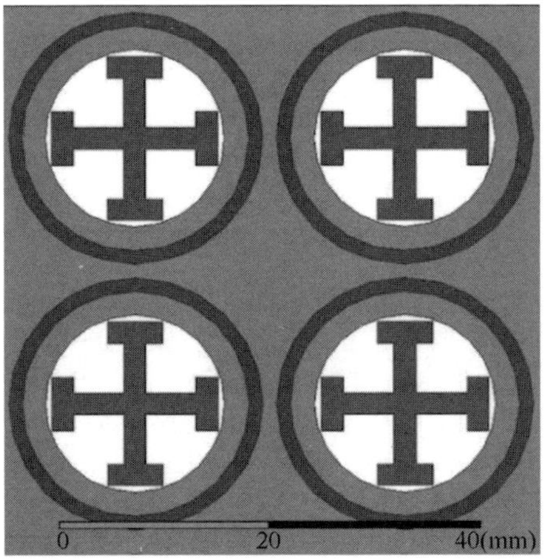

(a)

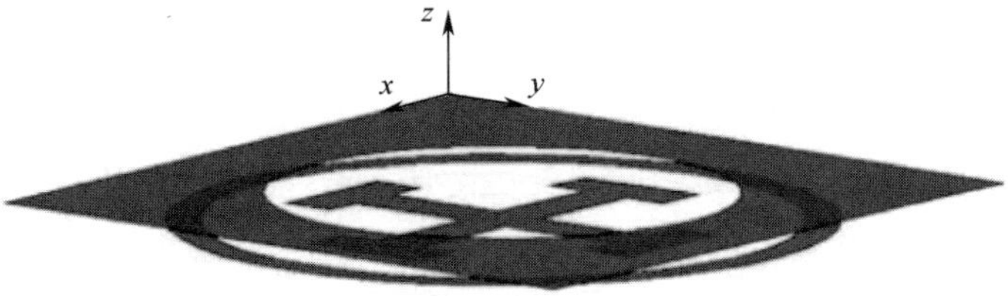

(b)

图 67.18 两个 EBG 层形成的顶层细节

方向性与频率的关系如图 67.19 所示。3.78GHz 时的最大方向性为 21.74dB,4.18GHz 时的最大方向性为 21.28dB。D(9°)在 3.7~3.8GHz(2.66%)和 4.13~4.25GHz(2.86%)以上高于 16dB。因此,在两个频段均获得 100MHz 工作带宽,符合要求。

在图 67.20 中示出了 3.76GHz 和 4.32GHz 处的方向性图案。获得了交叉极化水平低于 25dB 的对称方向性图案,因此满足规范要求。

所提出的系统的总体质量类似于 870g 的单频配置,因为第二层的 EBG 层被印制在用于印制上层的相同片材中，一个在片材的顶面上，另一个在底部的表面上。估算配置损耗时，认为 EBG 天线和馈线约 0.5dB。

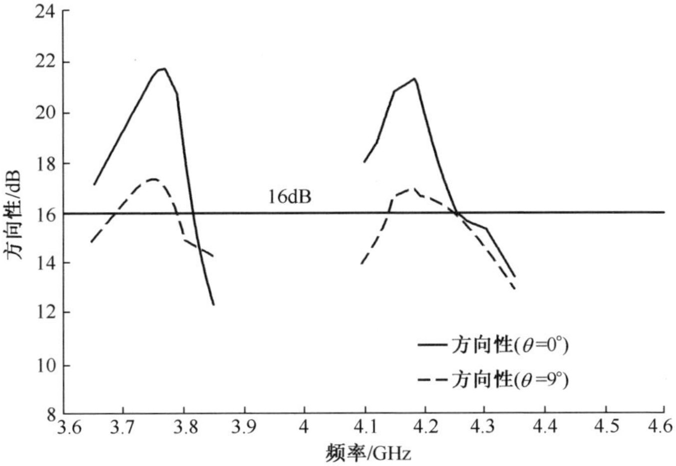

图 67.19　2×2 阵列 EBG 超级天线在 0°和 9°切入时方向性与频率的关系

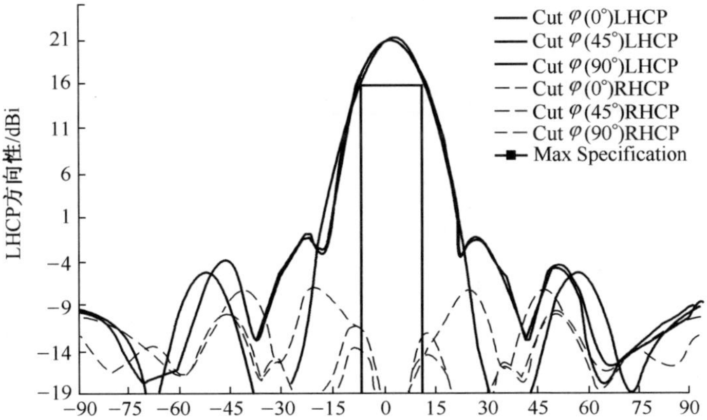

(a)

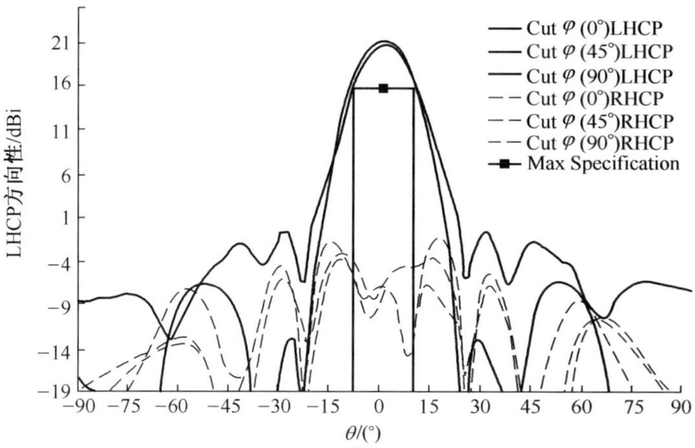

(b)

图 67.20 RHCP 和 LHCP 辐射图

(a) 3.78GHz;(b) 4.12GHz。

3. Ku 波段的 TT&C 喇叭天线

从距离地球约 36000km 的地球静止轨道上,地球对准 17.4°的角度。随着地球轨道卫星数量的增加,减少与其他卫星干扰的可能性变得越来越重要。为了使这种干扰最小化,对于主极化信号和交叉极化信号来说,旁瓣能量应尽可能低。考虑到这些因素,理想的全地球覆盖天线显然应该是圆形对称的,因此大多数全球覆盖天线都是反射体或喇叭。

波纹喇叭的重量非常轻,而且空间合格。作为碳纤维增强塑料材料适合制造 TT&C 的最终波纹喇叭(Bird and Granet,2008)。

Granet 等(2000)描述了用于低旁瓣和全球地球覆盖的首批紧凑波纹喇叭设计之一。这个喇叭展现出相当低的旁瓣(小于 36dB),而且非常紧凑,约 5.6λ_c,但它有两个主要缺点:它工作在窄带宽内(最大旁瓣电平低于 30dB,旁瓣电平低于 30dB)和 20dB 回波损耗);它对窄道区域(模式发生器)的制造公差非常敏感(Bird et al.,2000)。

另一种宽带解决方案是结合了轴向和垂直波纹的波纹喇叭天线(Teniente et al.,2002b),如彩图 67.21 所示。这种天线在 22%带宽以上的测量回波损耗优于 28dB。测量的旁瓣电平极低,整体工作带宽低于 35dB,呈现低于 35dB 的交叉极化电平(表 67.9)。

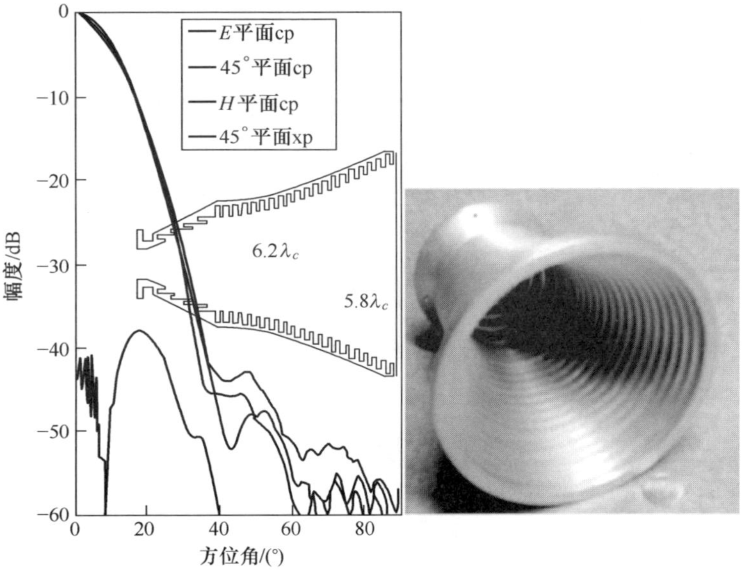

图 67.21　在波形喇叭天线的 f_c 处测量的辐射图(彩图见书末)
(结合了 TT&C 的轴向和垂直波纹)(由 ANTERAL 许可转载)

表 67.9　波形喇叭天线的辐射特性(结合了 TT&C 的轴向和垂直波纹)

H 平面锥度 @8.7°	45°平面 @8.7°	*E* 平面锥度 @8.7°	最大旁瓣水平	最大交叉极化电平	方向性
-2.74dB	-2.82dB	-2.9dB	-43dB	-38dB	20.5dB

67.5　太赫兹空间天线

在过去几年中,亚毫米波和太赫兹船载仪器执行太空任务的数量正在增加。最后一些任务使用了这类仪器,如用带有 HIFI 仪器的 PLANK 和 HERSCHEL。此外,在不久的将来,预计将启动需要高频仪器的科学任务,即 SPICA 等欧盟仪器将以太赫兹频率运行的特派团(Goicoechea et al.,2009)。

所有这些仪器均需要天线来实现,其工作频段覆盖 100~900GHz 频段。在这些太赫兹频率上进行了不同研究。例如,了解第一个星系如何形成或恒星形成过程。此外,在这个频率上的更大规模的星系的发展可以被监测和研究,包括水在内的各种分子的吸收和辐射,它们可以用来确定气体的组成及其温度和压力。因此,需要开发符合仪器要求的天线技术。除了传统的喇叭天线外,已经提出了创新概念,如集成天线、超材料(MTM)天线或最近的耦合天线耦合动力学电感检测器(KID)。

集成天线是开发在此频率范围内工作的大型成像阵列的常用解决方案。为此,它们将被放置在准直反射镜或透镜的焦平面上。然而,学者们提出了几个与电厚基片的使用有关的基本问题,如表面波的激发,这会降低它们的效率和性能。通过保持透镜的基板一致性或通过使用防止表面波激发的超材料基板来找到解决这一问题的办法。利用由双槽天线、对数周期和螺旋天线馈电的衬底集成扩展半球透镜的几个天线已经在毫米波频率下获得了优异的性能。此外,还提出了如集成喇叭天线、介电填充抛物线或菲涅耳板天线的新型天线。

为了使这些天线成为探测器,人们付出了很大的努力。这些探测器的范围从肖特基二极管到测辐射热计。原则上,如果开发高效的平面天线和匹配网络,应该可以构建具有与最好的基于波导的系统相当性能的平面接收机。最近,已经努力将动力学电感检测器(KID)(Day et al.,2003; Vayonakis et al.,2008; Baryshev et al.,2011)与平面天线集成在一起。这些是可用于检测电磁辐射的最灵敏的低温传感器之一,并且可能是用于大型焦平面阵列配置中最有希望的传感器。它们可以连接到单片微波传输线上,只需将同轴电缆线连接到片上传输线与室温读出电子设备即可读出数千个检测结果。KID 可以很容易地与镜头天线和泄漏镜头天线整合在一起。特别是后一种配置,由于泄漏透镜天线的相位稳定性,可以实现非常大的带宽。

下面将重点介绍应用于太赫兹天线的 MTM 概念。如上所述,MTM 基板是减少表面波和改善辐射图的解决方案之一。本章详细介绍其使用背后的基本原理和几个应用。

太赫兹技术的主要目标之一是实现成像阵列,这对于空间天文学和大气研究来说非常有意义。特别是在天文学中,大多数谱线发射区域通常在天空中的许多观测光束空间延伸,并且需要从天体物理学的角度理解正在研究的区域,就需要绘制地图。在大气研究中,多光束观测系统允许推扫扫描测量用于肢体扫描试验。由于天文学研究中感兴趣区域通常分布在许多观察光束上,所以构建图像所需的时间可以与阵列中包括的元素数量大致成反比的减小。

太赫兹成像阵列通常基于馈源角和波导技术,通常由离散元件组装而成,最近使用喇叭天线的任务示例可以在 PLANCK 或 HERSCHEL 中找到(Doyle et al. ,2009)。与此方法相关的成本、质量和体积可能会限制最大可行的像素数量。事实上,PLANCK 任务实现了 30~857GHz 范围内 40 多个天线组成的焦平面。另外,HERSCHEL 任务虽然更侧重于红外频率,但也包含 5 个频段,覆盖 480~1150GHz 的 SIS 混频器。SPIRE 探测器是使用 NTD 锗温度计的蜘蛛网测辐射热计,它是通过六边形紧密排列的直径单模圆锥馈源与望远镜耦合的。

最后,光刻技术和工艺的进步为开发新的太赫兹天线概念带来了可能性,这种概念与传统的波导技术相比具有竞争性,能够生产具有相同性能的光刻平面接收器允许实现更大的二维阵列。这种方法大大降低了成本,也简化了制造和装配工作。

虽然波导和馈源喇叭技术提供了相邻像素之间的自然隔离。但相比之下,平面天线阵列的性能可能受到天线通过表面波的寄生交叉耦合的严重限制(Pozar,1983)。因此,作为表面波抑制基底的电磁带隙(EBG)或光子晶体(PC)结构引起了很大兴趣(Joannopoulos et al. ,1995; Gonzaloet al. ,1999; Sievenpiper et al. ,1999; de Maagt et al. ,2003 ; Yang and Rahmat-Samii,2003)。EBG 结构可以阻止带隙内频率在 1、2 或 3 个空间方向上的辐射传播,这个数字通常对应于晶体周期维度的数量(Joannopoulos et al. ,1995)。虽然二维 EBG 材料已被证明是平面天线的有用基板(Gonzalo et al. ,1999),但三维 EBG 似乎更令人满意,因为任何天线基本上都以三维和天线阵列的形式辐射至少在垂直于视轴的一个维度上延伸。

本节将研究这些结构作为偶极子天线的基底性能。特别提出了由三维 EBG 结构支持的两种不同的单偶极子天线。与自由空间中的等效偶极相比,这种组合表现出低背辐射和更高的方向性。为此目的使用了两种不同的 EBG 基片,即 Woodpile 结构和 FAN EBG 结构(Ho et al. , 1994; Sözuer and Dowling, 1994; Martinez et al. ,2007)。在 Fan 结构的情况下,它是用一种非常高的介电常数材料——锆钛酸铅(ZTT)制造的。这种高介电材料对于小型化是有意义的。然而,表面的激励会限制其作为天线基板的性能。如果在衬底中实现EBG结构,可以解决这个问题。在研究元件的性能时,将讨论七元件0.5THz成像阵列。

1. 单检测器太赫兹配置

这里描述在太赫兹频率下工作的EBG结构顶部的偶极子天线的性能。讨论两种情况。它们都用作辐射元件印刷偶极子天线和木材EBG或FAN EBG结构作为衬底。

当偶极子天线放置在周期性结构的顶部时,其辐射模式和输入阻抗取决于偶极子相对于其表面特征的位置和方向(Gonzalo et al.,2001; Ederra et al.,2013)可以找到两种构型的完整研究。总之,对于每个EBG结构,可以发现输入阻抗的偏振相关性。平行于主要特征(Woodpile中的介电棒和Fan中的空气通道)极化呈现非常低的输入阻抗,这可以归因于接近180°反射系数相位。相反,垂直极化表现出更高的阻抗,更容易与CPS线匹配,这将是偶极子天线最自然的馈电电路。关于辐射特征,在位置和极化之间没有发现显著差异。在所有情况下,由于EBG基板的作用,相邻天线之间的耦合将减少,从而增加了方向性。

对于作为检测器的整个偶极子天线/EBG配置的设计,考虑了分谐波平衡超外差接收机。这在偶极子的中心结合了倒装芯片安装的肖特基二极管;并且连接的振荡器信号沿共面带状线(CPS)传送。低通滤波器是一种标准的高低阻抗滤波器,它是通过扩大CPS的轨道而构建的。其设计是在考虑到底层EBG的负载的情况下进行的。滤波器尺寸进行了优化,以便在0.5THz时最大化射频功率的反射。下变频的射频信号也通过相同的带状线。采用低通滤波器以防止CPS以0.5THz左右的频率加载偶极子。

当偶极子天线由CPS馈电时,设计程序首先优化阻抗匹配,然后将耦合到二极管的RF功率最大化。

在第一种情况下,偶极子天线放置在Fan EBG结构上。馈电CPS线和偶极子印制在20μm厚的石英基板上。偶极子和馈线尺寸的细节可以在Ederra等(2013)的文献中找到。对于这些尺寸,CPS线和偶极子的阻抗相似并接近170Ω,这确保了良好的阻抗匹配。

肖特基二极管尽可能靠近偶极子天线放置，以尽量减小其对偶极子辐射模式的影响。二极管和低通滤波器之间的距离已经过优化，以便从输入 RF 信号传输到二极管的功率达到最大。

使用标准光刻技术将电路图案化成沉积在熔融石英基板上的金膜，然后将石英切割成一定尺寸，并研磨至 20μm 的厚度。

Fan 结构通过使用氰基丙烯酸酯黏合剂保持在低损耗聚合物 TPX 高密度聚乙烯支撑物上。然后在其边缘使用少量相同的黏合剂对齐并固定在石英衬底上。使用金色带和 Epotek H20E 将扼流滤波器的输出连接到同轴线。图 67. 22 中示出了制造的天线和 Fan EBG 组合的照片。

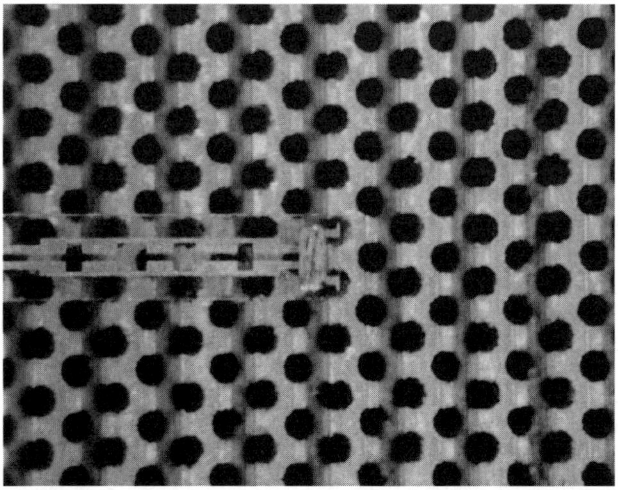

图 67. 22 Fan EBG 结构顶部偶极子的照片（Ederra et al，2013）（经 2013#IEEE 许可转载）

辐射模式结果如下。

使用 Ansoft HFSS 计算完整检测器配置的预测辐射图，即偶极子、二极管和低通滤波器。由于二极管和馈线会影响辐射方向图，所以 E 平面上的一些波纹是可以理解的。计算的方向性 6. 4dBi 大于理想偶极子的方向性。这种较高的方向性对应于波纹的峰值，而不是瞄准方向。

使用来自 ABmm 的 AB 毫米亚毫米波矢量网络分析仪（VNA）在伯尔尼大学测量辐射图。E 和 H 平面图案都在 0. 48THz、0. 5THz 和 0. 52THz 时测量。在图 67. 23 中描绘了测量模式与预测模式之间的比较，其中已经执行了视轴处的测量数据的归一化。上述指向性增加在相对于偶极子的标准衬底上可以看到。

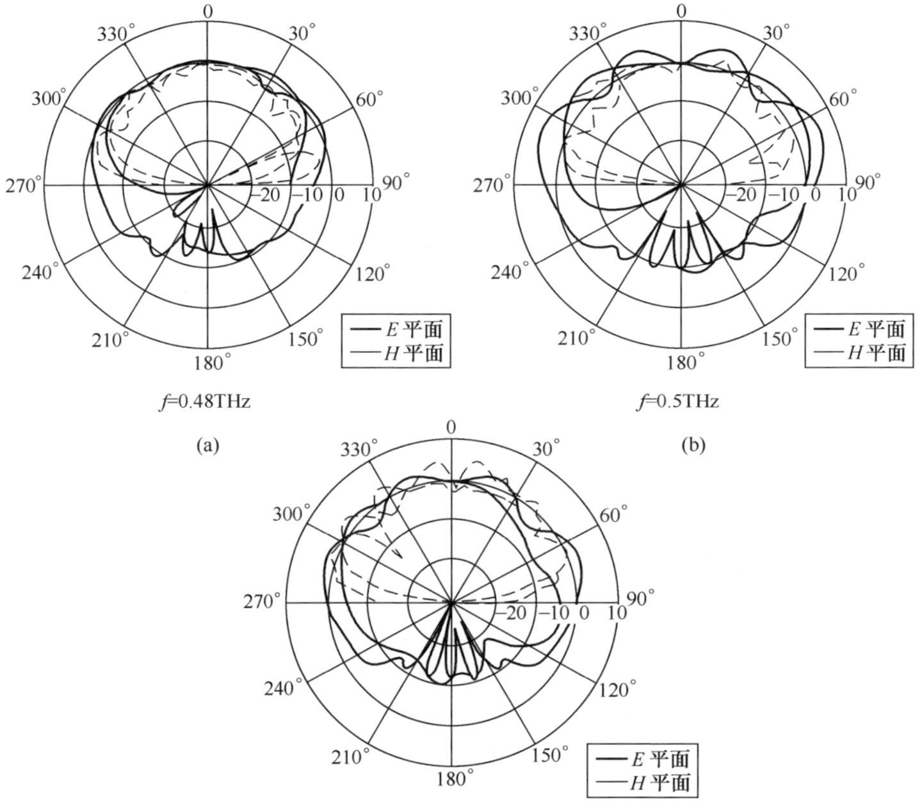

f=0.48THz

(a)

f=0.5THz

(b)

f=0.52THz

(c)

图 67.23　在 0.48THz(a),0.5THz(b)和 0.52THz(c)(来自参考文献(Ederra))的放置在 Fan 结构顶部的偶极子天线的测量的(虚线)和预测的(实线)(Ederra et al,2013)),经 2013#IEEE 许可转载)

在第二种情况下,遵循类似的设计程序,但在此设计中,衬底是木堆 EBG 结构。在文献(Gonzalo et al.,2001)中可以找到更多有关木堆性能及其制造性能的细节。偶极子天线是光刻图案化的 2μm 厚的金结构。使用了类似的接收器配置,其中使用肖特基二极管将输入的 500GHz 的 RF 信号转换为 DC。

使用石英膜上的传输线馈送偶极天线,并且使用简单的 λ/4,高 - 低阻抗滤波器以便将 RF 与 DC 信号隔离。石英膜应足够薄以免干扰 EBG 结构的性能。RF 滤波器连接到两个焊盘。

图 67.24 显示了木堆 EBG 顶部偶极子的制造结构。清晰可见木堆、天线、滤波器、支撑馈线的薄膜以及肖特基二极管。

测量系统包括一台工作频率为 500GHz 的 Carcinotron,一台带两个运动轴的计算机控制定位系统,配置放置在该定位系统上,一个锁定放大器,用于测量检测到的直流信号 E 和 H 平面的测量结果并绘制在彩图 67.25 中。

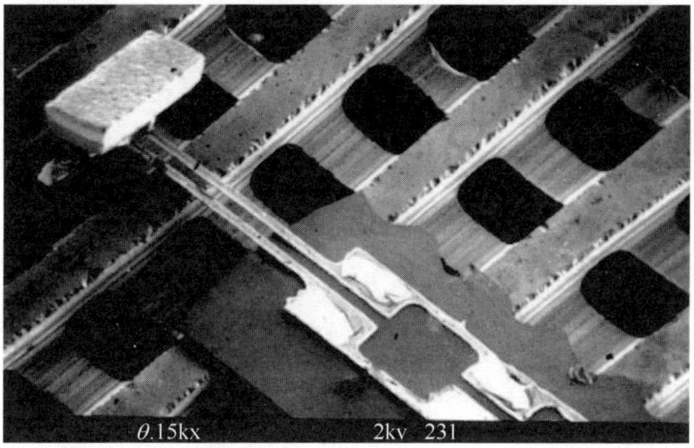

图 67.24　用电子显微镜拍摄的照片显示在木堆光子晶体顶部制造的偶极子 (Gonzalo et al. ,2001)(经#2001 IET 许可转载)

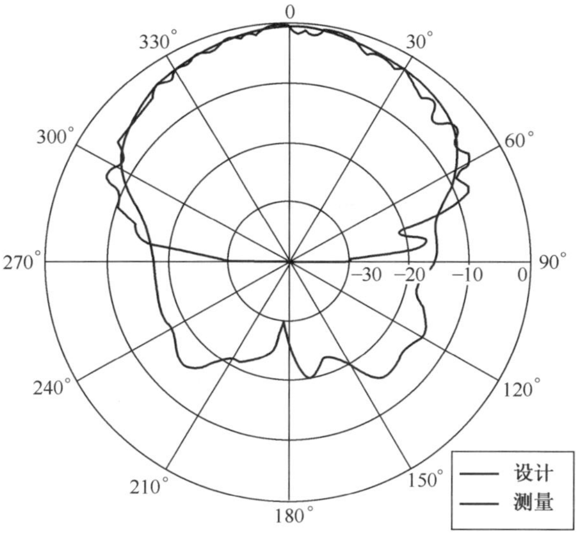

(a)

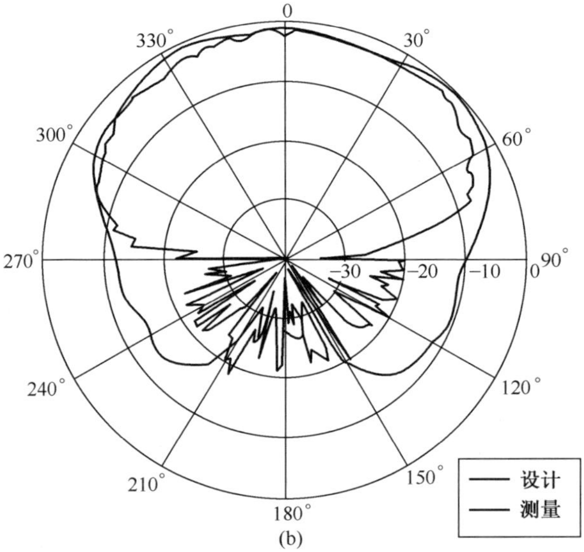

图 67.25 在木堆 EBG 结构顶部的偶极子的模拟和测量辐射图(彩图见书末)
(分别为红色和黑色曲线)(0°和 90°削减时被绘制)。

应该指出的是,所获得的 E 平面波束宽度是 $\theta=60°$,而它是 $\theta=85°$为 H 面。这些值对应的估计有效面积远大于有效面积为 $0.13\lambda_0^2$ 的简单独立偶极子的有效面积。这导致更高的方向性值,对于 EBG 支持的天线可以导出为 8~10dB 的量级,而对于悬浮在空气中的简单偶极子仅获得 2.14dB。

另外,E 和 H 平面图案在 90°时倾向于为零。且在 270°证实 EBG 衬底正在抑制寄生表面波模式激励。

2. 单偶极子太赫兹探测器的阵列配置

在前面部分中显示的单 EBG 支持元素的增强性能之后,使用此配置作为成像阵列的基础。在这种情况下,已经研究了 500GHz 的基于七元肖特基二极管的外差阵列,该阵列可能成为未来成像应用中空间仪器的基础(Ederra et al.,2008)。

这种设计代表着迈向平面技术成像阵列目标的重要一步。该阵列的设计与亚毫米波天文仪器的典型光学系统相匹配:$f/25$,远场光束交叉电平为-3dB。为了获得这些光束特性,用 90°抛物面反射镜来修改探测器天线的辐射方向图。单个接收器的设计针对最大灵敏度进行了优化,即为肖特基二极管和平面偶极天线之间的最佳阻抗匹配。

1）偶极子和阵列设计

阵列设计采用了 500GHz 偶极子天线的优化设计以及 EBG 结构顶部的相关 RF 扼流圈/IF 传输线(图 67.26)。偶极子天线分离的限制来自 500GHz 木堆，其具有 72μm 的条宽和 232μm 的基底周期。由于偶极子需要放置在顶部两层中条的交点上,所以元素之间的间隔因此被限制为这个周期的倍数。

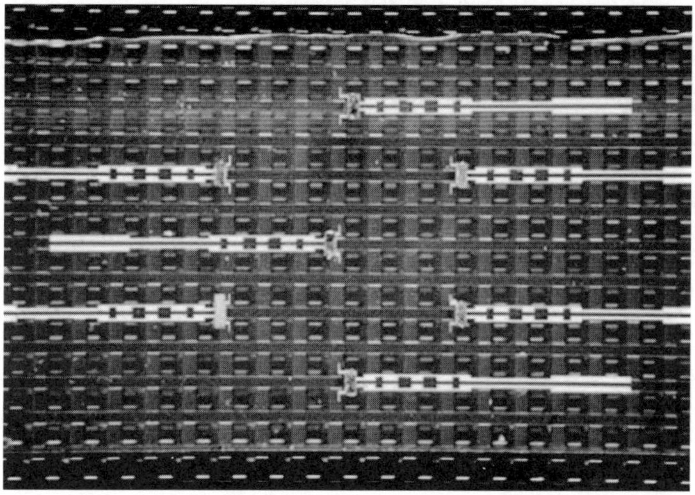

图 67.26　在 EBG 结构上的 7 个偶极子天线的制造阵列配置
(Ederra et al. ,2008)(由#2008 IEEE 许可转载)

先前关于 EBG 衬底上的偶极子天线互耦的研究表明,为了确保 E 和 H 平面上的耦合值低于 20dB,需要两个周期的最小间隔。开发了一种满足此要求的 7 个天线的紧凑配置。虽然更密集的配置也是可以的,但选择的这种配置具有以下优点,即 6 个外部天线位于离中心元件 3.6~4 个堆积周期之间。稍后将会显示,可以为该阵列设计匹配的光学器件,以实现期望的光束特性:半径的相对较窄的扩展有助于实现符合光束交叉点要求的设计。

研究了阵列元件之间的相互耦合。使用 Ansoft HFSS 获得的结果表明,在研究中,该值低于 40dB。

2）镜像设计

尽管原则上可以使用透镜,但反射光学器件具有较低的损耗和驻波。阵列上的 f#要求施加远场功率半角,即所得到的天线-反射器组合的方向性。为了符合 f/25 规格,输出光束的波束宽度应该是 2.2 度。因此,反射器必须提供所需的放大率,以增加辐射元件的方向性并同时分离光束。然而,天线离系统的光轴越远,它们的辐射方向图的方向性和波束宽度就越劣。中央偶极子位于镜面的光学焦点处,并且镜面在 xz 平面上的投影是椭圆形,其主轴在 z 方向上。为了优化反射镜的照明,偶极阵列也被定向为其主轴沿着 z 轴。考虑到这一点,仰角(方位角)分别对应于中心波束的 $H(E)$ 面。

镜子尺寸经过优化以匹配上述阵列,获得的最佳值是 $D=17.3$mm 和 $f=25.4$mm。

物理光学 GRASP(http://www.ticra.com/products/software/grasp)软件被用来计算远场辐射图。作为该程序的输入,使用 Ansoft-HFSS 计算了包含 11 个周期的有限硅木堆上的隔离偶极子的辐射。获得预测的单个波束宽度(2.1 度±0.1 度),与预期的 2.2 度的值相吻合。GRASP 模拟还表明,将木堆安装在电介质、TPX 或金属板上,对远场辐射模式的影响可以忽略不计。

3) 成像 EBG 阵列配置的制造

单片石英基片用于整个偶极子阵列,该过程确保 EBG 基片上所有偶极子的精确对准。使用标准光刻技术将阵列图案化地沉积在熔融石英基底上的金膜中。然后将石英切割成一定尺寸并研磨至 20μm 的厚度。使用装载银的环氧树脂(Epotek H20E)将分离和衬底减薄的肖特基二极管固定在金属上。使用金色条带和银质环氧树脂将电气连接从扼流圈滤波器的两端连接到同轴线。

组装过程中反复监测肖特基二极管的特性曲线。除了二极管外,没有发现与最初制造商的值有偏差。这里串联电阻的增加局限于二极管与基板的连接或二极管芯片内。

该镜子由钻石转动的镀金抛光反射器制成,焦距 12.7mm,投影直径为 17.3mm。

4) 实验结果

使用基于 VNA 的测量技术和设备来表征在 500GHz 阵列的波束图案。作为一个来源,锁相耿氏二极管振荡器的 100GHz 输出频率是 5 倍频,并通过波纹喇叭天线向 EBG 阵列辐射。一个稳定的直流偏置电压通过 IF 传输线中的 bias-T 连接到二极管,以便设置接收器的最佳工作点。在每种情况下,LO 功率和施加的直流偏置都被调整为最大化 IF 信号的信噪比。

成像阵列被安装成可以绕方位角和仰角轴旋转,并通过抛物面反射镜的光学中心:图 67.27 在馈源喇叭处进行光束图案测量,阵列间隔为 0.8m,动态范围大于 25dB。

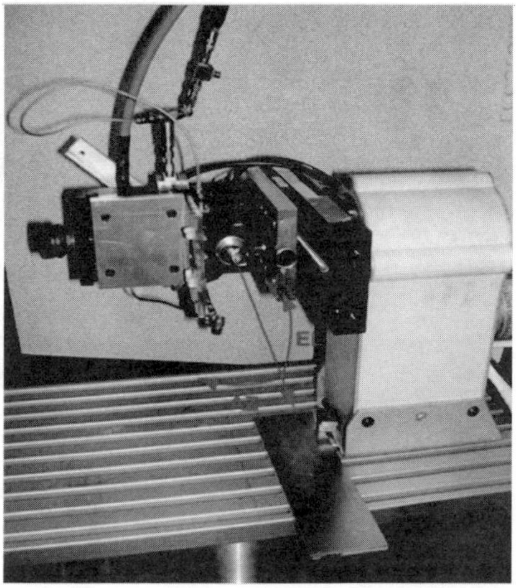

图 67.27　用于测量阵列配置的定位系统

图 67.28 给出了在 8°范围内的一些接收器的二维射束扫描,归一化到它们的最大值。为了提高演示质量,使步长为 0.5°,已经执行了数据插值,并添加了 -3dB、-6dB、-10dB 和 -15dB 轮廓线。

为了更好地表示阵列的总体行为,图 67.29 给出了所有波束的 3dB 信号电平的等高线图。在测量中,阵列的绝对指向偏移量为 1°和 1°在标称光轴的方位角上,该角度已被减去该数字。造成这种情况的原因可能是抛物面反射镜和测试装置的轻微错位。虽然单独测量的光束比预测稍窄,导致交叉点约为 4dB,但观察到图形之间的良好一致性。测量还表现出预测的略微压缩的仰角平面特征。

最后,阵列中不同元素的辐射方向图切口、方位角和仰角如图 67.30 所示。这些测量图形与通过 HFSS 软件模拟获得的对应物进行比较。一般而言,协议是好的,在旁瓣电平中可以发现一些差异,特别是在高程削减中可以看到较高的旁瓣,这是由于测量定位系统中使用的反射镜支架的影响造成的。

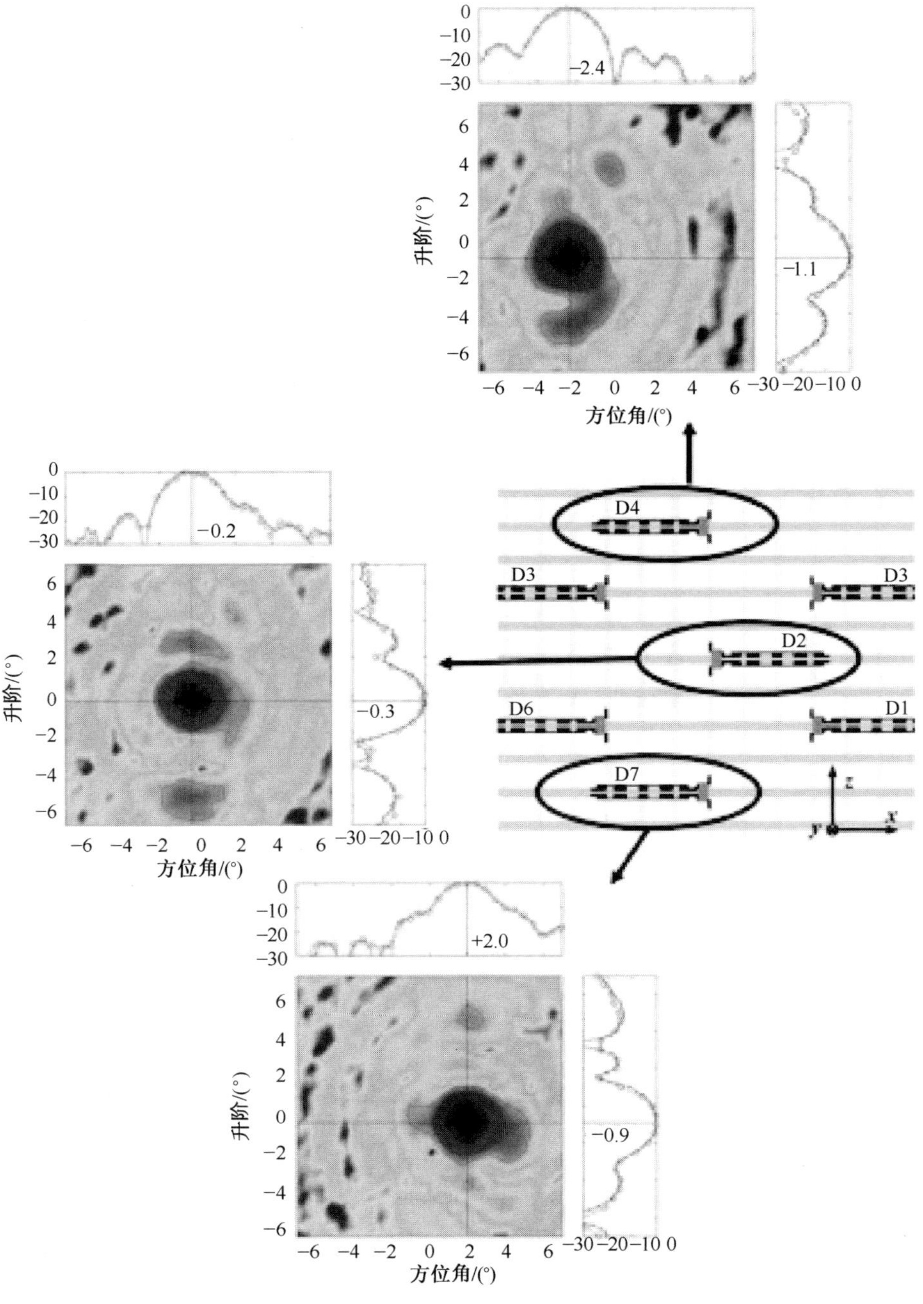

图 67.28　测量数组元素的辐射模式(彩图见书末)

(对于光束2、4和7,显示了15dB、10dB、6dB和3dB等高线。步长为0.5°工作频率500GHz)

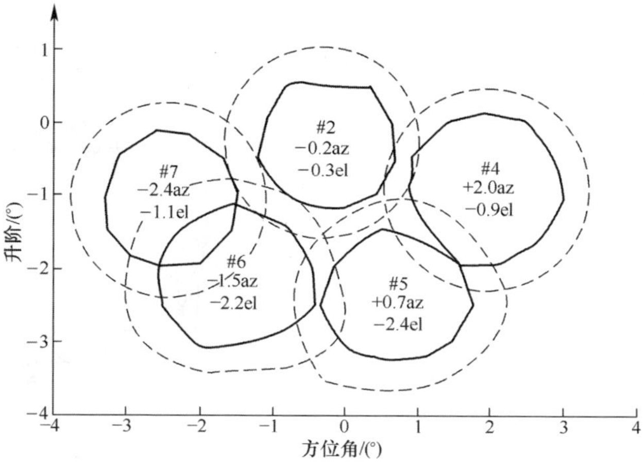

图 67.29　在校正镜子未对准和预测图形(虚线)后测量(实线)的 3dB 轮廓的比较
(在测量中,数组的绝对指向偏移量为 1°和在正面 1°在标称光轴的方位角上,
该角度已被减去该数字。工作频率 500GHz)

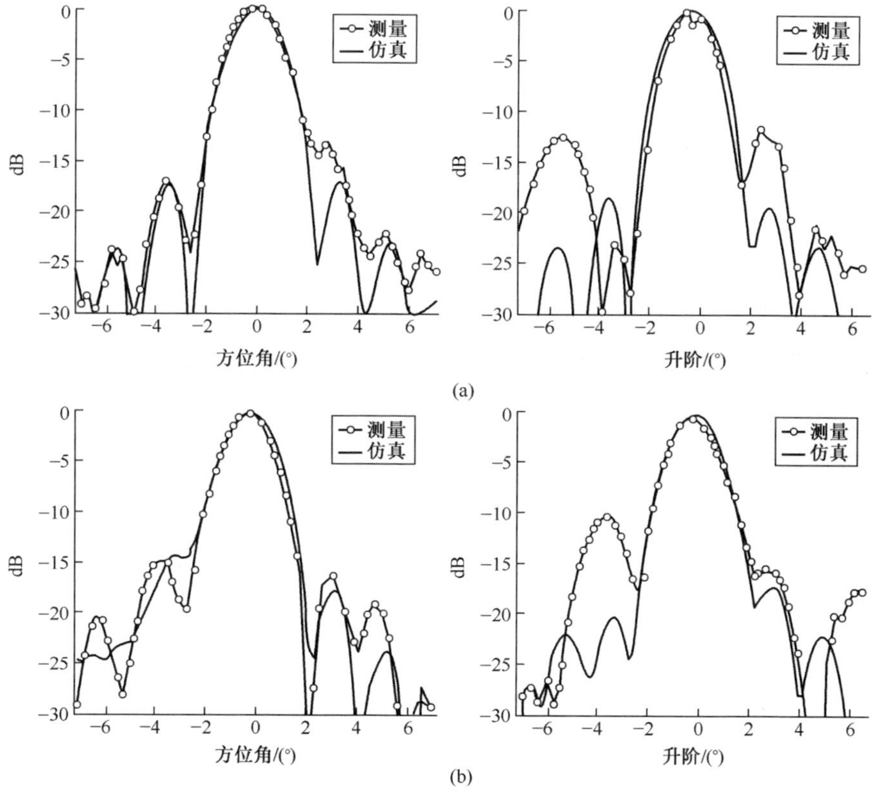

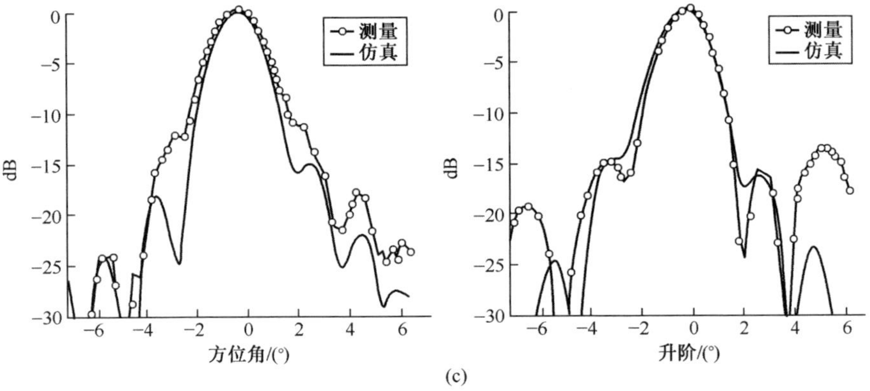

图 67.30 波束 2、7 和 4 的方位角和仰角的二维切割(工作频率 500GHz)
(Ederra et al. ,2008)(经过#2008 IEEE 的许可转载)
(a)波束 2;(b)波束 7;(c)波束 4。

这些结果是基于 EBG 技术的平面成像阵列的首次演示。虽然其性能远不如采用更成熟的技术所获得的性能,但这是实现其应用迈出的第一步。

67.6 结论

本章演示了使用先进的喇叭天线配置文件以符合空间天线的非常严格的要求。如今,大部分空间应用都要求天线具有更好的电磁性能、较低的交叉极化电平、较低的旁瓣、较高的增益、较高的效率、较大的工作带宽等。传统设计不能满足这些需求,这就需要开发更复杂的天线。通过几个示例已经证明了喇叭天线在减小长度的情况下实现这些高性能的可能性。已经分析了基于使用水平和垂直波纹以及花键轮廓的新建议,并将它们的辐射特性包括在内。

另外,在常规天线受到获得所需辐射性能的空间应用中,主要是因为它们庞大而笨重。在这种情况下,本章介绍了使用 EBG 技术开发创新天线的可能性。例如,EBG 增强型天线可以有效地取代 WAAS 应用中的传统阵列天线。这种 EBG 技术简化了天线配置,并通过简化天线 BFN 实现了更轻、更具成本效益的解决方案。EBG GSN 符合 GSN 应用的所有要求,从而为天线导航提供了真正的替代天线。此外,EBG 覆盖层天线满足 C 波段单频和双频性能要求的 TT&C 应用。在 3.7GHz 和 4.2GHz 的频率下,系统指向性在 100MHz 时高达 17dB;交叉极化水平低于 25dB。虽然质量的配置不在规定的阈值以下,但超重几乎可以忽略不计。因此,EBG 天线技术系统代表了通常用于当前卫星的 TT&C 应用的庞大的喇叭天线和阵列的复杂 BFN 的有效替代。

本章最后部分,给出了在太赫兹频率下工作的一些 EBG 天线的结果。特别分析了两种情况:在第一种情况下,讨论放置在 EBG 结构顶部的偶极子天线的增强性能,已经报道了背面和侧面辐射的减少以及天线方向性的改善。这些明显的优势导致开发适合用于科学仪器的太赫兹应用成像的阵列配置。已经提出了由 7 个元素组成的阵列。这种配置的设计符合成像应用中的典型要求,通过与抛物面镜一起集成,已经测量了辐射性能并且获得与模拟结果的良好一致性。这是基于 EBG 技术的平面成像阵列的首次演示。

交叉参考:

▶第 68 章　射电望远镜的天线
▶第 3 章　天线仿真算法及商用设计软件
▶第 11 章　频率选择表面
▶第 7 章　超材料与天线
▶第 50 章　毫米波亚毫米波天线测量
▶第 64 章　辐射计天线
▶第 14 章　太赫兹天线与测量

参考文献

Amyotte E, Martins-Camelo L (2012) Antennas for satellite communications. In: Imbriale WA, Gao S, Boccia L (eds) Space antenna handbook, 1st edn. Wiley, Chichester, UK

Baryshev A, Baselmans J, Freni A, Gerini G, Hoevers H, Iacono A, Neto A (2011) Progress in antenna coupled kinetic inductance detectors. IEEE Trans Terahertz Sci Technol 1:112-123

Bhattacharyya A, Goyette G (2013) Smooth wall multimode horns for high aperture efficiency. Theory, design and applications. In: Rao S, Sharma S, Shafai L (eds) Handbook of reflectorantennas and feed systems, vol II, 1st edn, Feed systems. Artech House, Boston

Bird T (2008) Feed antennas. In: Balanis C (ed) Modern antenna handbook. Wiley, Hoboken, pp 889-890

Bird T, Granet C (2008) Fabrication and space-qualifying a lightweight corrugated horn with low sidelobes for global-earth coverage. IEEE Antennas Propag Mag 50:80-86

Bird T, Granet C, James G (2000) Lightweight compact multi-mode corrugated horn with low sidelobes for global-earth coverage. In: AP2000 conference, pp 165

Biswas R, Ozbay E, Temelkuran B, Bayindir M, Sigalas M, Ho K (2001) Exceptionally directional sources with photonic-bandgap crystals. J Opt Soc Am B 18:1684-1689

Brand Y, Iriarte J, Cassivi Y, Fourmault A, Ederra I, Gonzalo R, De Maagt P (2009) WAAS space segment antenna based on EBG superstate gain enhancement technique. In: European conference on antennas and propagation, EuCAP 2009, pp 2613-2617

Cheype C, Serier C, Thèvenot M, Monediere T, Reineix A, Jecko B (2002) An electromagnetic bandgap resonator antenna. IEEE Trans Antennas Propag 50:1285-1290

Day P, LeDuc H, Mazin B, Vayonakis A, Zmuidzinas J (2003) A broadband superconducting detector suitable for use in large arrays. Nature 425:817-821

de Maagt P, Gonzalo R, Vardaxoglou Y, Baracco J (2003) Electromagnetic bandgap antennas and components for microwave (sub) millimeter wave applications. IEEE Trans Antennas Propag 51: 2667-2677

Diblanc M, Rodes E, Arnaud E, Thevenot M, Monediere T, Jecko B (2005) Circularly polarized metallic EBG antenna. IEEE Microwave Wireless Compon Lett 15:638-640

Doyle D, Pilbratt G, Tauber J (2009) The herschel and planck space telescopes. Proc IEEE 97: 1403-1411

Ederra I, Gonzalo R, Alderman B, Huggard P, de Hon B, van Beurden M, Murk A, Marchand L, de Maagt P (2008) Electromagnetic bandgap based planar imaging array for 500GHz. IEEE Trans Microwave Theory Tech 56:2556-2565

Ederra I, Gonzalo R, Martínez B, Alderman B, Huggard P, Murk A, Marchand L, de Maagt P (2013) Design and test of a 0. 5 THz dipole antenna with integrated schottky diode detector on a high dielectric constant ceramic electromagnetic bandgap substrate. IEEE Trans Terahertz Sci Technol 3:584-593

Fehrembach A, Enoch S, Sentenac A (2001) Highly directive light sources using two-dimensional photonic crystal slabs. Appl Phys Lett 79:4280-4282

Feresidis A, Vardaxoglou J (2001) High gain planar antenna using optimised partially reflective surfaces. IEE Proc Microwave Antennas Propag 148:345-350

Galileo System Requirement Document (2002) ESA APPNS-REQ-00011. Issue 2 - Rev 1

Goicoechea J, Isaak K, Swinyard B (2009) Exoplanet research with SAFARI: a far-IR imaging spectrometer for SPICA. arXiv:0901.3240

Gonzalo R, de Maagt P, Sorolla M (1999) Enhanced patch antenna performance by suppressing surface waves using photonic band-gap structures. IEEE Trans Microwave Theory Tech 47:2131-2138

Gonzalo R, de Maagt P, Sorolla M (1999) Enhanced patch antenna performance by suppressing surface waves using photonic band-gap structures. IEEE Trans Microwave Theory Tech 47:2131-2138

Gonzalo R, del Río C, Goñi D, Teniente J (2002) Horn antenna combining horizontal and vertical ridges. International Patent WO03/100907

Granet C, James G (2005) Design of corrugated horns: a primer. IEEE Antennas Propag Mag 47:76-84

Granet C, James G, Bolton R, Moorey G (2004) A smooth-walled spline-profile horn as an alternative to the corrugated horn for wide band millimeter-wave applications. IEEE Trans Antennas Propag 52:848-854

Granet C, James G, Forsyth A (2008) Aperture antennas: waveguides and horns. In: Balanis C (ed) Modern antenna handbook, 1st edn. Wiley, Hoboken, pp 142-144

GRASP software. http://www.ticra.com/products/software/grasp. Accessed 13 April 2015

Hajj M, Rodes E, Monédière T (2009) Dual-band EBG sectoral antenna using a single-layer FSS for UMTS application. IEEE Antennas Wirel Propag Lett 8:161-164

Hay S, Barker S, Granet C, Forsyth A, Bird T, Sprey M, Greene K (2001) Multibeam earth station antenna for a European Teleport Application. In: IEEE AP-S international symposium and URSI radio science meeting, vol 2. pp 300-303

Ho KM, Chan CT, Soukoulis C, Biswas R, Sigalas M (1994) Photonic band gaps in three dimensions: new layer-by-layer periodic structure. Solid State Comm 89:413

Iriarte J, Ederra I, Gonzalo R, Gosh A, Laurin J, Caloz C, Brand Y, Gavrilovic M, Demers Y, de Maagt P (2006) EBG superstrate for gain enhancement of a circularly polarized patch antenna. In: IEEE antennas and propagation society international symposium, pp 2993-2996

Iriarte J, Ederra I, Gonzalo R, Brand Y, Fourmault A, Demers Y, de Maagt P (2009) EBG superstrate array configuration for the WAAS space segment. IEEE Trans Antennas Propag 57:81-93

Jackson D, Alexopoulos N (1985) Gain enhancement methods for printed circuit antennas. IEEE Trans Antennas Propag 33:976-987

Jackson D, Oliner A (1988) A leaky-wave analysis of the high-gain printed antenna configuration. IEEE Trans Antennas Propag 36:905-910

Jackson D, Oliner A, Ip A (1993) Leaky-wave propagation and radiation for a narrow-beam multiple-layer dielectric structure. IEEE Trans Antennas Propag 41:344-348

Joannopoulos J, Meade R, Winn J (1995) Photonic crystals; molding the flow of light. Princeton University Press, New York

Kanso A, Chantalat R, Naeem U, Chreim H, Thevenot M, Bila S, Monediere T (2011) Multifeed EBG dual-band antenna for spatial mission. Int J Antennas Propag 14p, Article ID 190358, doi:10.1155/2011/190358

Lee Y, Yeo J, Mittra R, Lee Y, Park W (2005) Application of Electromagnetic Bandgap (EBG) superstrates with controllable defect for a class of patch antennas as spatial angular filters. IEEE Trans Antennas Propag 53:224-235

Lovat G, Burghignoli P, Capolino F, Jackson D, Wilton D (2006a) Analysis of directive radiation from a line source in a metamaterial slab with low permittivity. IEEE Trans Antennas Propag 54:1017-1030

Lovat G, Burghignoli P, Capolino F, Jackson D (2006b) Highly-directive planar leaky-wave antennas: a comparison between metamaterial-based and conventional designs. In: EuMA (European Microwave Association) Proceedings, vol 2. pp 12-20

Maffei B, Ade P, Gannaway F, Wakui E, Wylde R, Murphy J, Colgan R, Dupuy J, Parini C (2000) Corrugated gaussian backto- back horns for cosmic microwave background continuum receivers, 24th QMW antenna symposium, pp 38-41

Martinez B, Ederra I, Gonzalo R, Alderman B, Azcona L, Huggard P, de Hon B, Hussain A, Andrews S, Marchand L, de Maagt P (2007) Manufacturing tolerance analysis, fabrication and characterisation of 3D submillimetre wave electromagnetic bandgap crystals. IEEE Trans Microwave Theory Tech 55:672-681

Mician Microwave Wizard software. http://www.mician.com. Accessed 08 April 2015

Milligan T (2005) Modern antenna design, 2nd edn. Wiley, New York, pp 358-359

Olver A, Clarricoats P, Kishk A, Shafai L (1994) Microwave horns and feeds, vol 39, IEE electromagnetic waves series. The Institution of Electrical Engineers, London

Oses A, Iriarte J, Ederra I, Gonzalo R, de Maagt P (2009) Multiband EBG navigation antenna. In:IEEE International workshop on antenna technology, iWAT, pp 1-4

Pozar D (1983) Considerations for millimetre wave printed antennas. IEEE Trans Antennas Propag 31:740-747

Rao S (1999) Design and analysis of multiple-beam reflector antennas. IEEE Antennas Propag

Mag 41:53-59

Rodes E, Diblanc M, Drouet J, Thevenot M, Monediere T, Jecko B (2006) Design of a dual-band EBG resonator antenna using capacitive FSS. In: Antennas and propagation society international symposium, IEEE, pp 3009-3012

Rudge A, Milne K, Olver A, Knight P (1982) The handbook of antenna design, vol 15 and 16, IEE electromagnetic waves series. The Institution of Electrical Engineers, London

Sievenpiper D, Zhang L, Broas R, Alexopolus N, Yablonovitch E (1999) High-impedance electromagnetic surfaces with a forbidden frequency band. IEEE Trans Microwave Theory Tech 47: 2059-2074

Sözuer H, Dowling J (1994) Photonic band calculations for woodpile structure. J Mod Opt 41:231-239

Teniente J (2003) Modern corrugated horn antennas. Ph. D. dissertation, Electric and Electroni Engineering Department, Public University of Navarra

Teniente J, Gonzalo R, del Río C (1999) Gaussian profiled horn antenna for hispasat 1C satellite. Int J Infrared Millimetr Waves 20:1809-1815

Teniente J, Gonzalo R, del Río C (2002a) Ultra wide band corrugated gaussian profiled horn antenna design. IEEE Microwave and Wireless Compon Lett 12:20-21

Teniente J, Goñi D, Gonzalo R, del Rio C (2002b) Choked gaussian antenna. Extremely low sidelobe compact antenna design. IEEE Antennas Wireless Propag Lett 1:200-202

Teniente J, Gonzalo R, del Rio C (2005) State of the art of corrugated horn antennas that combine horizontal and vertical corrugations. In: Proceeding of the 11th international symposium on antenna technology and applied electromagnetics, (ANTEM), pp 86-87

Teniente J, Gonzalo R, del Rio C (2009) Satellite Horn Antennas Design. In: Proceeding of the 3rd European conference on antennas and propagation (EuCAP), pp 3081-3084

Thèvenot M, Denis M, Reineix A, Jecko B (1999a) Design of a new photonic cover to increase antenna directivity. Microwave Opt Technol Lett 22:136-139

Thèvenot M, Cheype C, Reineix A, Jecko B (1999b) Directive photonic-bandgap antennas. IEEE Trans Microwave Theory Tech 47:2115-2121

Trentini G (1956) Partially reflecting sheet arrays. IRE Trans Antennas Propag 4:666-671

Vayonakis A, Schlaerth J, Kumar S, Gao J, Day P, Mazin B, Ferry M, Noroozian O, Glenn J, Golwala S, LeDuc H, Zmuidzinas J (2008) Antenna-coupled Microwave Kinetic Inductance detectors (MKIDs) for mm and submm imaging arrays. In: 19th international symposium on space terahertz technology, pp 141

Viskum H, Sorensen S (1994) Dual offset shaped reflectors optimized for gain and XPD performance. Antennas Propag Soc Int Symp 2:894-897

Yang F, Rahmat-Samii Y (2003) Microstrip antennas integrated with electromagnetic band-gap (EBG) structures: a low mutual coupling design for array applications. IEEE Trans Antennas Propag 51:2936-2946

Zeng L, Bennett C, Chuss D, Wollack E (2010) A low cross-polarization smooth-walled horn with improved bandwidth. IEEE Trans Antennas Propag 58:1383-1387

第 68 章
射电望远镜天线

Steven W. Ellingson

摘要

射电天文通过在几兆赫到红外线范围内的射电频率发射的测量来对宇宙进行研究。接收到的相关信号都是特别的微弱,需要高的有效口径,因此产生了世界上最大的天线系统。现在一般采用的技术包括利用喇叭或阵列进行馈电的射面天线("碟子"),波束形成阵列的单元种类可以从偶极子到大的盘状以及干涉仪。射电天文中的很多问题同样需要非常精细的角分辨率,造成由天线组成的口径综合镜像的仪器分布范围从几百米到洲际距离。本章提供了一个简短的综述,关于用在可操作的现代射电望远镜和预期新的射电望远镜。

关键字

射电天文学;反射面天线;相控阵;干涉法;综合孔径成像

S. W. Ellingson ✉
美国弗吉尼亚州理工学院和州立大学电气和计算机工程系,美国
e-mail:ellingson@ vt. edu;ellingson. 1@ vt. edu

68.1 引言

射电天文学是通过测量射频发射来研究宇宙的。无线电频率提供了难以或不可能获得的信息,这些信息是从其他区域发射的电磁波谱(特别是红外、光学、X射线和γ射线)并且是对这些波段观测的补充。基于地面的射电天文测量要在10MHz~10GHz段,低于10MHz,地球的电离层成为一个障碍,高于10GHz,则大气吸收将成为障碍。在频谱"窗口"中,高频率的射电天文学是可能的,在这个频谱内,大气吸收足够低,直到大约1THz的红外边界。射电天文测量包括对总功率、功率谱密度和时间频率分布(动态谱)的测量,以及分辨率为60μs(约1.7°,由EHT实现,请参阅"非常长的基线干涉测量法(VLBI))"或视野大至几十度或整个天空的视场。几乎所有的射电天文仪器都使用具有非常大的有效孔径的天线系统,这是必要的,因为相关的发射通常非常弱,并且具有精确的角度分辨率,这对从背景中区分出相关源或对于成像所必需的。本章提供了关于现代无线电望远镜的综述尤其是它们涉及的天线系统。主要关注当代或新出现的系统,若从历史的角度来,推荐参看Baars等(2009)的工作(以及其中的参考文献)。

最初,对现代射电天文中感兴趣的问题简单总结,以便提供行文背景。现代射电天文学的很多东西致力于研究中性氢,这是宇宙中最常见的物质,在无线电频率下可以探测到,它是一个约为1420MHz(约21cm波长)的窄谱线,用于相对于地球静止的物质。多普勒频移氢发射的亮度温度约为100K,可以观测到银河系中最明亮的区域,其他星系可以通过发射来检测,发射是数量级较弱且红移10~100MHz。一些可操作的望远镜正在努力探测与之相关的氢气排放("再生时代"EoR),它被红移到100~200MHz范围内的频率和更早的频率(称为"黑暗时代"和"宇宙黎明"),这需要观察氢气红移到频率低至30MHz("EoR和BAO实验"部分)。通常在无线电频率观察到的其他分子包括羟自由基(OH,约1700MHz的剩余频率)、甲基碳(CH,约3.3GHz)、甲醛(4.8~14.5GHz)、甲醇(6.7GHz)、水蒸气(22GHz)及氨(24GHz)等。这些分子在整个毫米和亚毫米波长范围的频率处发射可检测的辐射。相关谱线的观测用于研究彗星、天文脉泽、新兴太阳系和天体生物学。中子星发射电磁辐射束,当电子束旋转通过地球时,通常被视为宽带周期性脉冲发射中子星。射电望远镜通常测量发射的两个正交极化,既可以作为增加灵敏度的手段,也可以探测发射的极化。射电天文学通过在频域和空间域精确测量宇宙微波背景的强度和极化,在宇宙学中发挥重要的作用。这当然不是一个详尽的科学主题列表,但应该足以证明使用射电望远镜探索的项目范围和多样性。

本章安排如下:"当代无线电望远镜系统"部分回顾了目前正在使用的主要射电望远镜。这项综述根据天线系统的类型分为几个部分,包括单碟仪器、波束合成阵列、干涉仪以及 EoR 和重子声振荡(BAO)实验。"未来方向和开放问题"部分讨论了射电望远镜天线系统的趋势,介绍计划或正在开发的早期阶段,其主要议题是:①从"单像素"进给到相控阵进给("PAF"),从盘子向"孔径阵列"演变("进化到 PAF 和孔径阵列");②平方公里阵列(SKA)项目,正在朝着下一代的大型射电望远镜方向努力。

68.2　当代无线电望远镜系统

本节回顾了目前正在使用的射电望远镜系统,按照天线系统类型分类,可分为"单碟"仪器、波束合成阵列、干涉仪和 EoR / BAO 实验。应该指出的是,一些工具分为多个类别,特别是区别波束形成阵列和干涉仪之间可能不明确,在这种情况下,仪器根据其"主要"使用进行分类,并提及替代用途。

1. 单碟仪器

"碟形"是一种由抛物面反射器或形状反射器组成的天线系统的简称,它根据类似的原理工作。从机械角度来看,转向盘射电望远镜设计的原理在文献(von Hoerner,1967)可查阅。一般来说,尽可能大的碟是必需的,因为可产生高的方向性,并且进而具有最高的灵敏度和空间选择性。但是,该碟子还必须提供足够的表面精度,无论是整体形状还是局部表面误差。实现足够的形状和精度方面的不同之处是减轻重力造成的变形和不均匀的太阳能加热,而局部表面误差为名义上的静态特征,如接缝和铆钉表面未对齐和表面粗糙度。形状误差会降低孔径效率、扭曲光束形状并引入指向性误差;局部表面误差会降低孔径效率,并倾向于确定碟子被认为可用的最高频率(Ruze,1966)

除了本章后面介绍的一些重要的例外之处外,大多数现有的单碟仪器都使用轴对称抛物面(或近抛物面)主反射器、卡塞格伦分频器和喇叭型馈电。轴对称设计远不是最佳的,这是由于孔径阻塞和与馈电结构相关的散射所致。然而,折衷是由设计困难和替代成本造成的。Cassegrain 光学系统优先用轴对称系统中的主焦点馈电,主要是为了降低系统温度,这是因为在 VHF 频段及以上频段,来自天空的噪声明显低于来自地面的噪声。因此,在天线顶端安装馈源喇叭,指向天空,以减少拦截地面的溢出比例。

必须提到的是,现代射电望远镜天线设计中有两个重要趋势,即偏置馈电系统和馈电阵列。偏置馈电系统受轴对称系统的限制(如上所述),以及轴对称系统对由于馈电和反射器之间的驻波造成的频率响应波动的特殊敏感性的驱动(Morris,1978)。偏移馈电系统实际使用格里高利(而不是卡塞格伦)反射器,从而通过接地噪声拾取进一步降低系统温度。然而,这些优点带来相当大的成本和复杂性。所以,在新设计中一直没有采用。射电天文学中偏置馈电反射器系统的突出例子包括 GBT 和 ATA、毫米波仪器 SPT 和 ACT 以及太空望远镜 WMAP 和 Planck。有关这些系统的更多信息,请参阅后面的内容。

另一个重要的趋势是馈电阵列的采用。馈电阵列可以大致分为焦平面阵列(FPA)或相控阵馈源(PAF)(射电天文学领域在使用此功能方面并不完全统一称呼,这里采用的是相对常见的)。FPA 是一个数组分布在焦平面上的“单像素”馈源元件,通常作为单个馈源的替代物位于焦点处。每个不完全在焦点处的馈送元件对应于指向稍微不同方向的光束。通过这种方式,具有 N 元素 FPA 的望远镜实现了比单馈系统高出 N 倍的有效视场。对于需要大面积观测的学科来说,这是一个巨大的优势,如氢强度测绘、脉冲星测量和某些宇宙学实验。然而,由于灵敏度和光束形状随着距焦点距离的增加,N 被限制在 O(10)左右,这限制了有效地定位馈源的焦平面区域。世界上大多数最大的单碟仪器现在都有焦点调节器,包括 GBT、阿雷西博和帕克斯。有关更多详细信息,请参阅下面这些工具的描述。

与 FPA 相比,PAF 是由大量低增益天线阵列组成的馈源,它们进行组合以形成波束或交叉相关图像。阵列元素的处理通常在数字域中完成,引入优化主瓣或旁瓣(甚至可以动态地),并通过空形成进行干扰抑制(Landon et al.,2010)。实验相控阵馈电已经在小轴对称初生馈电系统(Elmer et al. ,2012)和 Arecibo(Warnick et al. ,2011)中成为 WSRT 和 ASKAP 的主要(不变的)馈电系统（“其他显著干涉仪型射电望远镜”）。

1）绿岸射电望远镜

如图 68.1 所示，绿岸射电望远镜（GBT）是世界上最大的完全可操纵的射孔望远镜（事实上，它目前是世界上最大的陆基双轴可操纵结构）。它位于美国西弗吉尼亚州的格林银行（Prestage et al.，2009）。GBT 的主反射面是一个偏移 100m×110m 的抛物面截面。偏移设计将馈电支撑结构定位在光路外，导致旁瓣电平较低，并避免了上述繁琐的频谱波动问题。主反射器由 2004 个独立面板组成，采用 2209 个机械致动器，用于独立调节面板以补偿因重力引起的机械变形和太阳能不均匀加热。由此产生的理想表面偏差为 400μm RMS，在对热效应进行修正后提高至 250μm RMS。由于表面效率造成的有效孔径损失小于 1%以下（5GHz），导致有效面积约为 $5500m^2$，光圈效率约为 70%。主要反光面在 100MHz～115GHz 视为可用。

GBT 使用一个 7.6m×8.0m 的格雷高利副反射器，如图 68.1 和图 68.2 所示，频率高于 1.15GHz。格里高利的设计相对于卡塞格伦设计减少了主反射器溢出，随后减少了地噪声对系统温度的影响。使用格里高利亚型反射器时的有效 f/D 为 0.29，这是 208m 的圆形“父抛物面”。这种操作模式的馈源安排在位于馈源臂的转台上，如图 68.1 和图 68.3 所示。转台将所需的馈电转到次级焦点。在任何特定时间，转台可容纳以下 8 种馈电/接收器组合：L 波段（1.15～1.73GHz）、S 波段（1.73～2.60GHz）、C 波段（3.95～5.85GHz）、X 波段（8～10GHz）、Ku 波段（12～15.4）、K 波段（18～22/22～26.5）、Ka 波段（26～40GHz）、Q 波段（38～48GHz ）和 W 频段（68～92GHz）。这些馈源中的大多数以 14dB 的边缘锥度照射子频道，导致约 1%的后方（对空）溢出。该转台还可适应 K 波段 FPA 和 MUSTANG，这是一款用于 82～100GHz 的 64 单元辐射计 FPA。

在 1GHz 以下，GBT 使用相对于抛物面的投影直径具有有效 $f/D=0.6$ 的主焦点馈送系统。如图 68.2 所示，一个喇叭可能会安装在支撑结构上，该支撑结构向外枢转以将馈电定位在主要焦点处。延伸时，主焦点处馈电会阻塞副反射器。主焦点配置中可用的频率范围包括使用偶极型馈电的 290～395MHz、385～520MHz 和 510～690MHz 以及使用喇叭的 680～920MHz。

2）阿雷西博

如图 68.4 所示，世界上最大的填孔式射电望远镜位于美国波多黎各

Arecibo 附近的阿雷西博天文台(Salter,2012)。阿雷西博望远镜的主要反射器是一个直径为 305m 的固定球面部分,曲率半径为 265m,从曲率中心俯视半角为 35°。表面精度约为 2mm RMS,将仪器限制在约 10GHz 以下的频率。如图 68.5所示,馈电位于悬挂在主反射器上方的平台上,如图 68.5 所示。平台旋转以指向方位角,并且馈电横越弯曲轨道以指向距天顶高度约 20°的高度。

图 68.1　绿岸望远镜(其主焦点馈电是可伸缩的)(图片来源:NRAO/AUI/NSF)

图 68.2　绿岸望远镜的副反射面和主焦馈电
(其主焦点馈电被部署了)(图片来源:B. Saxton,NRAO/AUI/NSF)

图 68.3　绿岸望远镜馈电转台(图片来源:B. Saxton, NRAO/AUI/NSF)

图 68.4　阿雷西博(图片由国家科学基金会设施 NAIC-Arecibo 天文台提供)

因为阿雷西博的主反射器是球形的,所以没有主焦点,而且馈电系统必须考虑球面反射的特定光学系统。主要的馈电系统由公历二级和三级子反射器组成,位于图 68.5 中馈电平台左侧可见的圆顶上。照射由主反射面发出,首先到达位于圆顶上部的格里高利次级反射器,并向下弯曲,然后通过格里高利三级反射层位于圆顶下部并向上弯曲(Kildal et al.,1994)。信号通过位于圆顶顶部的转台与第二反射器相对的馈源接收。该系统在主反射器上产生约213m×237m的椭圆的大致均匀的照明,导致在2GHz以下约75%的孔径效率(包括阻塞)和在5GHz约1′的波束宽度。通过该系统可用的馈电系统包括用于327MHz频带(312~342MHz)、430MHz频带(425~435MHz)、800MHz频带(705~800MHz)、L频带(1.12~1.73GHz)、S波段(单独馈送1.8~3.1GHz和3~4GHz)、C频段(3.85~6.05GHz和6~8GHz的单独馈电)及X频段(8~10GHz)。该系统适用于阿雷西博L波段馈电阵列(ALFA),这是一种由7个喇叭组成的FPA,工作频率为1225~1525MHz。在47MHz,Arecibo还包括430MHz的"换行"(在图68.5中的馈电平台的右侧可见)和一个"点进给"。换行是长29m,位于与所需指向方向相关的焦散线上,在约10MHz的带宽上产生大约11′的波束宽度。47MHz的馈源提供大约100′的波束宽度。

图68.5　阿雷西博馈电平台(图片由国家科学基金会设施NAIC-Arecibo天文台提供)

3) 其他用于厘米波长及更长的大碟

世界上其他可操作的大型单碟射电望远镜主要是双轴可控轴对称抛物面系统。其中最突出的是Effelsburg(100m,德国;Hachenberg et al.,1973)、Jodrell Bank(76m,英格兰)和Parkes(64m,澳大利亚)。Parkes配备了一个位于其主要焦点的13波束L波段FPA。在文献(Ekers and Wilson,2013)的附录A.2提供了直径大于20m的世界射电望远镜的总结(另外,该参考文献的图8.7显示了正在安装的 Parkes FPA）。

由于各种原因（尤其参见“波束形成阵列”一节的第一段），在 GBT、Effelsburg、Jodrell Bank 和 Parkes 的规模上构建新的厘米波长单碟仪器是不太可能的；几乎所有计划或想象的未来射电望远镜都是波束形成阵列或干涉仪。目前中国已建成的 500m 孔径（FAST）望远镜是一个明显的例外（Nan，2011）。FAST 与阿雷西博相似，只是要大得多，完成后，它将成为世界上最大的单孔径射电望远镜。

4）在较高频率下操作的大型单碟仪器

在毫米波和亚毫米波波段构成“大碟”的物理尺寸比构成厘米波长的大碟的物理尺寸小。这是因为波束宽度与波长成正比，但也因为表面准确性而成为孔径效率的基本限制，需要采取更严格和昂贵的措施来达到可接受的阈值。目前能够进行毫米波操作的最大仪器（除了 GBT 和 Effelsburg，如上所述）包括撒丁岛射电望远镜（SRT）和大毫米望远镜（LMT）。SRT 由一个 64m 的主反射器组成，可用于 3mm（115GHz）的公历馈线。LMT 位于墨西哥的 Sierra Negra 上，有一个 32m 的主反射器，计划将其增加到 50m。LMT 是一款轴对称卡塞格伦设计，打算工作在 4mm（75GHz）至 0.85mm（353GHz）的范围内。该仪器包括两个 FPA：Az TEC，1.1 mm 的 144 元 FPA（Wilson et al.，2008）；SEQUOIA，3 mm 的 32 元 FPA。其他主要的大型毫米波单碟仪器包括位于西班牙 Pico Veleta 的 IRAM 30m 碟（图 68.6），两个 FPA 系统 1mm（Baars et al.，1994），亚利桑那无线电观测台 12m 和 10m 碟子，以及智利 Llano Chajnantor 的阿塔卡马路径实验（APEX）的 12m 碟子。

著名的单碟仪器设计用于在亚毫米波长下工作（并根据人们对波段的定义，进入红外线），包括位于夏威夷 Mauna Kea 的 15m James Clerk Maxwell 望远镜（JCMT），加州理工学院亚毫米天文台（CSO）也在 Mauna Kea 和 10m 南极望远镜（SPT；Carlstom et al.，2011）。一些致力于宇宙学空间和地面的望远镜（具体描述在下文）也在亚毫米级范围内运行。有关亚毫米望远镜的更多读物，建议参考文献（phillips et al.，2013）。

5）宇宙微波背景实验

目前，人们对毫米波/亚毫米波极化观测宇宙微波背景有着浓厚的兴趣，目的是检测大尺度（按照度数）亮度、温度和偏振方面的变化，从而能够洞察早期

图68.6 IRAM 30m 毫米波长的射电望远镜(图片来源:IRAM/Alexandre/Beelen)

历史在宇宙大爆炸之后的一小段时间内,它就向后延伸到通光时代。这是使用FPA运行的最佳方法,“广播相机”放在相对较小的碟子上,用于大视野。由于相关信号非常弱,为了实现显著的信噪比,需要很长的观察时间(数年)。合适的仪器通常是专门构建的,因为现有仪器不适合并且通常不能提供必要的观察时间。这类仪器的包括阿塔卡玛宇宙学望远镜(ACT; Swetz,2011)、宇宙玻璃外极化背景成像(BICEP)系列仪器、宇宙背景成像仪(CBI)和Q / U成像实验(QUIET)。有关这些仪器的更多信息,推荐参考文献(Hanany et al. ,2013),也可参见下一部分关于太空射电望远镜的讨论。

6) 天基射电望远镜

有些应用不需要高角度分辨率,但需要大带宽和极高的灵敏度;对于此类应用,在太空中工作是一个优选项。宇宙学设备WMAP(Page et al. ,2003)、Planck(Doyle et al. ,2009;Tauber et al. ,2010)均是小型偏馈格里高利反射面系统(分别为0.7m和1.5m口径),位于月球轨道之外的L2拉格朗日点上。在L2点工作允许覆盖整个天球的同时减轻由大气损耗和地面源干扰造成的限制。Hershel(Doyle et al. ,2009;Pilbratt et al. 2010)是一个1.5m口径的卡塞格伦亚毫米波射电天文望远镜,其工作于L2点上,主要是为了研究早期宇宙中恒星的形成。同时,配备了单反射面天线的地球轨道卫星,用于甚长基线干涉测量(VLBI);见“甚长基线干涉测量”部分内容。

2. 波束合成阵列

单反射面设备的灵敏度和空间选择性主要由反射面的尺寸所限制,实际上是受到机械结构考虑的限制,另外,灵敏度也受到接收机噪声温度的影响。过去20 年的技术进步导致低成本接收机的性能几乎和最先进的射电天文望远镜接收机一样。总而言之,这些趋势使得可能永远不会有另一个像 GBT 一样大,且可转向的单反射面射电望远镜。取而代之的是,趋势是朝着更小的碗碟阵列的方向发展,每个碗碟的接收器几乎与现有的最佳单碟仪器上的接收器一样好,并且可以分布在更大的口径上以实现改善的空间选择性。这些碗碟可以联合起来在单个碗碟的波束宽度范围内形成单个或多个波束。在射电天文学界,这个概念通常称为“大 N 小 D”(LNSD)。艾伦望远镜阵列(ATA;见“艾伦望远镜阵列”部分)和超大阵列(VLA,见“超大阵列”部分)是两种突出的可以作为波束合成阵列的天文仪器。当波长大于 1m(300MHz)时,将碗碟反射面替换成如偶极子一样的低增益单元是划算的。这部分是由于这些波长的小碗碟的方向性差,部分原因是由于天线温度急剧升高,与银河同步加速器背景相关的频率下降,这有助于在没有显著损失灵敏度的情况下使用更简单、更便宜的非冷却电子设备(Ellingson,2005、2011)。在“场波长阵列站 1(LWA1)”中将长波长阵列站 1 描述成一个作为长米波波束合成器的例子。其他低频仪器如 LOFAR(在“低频阵列(LOFAR)中被描述成一个干涉仪”)也有波束合成模式。由大量低增益元件组成的波束合成阵列存在一些独特的问题,就是波束形状和旁瓣结构随波束指向而变化、灵敏度随天顶角的增加而降低以及整个系统的高复杂度。

在描述具体仪器之前,值得注意的是,波束合成阵列之所以能引起人们的兴趣,不仅是对机械挑战或工程经济学的回应,也是由于波束合成提供的独特优势。其中最重要的是多波束,既结合了多个独立单元的信号来形成多个波束,这些波束能同时产生,每个波束指向不同的方向。每增加一个可以指向不同方向的额外波束就可以同时容纳一位额外的观测员,相较于单反射面系统,这显著地增加了科学效益。另一个波束合成阵列的优点是其具有可以形成特定波束形状;降低副瓣,使系统温度下降或者零干扰的潜在能力(Raze et al. ,2002;Ellingson and Cazemier,2003)。需要注意的是,PAFs 有在较小的程度上使用多个反射面提供相似作用的能力(Jeffs et al. ,2008)。

1) 艾伦望远镜阵列(ATA)

ATA坐落于美国加州Hat Creek,是一个LNSD概念的有开创性的实现。这个仪器目前由42个1m的碟面构成,分布于最大尺寸约为300m的口径上。每个碟均是一个采用格里高利副反射面的抛物面,采用双极化对数周期馈源,实现了大约60%的口径效率。馈电系统的瞬时调谐范围为0.5~11.2GHz;然而,最佳性能要求馈源相对于副反射器焦点的频率相关线性机械定位。反射面在1.4GHz提供2.5°的主瓣;随后的波束合成过程中会将每个波束的宽度减小至4.3′,在单个反射面所限制的视野范围内可以定位多个波束。

2) 氘阵列(Deterium Array)

图68.7所示的氘阵列是一个由低增单元组成的阵列,它成功地观测到非常微弱的、以前未检测到的氘的327MHz频谱线(Rogers,2007)。该阵列由24个"站"构成,每个"站"由24个双极化二元八木天线,由金属丝网接地平面上方的0.8λ直线网格定位。每个天线的每一个极化分别被数字化,波束合成完全由软件实现。虽然其实际上是一项短暂的(2004~2006年)试验,但该仪器对于高灵敏度射电天文学数字波束形成的有效性具有重要意义,目前还没有观察到能够在此频率范围的可比仪器。

图68.7 氘阵列

3) 长波长阵列站1(LWA1)

LWA1是一个大型多用途波束合成阵列,工作于10~88MHz频段。该仪器如图 68.8 所示，和 VLA 并列位于新墨西哥州中心。LWA1 由 256 个双极化偶极子形状的天线组成。每个天线的输出被单独数字化，波束合成采用数字域延迟叠加技术。偶极子天线分布在 100m×110m 的椭圆口径内，其在最高频率可在天顶角形成大概 2°的波束宽度，为了指向低海拔波束宽度，会在最低频率增加至几十度。为了提高对银河系中心观测的对称性，口径的主轴位于东南方向上，这需要指向南部的低海拔区域。天线的分布是伪随机的，最小间距为 5m，以便于维护。伪随机分布改善了副瓣，在大于 30MHz 的频率范围这将成为一个问题。

LWA1 天线单元的 LWA1 天线元件是栅网蝴蝶结偶极子，具有偶极臂，该偶极臂向下呈倒 V 形结构，以改善天空中的增益均匀性（Hicks et al. ，2012）。采用宽带天线单元天线元件的有用带宽显著大于天线元件的阻抗带宽，这可归因于天空，尤其是银河同步辐射，在这个频率范围内非常明亮。这会导致阻抗不匹配后的不可约外部噪声与内部（接收器）噪声（约 300K）之比很大，因此阻抗失配对灵敏度的影响很小。对于 LWA1，系统温度由银河同步加速器背景占主导地位，24～87MHz 为 4 ∶ 1。因此，改进的阻抗匹配会导致灵敏度只有非常小的改进。

图 68.8　LWA1

具有外部噪声受限灵敏度的缺点在于，由于紧密间隔的天线之间的外部噪声相关性的有害影响，阵列的灵敏度不会随着天线的数量线性增加（Eillingson，2011）。此外，外部噪声的亮度温度分布随着时间而变化，具体效果取决于波束指向方向。因此，尽管从有效口径和系统温度（A_e/T_{sys}或通信工程术语 G/T）的角度来表征大碟子的灵敏度是合理的，这些特征对于采用大阻抗失配的现代低频波束合成阵列,如LWA1,并非是有意义的。在这种情况下,系统等效通量密度(SEFD)是非常方便的。SEFD是对于一个源无法被波束分辨的通量密度($W/(m^2 \cdot Hz)$),这会导致表观系统温度加倍。LWA1在天顶角处达到了10kJ的SEFD。这种灵敏度大致与频率无关,因为偶极子的有效孔径与λ^2成正比例增加,而由银河噪声背景引起的天线温度大致增加为$\lambda^{2.5}$,灵敏度与该比例成正比。

4) 其他波束合成阵列

另一个大型的工作于低频率的现代阵列是LOFAR,它更多的是被设计为一个干涉仪,将会在"低频阵列(LOFAR)"部分内容中被更多的探讨。在进一步讲述之前,值得注意的是,基本上所有目前正在使用的射频望远镜设计工作在300MHz以下,其中包括大量的低增益元件组合成波束,原因如前所述。LWA1和LOFAR是这个频段的相对较新的成员;其他工作于100MHz以下的仪器(它们已经作为模拟波束合成阵列工作了几十年)包括:GEETEE(35~70MHz),位于印度高里比达努尔;UTR-2(Braude et al.,1978,5~40MHz),位于乌克兰;Nancay Decametric阵列(10~100MHz),位于法国。

3. 干涉仪

一种独特类别的射电天文望远镜是孔径合成成像仪,通常被简称为干涉仪阵列或干涉仪。它不同于单碟仪器、采用FPA的单碟、波束合成阵列的"单馈源单像素"工作模式,这类仪器主要设计来用于成像。(为了清楚起见,这些仪器也常用于成像,如通过在所需的视场上扫描光束或通过使用FPA作为"无线电摄像机"。本节介绍主要为孔径合成成像设计的仪器)。

干涉仪的典型操作方法是对广泛分离的天线接收的信号进行互相关,然后应用傅里叶变换通过Van Cittert-Zernicke定理获得图像。实际处理涉及更多,但超出了本章的范围,有关细节,可参见Thompson等(2001)的著作。干涉仪的主要特性是分辨率,受最大基线长度(也就是,阵列中两个天线的最大间距)和FOV的限制,FOV受到单个天线波束宽度的限制。有用的FOV同时受到实际考虑的限制,如由处理限制导致的带宽不完全一致性。由于这个原因,有用的FOV有时被称为最大角度标度(LAS),它必然小于碟形波束宽度。

1) 超大阵列(VLA)

VLA(也称为"Expand VLA"(EVLA)and"Jansky VLA"(JVLA))大概是在运

行中的大型射电干涉仪中的重要例子(Napier et al. ,1983;Perley et al. ,2009)。阵列位于新墨西哥州中心,由 27 个 25m 口径的碟面排列成 Y 形,如图 68.9 所示。独立的碟面可以沿着 Y 形臂运输使得基线长达 36km。在 1.4GHz 时,具有最长基线("A")的配置便于成像,分辨率为 2″,与频率成反比。为了在更大的角度尺度上获得改进的灵敏度,可以将反射面周期性地移动到小 3 倍的结构(称为"B""C"和"D")。单个碟面使用卡塞格伦型系统,其中覆盖 1~50GHz 的 8 个连续频带的馈源喇叭位于碟面的顶点,如图 68.10 所示。2.3m 的卡塞格伦副反射器相对于主反射镜的旋转轴稍微倾斜地安装,通过围绕该轴旋转副反射器可允许对馈源进行选择。

VLA 有"P-Band"(230~470MHz)和"4-Band"(57-84GHz)的馈源系统,这些系统不是卡塞格伦式的,其采用偶极子馈源,这些馈源安装在主、副反射面之间,并把副反射面当作地平面。4-Band 偶极子的配置,会降低更高频率的卡塞格伦模式馈电系统的灵敏度,因此其部署只是间歇性的。一个实验/替代性质的 4-Band 馈源系统最近被安装在 6 个碟面上。该系统由 4 个安装在卡塞格伦馈源系统光学路径之外的端馈偶极子组成,相对于在轴上安装的偶极子配置,该配置只损失了很小的口径效率,但显著地降低了对高频馈源系统的影响(Harun and Ellingson,2011;Ellingson et al. ,2013)。

图 68.9 VAL 最紧凑的排列(D 形)(NRAO/AUI/NSF 提供图片)

正如前文所述,VLA 具有相控阵模式,也就是工作在波束合成模式,这对观测无法被图像所分辨的源尤其有用,如脉冲星。在该模式下,VLA 的波束宽度反比于最大基线,且可以达到 $10000m^2$ 的口径效率,比 GBT 要大 70%。

图 68.10　VLA 卡塞格伦馈电系统细节(B. Saxton, NRAO/AUI/NSF 提供图片)

2) 阿塔卡玛大型毫米波/亚毫米波阵列(ALMA)

ALMA(Mangum et al.,2006;Wooten and Thompson,2009)由 64 个 12m 的碟面组成,位于智利的 San Pedro de Atacama。ALMA 在 2011 年开始用于科学研究,它在很多方面代表了毫米波天文学的当前状态。图 68.11 给出了 ALMA 的 12m 碟面,其工作于 84~720GHz 之间的 7 个频带上,可以被移动形成 16km 长的基线配置。在 300GHz(1mm 波长)时,该配置的成像分辨率可以达到 20mrad/s。如同 VLA,AMLA 也可以作为波束合成阵列。

3) 巨型米波射电天文望远镜(GMRT)

GRMT 由 30 个 45m 的碟面组成,位于印度的 Pune 北部。鉴于 ALMA 基本上是 VLA 的毫米/亚毫米波补偿,GMRT 主要针对低频,工作在 50MHz~1.5GHz 频段。频率相对较低的上限有助于使用线栅碟面,这反过来又使得更大的碟反射面实用且具有成本效益。8 个碟面如同 VLA 一样,被排列成 Y 形,其臂有 14km(基线达到 20km),同时剩下的 12 个碟面在中心 1km×1km 范围内伪随机排列。在 610MHz,该种配置成像分辨率达到 10″。

4) 低频阵列(Low-Frequency Array, LOFAR)

LOFAR(Van Haarlen,2013)是一个大型低频干涉仪,其由几十个“基站”(构

图 68.11　ALMA 的 12m 碟面

图 68.12　LOFAR“superterp”的鸟瞰图(这是位于 2km 直径“核心”地区内的一个地区,24 个电台位于其中。在这里可以看到下面的站点:6 在图像中心的圆形岛内,6 在左下角,另外两个在右上角。方形的深色面板是 HBA 的“瓦片”,这里有 24 个“瓦片”子阵列。较小的深色色块是各个 LBA 天线的地面屏)

成波束合成阵列,计划建造 48 台)组成,位于北欧。图 68.12 展示了这些“基站”中的几个。每个“基站”由一个 10~90MHz 的“低频阵列”(LBA)部分和一个 110~240MHz 的“高频阵列”(HBA)组成。这些组成部分采用不同的天线单元和排列。LBA 阵列由 48 个或者 96 个双极化薄偶极子倒 V 形天线单元组成,在地屏上 80m 直径的口径内伪随机排列(参见长波长阵列基站 1(LWA1)会讨论为什么窄带天线元件在这个波长范围内在多个 8°上有效)。HBA 阵列包括 24、48 或 96 个“瓦片”(子阵列),每个“瓦片”由一个 4×4=16 元双极化“胖”栅网偶极子紧凑的排列成正方向构成,这些“瓦片”本身也紧凑排列。HBA 的“瓦片”采用模拟波束合成技术;LBA 的偶极子和 HBA 的“瓦片”输出是数字化的,随后的所有处理都采用数字化实现。这些“基站”采用伪随机方式分布,基线范围从 68m 到 1158km,成像分辨率范围从 0.5°到亚弧秒范围,这取决于频率,电离层条件和行星际闪烁。尽管主要用作孔径合成成像仪器,LOFAR 也可以作为波束形成阵列来操作。

5) 其他卓越的干涉形射电天文望远镜

目前工作的其他大型射电天文望远镜包括澳大利亚紧凑阵列望远镜(ATCA)(6 个可以动的 22m 碟面,最大基线 6km(Wilson et al. ,2011)、韦斯特伯克射电天文望远镜(WRST; 14 个 25m 碟面,最大基线 3km(Baar et al. ,1973)。WSRT 正在改装 PAF 系统,称为 APERTIF(APERture Tiles In Focus)(Cappellen and Bakker,2010)。每个 APERTIF PAF 都是由 112 个 Vivaldi 型宽带喇叭组成的紧凑型直线阵列,工作频率为 1.0~1.7GHz。在此应用中,PAF 用于同时增加成像 FOV,并有助于复杂的空间滤波技术以减轻干扰。

与 SKA 项目(参见“平方千米阵列”章节)相关的是两种“探路者”仪器,预计将在未来几年内投入使用。澳大利亚 SKA 探路者(ASKAP)(Schinckel et al. ,2012),如图 68.13 所示,由西澳大利亚的 36 个 12m 主焦聚焦碟面系统组成。尽管仪器名称没有明确表达,但 ASKAP 本身就是一个突出的厘米波长干涉仪,并且由于大 FOV(通过相对小的碟面直径来促进)而特别适合测量类型项目;其拥有一个有创新性的 PAF 形馈源系统,该系统由 94 个双极化方形贴片组成的自补偿阵列构成(Hay et al. ,2011)。南非的 MeerKAT 仪器将由 64 个 13.5m 偏置格里高利的碟面组成,单格像素馈电频率介于 580MHz~14GHz 之间。

在毫米波/亚毫米波范围内,其他干涉仪包括“毫米波天文组合阵列”(CARMA, 美国 加州)、Plateau de Bure 及其继任者,NOEMA(法国)、亚毫米波阵列(SMA;Maunna Kea 夏威夷)。在无线电频谱的长波长末端 Murchison Wide-field 阵列(MWA),(Tingay et al. ,2013)在最近已经开始用于科学研究。MWA

是位于澳大利亚西部的一个 80~300MHz 阵列，主要用于 EoR 的角功率谱检测，但非常适合该频段中的各种其他科学研究。MWA 由 128 个瓦片组成，每个瓦片包括 4× 4 = 16 个双极化单元的直线阵列，类似于 LOFAR HBA 瓦片。瓦片以伪随机方式分布，基线长达 3km。这导致相对大的 FOV（由于波束形成瓦片的小尺寸），同时其具有有用的角分辨率。

图 68.13　3 个可见 PAF 的 ASKAP 碟面（Schinckel AET，Bunton JD 等提供图片）

需要注意到，LWA1（参见“长波长阵列基站 1”（LWA1）部分内容）也可以作为干涉仪工作；在 LWA1 的情况下，FOV 等于偶极子单元方向图，即基本上整个天空，而空间分辨率并不明显优于波束宽度，因为两种模式都受到 110m×100m 的物理口径限制。最近第二个 LWA 基站在加州欧文斯谷射电天文台开始建造，该基站主要用于干涉测量。欧文斯谷 LWA 基站阵列与 LWA1 阵列基本相同，只是阵列几何尺寸已增大约 2.3 倍，分辨率相应提高，同时保留了基本全天视场。

6）甚长基线干涉仪（VLBI）

VLBI 是使用延伸超出特定无线电观测台边界基线的干涉测量法，通常具有大陆尺度的基线。一个突出的在工作的 VLBI 仪器是超长基线阵列（VLBA），它由分布于美国各地的 10 个 25m 碟面（非常类似于 VLA 碟面）组成，包括夏威夷和圣克罗伊（美属维尔京群岛）的碟面，基线增加了 8000km。这在 1.4GHz 产生了5ms量级的空间分辨率。另一个著名的VLBI仪器是多元无线电链路干涉仪网络(e-MERLIN),由遍布联合王国(包括Jodrell Bank)的7个碟面组成,基线长达217km。在毫米级体制下,现有的射电望远镜(现在包括ALMA)可以联合运行,用于VLBI。毫米波VLBI的一个突出例子是事件地平望远镜(EHT),其目的是在1.3mm波长的银河中心拍摄超大质量黑洞的事件视界。最后,应该指出的是,现有的所有波段(包括GBT、Arecibo和VLA)的望远镜通常一起运行以进行VLBI观测。由于链接这些仪器的数据路径通常不适合实时关联,因此通常分别记录来自每个仪器的信号,然后使用记录的数据在中心位置进行关联。使用这种技术,基线已经成功扩展到地球轨道上的小碟式射电望远镜,也被称为"太空VLBI"。当代太空VLBI任务是俄罗斯RadioAstron任务,该任务使用配备10m碟面的卫星。

4. EoR和BAO实验

正如本章开始部分所讲解的,现代射电天文学的主要科学驱动力之一是通过21cm氢辐射红移到(大约)100~200MHz之间的频率观测EoR。该信号应该表现为CMB频谱中的毫安级变化,或者作为角(空间)功率谱中的明显特征。由于信号是"全局的",即从整个天空入射,所以前一种方法原则上可以使用单个校准好的宽带偶极来实现。追求全球频谱方法的试验包括EDGES(Rogers and alBowman,2012)和SARAS(Patra et al.,2013)。空间功率谱方法需要干涉仪,由LOFAR("低频率阵列(LOFAR)"部分内容)MWA("其他显著干涉仪型无线电望远镜"部分内容)和"探测新电极时代的精确阵列"(PAPER);(Parsons et al.,2010)组成。PAPER是一种专门制造的仪器,由地平面上的双极化套筒偶极子组成。该仪器可移动、可重新配置(已使用各种阵列几何形状),并可扩展至目前为止从4个元素到128个元素的部署。

由于EoR信号极端弱,预计需要使用现有仪器进行数月至数年的观察。将需要更大的干涉仪来高效观察EoR信号。目前正处于规划和开发早期阶段的一种仪器是氢气EoR阵列(HERA),它由数百个14m碟面组成,所有碟面都固定指向天顶。旨在观察VHF频段EoR信号的另一种仪器是SKA Phase-1 Low,在"平方公里阵列"部分内容中讨论。一项独特的科学努力导致了在概念上类似的仪器,那就是在400~900MHz的频率范围内观察BAO,这有望限定暗能量的性质。这是加拿大氢强度映射实验(CHIME)(Bandura et al.,2014)的主要科学目标,该实验是由固定抛物柱面反射器和换行器组成的过渡(固定指向)仪器完成。

68.3　未来的方向和开放性的问题

本章将射电望远镜分类为单碟面系统、波束形成阵列、干涉仪和 EoR / BAO 设备。在每一类别中,描述了重要的现有/运行的仪器以及按期在未来几年内投入运作的仪器。这些仪器包括 FAST、ASKAP、MeerKAT、NOEMA、HERA 和 CHIME。本章依靠探索处于规划和开发早期阶段的仪器以及相关技术趋势对前文做了总结。

1. PAF 和孔径阵列的演进

影响未来大多数运用中仪器的技术趋势是从大填充的孔径向大量低增益单元组成的阵列演变,接着是波束合成阵列或干涉测量。演进的主要动机在"波束形成阵列"一节的前几段中已经讨论,包括与填充孔径相比电子设备的成本下降;通过多波束同时支持多个用户或观测的能力,提高了波束形状和旁瓣控制的灵活性,以及拥有更强大的干扰抑制技术的潜力。在典型的大单碟面应用中,这种趋势表现为对 FPA 逐步增加的兴趣、FPA 的出现以及向着更大"N"和更小"D"的 LNSD 的过渡。推测未来几十年,在许多运用中碟面可能会被"孔径阵列"所取代,也就是说,采用具有低增益可数字化的单元组成的紧凑平面阵列,以期在随后的处理中获得最大的灵活性。在无线电频谱的低端这种架构以及实现并达到成熟,现有运行中的仪器已经有所展示,如 LWA1(参见"长波长阵列基站 1"部分内容)、LOFAR(参见"低频阵列"部分内容)、工作于 327MHz 的氘阵列(参见"氘阵列"部分内容)。在更高的频率上实现这种架构更加困难,有两方面的原因:一是因为每个单元接受面积和波长的平方成正比;二是因为仪器不可避免地被内部噪声所限制,当高于 400MHz 时,由于天空噪声所引起的天线温度将下降到 50K 左右。因此,这种情况下口径阵列对于米波仪器更具吸引力,在某些情况下会扩展到厘米波范围。在探索这种方法的试验中,突出的是 EMBRACE(Kant et al. ,2011),这是一种由 10368 个双极化 Vivaldi 型天线单元组成的阵列,与 WSRT 并置,工作频率为 500~1500MHz,其小型版本位于法国 Nançay。

2. 平方千米阵列

在射电天文学未来具有突出表现的是平方千米阵列(Dewdney et al. ,

2009)。SKA在20世纪90年代被作为新一代干涉仪而提出,在1.4GHz时其有效口径能达到$1km^2$,这就是其命名的原因。SKA现在是协调多个国家和国际仪器开发项目的“保护伞”项目。“SKA Phase 1”包含3个仪器:①SKA Phase 1 Low,一种新型米波阵列,其结构类似LOFAR,其位于澳大利亚,由900个基站组成,每个基站包含300个双极化对数周期八木天线;②将ASKAP由36碟面扩展到64碟面;③将MeerKAT由64碟面扩展到254碟面。SKA Phase 2段将沿用上述路线,推测其中包括一个大型米/厘米波的孔径阵列。

交叉参考:

▶第72章　反射面天线的相控阵馈源
▶第40章　毫米波天线与阵列
▶第42章　多波束天线阵列
▶第24章　相控天线阵
▶第19章　反射面天线

参考文献

Baars JWM et al (1973) The synthesis radio telescope at Westerbork. Proc IEEE 61:1258-1266

Baars JWM et al (1994) Design parameters and measured performance of the IRAM 30-mmillimeter radio telescope. Proc IEEE 82:687-696

Baars JWM et al (2009) Radio astronomy in the early twenty-first century. Proc IEEE 97:1377-1381

Bandura K et al (2014) Canadian hydrogen intensity mapping experiment (CHIME) pathfinder. arXiv:1406.2288 [astro-ph.IM]

Blundell R (2007) The submillimeter array. In: IEEE international microwavesymposium, Honolulu, pp 1857-1860

Braude SY et al(1978) Decametric survey of discrete sources in the northern sky: I. The UTR-2radio telescope. Experimental techniques and data processing. Astrophys Space Sci 54:3-36

Carlstrom JE et al (2011) The10 meter south pole telescope. Publ Astron Soc Pac 123:568-581

Davidson DB, Jonas J (2012) An overview of electromagnetics, signal processing, imaging and calibration for MeerKAT. In: International conference on elect-romagnetics in advanced applications, Cape Town, pp 308-311

Dewdney PE et al (2009) The square kilometre array. Proc IEEE 97:1482-1496

Doyle D et al (2009) The Hershel and Planck space telescopes. Proc IEEE 97:1403-1411

Ekers R, Wilson TL (2013) Radio telescopes. In: Planets, stars and stellar systems, vol 1. Springer, Dordrecht, pp 315-359

Ellingson SW (2005) Antennas for the next generation of low frequency radio telescopes. IEEE Trans Antennas Propag 53:2480-2489

Ellingson SW (2011) Sensitivity of antenna arrays for long-wavelength radio astronomy. IEEE Trans Antennas Propag 59:1855-1863

Ellingson SW, CazemierW (2003) Efficient multibeam synthesis with interference nulling for large arrays. IEEE Trans Antennas Propag 51:503-511

Ellingson SWet al (2013a) The LWA1 radio telescope. IEEE Trans Antennas Propag 61:2540-2549

Ellingson SW et al (2013b) Design and commissioning of the LWA1 radio telescope. In: IEEE international symposium on phased array systems and technology, Boston, pp 776-783

Ellingson SW et al. (2013c) Strut-straddling arrays for the VLA 4-meter observing system. EVLA Memo 173. http://www. aoc. nrao. edu/evla/memolist. shtml. Accessed 6 Dec 2014

Elmer M et al (2012) Beamformer design methods for radio astronomical phased array feeds. IEEE Trans Antennas Propag 60:903-914

Hachenberg O et al (1973) The 100-meter radio telescope at Effelsberg. Proc IEEE 61:1288-1295

Hanany S et al (2013) CMB telescopes and optical systems. In: Planets, stars and stellar systems, vol 1. Springer, Dordrecht, pp 431-480

Harun M, Ellingson SW (2011) Design and analysis of low frequency strut-straddling feed arrays for EVLA reflector antennas. Radio Sci 46:RS0M04. doi:10. 1029/2011RS004710

Hay S et al (2011) Connected patch array analysis using the characteristic basis function method. IEEE Trans Antennas Propag 59:1828-1837

Hicks BC et al (2012) A wide-band, active antenna system for long wavelength radio astronomy. Publ Astron Soc Pac 124:1090-1104

Jeffs BD et al (2008) Signal processing for phased array feeds in radio astronomical telescopes. JSelTop Sig Process 2:635-646

Kant G et al (2011) EMBRACE: a multi-beam 20,000-element radio astronomical phased array antenna demonstrator. IEEE Trans Antennas Propag 59:1990-2003

Kassim NE et al (2007) The 74MHz system on the very large array. Astrophys J Suppl Ser 172: 686-719

Kildal P-S et al (1994) The Arecibo upgrading: electrical design and expected performance of the dual-reflector feed system. Proc IEEE 82:714-724

Landon J et al (2010) Phased array feed calibration, beamforming, and imaging. Astron J 139: 1154-1167

Mangum JG et al (2006) Evaluation of the ALMA prototype antennas. Publ Astron Soc Pac 118: 1257-1301

Morris D (1978) Chromatism in radio telescopes due to blocking and feed scattering. Astron Astrophys 67:221-228

Nan R (2011) The five-hundred-meter aperture spherical radio telescope (FAST) project. Int J ModPhys D 20:989-1024

Napier P et al (1983) The very large array: design and performance of a modern synthesis radio telescope. Proc IEEE 71:1295-1320

Page L et al (2003) The optical design and characterization of the microwave anisotropy probe. Astrophys J 585:566-586

Parsons AR et al (2010) The precision array for probing the epoch of reionization: 8 station results. Astron J 139:1468-1480

Patra N et al (2013) SARAS: a precision system for measurement of the cosmic radio background and signatures from the epoch of reionization. Exp Astron 36:319-370

Perley R et al (2009) The expanded very large array. Proc IEEE 97:1448-1462

Phillips TG et al (2013) Submillimeter telescopes. In: Planets, stars and stellar systems, vol1. Springer, Dordrecht, pp 283-313

Pilbratt GL et al (2010) Herschel space observatory: an ESA facility for far-infrared andsubmillimetre astronomy. Astron Astrophys 518:1-6

Prestage RM et al (2009) The green bank telescope. Proc IEEE 97:1382-1389

Raza J et al (2002) Spatial filtering of RF interference in radio astronomy. IEEE Signal Process Lett 9:64-67

Rogers AEE, Bowman JD(2012) Absolute calibration of a wideband antenna and spectrometer for accurate sky noise temperature measurements. Radio Sci 47:RS0K06 doi:10. 1029/2011RS004962

Rogers AEE et al (2007) Observations of the 327MHz deuterium hyperfinetrans-ition. Astron J 133:1625-1632

Ruze J (1966) Antenna tolerance theory - a review. Proc IEEE 54:633-640

Salter C (2012) An astronomer's guide to the Arecibo 305-m telescope [online]. http://www.naic.edu/_astro/guide/. Accessed 6 Dec 2014

Schinckel AET, Bunton JD, Cornwell TJ, Feain I, Hay SG (2012) The Australian SKA Pathfinder, Proc. of SPIE, Amsterdam, Netherlands. Vol. 8444:2A

Swetz DS (2011) Overview of the Atacama cosmology telescope: receiver, instrumentation, andtelescope systems. Astrophys J 194:41

Tauber JA et al (2010) Planck pre-launch status: the optical system. AstronAstrophys 520:A2

Thompson AR et al (2001) Interferometry and synthesis in radio astronomy, 2nd edn. Wiley, New York

Tingay SJ et al (2013) The Murchison widefield array: the square kilometre array precursor at low radio frequencies. Publ Astron Soc Aust 30:e007

van Cappellen WA, Bakker L (2010) APERTIF: phased array feeds for the Westerbork synthesis radio telescope. In: IEEE international symposium on phased array systems and technology, Boston, pp 640-647

van Haarlem MP et al (2013) LOFAR: the low-frequency array. AstronAstrophys 556:A2

vonHoerner S (1967) Design of large steerable antennas. Astron J 72:35-47

Warnick KF et al (2011) Design and characterization of an active impedance matched low noise phased array feed. IEEE Trans Antennas Propag 59:1876-1885

Welch J et al (2009) The allen telescope array: the first widefield, panchromatic, snapshot radio camera for radio astronomy and SETI. Proc IEEE 97:1438-1447

Wilson GWet al (2008) The AzTEC mm-wavlength camera. Mon Not R Astron Soc 386:807-818

Wilson WE et al (2011) The Australia telescope compact array broadband backend (CABB): description & first results. Mon Not R Astron Soc 416:832-856

Wilson T et al (2013) Tools of radio astronomy, 6th edn. Springer, Berlin

Wooten A, Thompson AR (2009) The Atacama large millimeter/submillimeter array. Proc IEEE 97:1463-1471

附录：缩略语

A

AAS adaptive active antennas 自适应有源天线

ABF analogue beam forming 模拟波束成形

ABS absorbing strip 吸收条带

ABS acrylonitrile butadiene styrene 丙烯腈-丁二烯-苯乙烯

AC alternating current 交流

ACL auxiliary convergent lens 辅助聚焦透镜

A/D analog to digital 模数变换

ADC analog-digital converter 模数转换器

ADG actual diversity gain 实际分集增益

A-EFIE augmented electric field integral equation 增广电场积分方程

AF array factor 阵列因子

A4WP Alliance for Wireless Power 无线电力联盟

AiP antenna-in-package 封装天线

AIS air-insulated substations 空气绝缘变电站

ALTSA antipodallinearly tapered slot antenna 对拓线性渐变缝隙天线

AM additive manufacturing 增材制造

AM amplitude modulation 调幅

AMC artificial magnetic conductor 人工磁导体

AMPS advanced mobile phone system 先进移动电话系统

AMSR advanced microwave scanning radiometer 先进微波扫描辐射计

AoA angle of arrivals 到达角

APAA active phased array antenna 有源相控阵天线

APEX atacama pathfinder experiment 阿塔卡马探路者实验

APM alternating projection method 交替投影法

APS angular power spectrum 角功率谱

AR autoregressive 自回归

AR axial ratio 轴比

ARBW axial ratio bandwidth 轴比带宽

ARQ automatic repeat request 自动重传请求

ASIC application-specific integrated circuit 专用集成电路

ASKAP australian square kilometer array pathfinder 澳大利亚探路者平方公里阵列

ATCA australia telescope compact array

澳大利亚紧凑阵列望远镜

AUT antenna under test 待测天线

AWAS analysis of wire Antennas and scatterers 线天线和散射体分析程序

AWG arbitrary waveform generator 任意波形发生器

AWGN additive white gaussian noise 加性高斯白噪声

AZIM anisotropic zero-index material 各向异性零折射率材料

B

BAN body area network 人体局域网

BAVA balanced antipodal Vivaldi antenna 平衡对拓维瓦尔第天线

BCE beam capture efficiency 波束截获效率

BCNT bundled carbon nanotube 成束碳纳米管

BCP buckled cantilever plate 扣式悬臂板

BCWC body-centric wireless communication 人体中心无线通信

BDF beam deviation factor 波束偏差因子

BER bit error rate 误码率

BFN beam-forming network 波束形成网络

BGA ball grid array 球栅阵列

BHA backfire helical antenna 背射螺旋天线

BMI brain-machine interface 脑机接口

BOR body-of-revolution 旋转体

BRP beam refinement protocol 波束优化协议

BSS broadcasting satellite services 广播卫星业务

BST base station 基站

BTL bell technical laboratories 贝尔技术实验室

BW bandwidth 带宽

C

CA carrier aggregation 载波聚合

CAD computer aided design 计算机辅助设计

CA-RLSA concentric array radial line slot antenna 同心阵列径向线缝隙天线

CARMA combined array for millimeter astronomy 毫米波天文组合阵列

CATR compact antenna test range 紧缩天线测试场地

CBCPW conductor-backed cPW 金属背板共面波导

CBI cosmic background imager 宇宙背景成像仪

CBM condition-based maintenance 视情维护

CCE capacitive coupling element 容性耦合元件

CCVS charge-controlled voltage source 电荷控制电压源

CDMA code division multiple access 码分多址

CEM computational electromagnetics 计算电磁学

CFR crest factor reduction 波峰因数降低

CFRP carbon fiber-reinforced plastic 碳纤维增强塑料

CFZ cone-like Fresnel zone 锥形菲涅尔区

CHIME canadian hydrogen intensity mapping experiment 加拿大氢强度映射实验

CIARS centre for intelligent antenna and radio systems 智能天线与射频系统中心

CLL capacitively loaded loop 电容加载环

CLONALG clonal selection algorithm 克隆选择算法

CM condition monitoring 状态监测

EFIECMP-EFIE calderón multiplicative preconditioned, Calderón 乘法预处理 EFIE

CNT carbon nanotubes 碳纳米管

COP center of projection 投影中心

CP circular polarization, circularly polarized 圆极化

CPU/MPU central/micro processing unit 中央/微处理单元

CS cardinal series 主级数

CSO caltech sub-millimeter observatory 加州理工大学亚毫米波天文台

CTIA cellular telecommunications and internet Association 移动通信与互联网协会

CM common mode 共模

CM constant modulus 恒模

CMA characteristic mode analysis 特征模分析

CM-AES covariance matrix adaptation evolutionary strategy 自适应协方差矩阵进化策略

CMIM conventional mutual impedance method 传统互阻抗法

CMOS complementary metal oxide semiconductor 互补金属氧化物半导体

CMRR common mode rejection ratio 共模抑制比

CNC computer numerical control 计算机数控

CPS coplanar stripline 共面带线

CPW coplanar waveguide 共面波导

CR crossover rate 交叉率

CRLH composite right/left handed 复合左右手

CRLH TL composite right- and left-handed transmission line 复合左右手传输线

CSI channel state information 信道状态信息

CSS chirp spread spectrum Chirp 频谱扩展

CTE coefficient of thermal expansion 热膨胀系数

CSRR complementary split-ring resonator 互补开口环谐振器

CT computed tomography 计算机层析成像

CT/LN constant tangential/linear normal 常切向/线性法向

CVD chemical vapor deposition 化学气相沉积
CVX convex 凸优化
CW continuous-wave 连续波
CWE cylindrical wave expansion 柱面波扩展
CWTSA constant width tapered slot antenna 辐射槽宽恒定的渐变缝隙天线
XPD cross-polarization discrimination 交叉极化鉴别
XPI crosspolar isolation 交叉极化隔离
XLPE crosslinked polyethylene 交联聚乙烯

D

DAC digital to analogue converter 数模转换器
DBF digital beam forming 数字波束成形
DBS direct broadcast satellite 直播卫星
DC direct current 直流(电)
DDC digital down converter 数字下变频
DDM domain decomposition method 区域分解算法
DE differential evolution 差分进化
DEC design rule checking 设计规则检查
DETSA dual exponentially tapered slot antenna 双指数型渐变缝隙天线
DFT discrete Fourier transform 离散傅里叶变换
DG diversity gain 分集增益
DGA dissolved gas analysis 溶解气体分析
DGF dyadic green's function 并矢格林函数
DGS defected ground structure 缺陷地结构
DGTD discontinuous Galerkin time domain 时域间断伽辽金算法
DLA discrete lens array 离散透镜阵列
DLP digital light project 数字光学投影
DM differential mode 差模
DMN decoupling and matching network 解耦匹配网络
DMS defected microstrip structure 缺陷微带结构
DNG double-negative 双负
DOA direction-of-arrival 波达方向
DOD drop-on-demand 按需喷墨
DPS double positive 双正
DR dielectric resonator 介质谐振器
DRA dielectric resonator antenna 介质谐振天线
DS direct sequence 直接序列
DSP digital signal processor 数字信号处理器
D/U desired-to-undesired 期望信号与不期望信号之比

E

EAD egyptian axe dipole 埃及斧偶极子
EBG electromagnetic band gap 电磁带隙
EBM electron beam melting 电子束融化
ECC envelope correction coefficient 包络校正系数
ECR electron cyclotron resonance 电子回旋共振

EDA electronic design automation 电子设计自动化

EDG effective diversity gain 有效分集增益

EDGE enhanced data rate for GSM Evolution 增强型数据速率 GSM 演进技术

EFIE electric field integral equations 电场积分方程

EHF extremely high frequency 极高频

EHT event horizon telescope 事件视界望远镜

EIL edge illumination 边沿照射

EIRP effective isotropic radiated power 等效全向辐射功率

EIS effective isotropic sensitivity 等效全向灵敏度

ELDRs end-loaded dipole resonators 端载偶极子谐振器

EM electromagnetic 电磁

EMC electromagnetic compatibility 电磁兼容性

EMI electromagnetic interference 电磁干扰

EMXT electromagnetic crystal 电磁晶体

EMU electromagnetic unit 电磁单位

ENG epsilon-negative 负介电常数

EOC edge of coverage 覆盖区边缘

EPA equivalence principle algorithm 等效原理算法

EPDM ethylene propylene diene monomer 三元乙丙橡胶

EPR electron paramagnetic resonance 电子顺磁共振

EPR ethylene propylene rubber 乙丙橡胶

ERC European Radio Communications Committee 欧洲无线电通信委员会

ERP effective radiated power 有效辐射功率

ESA electrically small antenna 电小天线

ESA european space agency 欧洲航天局

ESI enhanced serial interface 增强型串行接口

ESPAR electronically steerable passive array radiator 电控无源阵列辐射器

ESPRIT estimation of signal parameters via rotational invariance techniques 基于旋转不变性原理的信号参数估计技术

ESU electrostatic units 静电单位

ET edge taper 边沿锥削

EUT equipment under test 待测设备

WLB embedded wafer-level ball grid arraye 嵌入式晶圆级球栅阵列

EZR epsilon-zero 零介电常数

F

FAC full anechoic chamber 全电波暗室

F/B front-to-backratio 前后比

FCC federal communication commission 联邦通信委员会

F/D focal length-to-aperture diameter ratio 焦径比

FDD frequency division duplexing, Frequency division duplex 频分双工

FDM fused deposition modeling 熔融沉积成型
FDMA frequency division multiple access 频分多址
FDTD finite-difference time-domain 时域有限差分
FE finite element 有限元
FEC forward error correction 前向纠错
FEM finite element method 有限元法
FES functional electrical stimulator 功能性电刺激器
FETD finite element time method method 时域有限元法
FIT finite integration technique 有限积分方法
FF far-field 远场
FF fidelity factor 保真度
FFT fast Fourier transform 快速傅里叶变换
FM frequency modulation 调频
FMCW frequency-modulated constant wave 调频连续波
FoV field of view 视场
FP fabry-Pérot 法布里-珀罗
FPA focal plane array 焦平面阵列
FPGA field programmable gate arrays 现场可编程门阵列
FRA frequency response analysis 频率响应分析
FSA functional small antenna 功能小天线
FSS fixedsatellite services 固定卫星业务
FSS frequency selective surface 频率选择表面
FTBR front-to-back ratio 前后比
FVTD finite volume time domain method 时域有限体积法
FSVs frequency selective volumes 频率选择体结构
FZP fresnel zone plate 菲涅尔区盘

G

GA genetic algorithm 遗传算法
GAA grid antenna array 栅格天线阵列
GaAs gallium arsenide 砷化镓
GAS geostationary atmospheric sounder 地球同步轨道大气探测仪
GBT green bank telescope 绿岸射电望远镜
GCOM global change observation mission 全球环境变化观测任务
GCPW grounded coplanar waveguide 接地共面波导
GD gaussian dipole 高斯偶极子
GeoSTAR geostationary synthetic thinned aperture radiometer 地球同步轨道稀疏合成孔径辐射计
GHz gigahertzes 吉赫兹
GMSK gaussian minimum shift keying 高斯最小频移键控
GNSS global navigation satellite system 全球导航卫星系统
GO geometric optics,geometrical optics 几何光学
GPHA gaussian profile horn antennae

高斯剖面喇叭天线

GPIB general purpose interface bus 通用接口总线

GPOR general paraboloid of revolution 广义旋转抛物面

GPRS general packet radio service 通用分组无线业务

GPS global Positioning System 全球定位系统

GRIN gradient index 渐变折射率

GSG ground-signal-ground 地-信号-地

GSGSG ground-signal-ground-signal-ground 地-信号-地-信号-地

GSM global system for mobile communications 全球移动通信系统

GSNA geosynchronous satellite navigation antennae 静止轨道卫星导航天线

GTD geometrical theory of diffraction 几何绕射理论

H

HBA high-band array 高频段阵列

HBC human-body communications 人体通信

HD high-definition 高清

HDPE high-density polyethylene 高密度聚合物

HDRR hemispherical dielectric ring resonator 半球介质环谐振器

HEB half energy beam 半能量波束

HEBW half energy beamwidth 半能量波束宽度

HetNets heterogeneous networks 异构网

HF high frequency 高频

HFA high frequency asymptotic 高频渐进

HFCT high frequency current transformers 高频电流互感器

HHIS hybrid high-impedance surface 混合高阻抗表面

HIS high impedance surface 高阻抗表面

HLR home location register 归属位置寄存器

HM half-mode 半模

HMFE half Maxwell fish-eye 半麦克斯韦鱼眼

HMSIW half-mode substrate-integrated waveguide 半模基片集成波导

HPA high-power amplifier 高功率放大器

HPBW half-power beamwidth 半功率波束宽度

HSPA high-speed packet access 高速分组接入

HTCC high-temperature co-fired ceramics 高温共烧陶瓷

HWG hansen-woodyard gain 汉森伍德增益

I

IC integrated chip 集成芯片

ICE inductive coupling elements 感性耦合元件

ICP intracranial pressure 颅内压

ICNIRP international commission on non-Ionizing radiation protection 国际非电离

辐射防护委员会

IDFT inverse digital fourier transform 数字傅里叶逆变换

IEC international electrotechnical commission 国际电工委员会

IEM integral equation method 积分方程法

IF intermediate frequency 中频

IFA inverted F-antenna 倒 F 天线

IID independent and identically distributed 独立同分布

ILA integrated lens antennas 集成透镜天线

ILDC incremental length diffraction coefficients 增量长度绕射系数

IMD implantable device 可植入设备

INC intelligent network communicator 智能通信网络

IR infrared 红外

ISI inter symbol interference 码间干扰

ISM industrial scientific and medical 工业,科学与医疗

ITE information technology equipment 信息技术设备

ITU International Telecommunications Unit 国际电信联盟

IFFT inverse fast Fourier transform 快速傅里叶逆变换

J

JCMT james clerk Maxwell telescope 詹姆斯·克拉克·麦克斯韦尔望远镜

JPL jet propulsion laboratory 喷气推进实验室

K

KCL kirchhoff′s current law 基尔霍夫电流定律

KDI kirchhoff′s diffraction integral 基尔霍夫衍射积分式

KIDs kinetic Inductance detectors 动力学电感检测器

KVL kirchhoff′s voltage law 基尔霍夫电压定律

L

LAN local area network 局域网

LAS largest angular scale 最大角度标度

LCP liquid crystal polymer 液晶聚合物

LDOS local density of states 光子局域态密度

LDS laser direct structuring 激光直接成形

LED light-emitting diode 发光二极管

LEO low earth orbit 近地轨道

LEOS low-earth-orbit satellite 低轨卫星

LF low frequency 低频

LGA land grid array 触点栅格阵列

LH left-handed 左手

LHCP left-hand circular polarization 左旋圆极化

LHM left-handed media 左手介质

LIM low-index material 低折射率材料

LLM layer laminate manufacturing 层压板制造

LM laser melting 激光熔化

LMS least mean square 最小二乘

LMT large milli-meter telescope 大型毫米波望远镜

LNA low noise amplifier 低噪声放大器

LN2 liquid nitrogen 液氮

LO local oscillator 本地振荡器

LOFAR low frequency array 低频阵列

LOM laminate object manufacturing 层压板制品制造

LOS line-of-sight 视距

LP linearly polarized 线极化

LPDA log-periodic dipole array 对数周期偶极子阵列

LPF low pass filter 低通滤波器

LPLA log-periodic loop array 对数周期环形阵列

LPVA log-periodic V array 对数周期 V 形偶极子阵列

RL line-reflect-lineL 线-反射-线

LS laser sintering 激光烧结

LT low temperature 低温

TCC low temperature co-fired ceramicL 低温共烧陶瓷

TE long term evolutionL 长期演化

LT/QN linear tangential/quadratic normal 线性切向/二次法向

TSA linearly tapered slot antennaL 线性锥削槽天线

LUF lowest usable frequency 最低可用频率

UT lens under testL 待测透镜

WA leaky-wave antennaL 漏波天线

LWA1 Long Wavelength Array Station 1 1号长波阵列站

M

MBA multibeam antenna 多波束天线

ME magneto-electric 磁电

ME multiplexing efficiency 复用效率

MEG mean effective gain 平均有效增益

MEMS micro-electro-mechanical system 微机电系统

e-MERLIN multi-Element Radio Linked Interferometer Network 多元无线电链路干涉仪网络

MFIE magnetic field integral equation 磁场积分方程

MG maximum gain 最大增益

MHz megahertz 兆赫兹

MIC microwave integrated circuit 微波集成电路

MICS medical implant communications service 医疗植入通信服务

MID molded interconnect device 模塑互连器件

MIG metal inert gas 金属惰性气体

MIM metal-insulator-metal 金属-绝缘体-金属

MIMO multiple input and multiple output 多输入多输出

MIR microwaveimpulse radar 微波脉冲雷达

MIRAS microwave imaging radiometer with

aperture synthesis 合成孔径微波成像辐射计
ML maximum likelihood 最大似然
MLFMA multilevel fast multipole algorithm 多层快速多极子算法
MLGFIM multilevel Green's function interpolation method 多级格林函数迭代法
MM/MTM metamateiral 超材料
MMIC monolithic microwave integrated circuit 单片微波集成电路
MMSE minimum mean square error 最小均方误差
mmWave millimeter wave 毫米波
MNA modified nodal analysis 改进的节点分析
MNG mu-negative 负磁导率
MNZ mu-near-zero 近零磁导率
MoM method of moment 矩量法
MPA microstrip patch antenna 微带贴片天线
MPT microwave power transmission 微波能量传输
MR magnetic resonance 磁共振
MRC maximal ratio combining 最大比合并
MRI magnetic resonance imaging 磁共振成像
MRS MR-spectroscopy 磁共振谱
MRTD multi-resolution time domain 时域多分辨法
MS mean square 均方值
MSA microstrip antenna 微带天线
MSC mode-stirred chamber 模式混合暗室
MSCDA modified self-complementary dipole array 改进型自互补偶极子阵列
MSE mean square error 均方误差
MT mobile terminal 移动终端
MIMOMU-MIMO multiuser MIMO 多用户 MIMO
MUSIC multiple signal classification 多重信号分类
MW microwave 微波
MZR mu-zero 零磁导率

N

NASA national aeronautic and space administration(美国)航空航天局
NB narrowband 窄带
NC no compensation 无补偿
NEC numerical electromagnetic code 数值电磁代码
NF near-field 近场
NF noise figure 噪声系数
NFC near-field communication 近场通信
NFE number of function evaluations 评估次数
NF-FF near-field-far-field 近场-远场
NFRP near-field resonant parasitic 近场谐振寄生
NGD negative-group-delay 负群时延
NIC negative impedance converter 负阻抗变换器
NII negative impedance inverter 负阻抗逆变器

NME natural mode expansion 固定模式扩展
NMOS n Metal oxide semiconductor N 型金属氧化物半导体
NMR nuclear magnetic resonance 核磁共振
NNs neural networks 神经网络
NRI-TL negative refractive-index transmission-line 负折射率传输线
NSA normalized site attenuation 归一化场地衰减
NSDP numerical steepest descent path method 数值最速下降路径方法
NU nonuniform 非均匀

O

OATS open-area test site 开阔测试场
OCS open-circuit stable 开路稳定
OFDM orthogonal frequency-division multiplexing 正交频分复用
OLTC on-load tap changers 有载分接开关
Omega/sq ohms per square 欧姆每平方
OMT orthomode transducer 正交模耦合器
OTA over-the-air 空中下载

P

PA power amplifier 功率放大器
PAA phased array antenna 相控阵天线
PAE power-added efficiency 功率附加效率
PAF phased array feeds 相控阵馈源
PBG photonic band gap materials 光子带隙材料
PC photonic crystal 光子晶体
PC polycarbonate 聚碳酸酯
PCA photoconductive antenna 光电导天线
PCB printed circuit board 印制电路板
PCIe peripheral component interconnect express 高速外部组件互连
PCS personal communications service 个人通信服务
PCSA physically constrainedsmall antenna 有限尺寸小天线
PD partial discharge 局部放电
PDC personal digital cellular 个人数字蜂窝
PDMS polydimethylsiloxane 聚二甲基硅氧烷
PDN power distributed networks 供电网络
PE polyethylene 聚乙烯
PEC perfectly electric conductor 理想电导体
PEEC partial element equivalent circuit 部分元等效电路
PEEK polyetheretherketone 聚醚酮醚
PER packet error ratio 误包率
PET piezoelectric transducer 压电转换器
PEX parallel excitation 并联激励
PEXMUX parallel excitation multiplexing component 并联激励复用组件
PH plane hyperbolic 双曲面
PHAT phase transform 相位变换
HEMT pseudomorphic high-electron-

	mobility transistorp 赝晶高电子迁移率晶体管	
PIAA	power inversion adaptive Array 功率倒置自适应阵列	
PIB	propagation-invariant beam 传播不变波束	
PIFA	planar inverted-F antenna 平面倒 F 天线	
PIFA	printed inverted F antenna 印刷倒 F 天线	
PIM	passive inter-modulation 无源互调	
PLA	polylactic acid 聚乳酸	
PMA	power matters alliance 电力事务联盟	
PMC	perfectly magnetic conductor 理想磁导体	
PML	perfectly matched layer 完美匹配层	
PMMA	polymethylmethacrylate 聚甲基丙烯酸甲脂	
PMMW	passive millimeter-wave 毫米波无源	
PO	physical optics 物理光学	
PoC	proof-of-concept 概念验证	
POM	polyoxymethylene 聚甲醛	
PPSF	polyphenylsulfone 聚苯砜	
PR	positive real 正实	
PRI	positive-refractive-index 正折射率	
PRPD	phase-resolved partial discharge 局部放电相位分布	
PRS	partially reflective surface 部分反射面	
PSA	physicallysmall antenna 小形体天线	
PSD	power spectrum density 功率谱密度	
PSO	particle swarm optimization 粒子群优化	
PSS	phase-shifting surface 相移表面	
PTD	physical theory of diffraction 物理衍射理论	
PTE	power transfer efficiency 功率传输效率	
PTFE	polytetrafluoroethylene 聚四氟乙烯	
PTSA	parabolic tapered slot antenna 抛物线渐变缝隙天线	

Q

QMC	quadrature mixer correction 正交混频器校正
Q	quality factor 品质因数
QoS	quality of service 服务质量
QC-laser	quantum cascade laser 量子级联激光
QSC	quasi-self-complementary 准自互补
QUIET	Q/U imaging experiment Q / U 成像实验

R

RA	reconfigurable antenna 可重构天线
RAM	radio-absorbing material 射频吸波材料
RC	reverberation chamber 混响室
RCM	reliability-centered maintenance 以可靠性为中心的维护
RCS	radar cross-section 雷达散射截面
RDL	redistribution layer 再分配层
RDMS	reconfigurabledefected microstrip structure 可重构缺陷微带结构

RE　radiation efficiency 辐射效率

RET　remote electrical tilt 远程电子倾斜

REV　rotating element electric field vector 旋转单元电场矢量

RF　radio frequency 射频

RFID　radio frequency identification 射频识别

RF-MEMS　radio frequency micro electromechanical system 射频微机电系统

RH　right-handed 右手

RHCP　right-hand circular polarization 右旋圆极化

RIS　reactive impedance surface 纯电抗表面

RLBW　return loss bandwidth 回波损耗带宽

RLS　recursive least squares 递归最小二乘

RLSA　radial line slot antenna 径向线缝隙天线

RLW　reduced lateral wave 横向波抑制

RMIM　receiving mutual impedance method 接收互阻抗方法

rms　root mean square 均方根

RP　rapid prototyping 快速原型

RPD　ray path difference 射线路径差

RRH　remote radio head 射频拉远头

RSSI　received signal strength indication 接收信号强度指示

RSW　reduced surface wave 表面波抑制

RT　room-temperature 室温

RTLS　real time location system 实时定位系统

RW　rectangular waveguide 矩形波导

Rx　receiving 接收

S

SA　small antenna 小天线

SAC　semi-anechoic chamber 半微波暗室

SAEP　shorted annular elliptical patch 短路环形椭圆贴片

SAR　shorted annular ring 短路环

SAR　specific absorption rate 比吸收率

SBR　shoot and bounce ray 弹跳射线法

SCOT　smoothed coherence transform 平滑相干变换

SCS　short-circuit stable 短路稳定

SCS　self-complementary structure 自互补结构

SD　spatial diversity 空间分集

SD　standard deviation 标准差

SDARS　satellite digital audio radio services 卫星数字音频广播业务

SDM　spatial division multiplexing 空分复用

SDM　spectral domain method 谱域法

SDMA　space division multiple access 空分多址

SDS　spatial difference smoothing 空间差分平滑

SE　shielding effectiveness 屏蔽效能

SEFD　system equivalent flux density 系统等效磁通密度

SEM scanning electron micrograph 扫描电子显微镜
SERS surface-enhanced Raman scattering 表面增强拉曼散射
SETD spectral element time domain 时域普元法
SG signal-ground 信号接地
SGU signal generation unit 信号产生单元
S/I signal/interference 信干比
SIC substrate integrated circuit 基片集成电路
SIIG substrate integratedimage guide 基片集成镜像波导
SIM subscriber identity module 用户识别模组
SINR signal-to-interference-plus-noise ratio 信干噪比
SINRD substrate integratednonradiative dielectric 基片集成非辐射介质
SiP system-in-package 封装系统
SISO single-input single-out 单输入单输出
SIW substrate integrated waveguide 基片集成波导
SKA square kilometer array 平方公里阵
SL stereolithography 立体光刻
SLA square loop antenna 方环天线
SLC side lobe canceller 副瓣对消器
SLM selective laser melting 选择性激光熔化
SLS sector level sweep 扇区电平扫描
SLS selective laser sintering 选择性激光烧结
SMAP soil moisture active passive 土壤湿度主被动(探测任务)
SMI sample matrix inversion 采样矩阵求逆
SMOS soil moisture and ocean Salinity 土壤湿度和海洋盐度(探测任务)
SMP shape memory polymer 形状记忆聚合物
SMRS sinusoidally modulated reactance surface 正弦调制容抗表面
SMS short message service 短消息服务
SMT surface-mount technologies 表面贴装技术
SNG single negative 单负
SNIR signal-to-noise-and-interference ratio 信干噪比
SNOM scanning near-field optical microscope 近场扫描光学显微镜
SNR signal-to-noise ratio 信噪比
SoB system-on-board 板上系统
SoC system-on-chip 片上系统
SOL short-open-load 短路-开路-负载
SOLT short-open-load-thru 短路-开路-负载-直通
SOP system on packaging 封装系统
SOTM satellite-on-the-move 移动卫星
SPDT single-pole double-throw 单刀双掷
SPICE Simulation Program with Integrated-Circuit Emphasis 电路模拟程序
SPMT single-pole multi-throw 单刀多掷开关

SPP surface plasmon polariton 表面等离子体激元

SPS solar power satellite 太阳能发电卫星(空间太阳能电站)

SPST single pole single throw 单刀单掷开关

SPT south Pole Telescope 南极望远镜

SRR split-ring resonator 开口环谐振器

SRT sardinia Radio Telescope 撒丁岛射电望远镜

SSC stator slot couplers 定子槽耦合器

SSP shorted slotted patch 短路开槽贴片

STFFT short-time fast Fourier transformation 短时快速傅里叶变换

STFT short-time Fourier transform 短时傅里叶变换

SU-MIMO/MU-MIMO single-user and multiuser multiple-input multiple-output 单用户及多用户多输入多输出

SVM support vector machine 支持矢量机

SVSWR site voltage standing wave ratio 场地电压驻波比

SWR standing wave ratio 驻波比

T

TCDk thermal coefficient of dielectric constant 介电常数热系数

TCM theory of characteristic modes 特征模理论

3D three-dimensional 三维

TDD time division duplexing 时分双工

TD-EFIE time-domain electric field integral equations 时域电场积分方程

TDMA time division multiple access 时分多址

TDOA time differences of arrival 到达时间差

TDR time-domain reflectivity 时域反射

TE total efficiency 总效率

TE transverse electric 横电

TEM transverse electromagnetic 横电磁

TF time-frequency 时频

THz terahertz 太赫兹

TIS total isotropic sensitivity 总全向灵敏度

TL transmission line 传输线

TM transverse magnetic 横磁

TMA tower-mounted amplifier 塔式放大器

TO transformation optics 变换光学

TPs transmission poles 传输极点

TSA tapered slot antenna 锥削槽天线

TT&C telemetry, tracking and control 遥测,跟踪与控制

T/R transmit/receive 收/发

TRL trough reflect line 直通-反射-传输线

TRP total radiated power 总辐射功率

TTD true-time delays 实时延迟

Tx transmission 发射

TZs transmission zeros 传输零点

U

UAT uniform asymptotic diffraction

均匀渐近衍射

UAV unmanned aerial vehicle 无人飞行器

UHD ultrahigh definition 超高清

UHF ultra high frequency 超高频

ULA uniform linear array 均匀线阵

ULSI ultralarge-scale integration 超大规模集成

USB universal mobile telecommunication systemsx 通用移动通信系统

USB universal serial bus 通用串行总线

UTD uniform Theory of Diffraction 一致性绕射理论

UWB ultra-wideband 超宽带

V

VCO voltage-controlled oscillator 压控振荡器

VHF very high frequency 甚高频

VLBA very long baseline array 甚长基线阵列

VLBI very-long-baseline interferometry 甚长基线干涉计

VLF very low frequency 甚低频

VNA vector network analyzer 矢量网络分析仪

VOI volume of interest 感兴趣区域

VSWR voltage standing wave ratio 电压驻波比

W

WAAS wide area augmentation system 广域增强系统

WDO wind-driven optimization 风驱动优化

WiMAX worldwide interoperability for microwave access 全球微波互联接入

WiPoT Wireless Power Transfer Consortium for Practical Application 无线电力传输应用协会

WISP wireless identification and sensing platform 无线识别和感知平台

WLAN wirelesslocal area network 无线局域网

WPC wireless power consortium 无线电力联盟

WPT wireless power transfer 无线能量传输

WRC world radio conference 世界无线电大会

WSN wirelesssensor network 无线传感器网络

Y

YM - BPM yee - mesh - based beam - propagation method 基于 Yee 网格的光束传播方法

Z

ZIM zero-index material 零折射率材料

ZOR zeroth-order resonator 零阶谐振器

ZTT zirconium Tin Titanate 钛酸锆锡

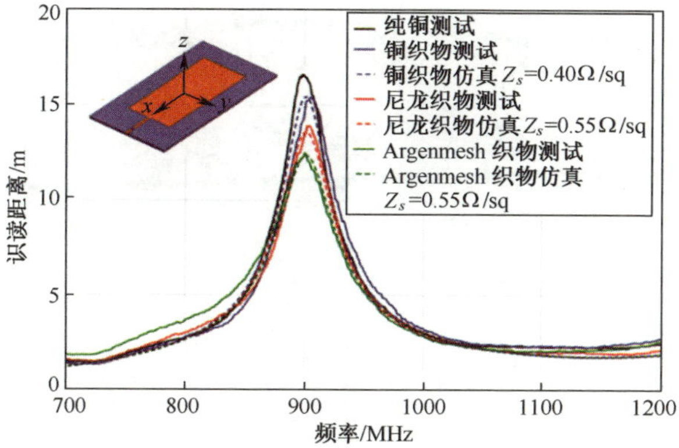

图 60.9 采用导电织物地板的贴片标签天线在空气中+z 方向实测与仿真识读距离

（未发生阻抗失谐现象；导电性织物可以用表面阻抗为纯实数的导体来近似。从导电织物的实测 E 面功率方向图可见天线后瓣电平低）

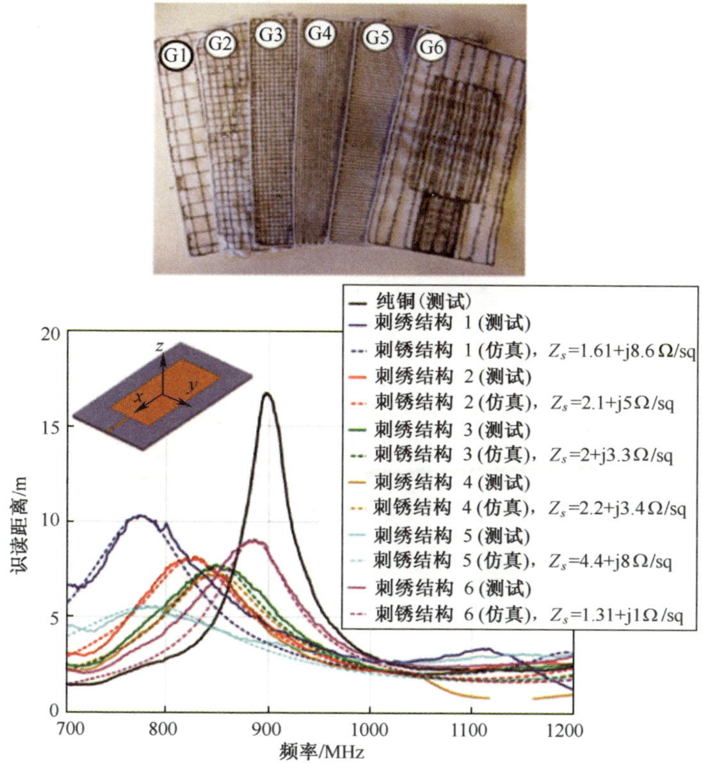

图 60.10 采用刺绣地板的铜制标签天线在空气中+z 方向的实测与仿真识读距离

（当地板上的电流通路长度较长时，阻抗失谐较为显著、电子织物的表面阻抗增大。由铜标签天线地板的表面电流密度仿真结果来优化线密度，可使电子织物的表面电阻和电抗降至最小(6 号刺绣品)）。

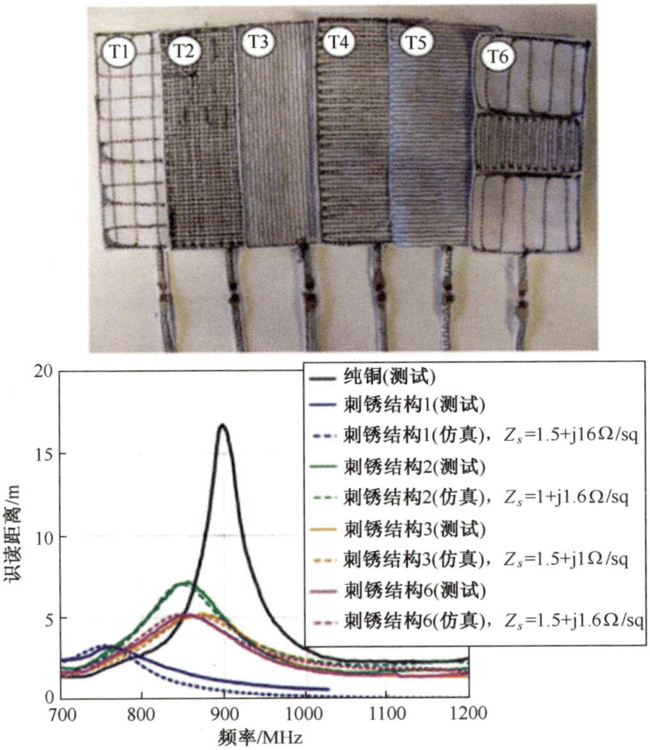

图 60.11　采用刺绣顶端贴片的铜标签天线在空气中+z方向的实测与仿真识读距离

（由铜标签天线顶端贴片的电流密度仿真结果来优化线密度，可以使电子织物的表面电抗值以及相应的阻抗失谐最小。由于交叉极化电平较高，未能测得 T4 和 T5 天线的性能）。

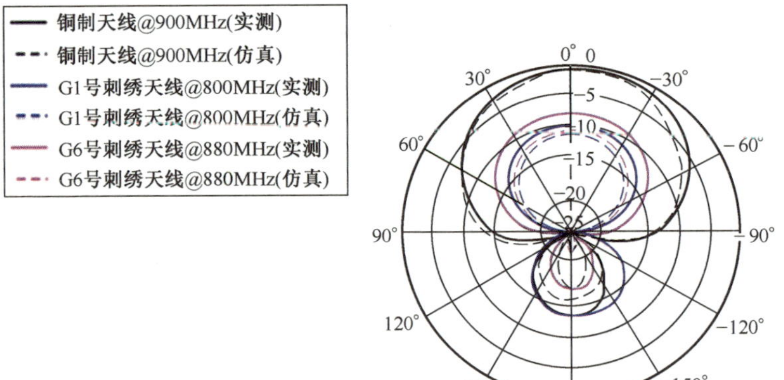

图 60.13　采用 G1 和 G6 地板的刺绣天线以及铜质天线的实测和仿真 E 面方向图

（G1 地板中电流通路长度的提高导致后向辐射增加）

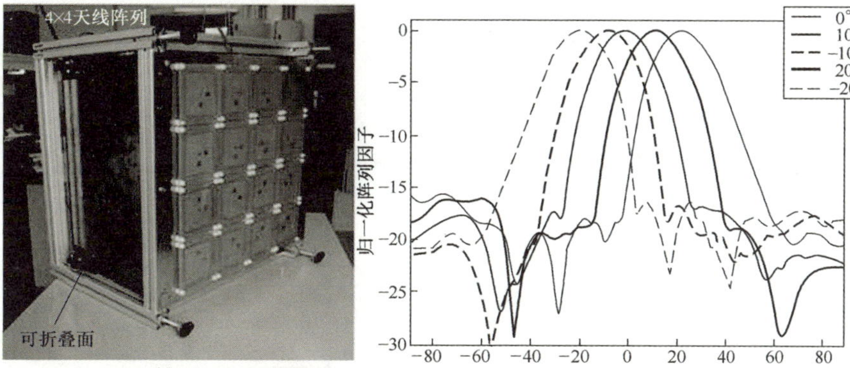

(a) (b)

图 64.16 辐射测量应用

(a)工作在 L 频段的 PAU-RAD 辐射计系统照片;(b)测得的合成天线波束。

(通过 DBF 技术,在一个扫描方向生成多天线波束。单天线单元通过微带贴片实现(参见“微带贴片天线”一章))

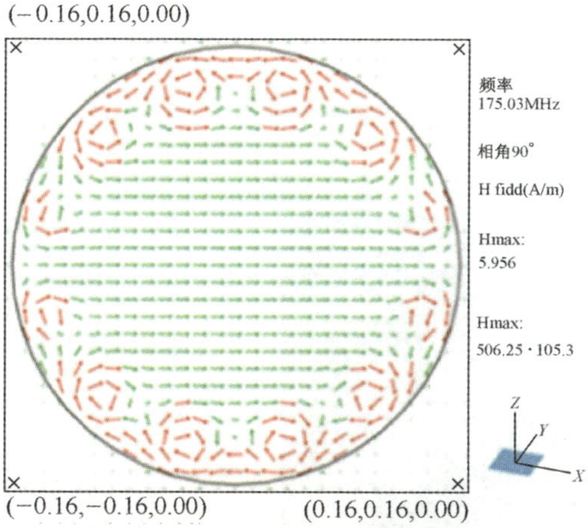

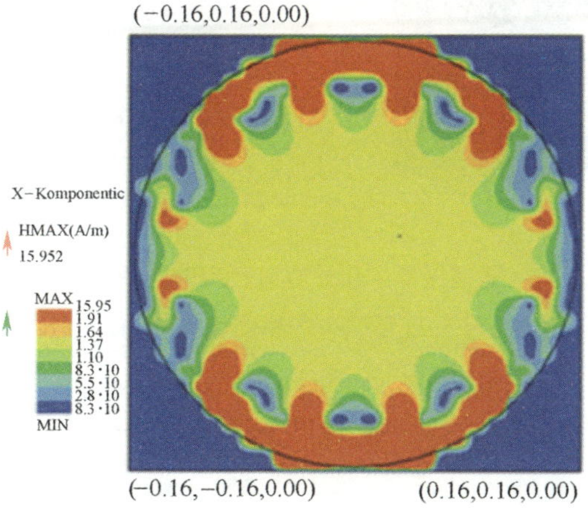

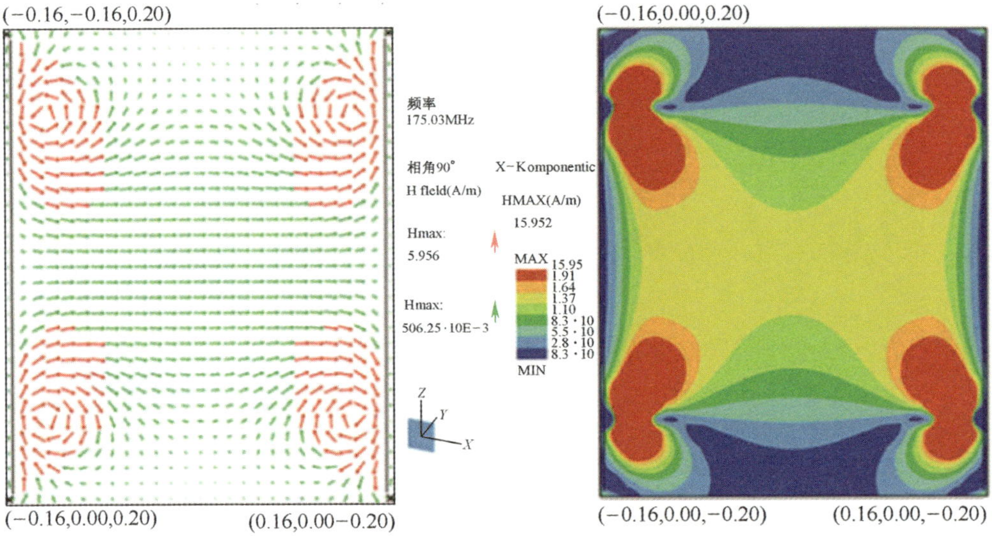

图 66.16　能容纳人头、工作在 175MHz 的高通鸟笼结构 $\boldsymbol{B}_1$ 场分布仿真结果（采用了德国汉堡工业大学开发的 Concept Ⅱ仿真软件）（横向 $\boldsymbol{B}_1$ 场在射频线圈直径 2/3 以上的范围内是均匀的。鸟笼线圈的长度限制了在具体工作频率下的轴向均匀性）

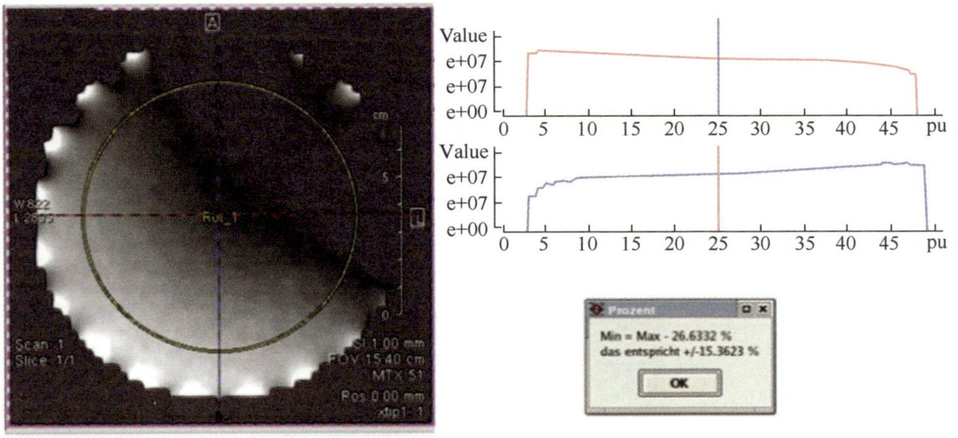

（a）　　　　　　　　　　　　（b）

图 66.20　在鸟笼谐振器采用导电有耗负载时将其频偏和阻抗调谐至 50Ω 情况下的横向场非均匀性

（a）射频线圈中心轴上的灵敏度分布；

（b）未优化的射频线圈；线圈在调谐以及实现从未加载状态到加载状态阻抗匹配引起的非均匀性。

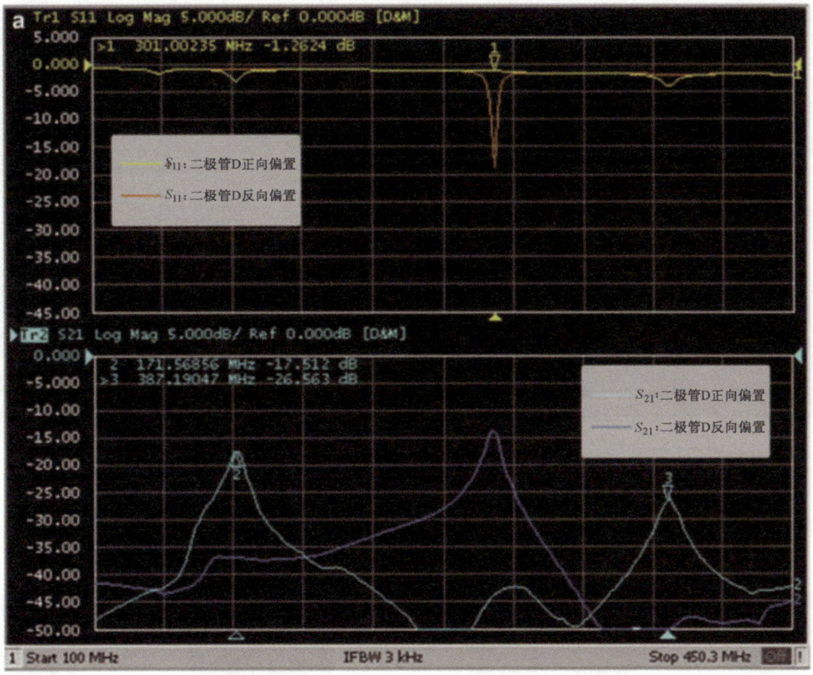

（a）

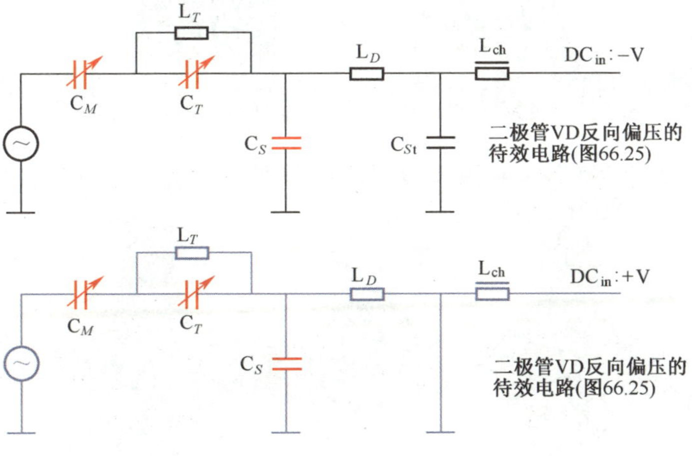

（b）

图 66.26　用于单接收线圈有源解耦的极点插入法

（a）反射系数 S_{11} 的测量值（通常采用经匹配和调谐的探针在所需频点上（f_0 = 301MHz）实现最小值，棕色和蓝色曲线对应于采用小型接收线圈情况下传输系数 S_{12} 的测量值）；

（b）反向偏压二极管等效电路（反向偏压二极管相当于一个小电容 C_{ST}，在大多数情况下可以忽略。当二极管偏压时电感 L_D 与 C_s 并联，这会导致系统分裂为两个分别高于和低于谐振频率 ω_0 的谐振模式（红线），射频线圈接近非谐振工作状态（黄线））。

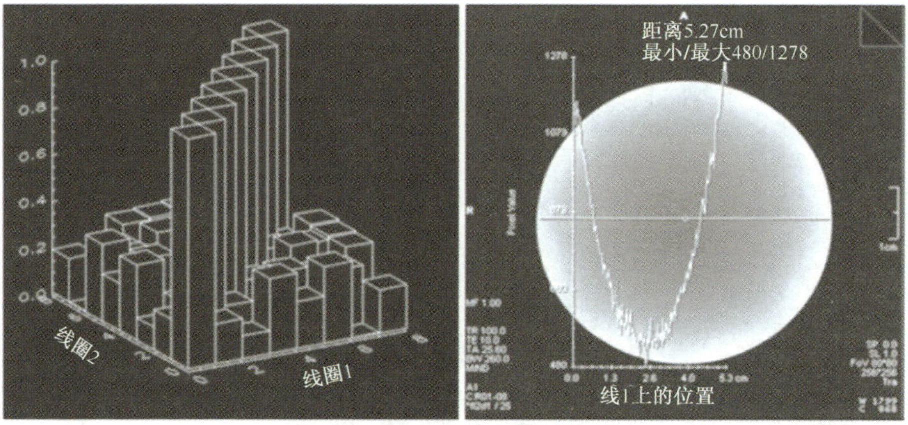

（a）　　　　　　　　　　　　　　　　（b）

图 66.30　8 元阵列线圈的噪声相关性分布

（a）8 通道环形线圈的噪声相关性(仅采用前置放大器解耦时相对单元的噪声相关性提高了 25%～30%；
（b）8 元阵列线圈中心的信噪比分布测量值(加载阵列线圈表面到中心的信噪比变化了 2.5 倍)。

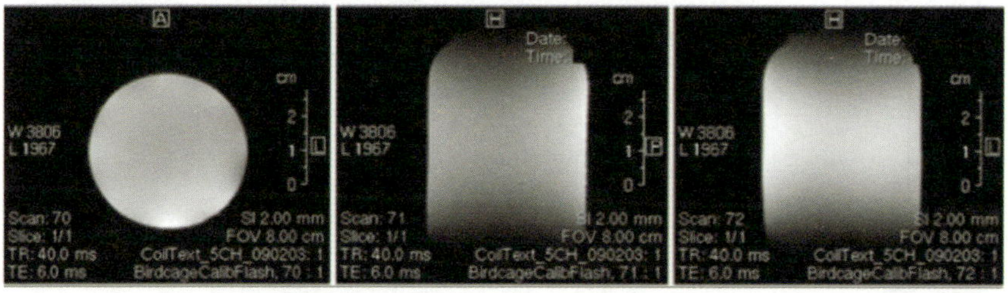

（a）

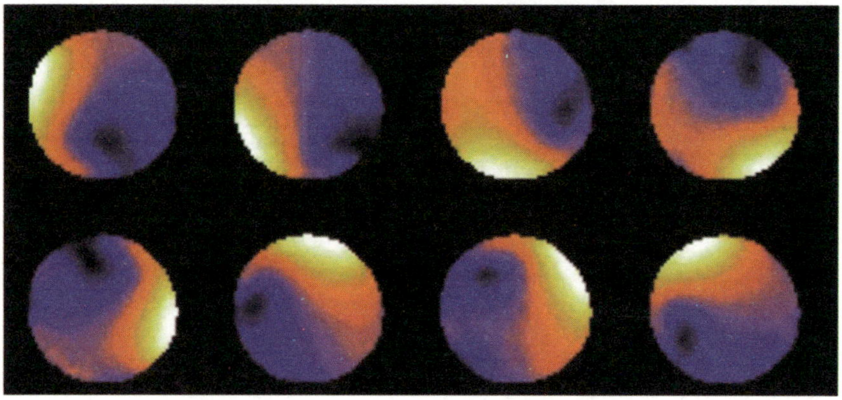

（b）

图 66.41　PEX 试验案例

（a）在 8 通道线圈中采用类鸟笼激励模式得到的图像；
（b）8 通道发射线圈的发射灵敏度(射频线圈加载了水体模以模拟待测物体的加载条件)。

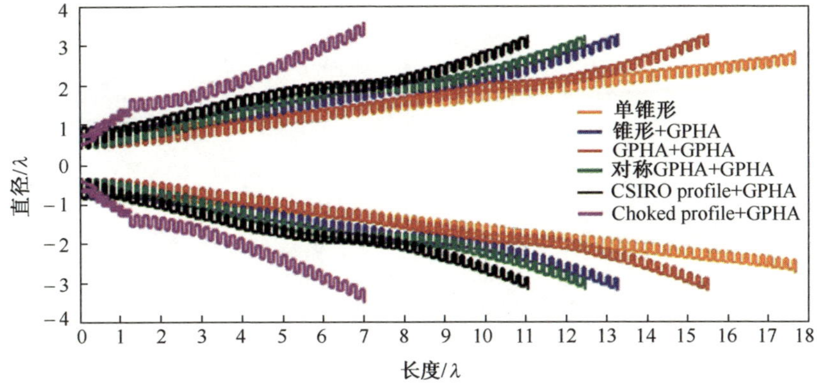

图 67.2 方向性相同情况下不同形状波纹喇叭天线(Teniente,2003)的长度比较

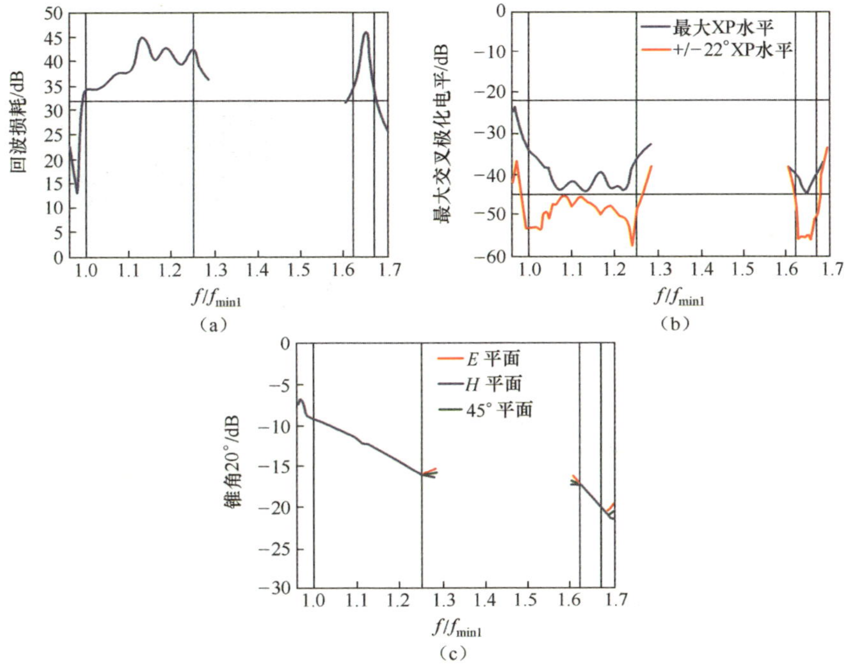

图 67.4 最优的波纹喇叭剖面的结果

(a)回波损耗;(b)交叉极化电平;(c) 20°的渐变段。

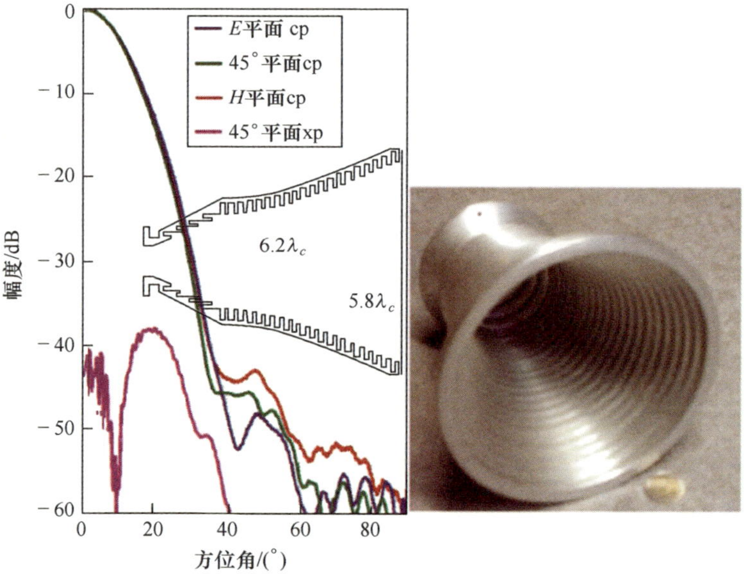

图 67.21　在波形喇叭天线的 f_c 处测量的辐射图

（结合了 TT&C 的轴向和垂直波纹）（由 ANTERAL 许可转载）

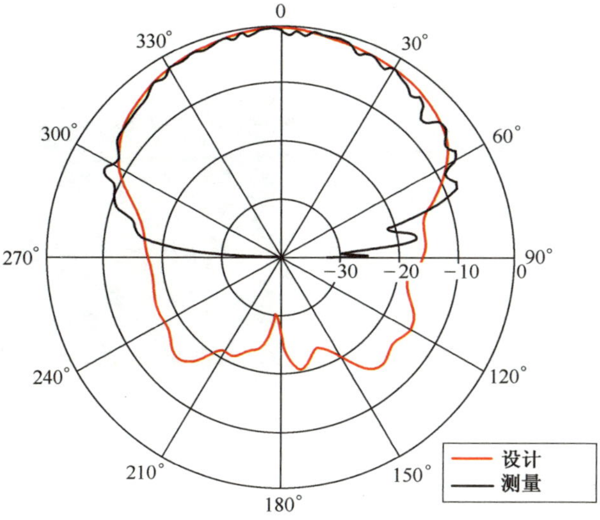

（a）

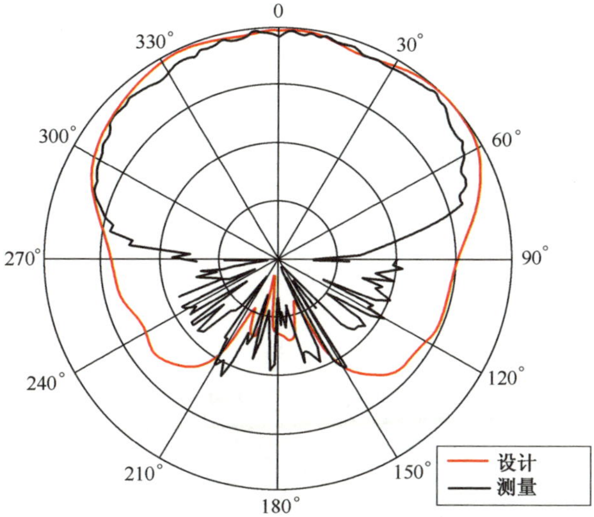

（b）

图 67.25　在木堆 EBG 结构顶部的偶极子的模拟和测量辐射图（分别为红色和黑色曲线）(0°和 90°削减时被绘制)。

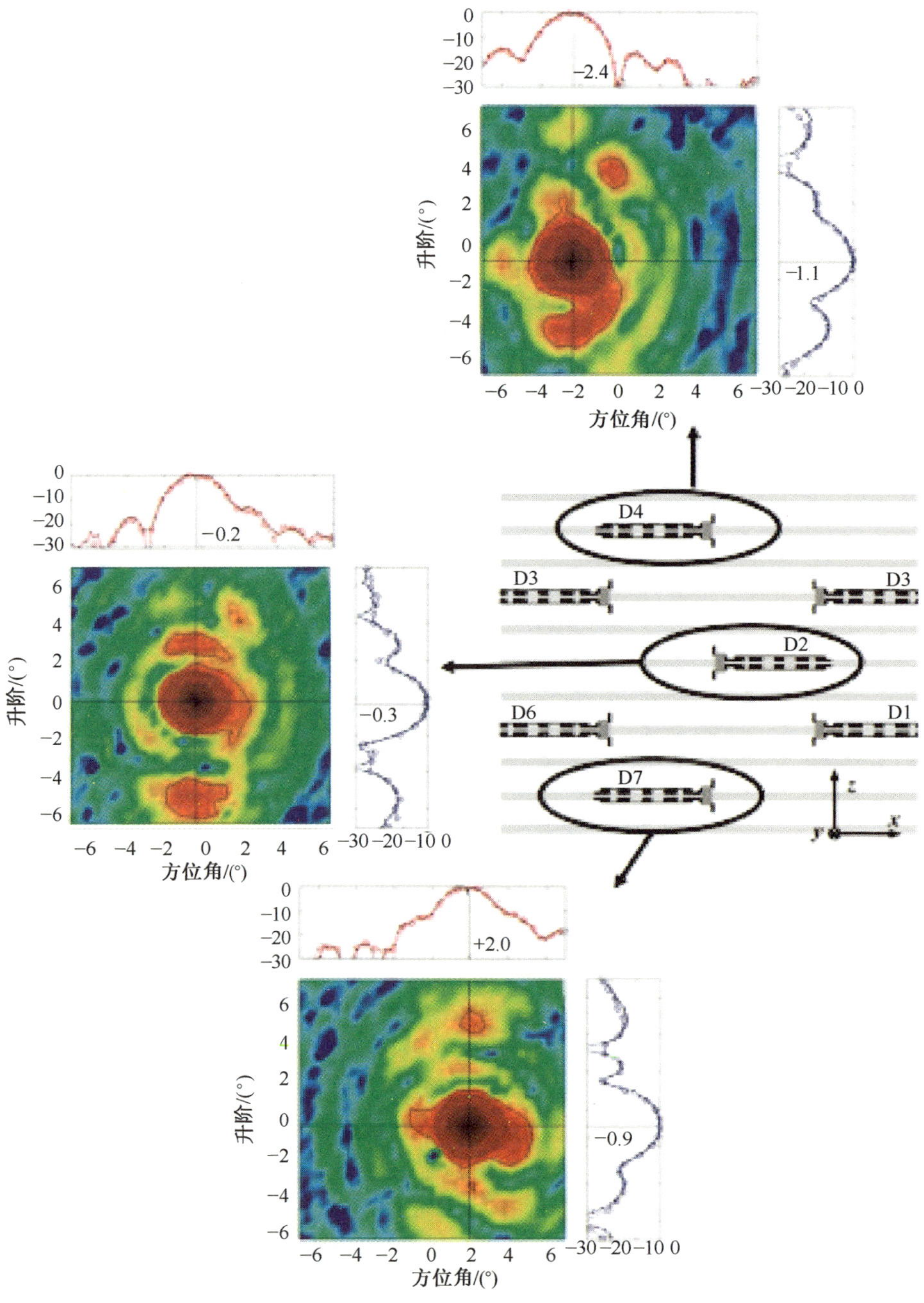

图 67.28　测量数组元素的辐射模式

(对于光束 2、4 和 7,显示了 15dB、10dB、6dB 和 3dB 等高线。步长为 0.5°工作频率 500GHz)